任务驱动式 PLC 编程及运动控制技术应用系列教程

PLC 运动控制技术应用设计与实践

（西门子）

主　编　李全利
副主编　方　强
参　编　葛云涛　贾亦真　翟津　韦孝平

机 械 工 业 出 版 社

本书是“任务驱动式 PLC 编程及运动控制技术应用系列教程”之一，主要内容包括：PLC 运动控制技术概述、带式传送机的变频调速控制、行走机械手的速度与位置控制、货物传输与搬运系统的 PLC 网络控制、人机界面在行走机械手中的应用、PLC 运动控制系统的设计与实践。

本书的工程性与实践性较强，简明实用，对 PLC 用户具有较大的参考价值。本书学练一体，可作为职业院校学生学习 PLC 运动控制技术的实训教材，也可供从事自动化系统设计与开发的工程技术人员进行系统设计和应用时参考。

图书在版编目（CIP）数据

PLC 运动控制技术应用设计与实践：西门子/李全利主编．—北京：机械工业出版社，2009.8（2025.2 重印）
（任务驱动式 PLC 编程及运动控制技术应用系列教程）
ISBN 978-7-111-27816-0

Ⅰ.P…　Ⅱ.李…　Ⅲ.可编程序控制器-教材　Ⅳ.TM571.6

中国版本图书馆 CIP 数据核字（2009）第 158280 号

机械工业出版社（北京市百万庄大街 22 号　邮政编码 100037）
策划编辑：王英杰　陈玉芝　责任编辑：王华庆
版式设计：霍永明　责任校对：李秋荣
封面设计：赵颖喆　责任印制：邓　博
北京盛通数码印刷有限公司印刷
2025 年 2 月第 1 版第 11 次印刷
184mm×260mm · 15.25 印张 · 374 千字
标准书号：ISBN 978-7-111-27816-0
定价：39.80 元

电话服务　网络服务
客服电话：010-88361066　机　工　官　网：www.cmpbook.com
010-88379833　机　工　官　博：weibo.com/cmp1952
010-68326294　金　书　网：www.golden-book.com
　机工教育服务网：www.cmpedu.com

前　言

任务驱动式 PLC 编程及运动控制技术应用系列教程按不同的 PLC 型号和内容深浅分为八册，读者可按实际情况选择不同的分册进行阅读学习，本书是其中之一。

可编程序控制器（PLC）是 20 世纪 60 年代发展起来的一种新型工业控制器。作为运动控制器，它远远超出了原先 PLC 的概念，已广泛应用于各种运动控制系统中。目前，运动控制领域已经发生了日新月异的变化，各种现代控制技术已被广泛应用到各种工程实际中。例如，自适应控制、最优控制、鲁棒控制、滑模变结构控制、模糊控制、神经网络控制以及各种智能控制都已经深入到传统的运动控制系统中，具有较高的静动态性能的运动控制系统不断涌现。

本书以西门子 S7—200 型 PLC 为例，主要介绍 PLC 运动控制系统的控制原理、PLC 编程与调试、系统接线、联网以及监控系统设计等。

全书共分 6 章：第 1 章主要介绍运动控制系统的基本结构，PLC 在运动控制中的应用，运动控制技术实训设备的功能及其实训内容；第 2 章介绍带式传送机变频调速的各种控制方式及其应用；第 3 章介绍行走机械手的速度与位置控制的各种方法及其实践；第 4 章介绍货物传输与搬运系统的 PPI 网络控制、MPI 网络控制、PROFIBUS 网络应用；第 5 章详细介绍了人机界面在行走机械手中的应用；第 6 章主要介绍仓储、柔性制造加工、现代生产线等典型的 PLC 运动控制系统的应用实例，介绍 PLC 运动控制技术的应用与设计，并配有技能大赛通用试题。

本书工程性与实践性比较强，简明实用，对 PLC 用户具有较大参考价值。本书可作为职业院校学生学习 PLC 运动控制技术的实训教材，也可以作为技能大赛参考书。“学练一体”是本书的特点。本套教材配有第 4 章和第 6 章实训内容（正文中所讲的配套实训内容），请登录 www. cmpedu. com 下载。

本书由李全利任主编，方强担任副主编，对全书进行统稿，常斗南任主审，审阅全书。第 1 章由葛云涛编写，第 2 章及前言由李全利编写，第 3 章由韦孝平编写，第 4 章由贾亦真编写，第 5 章由方强编写，第 6 章由翟津编写。在本书编写过程中，虽经反复推敲、多次修改，但由于作者水平所限，难免有疏漏之处，恳请读者批评指正。

编　者

目　录

第1章 PLC运动控制技术概述

1.1 PLC运动控制技术

运动控制技术是自动化技术与电气拖动技术的融合，利用PLC作为运动控制器的运动控制技术就是PLC运动控制技术。它综合了微电子技术、计算机技术、检测技术、自动化技术以及伺服控制技术等学科的最新成果，现已广泛应用于国民经济的各个行业，并起着重要作用。

运动控制技术所涉及的知识面极广，应用形式繁多，各种现代工业控制技术，如自适应控制、最优控制、模糊控制、神经网络控制及各种智能控制已深入到运动控制系统中。由于本书篇幅所限，只主要介绍采用PLC作为运动控制器、以电动机作为动力源的运动控制系统的应用设计与实践。

1.1.1 运动控制的概念

采用PLC作为运动控制器的运动控制，是将预定的目标转变为期望的机械运动，使被控制机械实现准确的位置控制、速度控制、加速度控制、转矩或力矩控制以及这些被控制机械量的综合控制。显然，运动控制系统的控制目标是：位置、速度、加速度、转矩或力矩等。本书主要介绍位置控制和速度、加速度控制及其实训指导。

位置控制是将某负载从某一确定的空间位置按某种轨迹移动到另一确定的空间位置，工业机械手或机器人就是典型的位置控制应用实例。速度和加速度控制是使负载以确定的速度曲线进行运动，例如风机和水泵通过调速来调节流量或压力，电梯通过速度或加速度调节来实现轿厢的平稳升降和平层。

传统的运动控制内容是电气传动技术。早期的运动控制一般仅是实现点到点的运动控制，在运动的起点和终点装有位置开关，到位后停止运动。

随着生产的不断发展，20世纪30年代就开始使用直流调速系统。但直流电动机具有电刷和换向器，成本较高，维护工作量较大。20世纪60年代，电力电子技术的发展使交流变频调速得以推广。目前的调速产品80%以上均采用交流调速技术，因为它的成本和维护费用较低，并且交流调速系统具有高精度、大量程、快速反应等技术性能，达到了直流调速系统的水平，得到广泛应用。

为了提高产品的质量和产量，降低成本，20世纪初，制造业开始采用“大量生产方式”的新技术，零件加工采用专用机床，装配工序采用流水线作业，形成“刚性生产线”。运动控制技术也逐步从位置控制、速度控制发展到加速度控制和轨迹控制。

运动控制系统的提法到现在也只有十几年的时间，通常是指机械装置中的一个或多个轴按某一坐标系上的运动以及这些运动之间的协调（涉及各轴运动速度的调节），按一定的加速度曲线进行运动，以及形成准确的定位或遵循某一特定轨迹，通过对多轴控制使机械部件在空间的运动轨迹符合控制要求，或者使被加工的零件表面形成复杂的曲面。

总之，运动控制是自动化技术与电气拖动技术的融合。随着电力电子技术、微电子技术和控制技术的发展，已将电力电子器件、控制、驱动及保护等集为一体，为机电一体化开辟了广阔的前景。数字脉宽调制（PWM）技术、微型计算机控制及各种现代控制技术，都已经深入到系统的运动控制中。

1.1.2 运动控制技术的基本要素

PLC 运动控制技术是自动化技术和电力拖动技术的重要组成部分，它涵盖了运动控制器技术、软件技术、传感器技术、网络技术、接口技术以及传动技术。运动控制技术由六要素组成，示意图如图 1-1 所示。其功能说明如下：

① 运动控制器技术：头脑功能。

② 软件技术：大脑中枢功能。

③ 传感器技术：眼、耳、鼻功能。

④ 传动技术：手、足功能。

⑤ 接口技术：神经系统功能。

⑥ 网络技术：信息传输功能。

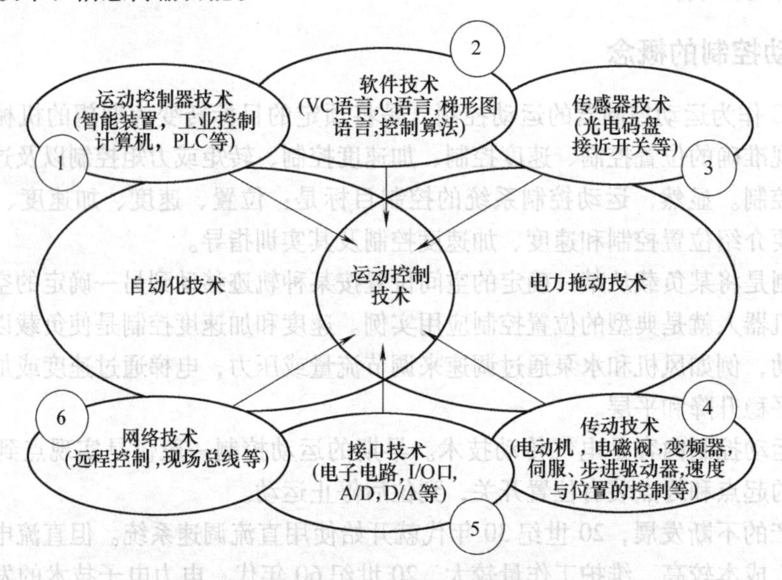

图 1-1 运动控制技术的六要素组成示意图

工业机器人是典型的运动控制技术应用实例，它含有上述的六要素。运动控制器就是工控机，传动装置为交流伺服电动机和电磁阀。传感器为检测工业机器人本体和手臂回转用的编码器。利用接口电路，把工控机与传感器以及传动装置驱动电路连接起来，软件就是工控机程序，通过网络实现器件与器件或器件与工控机之间的通信。因此，要想掌握运动控制技术必须熟练掌握运动控制器、传感器、传动机构（执行机构）、接口电路、软件（PLC 或计算机程序）及网络等六要素的基本知识和技术。

1.1.3 PLC 与运动控制

可编程序控制器（PLC）是 20 世纪 60 年代以来发展极为迅速的一种新型的工业控制装

置。现代的PLC综合了计算机技术、自动控制技术和网络通信技术，其功能已十分强大，超出了原先PLC的概念，应用越来越广泛、深入，已进入到系统的过程控制、运动控制、通信网络、人机交互等领域。

从1969年美国DEC公司生产世界上第一台PLC至今，可编程序控制器已经历了4代，第1代PLC大多采用一位机开发，用磁心存储器存储，只具有单一的逻辑控制功能；第2代PLC采用8位微处理器及半导体存储器，使PLC产品系列化；第3代PLC采用位片式CPU，使处理速度大大提高，促使PLC向多功能方向发展；第4代PLC全面使用16位和32位高性能微处理器，进行多通道处理，内含CPU的智能模块，使第4代PLC具有运动控制、数据处理、网络通信等多功能控制器。PLC及其网络现已成为工厂首选的工业控制装置，由PLC组成的多级分布式网络已成为现代工业控制系统的主要组成部分。

PLC的主要特点是集“三电”于一体，即集电控、电仪、电传于一体。根据工业自动化系统分类，对于开关量的控制（逻辑控制系统）采用继电接触器控制装置（电控装置），对于速度较慢的连续量控制（过程控制系统）采用电动仪表控制（电仪装置），对于速度较快的连续量控制（运动控制系统）采用电传装置。在PLC的控制装置中实现三电一体化，适用于各种规模的自动化系统。特别是运动控制技术的迅速发展，各种现代控制技术如自适应控制、最优控制、鲁棒控制、滑模变结构控制、模糊控制、神经网络控制及各种智能控制都已深入到传统的运动控制系统中，并且具有较高的静动态特性。

PLC在运动控制系统中作为运动控制器，即运动控制系统的“大脑”，实现精密金属切削机床的控制以及机械手的控制。由于PLC还具有数字运算（包含逻辑运算、函数运算、矩阵运算等）、数据传输、转换、排序、检索和移位，以及数字转换、位操作、编码，译码等功能，可完成数据采集、分析和处理任务，一般应用于大中型运动控制系统，如数控系统、柔性制造系统、机器人控制系统等。

1.1.4 运动控制系统的分类及其应用场合

1. 运动控制系统的分类

按被控制量的性质，运动控制系统可分为位置控制系统、速度控制系统、加速度控制系统、同步控制系统、力矩控制系统。

运动控制系统按伺服机构的能源供给可分为电动控制系统、气动控制系统和液压控制系统三种。气动和液压伺服机构适应于要求防爆且输出力矩较大的场合，而且要求精度较低，目前在工业领域中使用也非常广泛。

2. 运动控制技术的应用领域

运动控制技术的应用领域非常广泛，遍及国民经济的各个行业，主要应用领域如下：

（1）冶金行业　电弧炉电极控制、轧机轧辊控制、产品定尺控制等。

（2）机械行业　机床定位控制、加工轨迹控制以及各种流水生产线和机械手的控制等。

（3）信息行业　磁盘驱动器的磁头定位控制，打印机、绘图机控制等。

（4）建筑行业　电梯控制及电梯群控等。

（5）军事行业　雷达天线和各种火炮控制等。

（6）其他行业　立体仓库和立体车库的控制等。

1.2 PLC运动控制系统的组成及各部分的作用

PLC运动控制系统的控制目标一般为位置控制、速度控制、加速度控制和力矩控制等。

位置控制是将一负载从某一确定的空间位置按一定的轨迹移动到另一确定的空间位置，例如机械手或机器人就是典型的位置控制系统。

速度控制和加速度控制是使负载按某一确定的速度曲线进行运动，例如，电梯就通过速度和加速度调节来实现平稳升降和平层。当然电梯运动控制系统的控制目标也包括位置控制，因为这些控制目标一般是互相配合进行工作的。

转矩控制是要通过转矩的反馈来维持转矩的恒定或遵循某一规律的变化，例如轧钢机械、造纸机械和传送带的张力控制等。

典型的运动控制系统组成框图如图1-2所示。

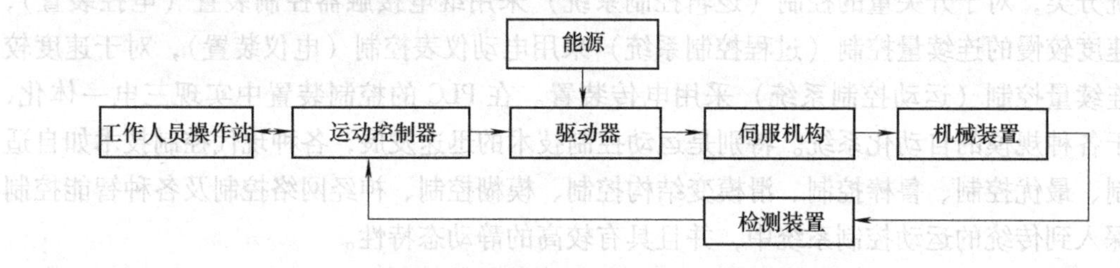

图1-2　典型的运动控制系统组成框图

在PLC运动控制系统中，运动控制器采用PLC，它是系统的“大脑”，检测装置相当于系统的“眼”、“鼻”等感觉器官，而驱动器则是运动控制系统的“四肢”，负责控制的执行。在运动控制系统中，需要检测的量主要是位置、速度和加速度、转矩等参数，执行元件可根据实际需要选取步进驱动系统、伺服驱动系统以及变频器驱动的传动系统。

1.2.1　工作人员操作站

工业现场操作的工作人员使用的设备称为工作人员操作站，它提供运动控制系统与操作人员的完整接口，通过操作人员的操作来实现各种控制调节和管理功能。

操作站一般采用PC装载组态元件，工作人员通过专用键盘、鼠标进行各种操作。在小型运动控制系统中可以采用触摸屏作为工作人员操作站。

运动控制系统还可以通过工作人员操作站与企业信息网络连接，以便实现系统的网络通信。

1.2.2　运动控制器

运动控制器是运动控制系统的核心，可以是专用控制器，但一般都是采用具有通信能力的智能装置，如工业控制计算机（IPC）或可编程序控制器（PLC）等。对于PLC运动控制系统，都选用PLC作为运动控制器。

运动控制器的控制目标值是由上一级工作人员操作站提供的，在恒速系统中速度是给定的，在伺服系统中是速度与时间关系曲线，即一条运动轨迹。

运动控制器可实现控制算法，如PID算法、模糊控制算法、各类校正算法等。总之，现代运动控制器可实现各种先进的控制算法。

PLC作为通用控制装置，以其高可靠性、功能强、体积小、可以在线修改程序、易于与计算机连接、能对模拟量进行控制等优异性能，在工业控制领域中得到大量运用，现已成为现代工业三大支柱之首。PLC已在流水线、包装线、机械手、立体仓库等设备上得到广泛应用，并且这些应用都属于运动控制的范畴。

1.2.3　驱动器

驱动器是指将运动控制器输出的小信号放大以驱动伺服机构的部件。对于不同类别的伺服机构，驱动器有电动、液动、气动等类型。

PLC运动控制系统采用PLC作为运动控制器，驱动器为变频器、伺服电动机驱动器、步进电动机环形驱动器等。

在一些对速度、位置的控制精度要求不高的场合，在运动控制系统中可以采用变频器控制交流电动机的方式来完成。在交流异步电动机的诸多调速方法中，变频调速的性能最好，调速范围大、静态稳定性好、运行效率高。采用通用变频器对交流异步电动机进行调速控制，由于使用方便、可靠性高，并且经济效益显著，使得这种方案逐步得到推广。

步进驱动系统（步进电动机与驱动器组成的系统）主要应用在开环、控制精度及响应速度要求不太高的运动控制场合，如程序控制系统、数字控制系统等。步进驱动系统的运行性能是电动机与驱动器两者配合所反映出来的综合效果。效率、可靠性和驱动能力是步进电动驱动电路所要解决的三大问题，三者之间彼此制约。驱动能力随电源电压的升高而增大，但电路的功率消耗一般也相应增大，使效率降低。可靠性则随着驱动电路的功率消耗增大、温度升高而降低。恒流驱动技术采用了能量反馈，提高了电源效率，改善了电动机矩频特性，国内外步进电动机驱动器大多都采用这种驱动方式。

交流伺服电动机的驱动装置采用了全数字式驱动控制技术后，使得驱动装置硬件结构简单，参数调整方便，输出的一致性、可靠性增加。同时，驱动装置可以集成复杂的电动机控制算法和智能控制功能，如增益自动调整、网络通信等功能，大大提高了交流伺服系统的适用范围。

1.2.4　伺服机构

伺服机构是PLC运动控制系统的重要组成部分，选择运动控制系统的伺服机构首先应该是在整个工作过程中都能拖动负载，其次是选择伺服机构必须考虑它的性能对控制系统的影响，最后要考虑的就是在低速运行时必须平衡而且转矩脉动变化小，在高速运行时振动噪声应该小。

运动控制系统伺服机构按工作介质可分为电动伺服机构、液压伺服机构和气动伺服机构。在中、小功率的运动控制系统中，电动伺服机构应用比较广泛。电动伺服机构即控制电动机，与一般电动机相比有如下优点：

（1）高可靠性　执行元件是控制系统的重要组成部分，所以它的可靠性显得十分重要。

（2）高精度　系统的机械运动要精确满足控制要求，这就要求执行元件具有高精度。

（3）快速性　在有些系统中，控制指令经常变化，其系统的动作要求反应非常迅速，这就要求执行元件能作出快速响应。高转矩、低惯量是控制电动机的基本特性。

（4）经济性　控制电动机在系统中所占经济价值的比例较大，控制电动机的经济性显得尤为重要。

（5）环境适应性　控制电动机应具有良好的环境适应性，往往比一般电动机的环境要求高许多。

目前控制电动机大多采用步进电动机或全数字化交流伺服电动机。

1.2.5　检测装置

在运动控制系统中是通过传感器获取系统中的几何量和物理量的信息的，这些信息提供给运动控制器，为实现控制策略提供依据。

运动控制系统中测量和反馈部分的核心是传感器。以传感器为核心的检测装置向操作人员或运动控制器反映系统状况，同时也可以在闭环控制系统中形成反馈回路，将指定的输出量馈送给运动控制器，而控制器则根据这些信息进行控制决策。运动控制系统中的传感器用于测量运动参数（如位置、速度和加速度等）和力学参数（如力和转矩等），也可以用于测量电气参数（如电压和电流等）。传感器是利用各种物理学原理，如电磁感应、光电效应、光栅效应、霍尔效应等，实现各物理量的检测。

运动控制系统中的传感器在采用新原理、新工艺、新材料并与先进的电子技术结合的基础上，朝着高精度、高可靠性和快速性的方向发展。没有信息反馈的控制是盲目的，而错误的信息反馈也会导致控制的失误。检测装置的测量反馈部分与电动机、驱动器、运动控制器一样，是运动控制系统的主要组成部分。准确性和实时性是控制系统对测量反馈部分的基本性能要求，前者在一定程度上由传感器和以传感器为核心的测量静态特性所描述，而后者则取决于其动态特性。

1.2.6　机械装置

机械装置是指电动机的负载，如工业系统中的风机、水泵及流体，轧机中的传送机构、轧辊和轧制中的钢材，机床中的主轴、刀架和工件，机械手和机器人的手臂，行走机构和施力对象等。机械装置作为电动机的负载，不仅包括机械系统的工作部分，如刀具和工件等，也包括机械系统中的机械传动链，如齿轮箱、传送带和滚珠丝杠等。运动控制系统中的机械装置由于其力学特性对系统施加影响，对整个运动控制系统进行分析时，机械装置是不可忽略的组成部分。

1.3　PLC 运动控制技术实训设备

TVT—METS3 是一套融合试验、实训及综合开发的新型培训系统，系统中的大部分部件都是采用工业上常用的传感器、变频器、控制器、执行器，并通过接口电路组成 PLC 网络，用户可以通过不同的组合构成各种不同的运动控制系统进行 PLC 运动控制技术的应用设计与实践。

1.3.1　TVT—METS3 系统结构及其功能

1. 系统结构

TVT—METS3 系统整体结构外貌如图 1-3 所示。TVT—METS3 系统由十个单元组成，如图 1-4 所示。

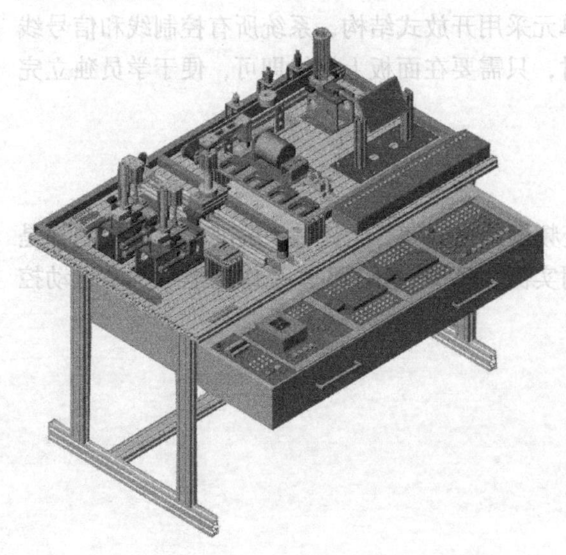

图 1-3　TVT—METS3 系统整体结构外貌

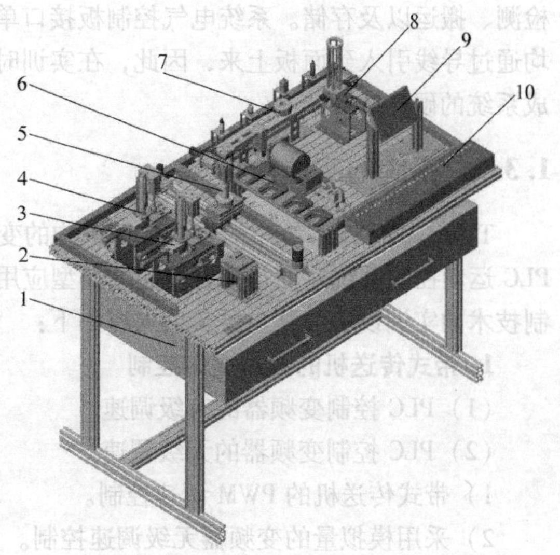

图 1-4　TVT—METS3 系统单元的组成

1—型材桌体　2—载货台　3—加工单元　4—装配单元　5—行走机械手单元　6—平面库单元　7—检测分拣单元　8—井式供料单元　9—触摸屏单元　10—电气控制板接口单元

2. 系统功能

TVT—METS3 系统中的井式供料单元、检测分拣单元和行走机械手单元可以组成材料分拣系统。它由传送带、气动机械手、传感器组、PLC、变频器、交流电动机、旋转编码器、井式出料塔、气动推送机构等组成。其中，变频器、旋转编码器、交流电动机与 PLC 组成带位置反馈的速度控制系统。传感器组由电容传感器、电感传感器、颜色传感器、光电开关等组成，可以识别货物的颜色、材质等，并可统计数量。

TVT—METS3 系统的行走机械手单元、加工单元、装配单元与平面库单元可以组成平面储存系统。它是由步进电动机及其驱动器、平面库、直线导轨、起动入库机构等组成。通过控制气动入库机构在直线导轨上的位移，实现不同货物进入到不同的位置。

系统可选用 2 台 PLC 分别控制材料分选小系统和平面存储小系统，然后通过 PLC 网络实现 PLC 之间的相互通信，完成系统的统一动作。PLC 之间的网络可选用 PPI、MPI 以及 PROFIBUS 现场总线等网络系统。

TVT—METS3 整个系统在 PLC 的控制下，系统的运行过程为：当料块由井式供料单元进入传感器检测分拣单元时，电动机旋转，通过同步齿型带使料块进入电容、电感、颜色传感器检测区域，使不同颜色、不同材质的料块被分拣；当料块进入机械手取料区域时，行走机械手开始动作，通过步进电动机或直流电动机旋转使机械手到达取料区域，将不同颜色、不同材质的料块放入到相应的平面库库位中，将待加工、待装配的料块放入加工、装配单元，实现料块的加工、装配，最后由行走机械手将加工装配好的成品放入相应的平面库库位中。

通过旋转编码器使行走机械手实现精确定位，通过调整旋转气缸的缓冲器使旋转角度实现精确定位控制。整个系统通过PLC网络实现PLC之间的通信，完成货物的传送、定位、检测、搬运以及存储。系统电气控制板接口单元采用开放式结构，系统所有控制线和信号线均通过导线引入到面板上来，因此，在实训时，只需要在面板上接线即可，便于学员独立完成系统的硬件接线。

1.3.2 系统的实训内容

TVT—METS3系统中的带式传输机构的变频调速控制和行走机械手的准确定位控制都是PLC运动控制系统速度与位置控制的典型应用实例。TVT—METS3系统作为学习PLC运动控制技术的实训设备，其主要实训内容如下：

1. 带式传送机的变频调速控制

（1）PLC控制变频器的有级调速

（2）PLC控制变频器的无级调速

1）带式传送机的PWM调速控制。

2）采用模拟量的变频器无级调速控制。

3）利用通信协议实现变频器无级调速控制。

4）利用PROFIBUS现场总线实现变频器的无级调速控制。

2. 行走机械手的速度与位置控制

1）PLC的高速计数器与旋转编码器的定位控制。

2）采用步进驱动系统实现机械手的速度与位置控制。

3）采用伺服驱动系统实现机械手的速度与位置控制。

4）采用位控单元模块实现机械手的速度与位置控制。

3. 利用PLC网络实现对货物的传输与搬运控制

1）采用2台S7200型PLC的PPI网络实现对货物的传输与搬运。

2）采用2台S7300型PLC的MPI网络实现对货物的传输与搬运。

3）采用1台S7300和1台S7200的MPI网络实现对货物的传输与搬运。

4）利用PROFIBUS现场总线实现对货物的传输与搬运。

4. 采用触摸屏的控制

1）采用触摸屏建立人-机交互界面实现系统的点动控制。

2）采用触摸屏建立人-机交互界面实现系统的自动控制。

5. 组态监控系统的设计

1）采用组态王完成材料分拣的监控系统设计。

2）采用组态王完成平面仓储的监控系统设计。

6. 自动加工、装配、仓储系统的应用设计

1）顺序加工系统的应用设计。

2）加工入库系统的应用设计。

3）自动加工系统的组态实现。

7. 现代生产线控制系统的应用设计

1）现代生产线电气控制系统的应用设计。

2）现代生产线系统的程序设计。

1.4　小结与作业

1.4.1　小结

运动控制技术是自动化技术与电气拖动技术的融合，采用PLC作为运动控制器的运动控制技术就是PLC运动控制技术，现已广泛应用于冶金、机械、信息、建筑、军事等多个行业中。

运动控制系统主要由运动控制器、传感器检测装置、伺服机构、机械装置等组成。其控制目标一般为位置控制、速度控制、加速度控制和力矩控制等。PLC运动控制技术实训设备采用TVT—METS3系列培训系统。系统中全部采用工业中的传感器、变频器、控制器、执行器及通信网络，利用不同的组合可以构成各种不同的运动控制系统，进行PLC运动控制技术的应用设计与实践。

1.4.2　作业

思考题：

1）什么是运动控制？

2）运动控制的目标是什么？

3）绘出运动控制系统的组成示意图。

4）运动控制技术的六要素是什么？

5）运动控制技术的主要应用场合有哪些？

6）利用TVT—METS3系列培训系统主要完成哪些实训内容？

第 2 章　带式传送机的变频调速控制

2.1　实训任务

2.1.1　带式传送机的起动和正反转控制

1. 采用变频器操作面板的起动和正反转控制

（1）任务要求　利用变频器的操作面板实现传送机的起动、停止及正反转控制。按下变频器操作面板上的“RUN”，电动机正转起动，经过4s，电动机稳定运行在50Hz。电动机进入稳定运行状态后，如果按下“STOP”，经过2s，电动机将从50Hz运行到停止。此外，传送带还可以按照正转的相同起动时间、相同的稳定运行频率以及相同的停止时间进行反转。其加、减速曲线如图2-1所示，图中 $t_1=4s$，$t_2=2s$。

（2）系统组成　采用变频器操作面板控制的调速系统示意图如图2-2所示。系统主要由传送带、交流电动机、变频器等组成。带式传送机调速控制系统的接线如图2-3所示，系统的接线见表2-1。

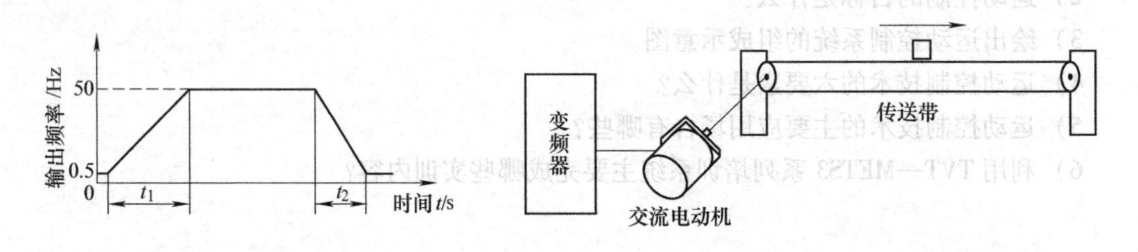

图2-1　加、减速曲线　　　　图2-2　采用变频器操作面板控制的调速系统示意图

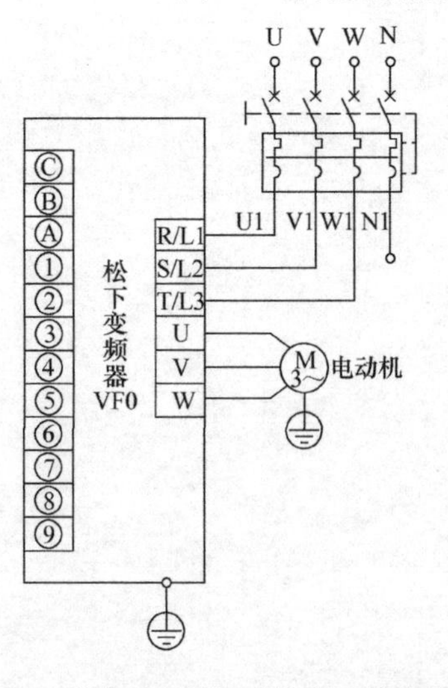

图2-3　带式传送机调速控制系统的接线

表2-1　带式传送机调速系统的接线

电源端子	变频器	电动机
U1	R/L1	—
V1	S/L2	—
W1	T/L3	—
PE	PE	PE
—	U	U
—	V	V
—	W	W

注：表中在同一行的标号表示需要用导线相连接，如电源端子的“U1”与变频器的“R/L1”需要用导线连接。

（3）系统的变频器参数设置及操作步骤　本次实训涉及的变频器参数有P66、P01、P02、P08、P09，具体操作步骤如下：

1）按图2-3及表2-1接线。

2）变频器参数初始化：将P66设置为“1”。

3）设置起动和停止时间：将参数P01设置为“4”，P02设置为“2”。

4）设置频率：将参数P09设置为“0”。

5）设置变频器运行方式：将P08设置为“1”。

6）按下“MODE”使数码管显示“Fr”，然后按下“SET”，并调节操作旋钮使数码管显示“50.0”。

7）正转运行：按下“MODE”，选择在数码管显示“000”的状态下按下“▲”软按键，此时将显示“0-F”，再按下“RUN”软按键电动机将开始正转运行，经过4s后，旋转控制面板上的电位器将输出频率调节到50Hz。

8）电动机停止：按下“STOP”软按键，电动机就会停止运行。

9）反转运行：在数码管显示“000”的状态下按下“▼”软按键，此时将显示“0-r”，再按下“RUN”软按键，电动机将开始反转运行。

10）按下“STOP”软按键，电动机停止运行。

（4）分析与思考

1）在第一个实训中使用了变频器，那么变频器有什么特点？为什么会被广泛应用？它都有哪些控制方法？变频器的全称为交流变频调速器，主要用于交流电动机的驱动及调速，在调整输出频率的同时按比例调整输出电压，从而改变电动机的转速，以达到交流电动机调速的目的。变频器的最大特点是高效、节能。变频器的控制及调速方法有：①采用变频器操作控制面板实现电动机的起/停和正反转控制；②采用外部按钮实现电动机的起/停和正反转控制；③采用PLC控制实现电动机的起/停和正反转运行；④采用PLC控制电动机实现多级调速；⑤采用脉宽调制（PWM）的调速控制；⑥采用模拟量实现变频器的无级调速控制；⑦采用现场总线控制实现变频器的无级调速。以上7种方法中，本实训采用了第一种控制方法。只需一台变频器和一台交流电动机即可构成一个最简单的变频器调速系统，其系统框图如图2-4所示。

2）在上面的操作中，为什么要设置P66呢？P66是用来初始化变频器参数的，当P66被设置成“1”后，变频器之前设置的所有参数都被恢复到出厂时的设置。P08是变频器的“选择运行指令”，它决定了变频器的控制方式，即变频器是采用面板控制方式还是采用外部按钮控制方式。参数P08的功能见表2-2。P09是频率设定信号，它决定了变频器输出频率的控制方式。参数P09的功能见表2-3。

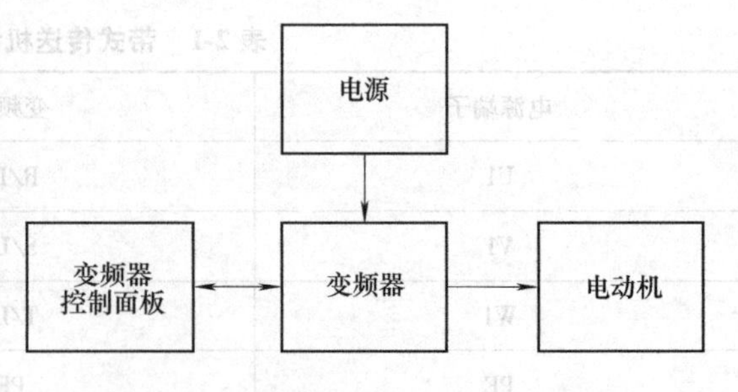

图2-4　采用操作面板的调速系统框图

表2-2　参数P08（选择运行指令）的功能

设定数据	面板或外控	操作板复位功能	操作方法和控制端子的连接图
0	面板	有	运行：RUN　停止：STOP　正转/反转用DR模式设定
1			正转运行：RUN　反转运行：RUN　停止：STOP
2	外控	无	3　共用端子 5　ON:运行　OFF:停止 6　ON:反转　OFF:正转
4		有	
3	外控	无	3　共用端子 5　ON:正转运行　OFF:停止 6　ON:反转运行　OFF:停止
5		有	

表2-3　参数P09（频率设定信号指令）的功能

设定数据	面板或外控	设定信号内容	操作方法和控制端子的连接
0	面板	电位器设定(操作板)	频率设定钮　Max:最大频率 Min:最低频率(或零电位停止)
1		数字设定(操作板)	用“MODE”、“▲”、“▼”、“SET”键　利用“FR模式”进行设定
2	外控	电位器	端子No.1.2.3(将电位器的中心引线拉到2上)
3		0~5V(电压信号)	端子No2.3(2:+;3:-)
4		0~10V(电压信号)	端子No2.3(2:+;3:-)
5		4~20mA(电流信号)	端子No2.3(2:+;3:-),在2~3之间连接200Ω

2. 带式传送机采用外部开关的控制

（1）任务要求　利用外部开关实现传送机的起动、停止及正反转控制。采用SA1、SA2分别控制电动机起/停和正反转，SA1是起动与停止开关，当SA1接通时传送带开始正转，经过2s后电动机以20Hz的速度稳定运行，断开SA1电动机经过1s后停止运行。在电动机运行过程中改变SA2的状态，传送带运行方向也会相应地改变。其加、减速曲线如图2-5所示，图中$t_1=2s$，$t_2=1s$。

（2）系统组成　采用外部开关控制的带式传送机系统示意图如图2-6所示。系统主要由传送带、交流电动机、变频器、指示与主令控制单元等组成。

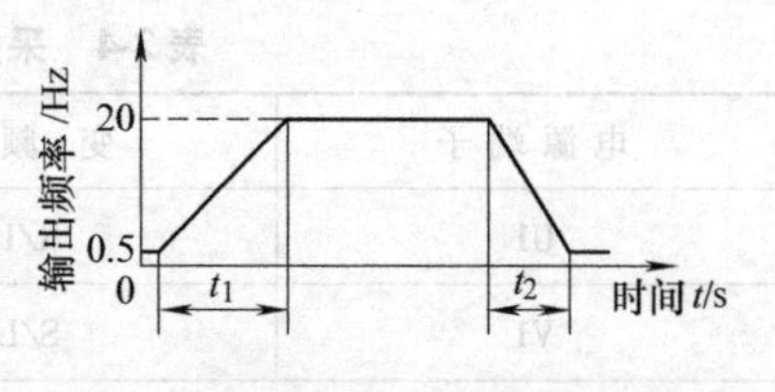

图2-5　加、减速曲线

（3）系统的变频器参数设置及操作步骤　本次实训涉及的变频器参数有P66、P01、P02、P08、P09，具体操作步骤如下：

1）按图2-7及表2-4进行接线。

2）变频器参数初始化：将P66设置为“1”。

3）设置起/停时间：将参数P01设置为“5”，将参数P02设置为“2.5”。

4）设置变频器运行方式：将P08设置为“2”。设定频率：将参数P09设定为“1”。

5）按下“MODE”，选择在数码管显示“Fr”时，通过上下键将数码管显示改成“20”。

6）正转运行：按下“MODE”，选择在数码管显示“000”的状态下转动“SA1”开关（SA1为ON），电动机将开始正转运行。反转运行：转动“SA1”开关（SA1为ON）和“SA2”开关（SA2为ON），电动机将开始反转运行。

7）电动机的停止：转动“SA1”开关（SA1为OFF），电动机就会停止运行。

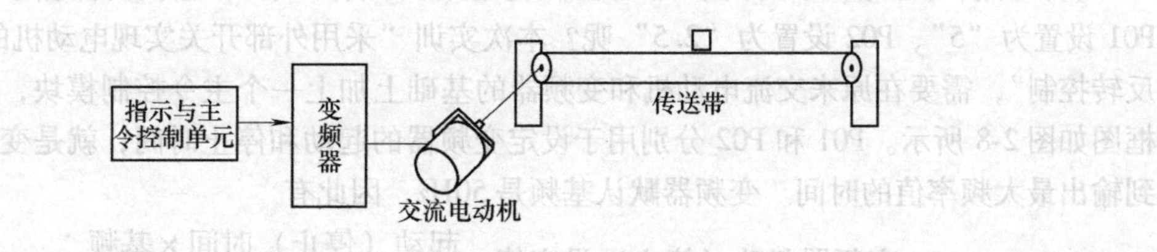

图2-6　采用外部开关控制的带式传送机系统示意图

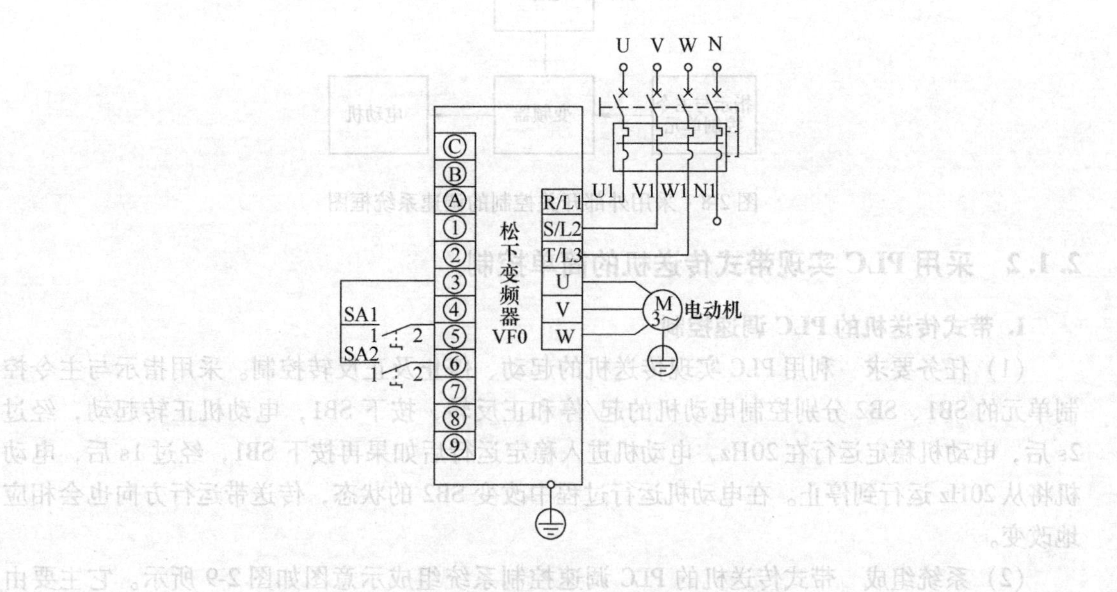

图2-7　采用外部开关控制的带式传送机系统的接线

表 2-4 采用外部开关调速控制系统的单元接线

电源端子	变频器	电动机	指示与主令控制单元
U1	R/L1	—	—
V1	S/L2	—	—
W1	T/L3	—	—
PE	PE	PE	—
—	U	U	—
—	V	V	—
—	W	W	—
—	3	—	SA1-1，S2-1
—	5	—	SA1-2
—	6	—	SA2-2

注：表中在同一行的标号表示需要用导线相连接，如电源端子的“U1”与变频器的“R/L1”需要用导线连接。

（4）分析与思考 本实训采用的是哪种变频器控制方式？在上面的操作中，为什么将P01 设置为“5”、P02 设置为“2.5”呢？本次实训“采用外部开关实现电动机的起/停和正反转控制”，需要在原来交流电动机和变频器的基础上加上一个主令控制模块，其调速系统框图如图 2-8 所示。P01 和 P02 分别用于设定变频器的起动和停止时间，就是变频器从起动到输出最大频率值的时间。变频器默认基频是 50Hz，因此有

$$变频器起动（停止）设定值=\frac{起动（停止）时间\times 基频}{最终运行频率}$$

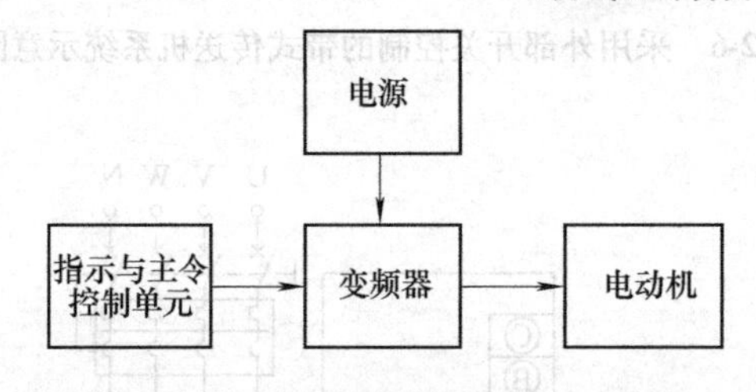

图 2-8 采用外部开关控制的调速系统框图

2.1.2 采用 PLC 实现带式传送机的简单控制

1. 带式传送机的 PLC 调速控制

（1）任务要求 利用 PLC 实现传送机的起动、停止及正反转控制。采用指示与主令控制单元的 SB1、SB2 分别控制电动机的起/停和正反转，按下 SB1，电动机正转起动，经过 2s 后，电动机稳定运行在 20Hz，电动机进入稳定运行后如果再按下 SB1，经过 1s 后，电动机将从 20Hz 运行到停止。在电动机运行过程中改变 SB2 的状态，传送带运行方向也会相应地改变。

（2）系统组成 带式传送机的 PLC 调速控制系统组成示意图如图 2-9 所示。它主要由传送带、交流电动机、变频器、指示与主令控制单元及 PLC 主机单元等组成。

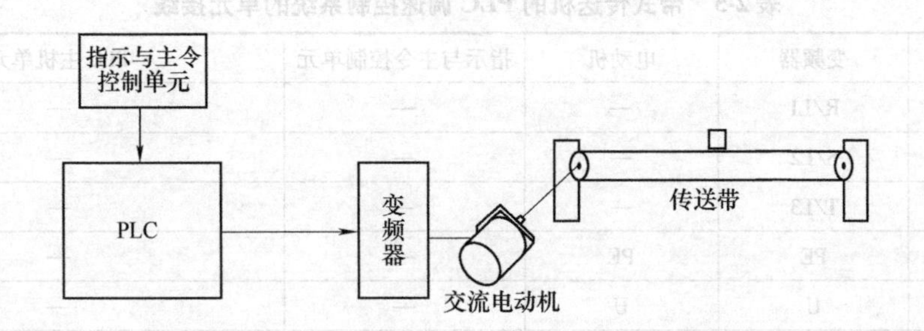

图 2-9　带式传送机的 PLC 调速控制系统组成示意图

（3）带式传送机的 PLC 调速控制系统的变频器参数设置及操作步骤　本次实训涉及的变频器参数有 P66、P01、P02、P08、P09，具体操作步骤如下：

1）按图 2-10 及表 2-5 接线。

2）变频器参数初始化：将参数 P66 设置为“1”。

3）设置起/停时间：将参数 P01 设置为“5”，将参数 P02 设置为“2. 5”。

4）设置变频器运行方式：将参数 P08 设置为“2”。设置频率：将参数 P09 设置为“1”。

5）按下“MODE”，选择在数码管显示“Fr”时，通过上下键将数码管显示改成“20”。

6）编写 PLC 程序并下载，梯形图程序如图 2-11 所示。

7）正转运行：按下“MODE”，使数码管显示“000”，此时变频器处于就绪状态，按下 SB1，电动机将开始正转运行。反转运行：在停止状态下先按下 SB2 再按下 SB1，电动机将开始反转运行。

8）电动机的停止：电动机稳定运行后按下 SB1，电动机就会停止运行。

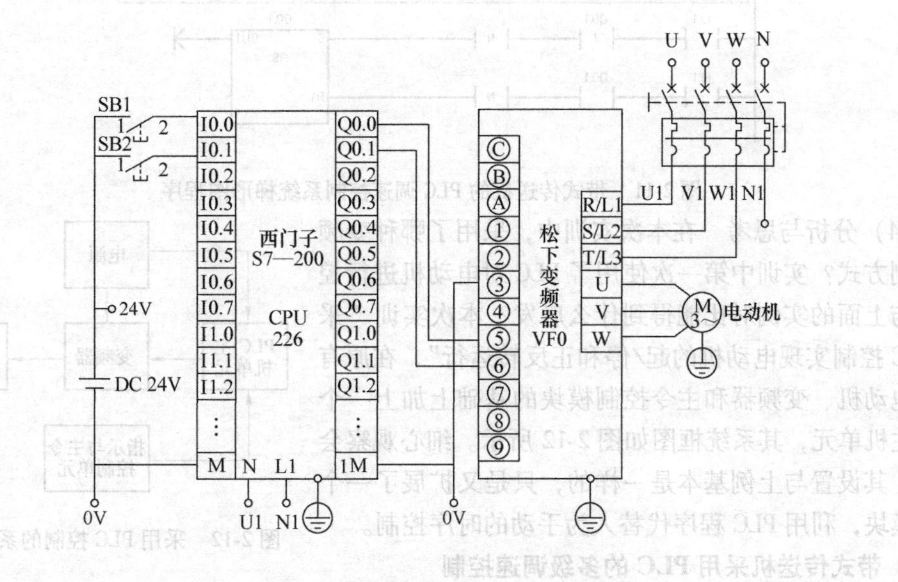

图 2-10　带式传送机的 PLC 调速控制系统的接线

表 2-5 带式传送机的 PLC 调速控制系统的单元接线

电源端子	变频器	电动机	指示与主令控制单元	PLC 主机单元
U1	R/L1	—	—	—
V1	S/L2	—	—	—
W1	T/L3	—	—	—
PE	PE	PE	—	—
—	U	U	—	—
—	V	V	—	—
—	W	W	—	—
0V	3	—	—	DC 电源输入“－”，数字量输出“1M”，数字量输入“M”
—	5	—	—	Q0.0
—	6	—	—	Q0.1
—	—	—	SB1-2	I0.0
—	—	—	SB2-2	I0.1
24V	—	—	SB1-1，SB2-1	DC 电源输入“＋”

注：表中在同一行的标号表示需要用导线相连接。

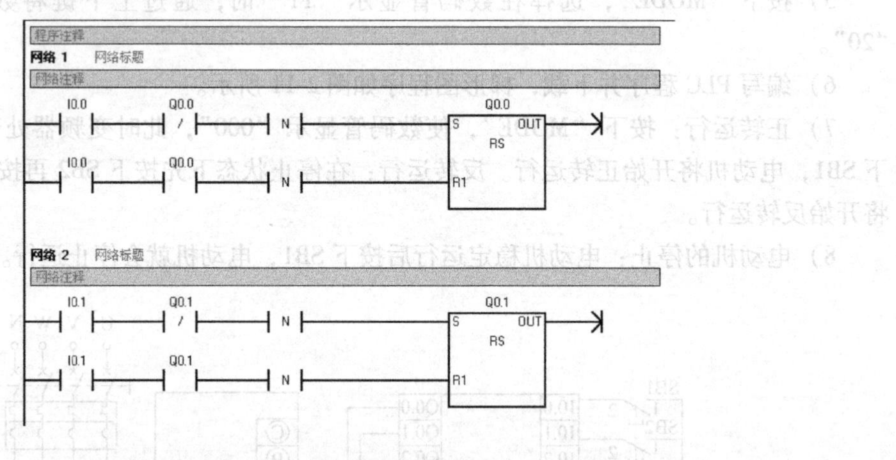

图 2-11 带式传送机的 PLC 调速控制系统梯形图程序

（4）分析与思考　在本次实训中，采用了哪种变频器控制方式？实训中第一次使用了 PLC 对电动机进行控制，与上面的实例对比能得到什么启发？本次实训“采用 PLC 控制实现电动机的起/停和正反转运行”，在原有交流电动机、变频器和主令控制模块的基础上加上一个 PLC 主机单元，其系统框图如图 2-12 所示。细心观察会发现，其设置与上例基本是一样的，只是又扩展了一个 PLC 模块，利用 PLC 程序代替人为手动的时序控制。

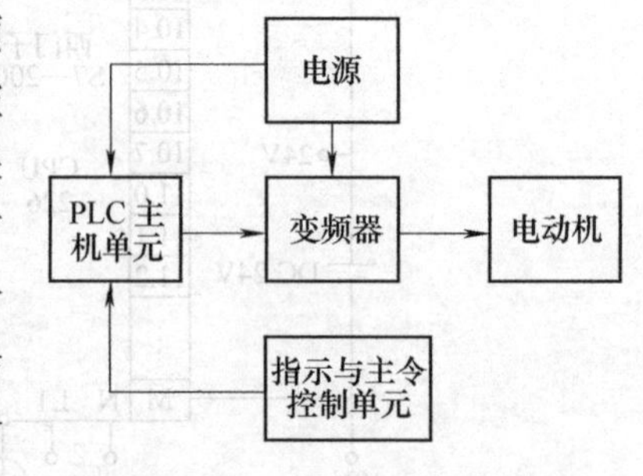

图 2-12 采用 PLC 控制的系统框图

2. 带式传送机采用 PLC 的多级调速控制

（1）任务要求　传送带由两个按钮控制，它们分别控制电动机的起动与停止。按下起动按钮后，电动机开始以5Hz的频率运行，每经过5s后就自动增加5Hz，总共有八个速度段，运行完八个速度段后自动停止。

（2）系统组成 由传送带、交流电动机、变频器、指示与主令控制单元及PLC主机单元组成带式传送机PLC控制的多级调速系统，其系统组成示意图如图2-13所示。

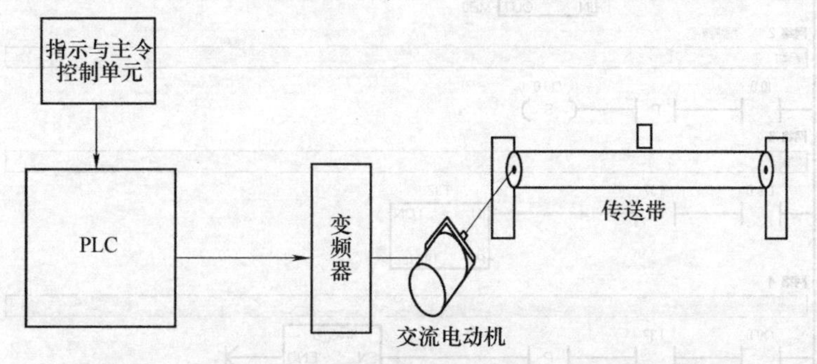

图2-13 带式传送机用PLC控制的多级调速系统组成示意图

（3）带式传送机的PLC调速控制系统的变频器参数设置及操作步骤 本次实训涉及的变频器参数有P66、P08、P09、P19、P20、P21、P32、P33、P34、P35、P36、P37、P38。具体操作步骤如下：

1）按图2-14及表2-6进行接线。

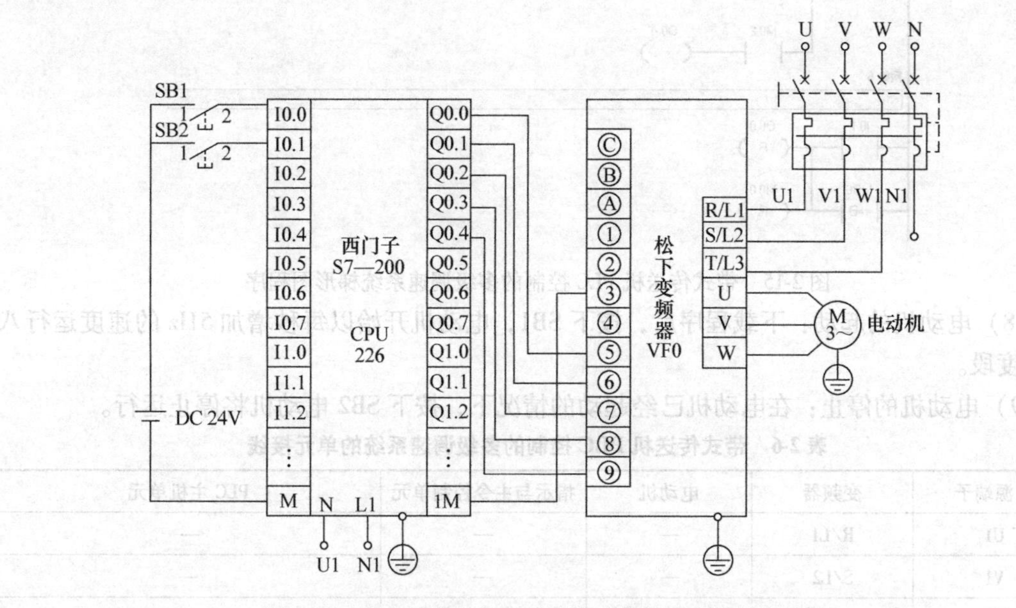

图2-14 带式传送机PLC控制的多级调速系统的接线

2）变频器参数初始化：将P66设置为“1”。

3）设置频率：将参数P09设置为“1”。

4）设置变频器运行方式：将P08设置为“2”。

5）将P19～P21都置为“0”。

6）按下“MODE”，选择在数码管显示“Fr”时，通过上下键将数码管显示改成“5”；然后按以下设置参数：P32＝“10”、P33＝“15”、P34＝“20”、P35＝“25”、P36＝“30”、P37＝“35”、P38＝“40”。

7）编写PLC程序下载到PLC中，梯形图程序如图2-15所示。

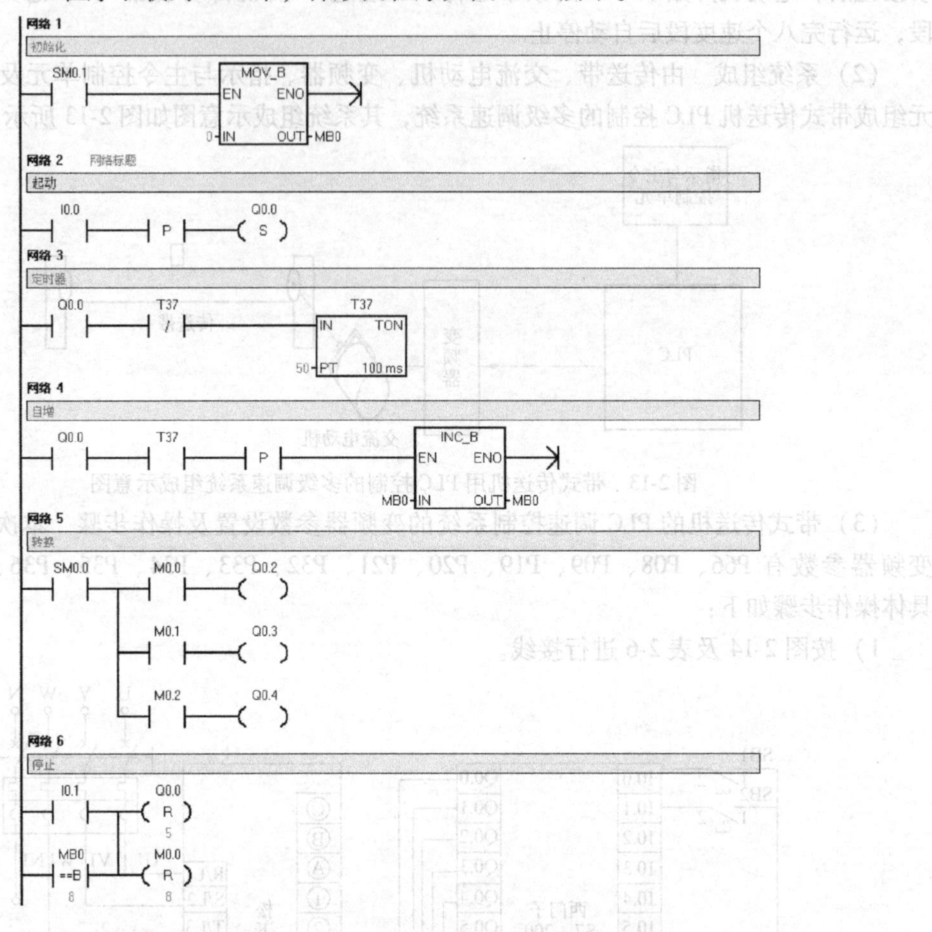

图2-15　带式传送机PLC控制的多级调速系统梯形图程序

8）电动机的起动：下载程序后，按下SB1，电动机开始以每秒增加5Hz的速度运行八个速度段。

9）电动机的停止：在电动机已经起动的情况下，按下SB2电动机将停止运行。

表2-6　带式传送机PLC控制的多级调速系统的单元接线

电源端子	变频器	电动机	指示与主令控制单元	PLC主机单元
U1	R/L1	—	—	—
V1	S/L2	—	—	—
W1	T/L3	—	—	—
PE	PE	PE	—	—
—	U	U	—	—
—	V	V	—	—
—	W	W	—	—
0V	3	—	—	DC电源输入“–”，数字量输出“1M”，数字量输入“M”
—	5	—	—	Q0.0

（续）

电源端子	变频器	电动机	指示与主令控制单元	PLC主机单元
—	6	—	—	Q0.1
—	7	—	—	Q0.2
—	8	—	—	Q0.3
—	9	—	—	Q0.4
—	—	—	SB1-2	I0.0
—	—	—	SB2-2	I0.1
24V	—	—	SB1-1，SB2-1	DC电源输入“+”

注：表中在同一行的标号表示需要用导线相连接。

（4）分析与思考　在本次实训中，采用了哪种变频器控制方式？变频器不通过PLC控制能否实现多级调速？如何实现？本次实训“采用PLC控制电动机实现多级调速”，其系统框图如图2-16所示。

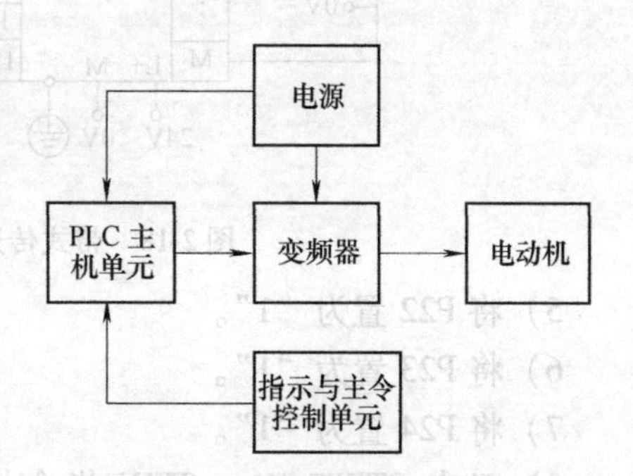

图2-16　采用PLC控制电动机实现多级调速的系统框图

2.1.3　采用PLC实现带式传送机的无级调速控制

1. 带式传送机的PWM调速控制

（1）任务要求　利用PLC及变频器实现传送机的PWM调速控制。传送带由三个按钮控制，分别控制电动机的起/停和运行速度。当电动机起动后，可以通过转速按钮控制电动机的速度，按住增速按钮不放时转速将会以每秒0.5Hz的加速变化，反之按住减速按钮不放时转速将会以每秒0.5Hz的减速变化。

（2）系统组成　由传送带、交流电动机、变频器、指示与主令控制单元及PLC主机单元组成带式传送机的PWM调速控制系统，其系统组成如图2-17所示。

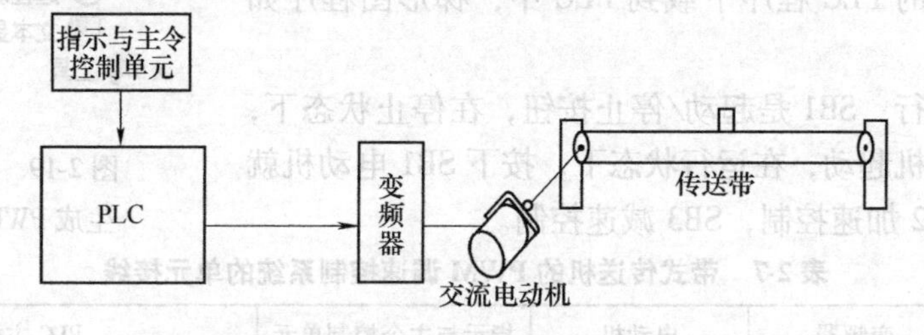

图2-17　带式传送机用PWM控制的系统组成示意图

（3）带式传送机的PWM调速控制系统的变频器参数设置及操作步骤　本次实训涉及的变频器参数有P66、P08、P09、P22、P23、P24，具体操作步骤如下：

1）按图2-18及表2-7进行接线。

2）变频器参数初始化：将P66设置为“1”。

3）设置频率：将参数P09设置为“1”。

4）设置变频器运行方式：将P08设置为“2”。

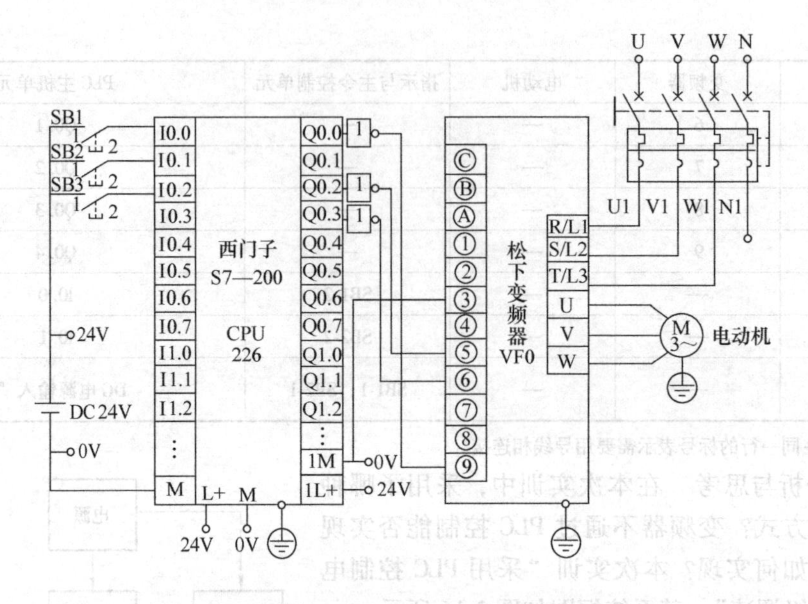

图 2-18　带式传送机的 PWM 调速控制系统的接线

5）将 P22 置为“1”。

6）将 P23 置为“1”。

7）将 P24 置为“1”。

8）双击 STEP7-Micro/WIN 指令树中的“PTO/PWM”（见图 2-19），双击“PTO/PWM”后弹出“脉冲输出向导”窗口，应按图 2-20 和图 2-21 设置，设置好后单击“下一步”又会弹出另一个对话框（见图 2-22），单击“完成”。

9）经过以上向导操作后，程序会自动生成一个“PWM0_ RUN”子程序，通过调用该子程序就可以从 Q0.0 输出 PWM 脉冲了。

10）将写好的 PLC 程序下载到 PLC 中，梯形图程序如图 2-23 所示。

11）调试运行：SB1 是起动/停止按钮，在停止状态下，按下 SB1 将电动机起动，在运行状态下，按下 SB1 电动机就会停止运行，SB2 加速控制，SB3 减速控制。

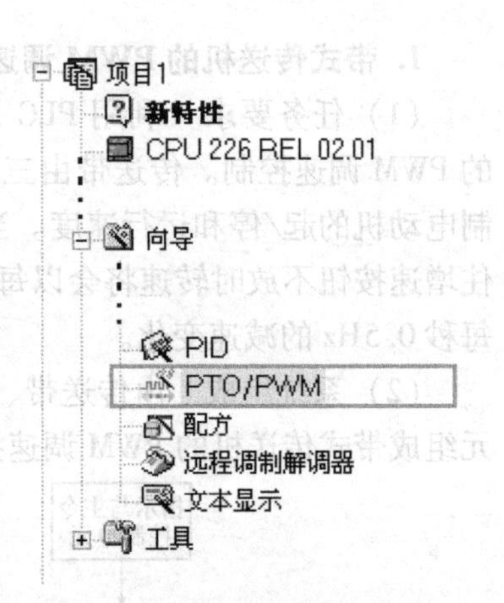

图 2-19　利用向导生成 PWM 子程序

表 2-7　带式传送机的 PWM 调速控制系统的单元接线

电源端子	变频器	电动机	指示与主令控制单元	PLC 主机单元
U1	R/L1	—	—	—
V1	S/L2	—	—	—
W1	T/L3	—	—	—
PE	PE	PE	—	—
—	U	U	—	—
—	V	V	—	—

（续）

电源端子	变频器	电动机	指示与主令控制单元	PLC主机单元
—	W	W	—	—
0V	3	—	—	DC电源输入“-”，数字量输出“1M”，数字量输入“M”
—	5	—	—	Q0.2
—	6	—	—	Q0.3
—	9	—	—	Q0.0
—	—	—	SB1-2	I0.0
—	—	—	SB2-2	I0.1
—	—	—	SB3-2	I0.2
24V	—	—	SB1-1，SB2-1，SB3-1	DC电源输入“+”，数字量输出“1L+”

注：表中在同一行的标号表示需要用导线相连接。

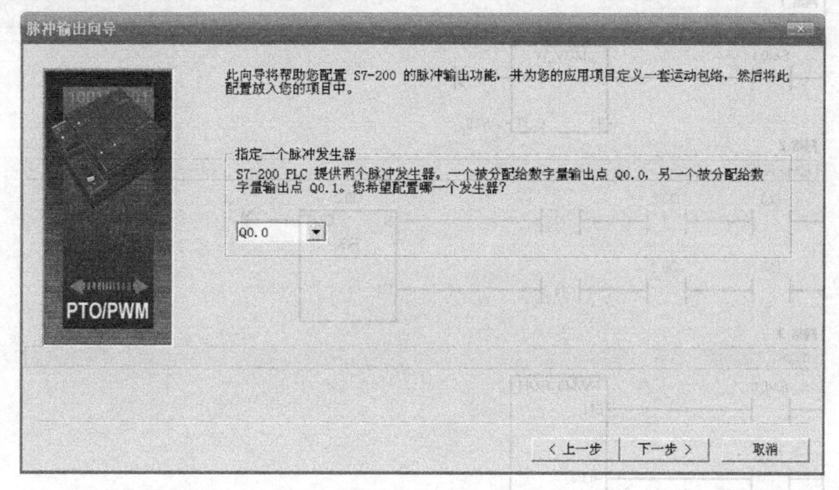

图2-20　向导设置1

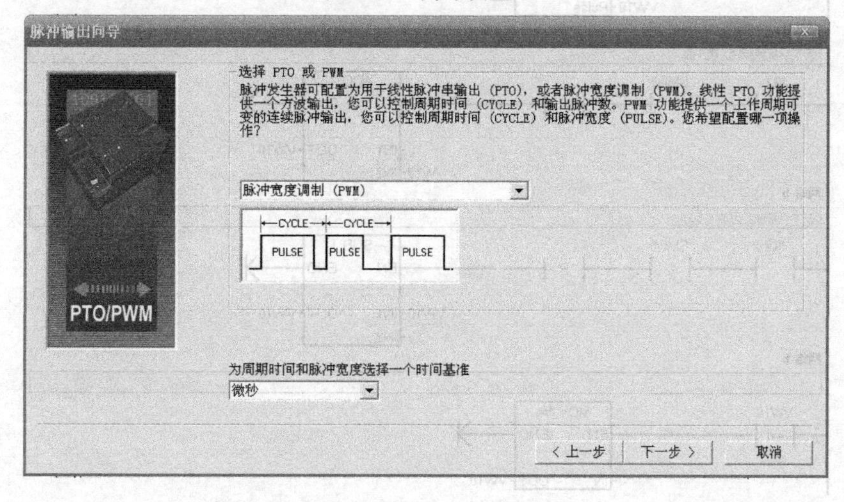

图2-21　向导设置2

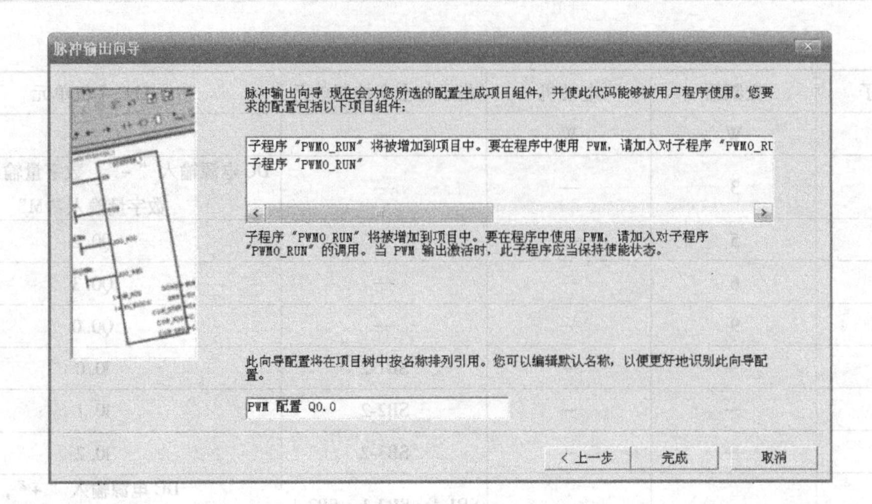

图 2-22　向导设置 3

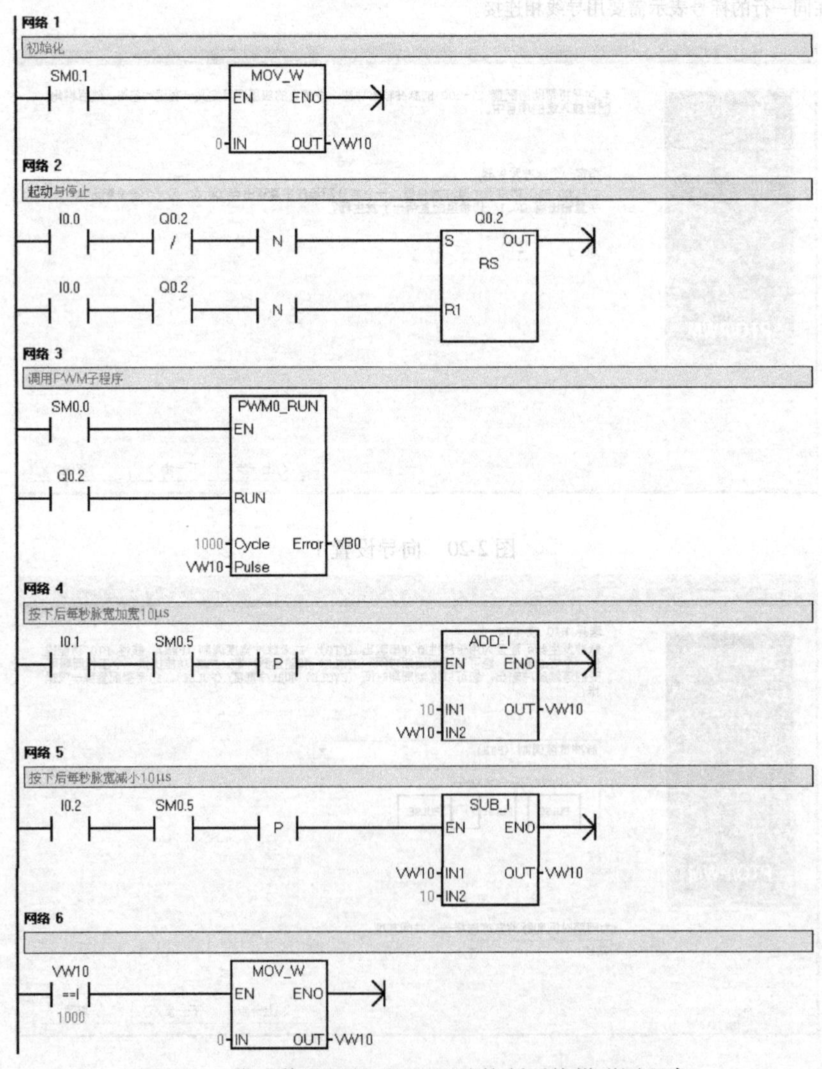

图 2-23　带式传送机的 PWM 调速控制系统梯形图程序

（4）分析与思考　在本次实训中，我们第一次使用了晶体管输出型的PLC，其输出接口电路如图2-24所示。由于松下变频器的控制信号是低电平有效，而S7—200晶体管输出型PLC输出的是高电平，为了匹配，需要在PLC与变频器之间加上一级反相器。脉冲宽度调制PWM是英文“Pulse Width Modulation”的缩写，简称为脉宽调制。它是利用控制器的数字输出来对模拟电路进行控制的一种非常有效的技术，广泛应用于测量、通信、功率控制与变换等许多领域。采用PWM进行电压和频率的控制，该信号由PLC提供，PWM指令可以直接与变频器一起使用，以控制电动机的运行速度。变频器的频率输出与PWM的关系式如下：

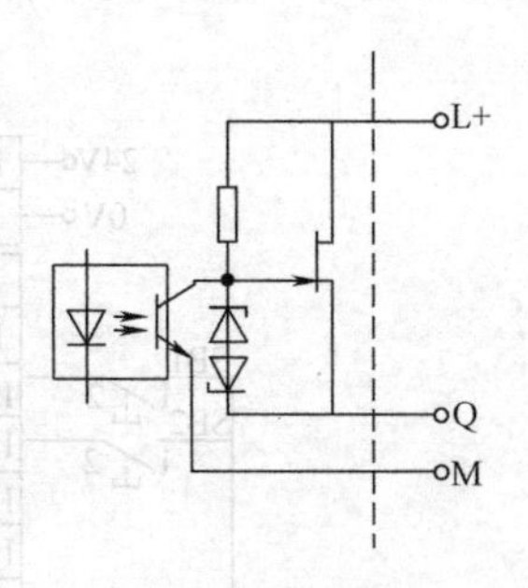

图2-24　晶体管输出接口电路

$$\text{频率指令值（Hz）}=\frac{\text{ON 时间}}{\text{PWM 周期}}\times\text{最大输出频率（Hz）} \tag{2-1}$$

2. 采用模拟量模块实现带式传送机的无级调速控制

（1）任务要求　利用PLC及变频器实现传送机的模拟量调速控制。传送带由两个按钮控制，分别控制电动机的起动与停止。按下起动按钮，电动机起动并以每秒增加0.1Hz的速度运行，直到最大输出频率50Hz后停止运行。在电动机运行期间按下停止按钮，电动机将会停止。

（2）系统组成　由传送带、交流电动机、变频器、指示与主令控制单元及PLC主机及模拟量单元组成带式传送机的无级调速控制系统，如图2-25所示。

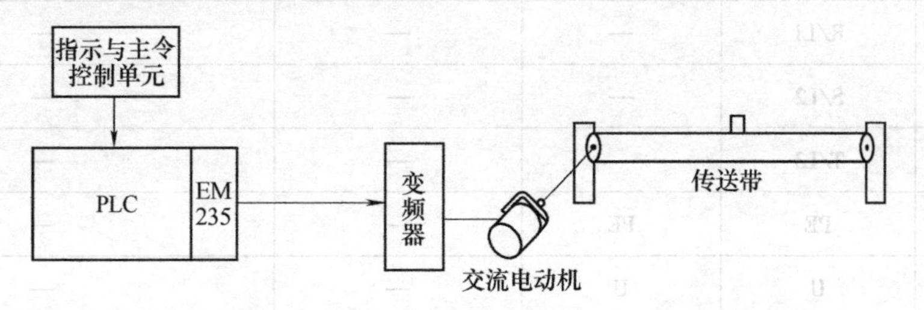

图2-25　调速控制系统的组成示意图

（3）模拟量模块实现带式传送机的无级调速控制系统的变频器参数设置及操作步骤　本次实训涉及的变频器参数有P66、P08、P09，具体操作步骤如下：

1）按图2-26及表2-8接线。

2）变频器参数初始化：将P66设置为“1”。

3）设置频率：将参数P09设置为“4”。

4）设置变频器运行方式：将“P08”设置为“2”。

5）编写PLC程序下载到PLC中，程序如图2-27所示。

6）起动：按下SB1，电动机起动并以每秒增加0.1Hz的速度运行，直到最大输出频率50Hz后停止运行。

7）在运行过程中，按下SB2，电动机将停止运行。

（4）分析与思考　从上面的实训中总结模拟量控制方法有什么特点？适用在什么样的场合？

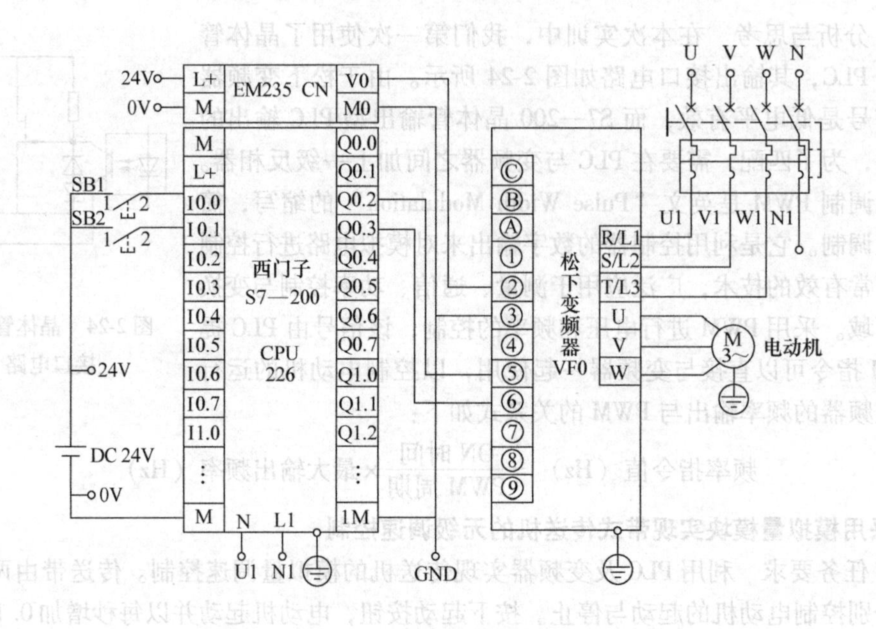

图2-26　带式传送机的无级调速控制系统的接线

表2-8　带式传送机的无级调速控制系统的单元接线

电源端子	变频器	电动机	指示与主令控制单元	PLC主机单元
U1	R/L1	—	—	—
V1	S/L2	—	—	—
W1	T/L3	—	—	—
PE	PE	PE	—	—
—	U	U	—	—
—	V	V	—	—
—	W	W	—	—
0V	3	—	—	DC电源输入“-”，数字量输出“1M”M0，数字量输入“M”
—	5	—	—	Q0.2
—	6	—	—	Q0.3
—	2	—	—	V0
—	—	—	SB1-2	I0.0
—	—	—	SB2-2	I0.1
24V	—	—	SB1-1，SB2-1	DC电源输入“+”，数字量输入“L+”

注：表中在同一行的标号表示需要用导线相连接。

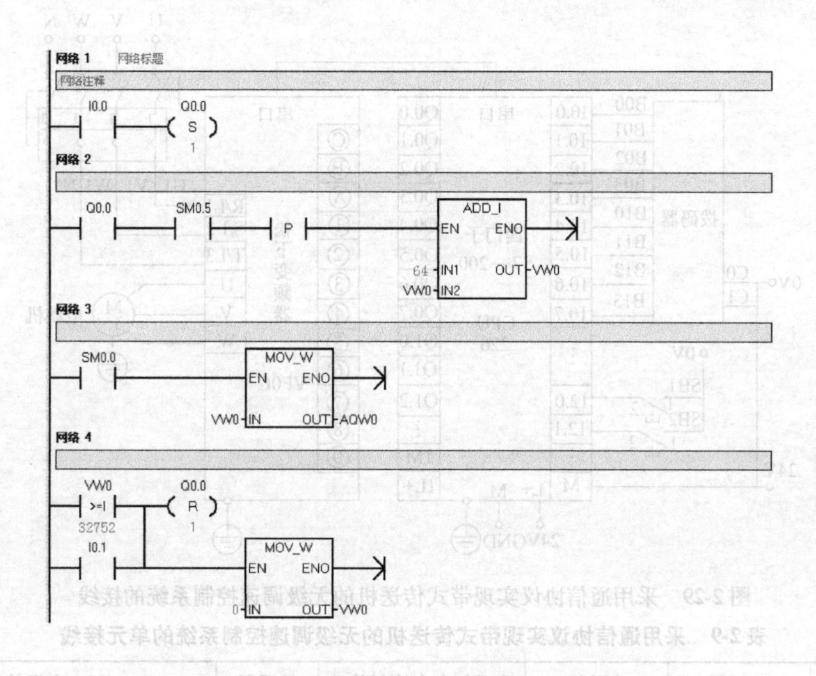

图 2-27 带式传送机的无级调速控制系统梯形图程序

3. 采用通信协议实现带式传送机的无级调速控制

（1）任务要求 系统由两个按钮和一个两位的拨码器控制。按钮分别控制传送带的起动和停止，拨码器作为信号的输入控制变频器的输出频率，拨码器的值（00～50）对应变频器输出频率值（0～50Hz）。

（2）系统组成 系统由指示与主令控制单元、PLC、变频器、交流电动机及传送带组成，其系统组成如图 2-28 所示。

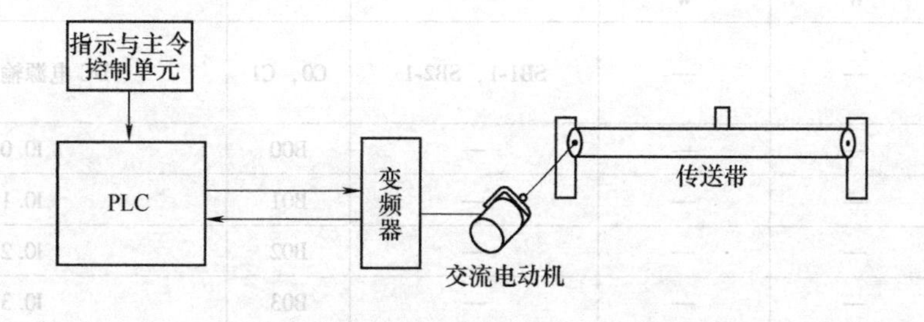

图 2-28 采用通信协议实现带式传送机的无级调速控制系统的构成示意图

（3）操作步骤

1）按图 2-29 及表 2-9 接线。

2）变频器参数初始化：将 P93 设置为“1”。

3）设置频率：将参数 P08 设置为“6”。

4）设置变频器运行方式：将 P09 设置为“6”。

5）编写 PLC 程序并编译、下载到 PLC 中，程序如图 2-30 所示。

6）SB1 是起动按钮，SB2 是停止按钮，变频器起动后将按照拨码器的数值运行。

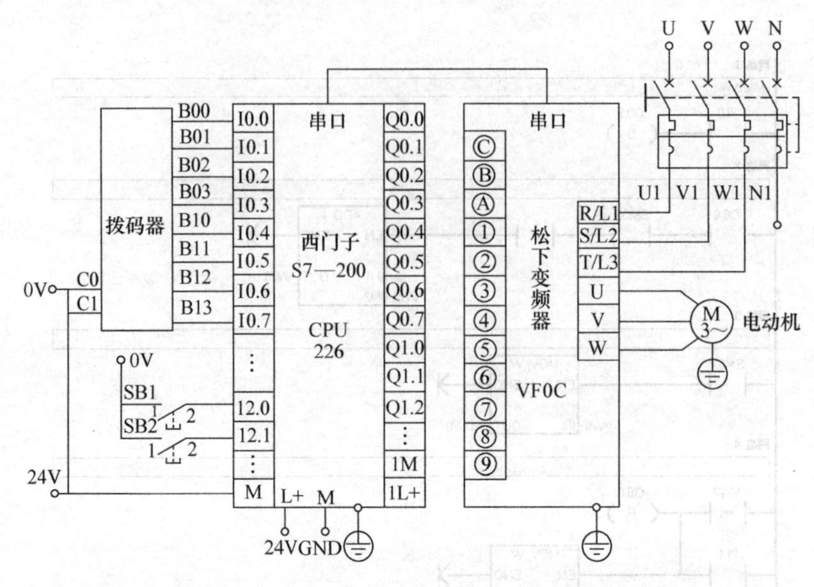

图 2-29　采用通信协议实现带式传送机的无级调速控制系统的接线

表 2-9　采用通信协议实现带式传送机的无级调速控制系统的单元接线

电源端子	变频器	电动机	指示与主令控制单元	拨码器	PLC 主机单元
U1	R/L1	—	—	—	—
V1	S/L2	—	—	—	—
W1	T/L3	—	—	—	—
PE	PE	PE	—	—	—
—	U	U	—	—	—
—	V	V	—	—	—
—	W	W	—	—	—
0V	—	—	SB1-1，SB2-1	C0，C1	DC 电源输入“－”
—	—	—	—	B00	I0.0
—	—	—	—	B01	I0.1
—	—	—	—	B02	I0.2
—	—	—	—	B03	I0.3
—	—	—	—	B10	I0.4
—	—	—	—	B11	I0.5
—	—	—	—	B12	I0.6
—	—	—	—	B13	I0.7
—	—	—	SB1-2	—	I2.0
—	—	—	SB2-2	—	I2.1
24V	—	—	—	—	DC 电源输入“＋”，数字量输出“1L＋”，数字量输入“M”

注：表中在同一行的标号表示需要用导线相连接。

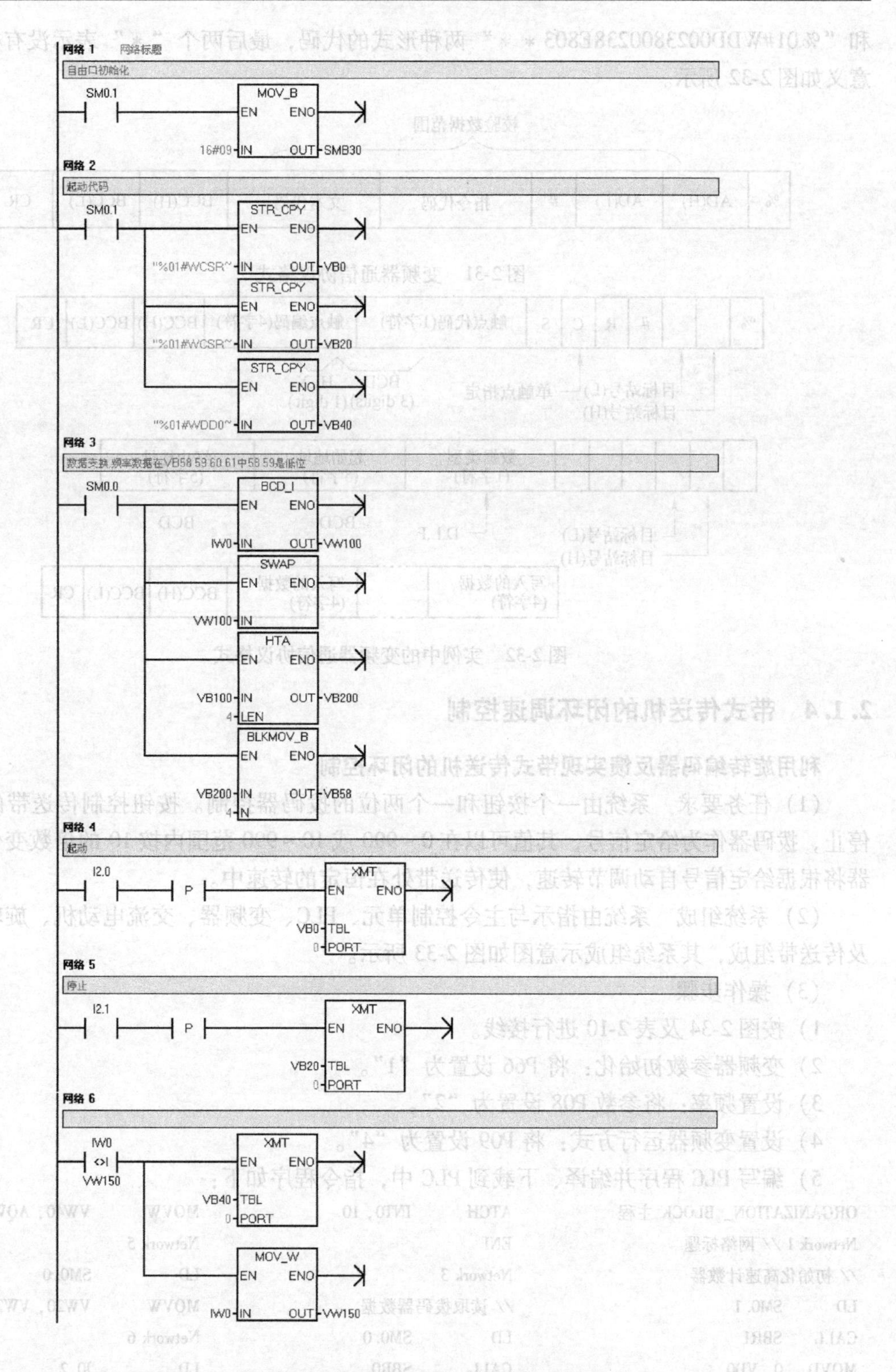

图2-30　带式传送机的无级调速控制系统梯形图程序

（4）分析与思考　变频器不但可以用按钮、控制面板来控制，它还可以通过通信方式实现控制，变频器通信协议格式如图2-31所示。在程序中使用的是“%01#WCSR25001＊＊”

和“%01#WDD0023800238E803＊＊”两种形式的代码，最后两个“＊”表示没有校验具体意义如图 2-32 所示。

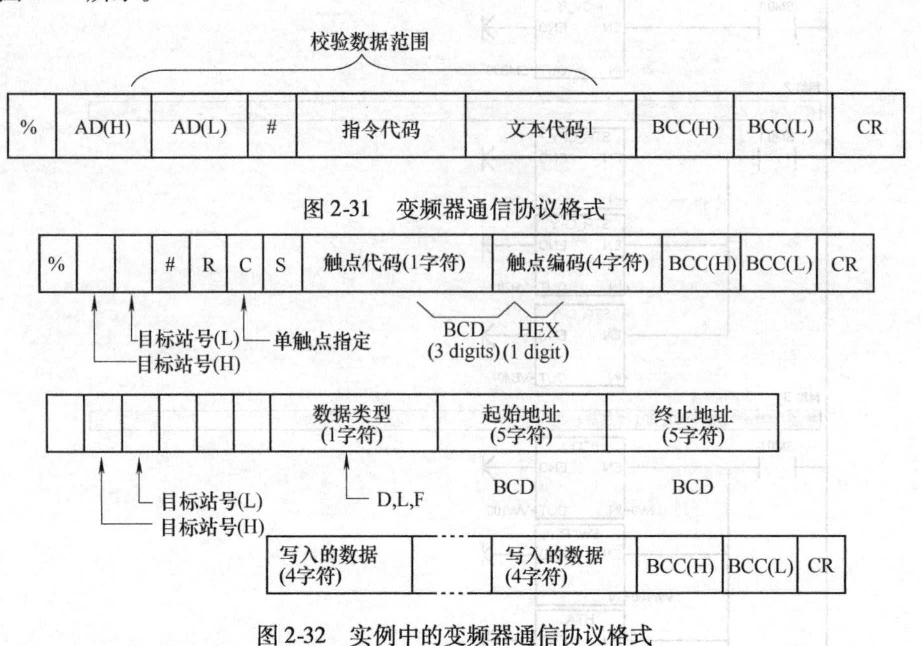

图 2-31　变频器通信协议格式

图 2-32　实例中的变频器通信协议格式

2.1.4　带式传送机的闭环调速控制

利用旋转编码器反馈实现带式传送机的闭环控制

（1）任务要求　系统由一个按钮和一个两位的拨码器控制。按钮控制传送带的起动和停止，拨码器作为给定信号，其值可以在 0～990 或 10～990 范围内按 10 的倍数变化，变频器将根据给定信号自动调节转速，使传送带处在恒定的转速中。

（2）系统组成　系统由指示与主令控制单元、PLC、变频器、交流电动机、旋转编码器及传送带组成，其系统组成示意图如图 2-33 所示。

（3）操作步骤

1）按图 2-34 及表 2-10 进行接线。

2）变频器参数初始化：将 P66 设置为“1”。

3）设置频率：将参数 P08 设置为“2”。

4）设置变频器运行方式：将 P09 设置为“4”。

5）编写 PLC 程序并编译、下载到 PLC 中，指令程序如下：

```
ORGANIZATION_ BLOCK 主程
Network 1 // 网络标题
// 初始化高速计数器
LD      SM0.1
CALL    SBR1
MOVD    0, VD0
Network 2
LD      SM0.1
MOVB    100, SMB34
ATCH    INT0, 10
ENI
Network 3
// 读取拨码器数据
LD      SM0.0
CALL    SBR0
Network 4
LD      SM0.0
A       0.02
MOVW    VW40, AQW0
Network 5
LD      SM0.0
MOVW    VW20, VW2
Network 6
LD      I0.2
AN      Q0.2
ED
LD      I0.2
```

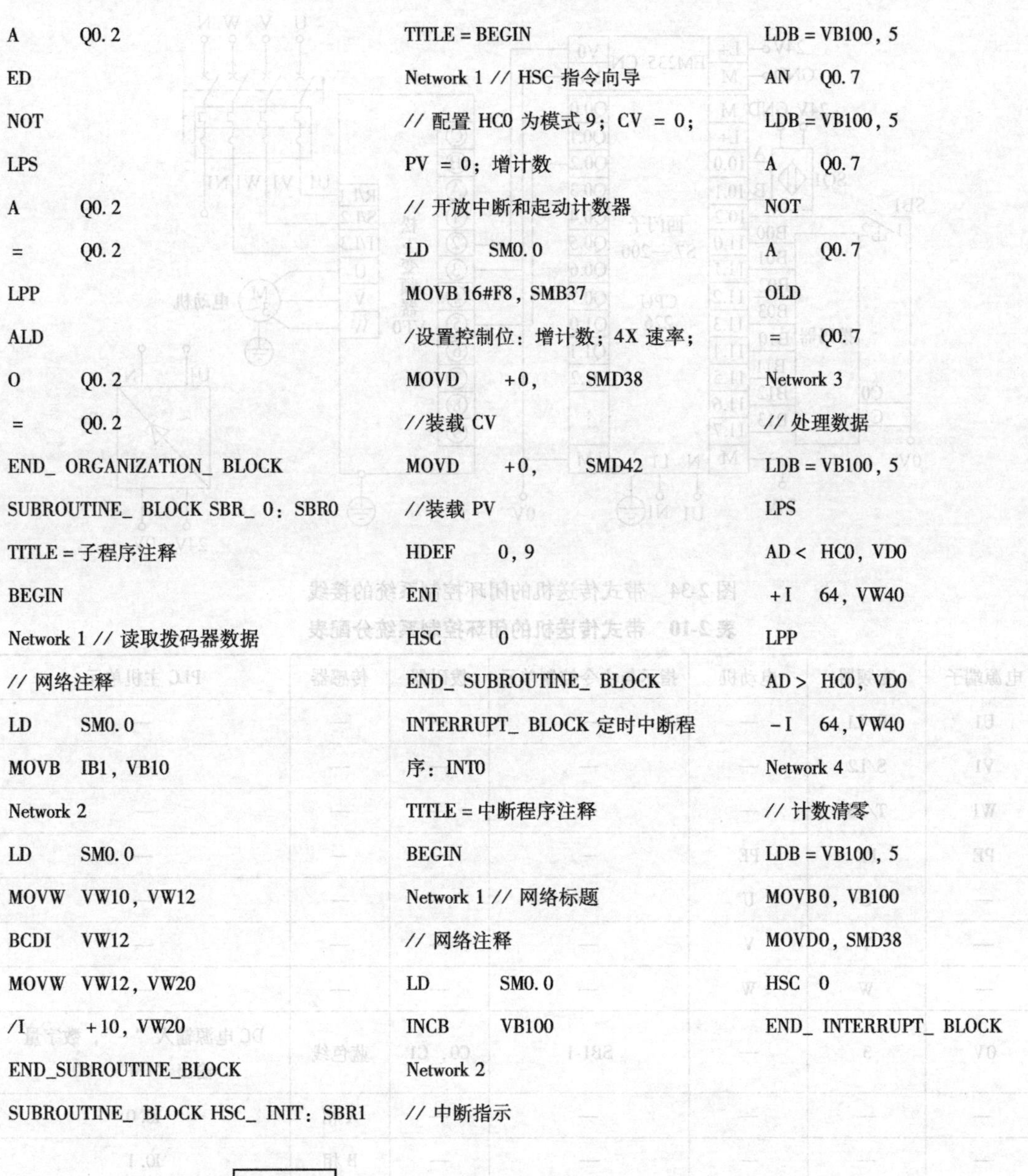

```
A       Q0.2
ED
NOT
LPS
A       Q0.2
=       Q0.2
LPP
ALD
O       Q0.2
=       Q0.2
END_ ORGANIZATION_ BLOCK
SUBROUTINE_ BLOCK SBR_ 0：SBR0
TITLE = 子程序注释
BEGIN
Network 1 // 读取拨码器数据
// 网络注释
LD      SM0.0
MOVB    IB1, VB10
Network 2
LD      SM0.0
MOVW    VW10, VW12
BCDI    VW12
MOVW    VW12, VW20
/I      +10, VW20
END_SUBROUTINE_BLOCK
SUBROUTINE_ BLOCK HSC_ INIT：SBR1
TITLE = BEGIN
Network 1 // HSC 指令向导
// 配置 HC0 为模式 9；CV = 0；
PV = 0；增计数
// 开放中断和起动计数器
LD      SM0.0
MOVB 16#F8, SMB37
/设置控制位：增计数；4X 速率；
MOVD       +0,     SMD38
//装载 CV
MOVD       +0,     SMD42
//装载 PV
HDEF     0, 9
ENI
HSC      0
END_ SUBROUTINE_ BLOCK
INTERRUPT_ BLOCK 定时中断程
序：INT0
TITLE = 中断程序注释
BEGIN
Network 1 // 网络标题
// 网络注释
LD          SM0.0
INCB        VB100
Network 2
// 中断指示
LDB = VB100, 5
AN     Q0.7
LDB = VB100, 5
A      Q0.7
NOT
A      Q0.7
OLD
=      Q0.7
Network 3
// 处理数据
LDB = VB100, 5
LPS
AD <  HC0, VD0
+I    64, VW40
LPP
AD >  HC0, VD0
-I    64, VW40
Network 4
// 计数清零
LDB = VB100, 5
MOVB0, VB100
MOVD0, SMD38
HSC   0
END_ INTERRUPT_ BLOCK
```

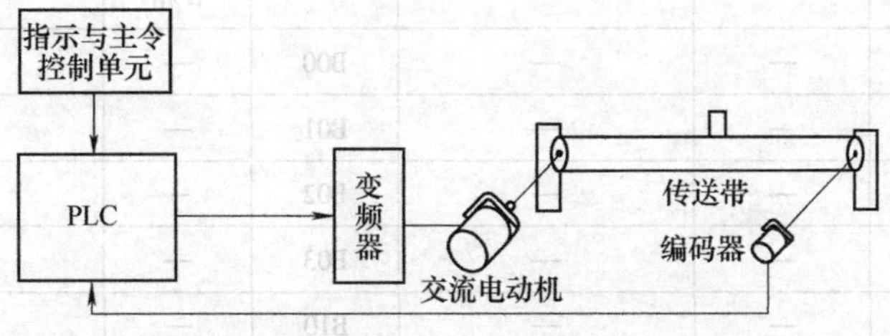

图 2-33　带式传送机的闭环控制系统构成示意图

6）SB1 是起动按钮，变频器起动后将按照拨码器的数值自动调节运行。

（4）分析与思考　本例中第一次使用了编码器，编码器有什么作用？如果不使用编码器，系统会是怎么样的系统？会有什么影响？在下一章将作具体介绍。

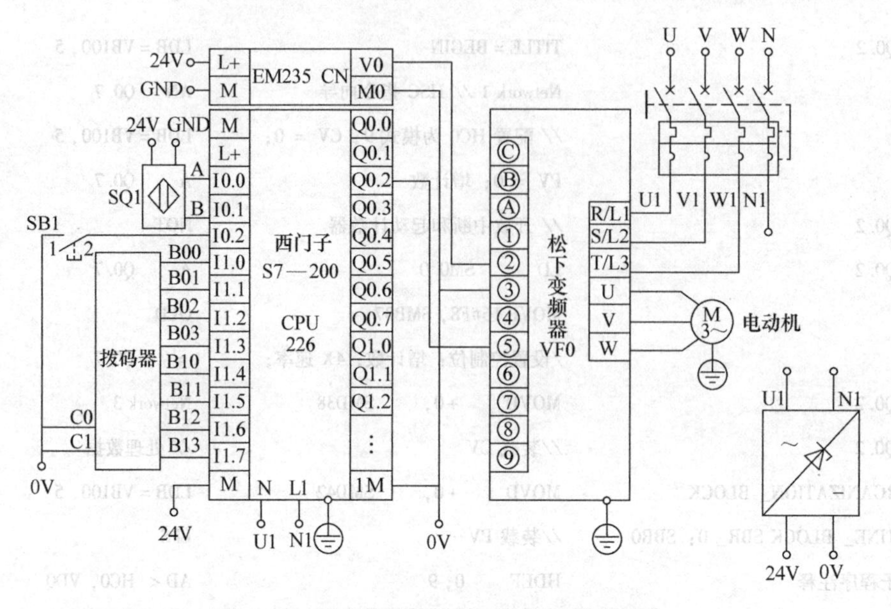

图 2-34 带式传送机的闭环控制系统的接线

表 2-10 带式传送机的闭环控制系统分配表

电源端子	变频器	电动机	指示与主令控制单元	拨码器	传感器	PLC 主机单元
U1	R/L1	—	—	—	—	—
V1	S/L2	—	—	—	—	—
W1	T/L3	—	—	—	—	—
PE	PE	PE	—	—	—	—
—	U	U	—	—	—	—
—	V	V	—	—	—	—
—	W	W	—	—	—	—
0V	3	—	SB1-1	C0，C1	蓝色线	DC 电源输入“－”，数字量输出“1M”，M0
—	—	—	—	—	A 相	I0. 0
—	—	—	—	—	B 相	I0. 1
—	—	—	—	B00	—	I1. 0
—	—	—	—	B01	—	I1. 1
—	—	—	—	B02	—	I1. 2
—	—	—	—	B03	—	I1. 3
—	—	—	—	B10	—	I1. 4
—	—	—	—	B11	—	I1. 5
—	—	—	—	B12	—	I1. 6
—	—	—	—	B13	—	I1. 7
—	—	—	SB1-2	—	—	I0. 2

（续）

电源端子	变频器	电动机	指示与主令控制单元	拨码器	传感器	PLC 主机单元
24V	—	—	—	—	棕色线	DC 电源输入“+”，数字量输入“L+”，数字量输入“M”
—	2	—	—	—	—	V0
—	5	—	—	—	—	Q0.2

注：表中在同一行的标号表示需要用导线相连接。

2.2　小结与作业

2.2.1　小结

本章主要学习了变频器的各种控制方法，读者应能熟练掌握使用上述方法控制变频器，并能熟记变频器的各个参数的设置；在使用变频器及其他单元模块时，要特别注意人身和设备的安全，不要带电接插导线。

2.2.2　作业

采用 PWM 方式控制传送带的运动。按下起动按钮，传送带正转起动，经过 10s 后进入 18Hz 的速度稳定运行 50s，然后又以 20Hz 的速度运行 30s，最后停止运行。要求如下：

1）完成系统 PLC 的 I/O 分配。

2）画出系统接线图。

3）按控制要求编写 PLC 梯形图程序。

4）上机调试运行，直至满足控制功能。

第3章　行走机械手的速度与位置控制

3.1　实训任务

3.1.1　采用光电编码器、高速计数器和直流电动机实现行走机械手的定位控制

（1）任务要求　系统通电后，机械手自动返回原点，按下起动按钮后机械手开始运动，到达一号库位后停止10s，然后再运行到四号库位并等待6s，最后返回原点。

（2）系统组成　由行走机械手、直流电动机、直流电动机驱动器、指示与主令控制单元及PLC主机单元组成手动操作实现行走机械手的定位控制系统，其系统组成示意图如图3-1所示。

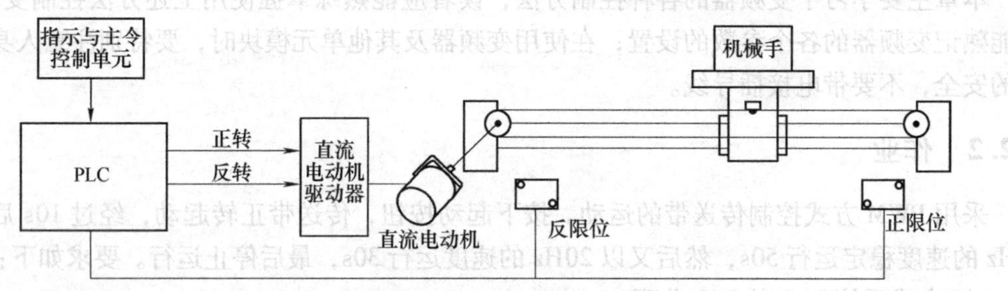

图3-1　行走机械手的定位控制系统组成示意图

（3）定位控制的操作步骤　采用光电编码器、高速计数器和直流电动机实现行走机械手的定位控制的设置，具体操作步骤如下：

1）按图3-2和表3-1所示接线。图3-2中SQ1是旋转编码器，SQ2是原点信号传感器，

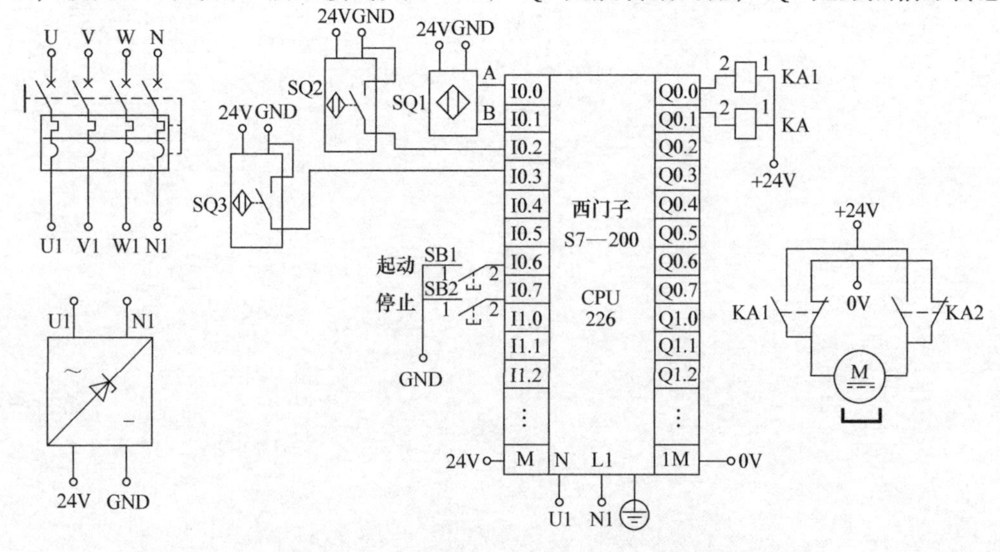

图3-2　行走机械手的定位控制系统的接线

SQ3 是限位传感器。

2）设计 PLC 程序流程图及编写 PLC 程序，下载到 PLC 中。程序流程图如图 3-3 所示，PLC 梯形图程序如图 3-4 所示。

3）调试：按下 SB1 机械手开始运动，到达一号库位后停止 10s，然后再运行到四号库位并等待 6s，最后返回原点，如果上电后机械手不返回原点而是往原点的反方向运行，这时调换一下直流电动机的电源线即可。

表 3-1 行走机械手的定位控制系统单元接线

电源端子	指示与主令控制单元	传感器	PLC 主机单元
24V	KA1-1，KA2-1	SQ1、SQ2、SQ3	DC 电源输入“+”，数字量输入“M”
GND	SB1-1，SB2-1	SQ1、SQ2、SQ3	DC 电源输入“-”，数字量输出“1M”
—	—	SQ1-A	I0.0
—	—	SQ1-B	I0.1
—	—	SQ2	I0.2
—	—	SQ3	I0.3
—	SB1-2	—	I0.6
—	SB2-2	—	I0.7
—	KA1	—	Q0.0
—	KA2	—	Q0.1

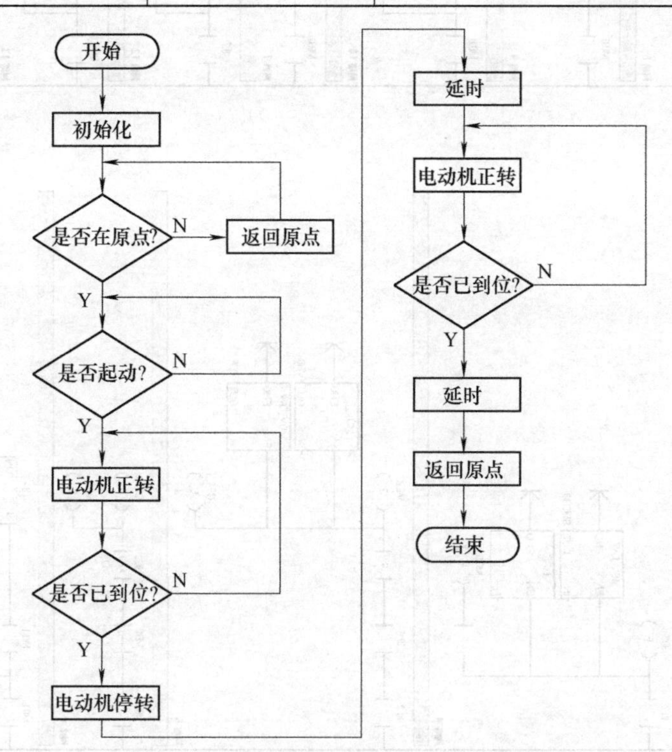

图 3-3 行走机械手定位控制系统的流程

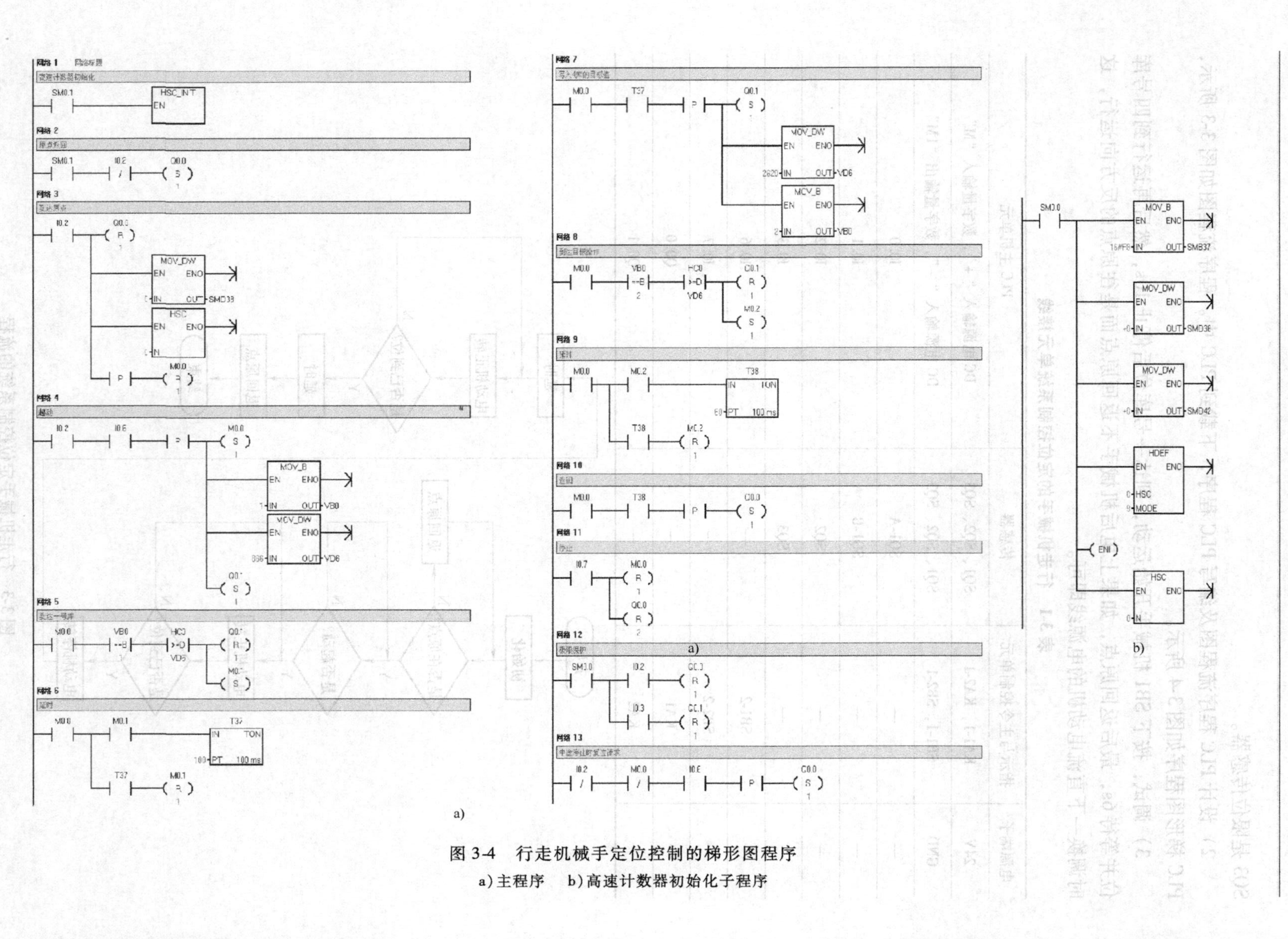

图 3-4 行走机械手定位控制的梯形图程序

a) 主程序 b) 高速计数器初始化子程序

（4）分析与思考　本次实训采用了旋转编码器，并应用PLC的高速计数器功能，下面具体介绍它们的相关知识。

1）S7—200型PLC高速计数器的功能。S7—200有六个高速计数器（HSC0～HSC5），可以设置十二种不同的操作模式。其主要功能是：能够接收外部如来自传感器或编码器的信号进行计数，并当计数值达到目标值时，使指定的输出接通或断开。应用PLC的高速计数器功能就可以实现精确的速度与位置控制，因此，高速计数器的这种功能在实际工程中应用极为广泛。

2）位置控制系统中的检测元件。在位置控制系统中，必须使用检测元件来检测位置、速度等参数。在半闭环控制系统中，检测元件安装在电动机轴的非负载侧，通过检测电动机轴的转角来间接反映运动部件的运动参数。在闭环控制系统中，检测元件直接检测运动部件的运动参数。在位置控制系统中，传感器不但要完成位置检测，同时还要完成速度测量和电动机转子位置的检测。目前，并不是所有的检测元件都能同时完成这三种参数的检测，必须针对具体的控制对象来选择合适的检测元件。

位置控制系统中常用的检测元件有光电式传感器和电磁式传感器等。下面介绍常用的光电编码器的特点、结构及工作原理。

① 光电编码器的特点。光电编码器电路简单，容易实现高分辨率检测；其缺点是不耐冲击和振动，容易受温度影响，环境适应能力较差。由于光电编码器具有体积小、重量轻、使用方便的优点，能实现机器与仪器的自动测量、数显及数控，因而发展迅猛，已应用到机械工业、农业、水力、气象、医学、建筑和邮电等行业中，并在数控机床、机器人、伺服传动、自动控制等技术领域中也得到了广泛的应用。光电编码器根据其结构形式可以分为旋转式和直线式。旋转光电编码器用于检测角度位置，也可通过机械传动转换成直线运动来检测线性位置。随着光刻技术的飞速发展以及大批量的生产，旋转编码器的购置价格大幅下降，同时精度以及其他技术指标也获得大幅度地提高。按脉冲与对应位置（角度）的关系，旋转光电编码器通常分为增量式光电旋转编码器、绝对式光电旋转编码器以及将上述两者结合为一体的混合式光电编码器。光电编码器常见的输出类型主要有单相输出、正交AB相增量脉冲输出、绝对值格雷码输出、原点输出等。光电旋转编码器与以前使用的检测旋转角度产品（如凸轮开关、旋转变压器、测速机等）相比，在性能、价格、体积、重量、数字化方面都具有较大的优势，已成为检测旋转角度和线性位置最为重要的工具。随着工业自动化事业发展，光电编码器的应用领域也会不断扩大。

② 光电式旋转编码器结构及工作原理。增量式光电编码器的特点是：每产生一个输出脉冲信号就对应一个增量位移角，即能产生与轴角位移增量等值的电脉冲。这种编码器的作用是：提供一种对连续轴角位移量离散化或增量化以及角位移变化（角速度）的传感方法，但不能直接检测电动机轴的绝对角度。图3-5所示为增量式旋转编码器的构造。旋转编码器由以下四个基本部分组成，即光源、转盘（动光栅）、遮光板（定光栅）和光栅元件。转动圆盘上刻有均匀的

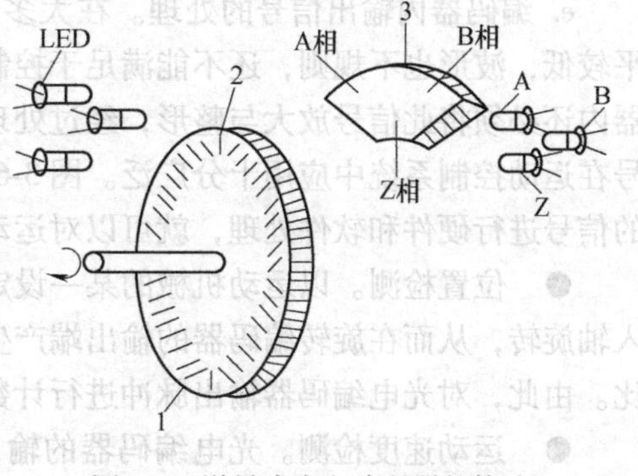

图3-5　增量式光电编码器的构造

透光缝隙，相邻两个透光缝隙之间代表一个增量周期。遮光板上刻有与转盘相应的透光缝隙，用来通过或阻挡光源与位于遮光板后面的光敏元件之间的光线。通常遮光板上所刻制的两条缝隙使输出信号的电角度相差90°，即所谓两路输出信号正交。同时，在增量式光源光电编码器中还有用作参考零位的标识脉冲。因此，在转动圆盘和遮光板相同半径的对应位置上刻有一道透光缝隙。标识脉冲通常与数据通道有着特定的关系，用来表示机械位置或对累积量清零。

光电旋转编码器的关键技术和主要技术难点都集中在光栅的制造上，因为光栅直接影响检测的精度、检测信号的可靠性以及抗冲击性。旋转编码器的光栅一般有金属和玻璃两种，若用金属制造，则在转盘上开通光槽（孔），若用玻璃制造，则在玻璃表面涂一层遮光膜，再加工形成透明线条。在槽数少的场合下（一般小于1000 脉冲/转），可以在金属圆盘上使用冲压或腐蚀的方法开槽。当槽数较多时，腐蚀加工也是很困难的，光刻技术几乎成了唯一的手段。

下面就使用增量式光电旋转编码器应该了解的几个基本问题说明如下：

a. 增量式光电旋转编码器的分辨率。光电编码器的分辨能力是以电动机轴转动一周时编码器所产生的输出信号的基本周期数来表示的，并以此定义编码器的分辨率。因此，光栅盘上的槽或窗口就等于编码器的分辨率。在工业电气传动中，根据不同的应用对象，可选择分辨率为 500 ~ 5000 个脉冲/转的增量式光电编码器。

b. 增量式光电编码器的精度。通常精度用角度、角分或角秒来表示。编码器精度与光栅缝隙的加工质量、转盘的机械旋转情况等制造精度因素有关，也与安装技术有关。

c. 增量式光电编码器输出的稳定性。编码器输出的稳定性是指在实际运行条件下保持规定精度的能力。影响编码器输出性能稳定性的主要因素是温度对电子元器件造成的漂移、外界加于编码器的变形力以及光源特性的变化。由于受到温度和电源变化的影响，编码器的电子电路不能保持规定的输出特性，在设计和使用时都要充分考虑到这一点。

d. 增量式光电旋转编码器的响应频率。光电编码器的响应频率取决于光敏元件和电子处理电路的响应速度。当编码器高速旋转时，如果其分辨率很高，那么编码器输出的信号频率将会很高。如果光敏元件和电子电路元器件的工作速度不能与之相适应，就有可能使输出波形严重畸变，甚至会产生丢失脉冲的现象。这样，输出信号就不能准确地反应转角位移。所以，每一种编码器在其分辨率确定的条件下，它的最高转速也是一定的，也就是说它的响应频率是受限制的。

e. 编码器内输出信号的处理。在大多数情况下，直接从编码器光电元件获取的信号电平较低，波形也不规则，还不能满足于控制、信息处理和远距离传输的要求。所以，在编码器内还必须将此信号放大与整形，经过处理的信号就容易进行数字处理了，所以这种输出信号在运动控制系统中应用十分广泛。图 3-6 所示为光电编码器脉冲输出形式，将编码器输出的信号进行硬件和软件处理，就可以对运动控制的各种参数进行测量。

● 位置检测。以运动机械的某一设定点为原点，机械运动过程中带动光电编码器的输入轴旋转，从而在旋转编码器的输出端产生脉冲序列，其脉冲的个数与机械运动的路程成正比。由此，对光电编码器输出脉冲进行计数就可计算出运动机械到设定原点的距离。

● 运动速度检测。光电编码器的输出脉冲频率正比于其输入轴的转速（即运动机械的速度）。在需要检测瞬时运动速度时，可用检测脉冲周期的方法来换算。当需要检测机械的平均速度时，则用定时法检测脉冲的频率，然后用频率来计算平均速度。

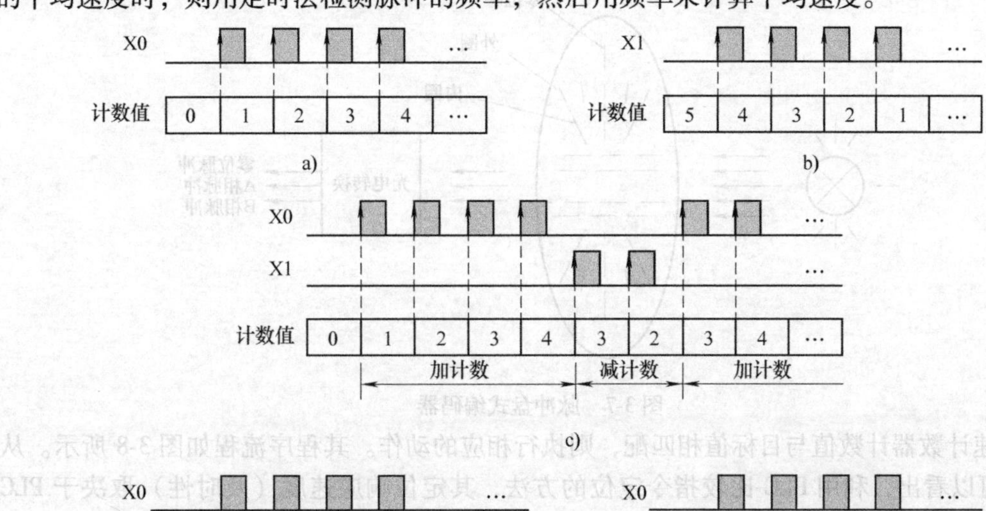

图 3-6　编码器脉冲输出形式

a）单路脉冲增序计数　b）单路脉冲降序计数　c）双路脉冲输出　d）双路正交输出

● 运动加速度的检测。可以用测量两个相邻脉冲的周期来换算机械运动的加速度。若两个相邻脉冲的周期分别为 T_1 和 T_2，则其换算公式为

$$\alpha=\frac{2k\ (T_1-T_2)}{T_1T_2\ (T_1+T_2)} \tag{3-1}$$

式（3-1）中的 k 为传递系数。由于光电编码器受制造工艺的限制，即使在理想匀速转动下也很难保证 A 相和 B 相的输出脉冲宽度完全相等，因此在检测 T_1 和 T_2 时，最好采用 Z 信号或检测多个 A（或 B）相信号的周期以减少不均匀误差。

● 方向检测。光电编码器的输入轴旋转方向不同，则 A、B 和 Z 信号的相位就不同。由此可通过检测 AB 或 AZ 的相位来判别其方向。

③ E6A2—CW5C 型光电码盘。本系统所使用的 E6A2—CW5C 型旋转码盘属于脉冲盘式编码器。它的工作原理如下：脉冲盘式编码器的圆盘上等角距地开有两道缝隙，内外圈的相邻两缝距离错开半条缝，另外，在某一径向位置，一般在内外圈之外，开有一狭缝，表示盘码的零位。在它们的相对两侧分别安装光源和光电接收元件，如图 3-7 所示。当转动码盘行进时，光线经过透光和不透光的区域，每个码道将有一系列光电脉冲输出。通过对光电脉冲计数、显示和处理，就可以测量出码盘的转动角度。

3）利用高速计数器与光电编码器配合的定位控制方法。利用高速计数器将光电编码器输入的脉冲计数后进行相应的程序处理，最后用处理的结果控制执行机构，从而达到定位的目的。目前，我们常用的定位控制方法有两种。

① 利用 PLC 比较指令定位的方法。这种方法是初学者最常用，也是最容易理解和掌握的方法。其工作原理是：将 PLC 高速计数器中的计数值与预设的目标值相比较，如果 PLC

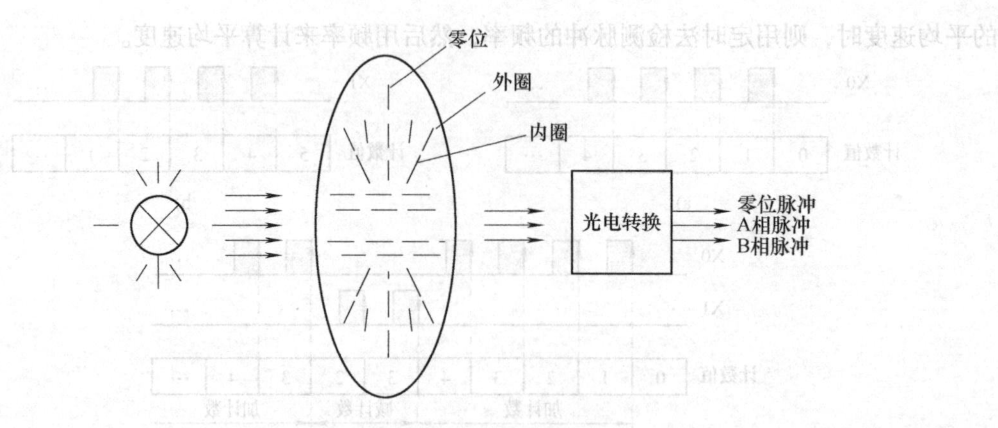

图 3-7　脉冲盘式编码器

中的高速计数器计数值与目标值相匹配，则执行相应的动作。其程序流程如图 3-8 所示。从图 3-8 可以看出，利用 PLC 比较指令定位的方法，其定位响应速度（及时性）取决于 PLC 的扫描周期，如果 PLC 的程序很大，相应的扫描周期就长，影响了定位的响应速度。这种方法适用于系统定位响应速度要求不高的场合。

② 利用高速计数器中断程序定位的方法。利用 PLC 高速计数器中断程序定位是一种最有效、最及时、占用 PLC 扫描时间最短的方法。它不需要 PLC 主程序时刻去查询高速计数器是否与目标值匹配，因此它的动作不会受到 PLC 扫描时间的影响。其程序流程如图 3-9 所示。在设置高速计数器时，设定好产生中断的条件，当高速计数器计数值达到匹配值时自动调用中断程序。这种方法适用于系统定位响应速度要求高的场合。

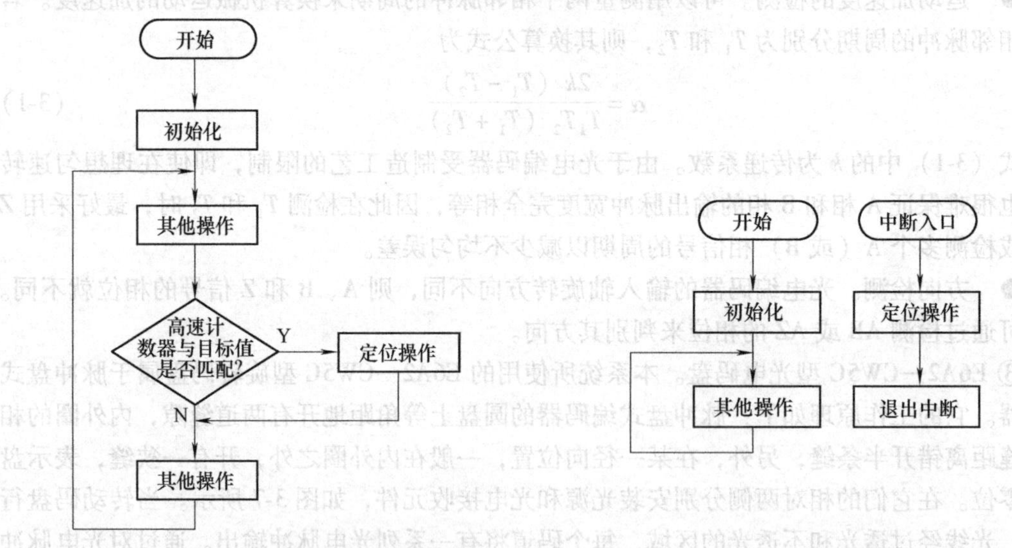

图 3-8　利用 PLC 比较指令定位的程序流程

图 3-9　利用 PLC 高速计数器中断程序定位的程序流程

3.1.2　采用步进驱动系统实现行走机械手的速度与位置控制

1. 采用步进驱动系统实现机械手的手动多速控制

（1）任务要求　系统设有五个控制按钮，一个为起动按钮，一个为停止按钮和三个为速度控制按钮，三个速度控制按钮分别控制不同的步进速度。按下起动按钮，机械手返回原点；按下速度按钮1，机械手将会以100Hz的频率运行到极限位置，然后以500Hz的频率返回原点；按下速度按钮2，机械手将会以400Hz的频率运行到极限位置，然后以600Hz的频率返回原点；按下速度按钮3，机械手将会以800Hz的频率运行到极限位置，然后以1000Hz的频率返回原点；在机械手运行的过程中按下停止按钮，机械手立即停止运动。

（2）系统组成　采用手动操作实现行走机械手的速度控制系统构成示意图如图3-10所示。该系统由行走机构、步进电动机、步进电动机驱动器、指示与主令控制单元及PLC主机单元组成。

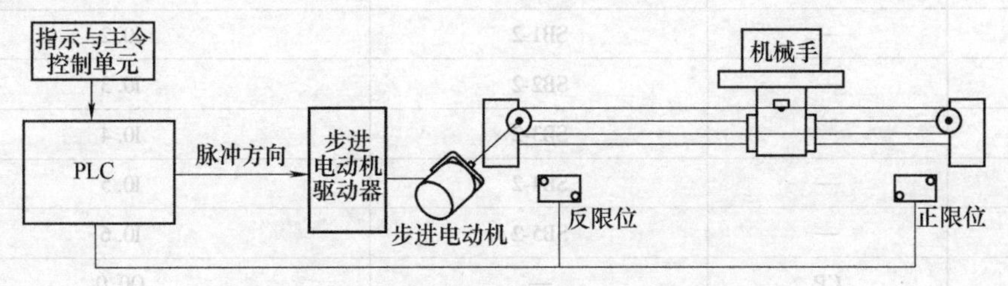

图3-10　行走机械手速度控制系统构成示意图

（3）具体操作　采用手动操作实现行走机械手的速度控制系统的步进电动机驱动器设置及具体操作步骤。

1）按图3-11和表3-2所示进行接线。

2）将步进电动机驱动器的电流拨码开关调节到与被控步进电动机额定电流相同的挡位，再将步进电动机驱动器的细分调节到“8”。

3）PLC程序的设计流程如图3-12所示。编写PLC程序并下载到PLC中，梯形图程序如图3-13所示。

4）SB1是停止按钮，SB2是起动按钮，SB3、SB4、SB5分别是三个速度的控制按钮。

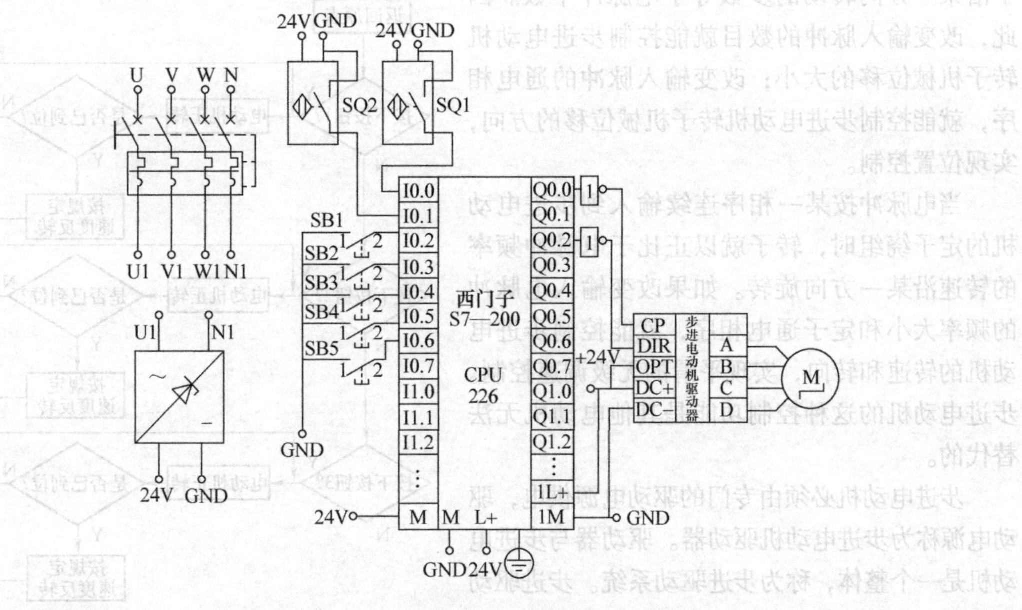

图3-11　行走机械手速度控制系统的接线

表 3-2　行走机械手速度控制系统的单元接线

电源端子	步进电动机驱动器	指示与主令控制单元	PLC 主机单元
24V	DC +	SQ1，SQ2	DC 电源输入"+"，数字量输出"1L +"，数字量输入"M"
GND	DC −	SQ1，SQ2，SB1-1，SB2-1，SB3-1，SB4-1，SB5-1	DC 电源输入"−"，数字量输出"1M"
—	—	SQ1	I0. 0
—	—	SQ2	I0. 1
—	—	SB1-2	I0. 2
—	—	SB2-2	I0. 3
—	—	SB3-2	I0. 4
—	—	SB4-2	I0. 5
—	—	SB5-2	I0. 6
—	CP	—	Q0. 0
—	DIR	—	Q0. 2

（4）分析与思考　本次实训使用了步进电动机及其驱动系统，下面将详细对其介绍。步进驱动系统的速度与位置控制的组成框图如图 3-14 所示。

1）步进电动机的工作原理。步进电动机是步进驱动系统的执行器，当系统将一个电脉冲输入到步进电机定子绕组时，转子就转动一步。当电脉冲按某一相序输入到电动机时，转子沿某一方向转动的步数等于电脉冲个数。因此，改变输入脉冲的数目就能控制步进电动机转子机械位移的大小；改变输入脉冲的通电相序，就能控制步进电动机转子机械位移的方向，实现位置控制。

当电脉冲按某一相序连续输入到步进电动机的定子绕组时，转子就以正比于电脉冲频率的转速沿某一方向旋转。如果改变输入电脉冲的频率大小和定子通电相序，就能控制步进电动机的转速和转向，实现平滑的无级调速控制。步进电动机的这种控制功能是其他电动机无法替代的。

步进电动机必须由专门的驱动电源供电，驱动电源称为步进电动机驱动器。驱动器与步进电动机是一个整体，称为步进驱动系统。步进驱动系统的运行性能都是两者配合的综合结果。

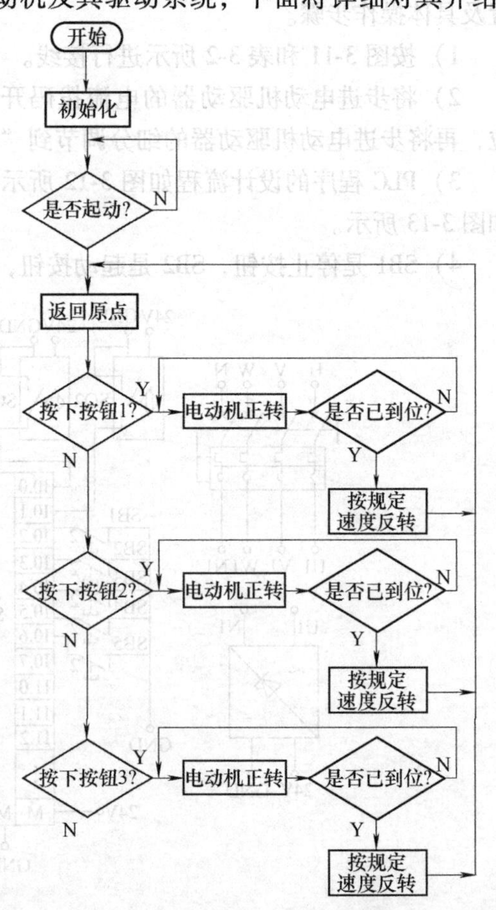

图 3-12　行走机械手速度控制程序设计的流程

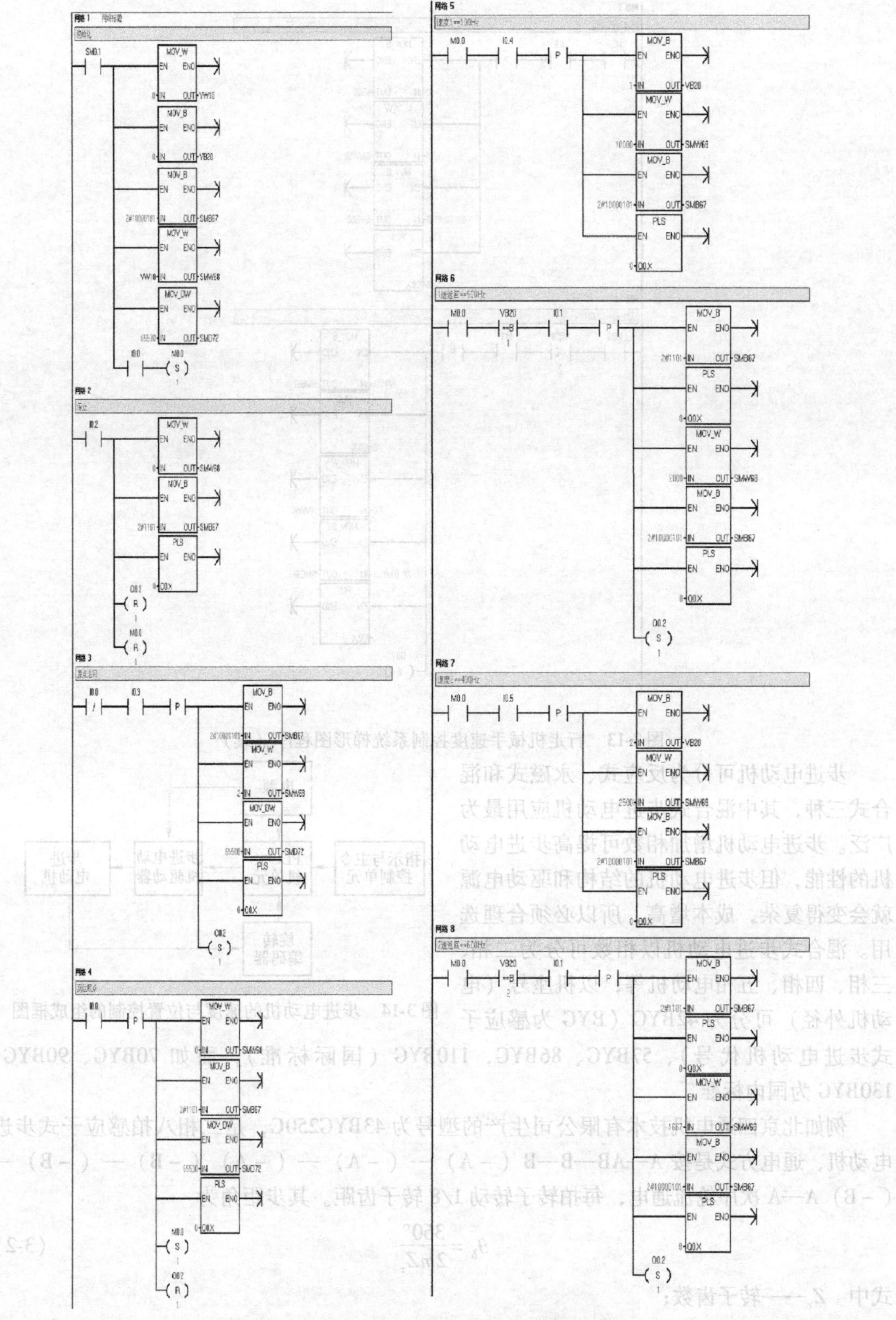

图 3-13　行走机械手速度控制系统梯形图程序

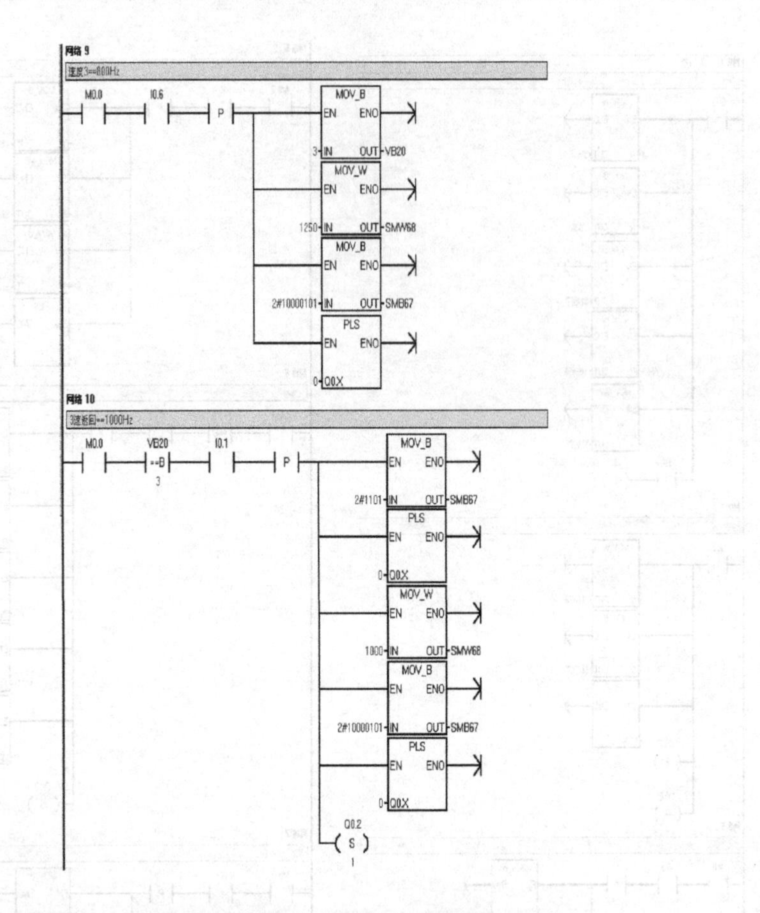

图3-13　行走机械手速度控制系统梯形图程序（续）

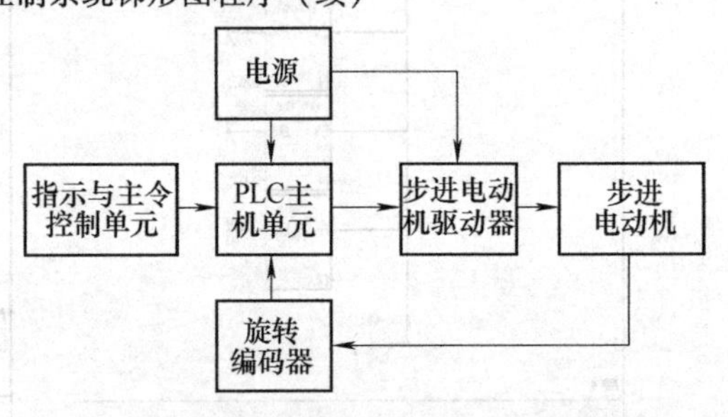

图3-14　步进电动机的速度与位置控制的组成框图

步进电动机可分为反应式、永磁式和混合式三种，其中混合式步进电动机应用最为广泛。步进电动机增加相数可提高步进电动机的性能，但步进电动机的结构和驱动电源就会变得复杂，成本增高，所以必须合理选用。混合式步进电动机以相数可分为二相、三相、四相、五相电动机等；以机座号（电动机外径）可分为42BYG（BYG为感应子式步进电动机代号）、57BYG、86BYG，110BYG（国际标准），而如70BYG、90BYG，130BYG为国内标准。

例如北京四通电机技术有限公司生产的型号为43BYG250C，是二相八拍感应子式步进电动机，通电方式是按A—AB—B—B（－A）—（－A）—（－A）（－B）—（－B）—（－B）A—A次序轮流通电，每拍转子转动1/8转子齿距。其步距角为

$$\theta_8 = \frac{360°}{2mZ_r} \tag{3-2}$$

式中　Z_r——转子齿数；

m——相数。

2）步进电动机的特点。

① 步进电动机是一种作为控制用的特种电机，它的旋转是以固定的角度（称为步距角）一步、一步地运行的，其特点是没有积累误差（精度为100%），所以广泛应用于开环控制。

② 步进电动机转速与脉冲信号的频率成正比。

③ 步距角不易因电气、负载、环境条件的变化而改变，使用开环控制（或半闭环控制）就能进行较好的定位控制。

④ 起制动、正反转，变速等控制方便。

⑤ 价格便宜，可靠性高。

⑥ 步进电动机的主要缺点是效率较低，并需要配上适当的驱动电源。

⑦ 步进电动机带负载惯性的能力不强，在使用时既要注意负载转矩的大小，又要注意负载转动惯量的大小，只有当两者选取在合适的范围时，电动机才能获得满意的运行性能。

⑧ 由于存在失步和共振，因此步进电动机的加减速方法根据利用状态的不同而复杂多变。

3）步进电动机的速度控制。步进电动机的转速取决于脉冲频率、转子齿数和拍数，其角速度与脉冲频率成正比，而且在时间上与脉冲同步。因而，在转子齿数和运行拍数一定的情况下，只要控制脉冲频率即可获得所需速度。由于步进电动机是借助它的同步转矩而起动的，为了不发生失步，起动频率是不高的。特别是随着功率的增加，转子直径增大，惯量增大，起动频率和最高运行频率可能相差10倍之多。为了充分发挥电动机的快速性能，通常使电动机在低于起动频率下起动，然后逐步增加脉冲频率直到所希望的速度。所选择的变化速率要保证电动机不发生失步，并尽量缩短起动加速时间。为了保证电动机的定位精度，在停止以前必须使电动机从最高速度逐步减小脉冲率，一直降到能够停止的速度（等于或稍大于起动速度）。因此，步进电动机拖动负载高速移动一定距离并精确定位时，一般来说都应包括“起动—加速—高速运行（匀速）—减速—停止”5个阶段，速度特性通常为梯形，如果移动的距离很短则为三角形速度特性。

4）步进电动机的位置控制。常用的位置控制有绝对坐标控制和相对坐标控制两种方式。

① 步进电动机的绝对坐标控制。在整个控制过程中，坐标原点都是固定不变的，被控机构的运动距离总是与原点为基准计算的，如图3-15a和图3-15b所示。在图3-15 a中，运动机构在 t_0 的绝对坐标值为0，经过一定时间 t_1 的运动后，运动机构的绝对坐标值为4。

② 步进电动机的相对坐标控制。在整个控制过程中，坐标以运动机构为原点，即坐标原点随着运动机构位

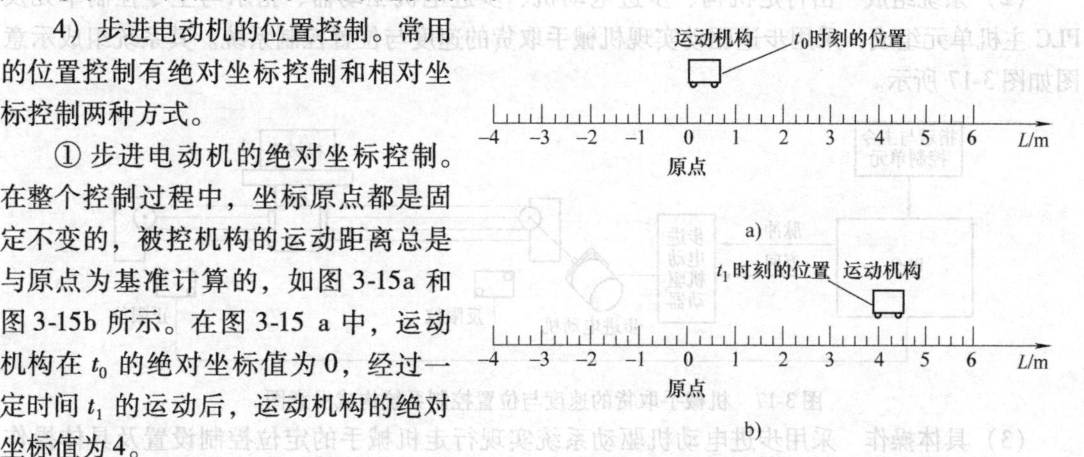

图3-15　步进电动机的绝对坐标控制

a）绝对坐标下运动机构在 t_0 时刻的坐标

b）绝对坐标下运动机构在 t_1 时刻的坐标

置的变化而变化，如图 3-16a 和图 3-16b 所示。为了让读者更容易理解，我们在图中特意加上了“硬件限位开关”，这个开关相对于运动机构的导轨是绝对静止的，也就是说这个“硬件限位开关”不会随着运动机构的变化而变化。

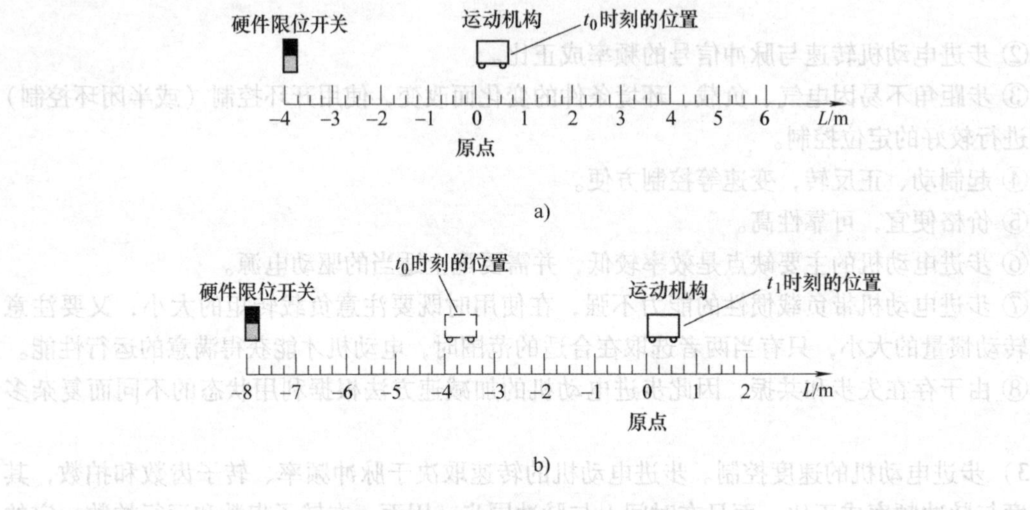

图 3-16　步进电动机的相对坐标控制

a）相对坐标下运动机构在 t_0 时刻的坐标

b）相对坐标下运动机构在 t_1 时刻的坐标

③ 坐标控制初始原点的确定。不管是绝对坐标还是相对坐标控制，在开机的时候都需要确定初始的原点坐标以达到精确定位的目的。这个初始坐标一般通过固定在运动机构行走路径的传感器配合 PLC 程序来确定。具体的操作方法将在实训部分讲述。

2. 采用步进驱动系统实现机械手取货的速度与位置控制

（1）任务要求　系统通电时机械手以 500Hz 的频率返回原点，当按下起动按钮后机械手移动到一号库位取料并以 600Hz 的频率送到三号库位，最后再返回到原点。

（2）系统组成　由行走机构、步进电动机、步进电机驱动器、指示与主令控制单元及 PLC 主机单元组成，采用步进驱动实现机械手取货的速度与位置控制系统。其系统组成示意图如图 3-17 所示。

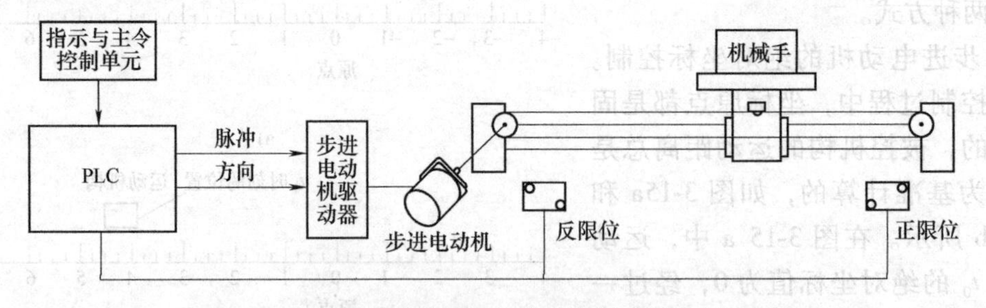

图 3-17　机械手取货的速度与位置控制系统构成示意图

（3）具体操作　采用步进电动机驱动系统实现行走机械手的定位控制设置及具体操作步骤。

1）按图 3-18 和表 3-3 所示进行接线。

2）PLC 程序设计的流程如图 3-19 所示。

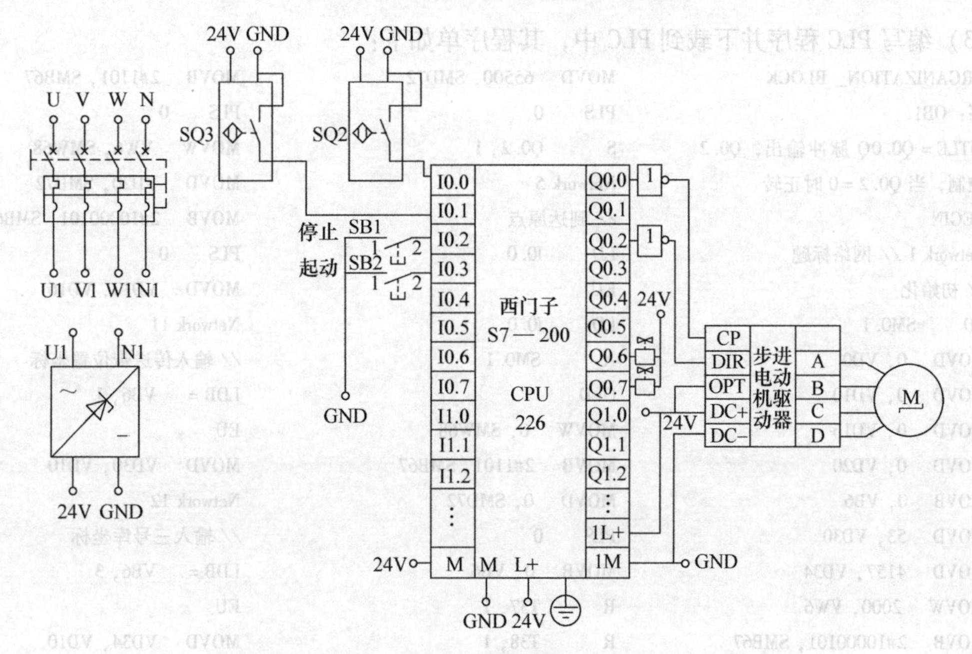

图3-18 机械手取货的速度与位置控制系统的接线

表3-3 机械手取货的速度与位置控制系统的单元接线

电源端子	步进电动机驱动器	指示与主令控制单元	传感器	PLC主机单元
24V	DC +	—	SQ2，SQ3	DC电源输入"+"，数字量输出"1L+"，数字量输入"M"
GND	DC −	SB1-1，SB2-1	SQ2，SQ3	DC电源输入"−"，数字量输出"1M"
—	—	—	SQ2	I0.0
—	—	—	SQ3	I0.1
—	—	SB1-2	—	I0.2
—	—	SB2-2	—	I0.3
—	CP	—	—	Q0.0
—	DIR	—	—	Q0.2

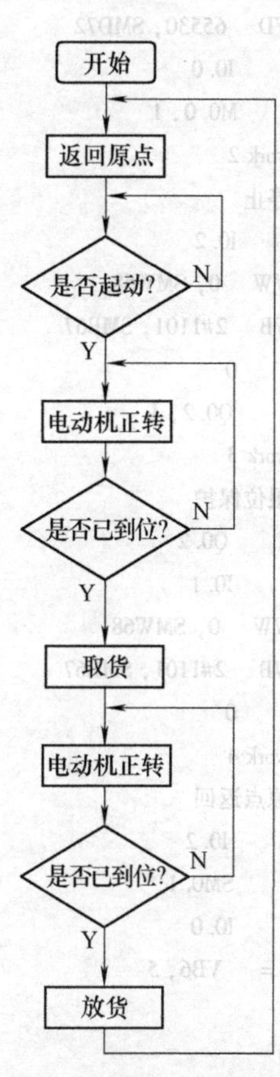

图3-19 机械手取货的速度与位置控制系统程序的设计流程

3）编写 PLC 程序并下载到 PLC 中，其程序单如下：

```
ORGANIZATION_ BLOCK
主程序：OB1
TITLE = Q0.0Q 脉冲输出，Q0.2 方向控制，当 Q0.2 =0 时正转
BEGIN
Network 1 // 网络标题
// 初始化
LD    SM0.1
MOVD  0, VD0
MOVD  0, VD10
MOVD  0, VD16
MOVD  0, VD20
MOVB  0, VB6
MOVD  53, VD30
MOVD  4157, VD34
MOVW  2000, VW6
MOVB  2#10000101, SMB67
MOVW  0, SMW68
MOVD  65530, SMD72
A     I0.0
S     M0.0, 1
Network 2
// 停止
LD    I0.2
MOVW  0, SMW68
MOVB  2#1101, SMB67
PLS   0
R     Q0.2, 1
Network 3
// 限位保护
LDN   Q0.2
A     I0.1
MOVW  0, SMW68
MOVB  2#1101, SMB67
PLS   0
Network 4
// 原点返回
LDN   I0.2
A     SM0.1
AN    I0.0
LDB=  VB6, 5
EU
OLD
MOVB  2#10001101, SMB67
MOVW  2, SMW68
MOVD  65500, SMD72
PLS   0
S     Q0.2, 1
Network 5
// 到达原点
LD    I0.0
EU
LD    I0.0
A     SM0.1
OLD
MOVW  0, SMW68
MOVB  2#1101, SMB67
MOVD  0, SMD72
PLS   0
MOVB  0, VB6
R     T37, 1
R     T38, 1
R     T39, 1
R     Q0.2, 1
Network 6
// 坐标计算
LDD<  VD0, VD10
MOVD  VD10, VD20
-D    VD0, VD20
R     Q0.2, 1
Network 7
// 坐标计算
LDD>  VD0, VD10
MOVD  VD0, VD20
-D    VD10, VD20
S     Q0.2, 1
Network 8
// 坐标计算
LDD=  VD0, VD10
MOVD  0, VD20
Network 9
// 运行到位，当前值更新
LD    SM66.7
EU
MOVD  SMD72, VD0
Network 10
// 起动步进电动机
LDD<> VD10, VD16
EU
MOVW  0, SMW68
MOVB  2#1101, SMB67
PLS   0
MOVW  VW6, SMW68
MOVD  VD20, SMD72
MOVB  2#10000101, SMB67
PLS   0
MOVD  VD10, VD16
Network 11
// 输入传送带位置坐标
LDB=  VB6, 1
EU
MOVD  VD30, VD10
Network 12
// 输入三号库坐标
LDB=  VB6, 3
EU
MOVD  VD34, VD10
Network 13
// 抓料
LD    SM66.7
AD=   VD0, 53
LPS
CALL  SBR0
ED
R     T37, 1
R     T38, 1
R     T39, 1
LPP
A     Q0.6
ED
MOVB  3, VB6
Network 14
// 放料
LD    SM66.7
AD=   VD0, 4104
LPS
CALL  SBR1
ED
R     T37, 1
R     T38, 1
R     T39,1
LPP
A     Q0.6
ED
MOVB  5, VB6
```

```
Network 15
// 起动
LD     I0.3
EU
MOVB   1, VB6
Network 16
LDB =      VB6, 5
S          Q0.2, 1
Network 17
Network 18
Network 19
Network 20
Network 21
Network 22 // 网络标题
END_ ORGANIZATION_ BLOCK
SUBROUTINE_ BLOCK SBR_ 0:
SBR0
TITLE = 子程序注释
BEGIN
Network 1
LD       SM0.0
TON      T39, 10
Network 2 // 网络标题
// 机械手下降
LD       T39
EU
S        Q0.6, 1
Network 3
LD       Q0.6
TON      T37, 10
Network 4
// 夹手夹紧
LD       T37
EU
S        Q0.7, 1
Network 5
LD       Q0.7
TON      T38, 10
Network 6
LD       T38
EU
R        Q0.6, 1
END_ SUBROUTINE_ BLOCK
SUBROUTINE_ BLOCK SBR_ 1:
SBR1
TITLE = 子程序注释
BEGIN
Network 1
LD       SM0.0
TON      T39, 10
Network 2 // 网络标题
// 机械手下降
LD       T39
EU
S        Q0.6, 1
Network 3
LD       Q0.6
TON      T37, 10
Network 4
// 夹手夹紧
LD       T37
EU
R        Q0.7, 1
Network 5
LDN      Q0.7
TON      T38, 10
Network 6
// 上升
LD       T38
EU
R        Q0.6, 1
Network 7 // 网络标题
// 网络注释
END_ SUBROUTINE_ BLOCK
INTERRUPT_ BLOCK INT_ 0:
INT0
TITLE = 中断程序注释
BEGIN
Network 1 // 网络标题
// 网络注释
END_ INTERRUPT_ BLOCK
取货子程序
SUBROUTINE_ BLOCK SBR_ 0:
SBR0
TITLE = 子程序注释
BEGIN
Network 1
LD       SM0.0
TON      T39, 10
Network 2 // 网络标题
// 机械手下降
LD       T39
EU
S        Q0.6, 1
Network 3
LD       Q0.6
TON      T37, 10
Network 4
// 夹手夹紧
LD       T37
EU
S        Q0.7, 1
Network 5
LD       Q0.7
TON      T38, 10
Network 6
LD       T38
EU
R        Q0.6, 1
END_ SUBROUTINE_ BLOCK
放货子程序
SUBROUTINE_ BLOCK SBR_ 1:
SBR1
TITLE = 子程序注释
BEGIN
Network 1
LD       SM0.0
TON      T39, 10
Network 2 // 网络标题
// 机械手下降
LD       T39
EU
S        Q0.6, 1
Network 3
LD       Q0.6
TON      T37, 10
Network 4
// 夹手夹紧
LD       T37
EU
R        Q0.7, 1
Network 5
LDN      Q0.7
TON      T38, 10
Network 6
// 上升
LD       T38
EU
```

```
R        Q0.6, 1                  // 网络注释                END_ SUBROUTINE_ BLOCK
Network 7 // 网络标题
```

4）调试：按下 SB1，机械手移动到一号库位取料并以 600Hz 的频率送到三号库位，最后再返回到原点；机械手运行过程中按下 SB2，机械手将停止当前任务。

（4）分析与思考　若希望在运行过程中能实现多个速度运行，应该如何实现？在电动机运行过程中改变输出脉冲的频率即可改变其速度。

3.1.3　采用伺服驱动系统实现行走机械手的速度与位置控制

1. 采用伺服驱动系统实现机械手的手动多速控制

（1）任务要求　系统设有五个控制按钮，一个为起动按钮，一个为停止按钮，其他三个为速度控制按钮，三个速度控制按钮分别控制不同的速度。按下起动按钮后，机械手返回原点；按下速度按钮 1，机械手将会以 200Hz 的频率运行到极限位置，然后以 300Hz 的频率返回原点；按下速度按钮 2，机械手将会以 400Hz 的频率运行到极限位置，然后以 300Hz 的频率返回原点；按下速度按钮 3，机械手将会以 900Hz 的频率运行到极限位置，然后以 1500Hz 的频率返回原点；在机械手运行的过程中按下停止按钮，机械手立即停止运动。

（2）系统组成　行走机械手的速度控制系统构成示意图如图 3-20 所示。该系统由行走机构、伺服电动机、伺服电动机驱动器、指示与主令控制单元及 PLC 主机单元组成。

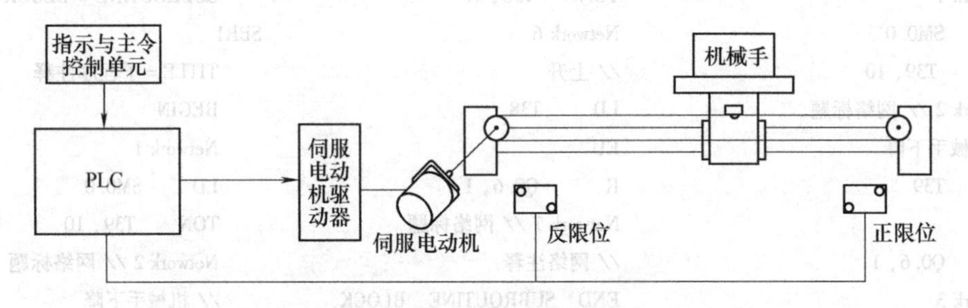

图 3-20　行走机械手的速度控制系统构成示意图

（3）伺服电动机驱动器设置及具体操作步骤

1）按图 3-21 所示的系统原理接线图进行接线。

2）打开伺服驱动器编程软件并按图 3-22 所示设置参数，然后下载到驱动器中。

3）编写 PLC 程序：伺服电动机的程序设计与步进电动机的程序类似，请参照“采用步进驱动系统实现机械手的手动多速控制”的程序流程及程序编写，只要在原有程序上稍微改变相应的速度值即可。

4）将 PLC 程序下载到 PLC 并按“采用步进驱动系统实现机械手的手动多速控制”的方法调试。

（4）分析与思考　我们在本次实训中应用了伺服电动机，下面做简单介绍。

1）伺服电动机的特点。伺服电动机在自动控制系统中作执行元件，又称为执行电动机。其接收到的控制信号转换为轴的角位移或角速度输出。改变控制信号的极性和大小，便可改变伺服电动机的转向和转速。这种电动机有信号时就动作，没有信号时就立即停止。伺服电动机具有无自转现象、机械特性和调节特性曲线的线性度好、响应速度快等特点。伺服电动机分为交流伺服电动机和直流伺服电动机。

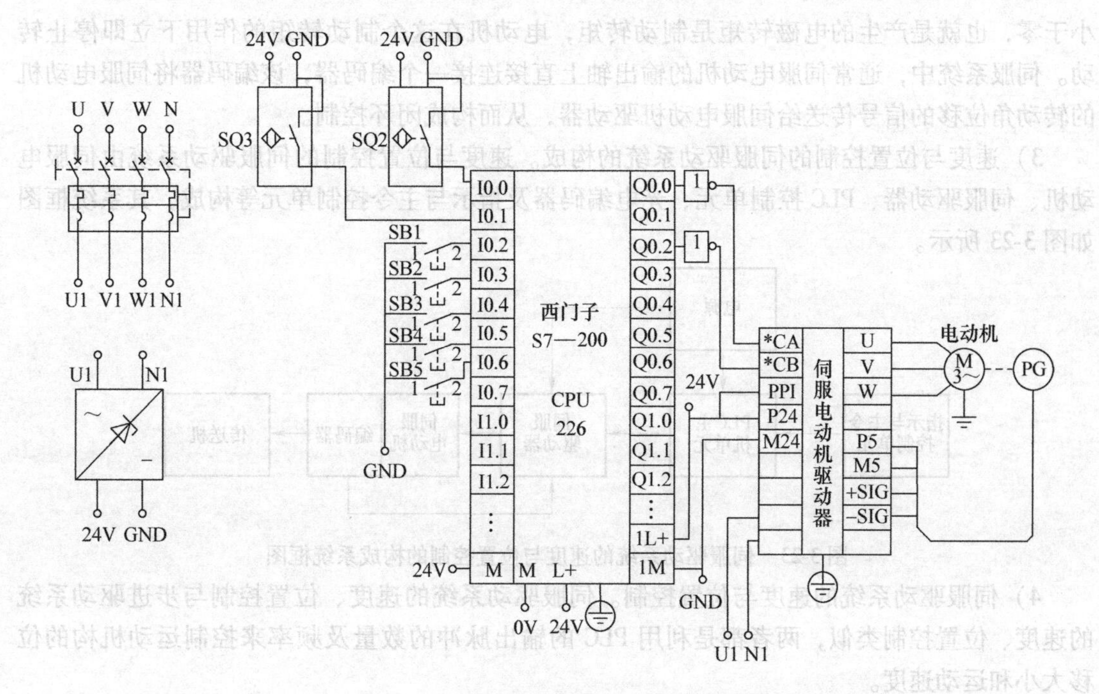

图 3-21　行走机械手的速度控制系统的接线

No	设定项目	设定值	设定范围	初始值
1	指令脉冲修正α	16	1～32767	16
2	指令脉冲修正β	1	1～32767	1
3	*脉冲列输入形态	0	0…指令脉冲/指令符号　1…正转脉冲/反转脉	1
4	*回转方向/输出脉冲相位切换	0	正方向指令时回转方向/CCW回转时输出脉冲前	0
5	调节模式	0	0…自动调节　1…半自动调节　2…手动调节	0
6	负荷惯性比	5.0	0.0～100.0	5.0
7	自动调节增益	10	1～20	10
8	自动向前增益	5	1～20	5
9	*控制模式切换	0	0…位置　1…速度　2…转矩　3…位置<=>速	0
10	*CONT1信号分配	1	0…无指定 1…RUN 2…RST 3…+OT 4…-OT	1

图 3-22　伺服电动机驱动器参数的设置

2）交流伺服电动机的工作原理。

① 交流伺服电动机的结构。交流伺服电动机在结构上类似于单相异步电动机。它的定子铁心是用硅钢片或铁-铝合金或铁-镍合金片叠压而成，在其槽内嵌放空间相差90°电角度的两个定子绕组，一个是励磁绕组，另一个是控制绕组。

交流伺服电动机的转子结构有两种形式：一种是笼型转子，与普通三相异步电动机笼型转子相似，只是外形上细而长，以利于减小转动惯量；另一种是非磁性空心杯型转子。

② 交流伺服电动机的工作原理。交流伺服电动机励磁绕组接单相交流电，在气隙产生脉振磁场，转子绕组不产生电磁转矩，电动机不转。当控制绕组接上相位与励磁绕组相差90°电角度的交流电时，电动机的气隙便有旋转磁场产生，转子便产生电磁转矩并转动。当控制绕组的控制电压信号撤除后，如果是普通电动机，由于转子电阻较小，脉振磁场分解的两个旋转磁场各自产生的转矩的合成结果使总的合成电磁转矩大于零。因此，电动机转子仍然保持转动，不能停止。而伺服电动机，由于转子电阻大，且大到使发生最大电磁转矩的转差率 $s_m>1$。脉振磁场分解的两个旋转磁场各自产生的转矩的合成转矩使总的合成电磁转矩

小于零，也就是产生的电磁转矩是制动转矩，电动机在这个制动转矩的作用下立即停止转动。伺服系统中，通常伺服电动机的输出轴上直接连接一个编码器，该编码器将伺服电动机的转动角位移的信号传送给伺服电动机驱动器，从而构成闭环控制。

3）速度与位置控制的伺服驱动系统的构成。速度与位置控制的伺服驱动系统由伺服电动机、伺服驱动器、PLC控制单元、光电编码器及指示与主令控制单元等构成，其系统框图如图3-23所示。

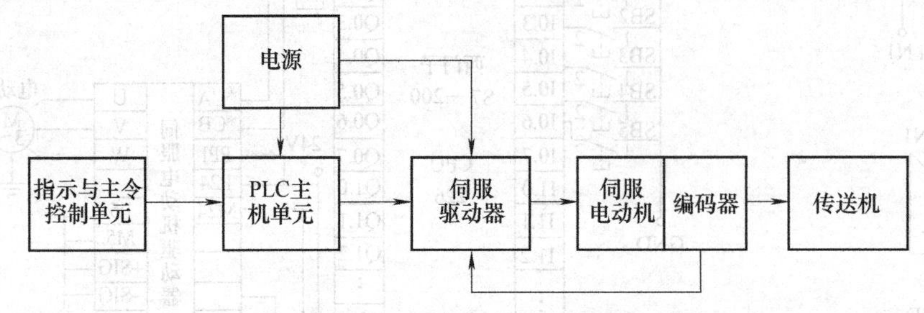

图3-23　伺服驱动系统的速度与位置控制的构成系统框图

4）伺服驱动系统的速度与位置控制。伺服驱动系统的速度、位置控制与步进驱动系统的速度、位置控制类似，两者都是利用PLC的输出脉冲的数量及频率来控制运动机构的位移大小和运动速度。

2. 采用伺服驱动系统实现机械手取货的速度与位置控制

（1）实训任务　系统通电时，机械手以500Hz的频率返回原点，当按下起动按钮后机械手移动到一号库位取料并以500Hz的频率送到三号库位，最后再返回到原点。

（2）系统组成　采用伺服驱动实现机械手取货的速度与位置控制系统构成示意图如图3-24所示。该系统由行走机构、伺服电动机、伺服电动机驱动器、指示与主令单元及PLC主机单元组成。

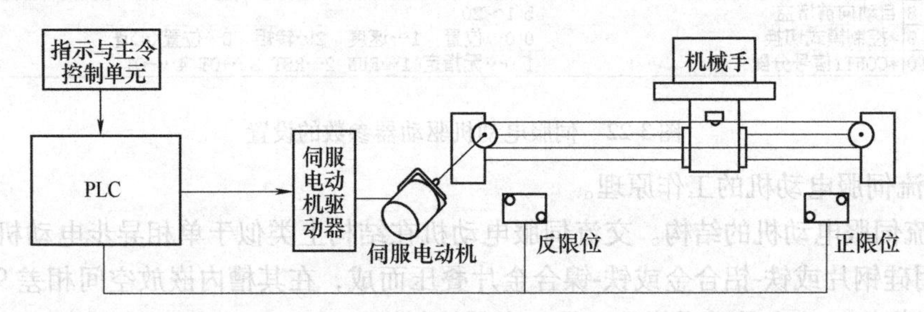

图3-24　采用伺服驱动实现行走机械手取货的速度与位置控制系统构成示意图

（3）伺服电动机驱动器设置及具体操作步骤

1）按图3-25所示进行接线。

2）打开伺服驱动器编程软件并按图3-26所示设置参数，然后下载到驱动器中。

3）编写PLC程序。伺服电动机的程序设计与步进电动机的程序设计类似，可参照“采用步进驱动系统实现机械手取货的速度与位置控制”的程序流程及程序编写，只要在原有程序上稍微改变相应的速度值即可。

4）将PLC程序下载到PLC并按“采用步进驱动实现机械手取货的速度与位置控制”的方法调试。

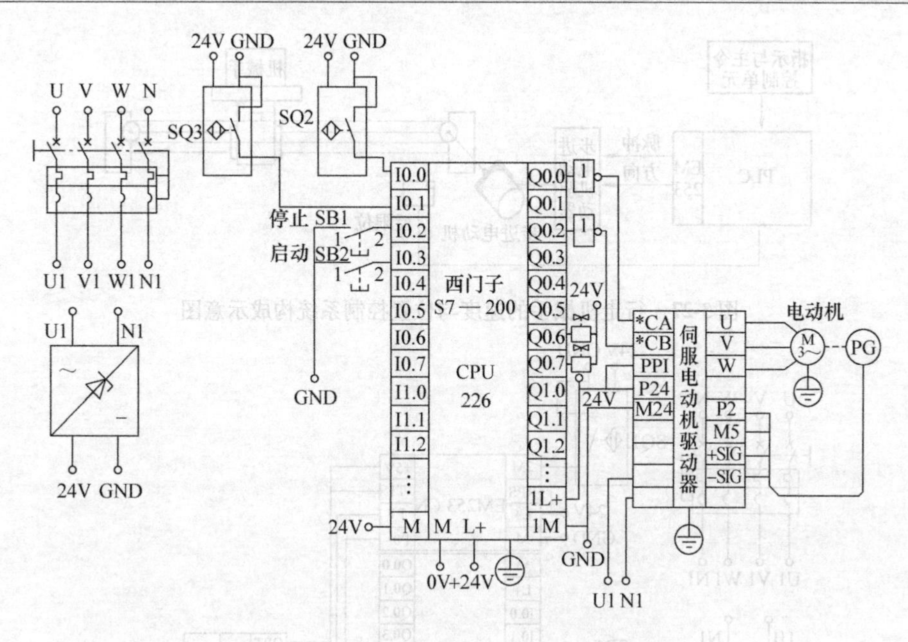

图3-25　机械手的速度与位置控制系统的接线

No	设定项目	设定值	设定范围	初始值
1	指令脉冲修正α	16	1～32767	16
2	指令脉冲修正β	1	1～32767	1
3	*脉冲列输入形态	0	0…指令脉冲/指令符号　1…正转脉冲/反转脉	1
4	*回转方向/输出脉冲相位切换	0	正方向指令时回转方向/CCW回转时输出脉冲前	0
5	调节模式	0	0…自动调节　1…半自动调节　2…手动调节	0
6	负荷惯性比	5.0	0.0～100.0	5.0
7	自动调节增益	10	1～20	10
8	自动向前增益	5	1～20	5
9	*控制模式切换	0	0…位置　1…速度　2…转矩　3…位置<=>速	0
10	*CONT1信号分配	1	0…无指定 1…RUN 2…RST 3…+OT 4…-OT	1

图3-26　伺服驱动器参数的设置

（4）分析与思考　如果希望行走机械手在运行时能变速运动，应该如何实现？其控制也和步进电动机控制一样，只要改变输出脉冲的频率就可以改变电动机的速度。

3.1.4　采用位控模块实现行走机械手的速度与位置控制

利用位控模块实现简单的定位与速度控制

（1）任务要求　系统通电0.5s后，机械手返回原点，按下起动按钮，机械手以1000个脉冲/s的速度移动到一号库位，等待2s后再以800个脉冲/s的速度送到四号库位等待3s，最后回到原点。

（2）系统组成　由行走机构、步进电动机、步进电动机驱动器、指示与主令控制单元、PLC主机单元及EM253位控模块组成采用位控模块实现行走机械手的速度与位置控制系统，其系统组成示意图如图3-27所示。

（3）采用EM253位控模块实现行走机械手的速度与位置控制的设置和步骤

1）按图3-28和表3-4接线。图3-28中所示的接近开关是原点信号传感器。

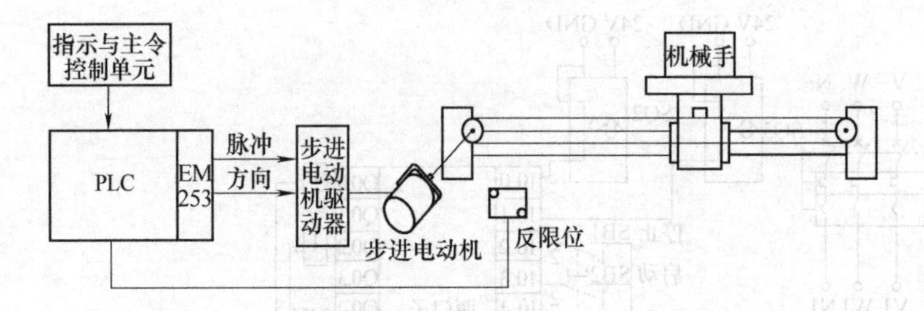

图 3-27 行走机械手的速度与位置控制系统构成示意图

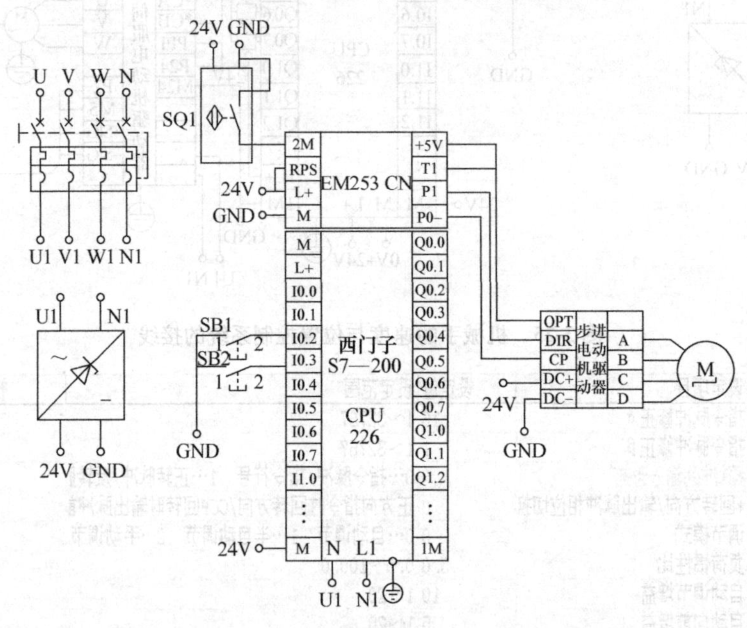

图 3-28 行走机械手的速度与位置控制系统的接线

表 3-4 行走机械手的速度与位置控制系统的单元接线

电源端子	步进电动机驱动器	指示与主令控制单元	传感器	EM253 模块	PLC 主机单元
24V	DC +	—	SQ1	L + ，RPS	DC 电源输入“+”，数字量输入“L +”，数字量输入“M”
GND	DC –	SB1-1，SB2-1	SQ1	M	DC 电源输入“–”，数字量输出“M”，M0
—	—	—	SQ1	2M	—
—	—	SB1-2	—	—	I0.2
—	—	SB2-2	—	—	I0.3
—	CP	—	—	P0 –	—
—	DIR	—	—	P1	—
—	OPT	—	—	+5V，T1	—

2）PLC 程序设计流程图如图 3-29 所示。

3）利用向导生成位控模块的控制程序。双击向导中的“EM253 位控”（见图 3-30），弹出如图 3-31 所示对话框，然后按照图 3-32 ~ 图 3-45 所示设置各种参数。应该注意的是，在图 3-32 所示的“位控模块配置”中单击“高级选项”后才会出现图 3-33 所示的“位控模块配置”的对话框。

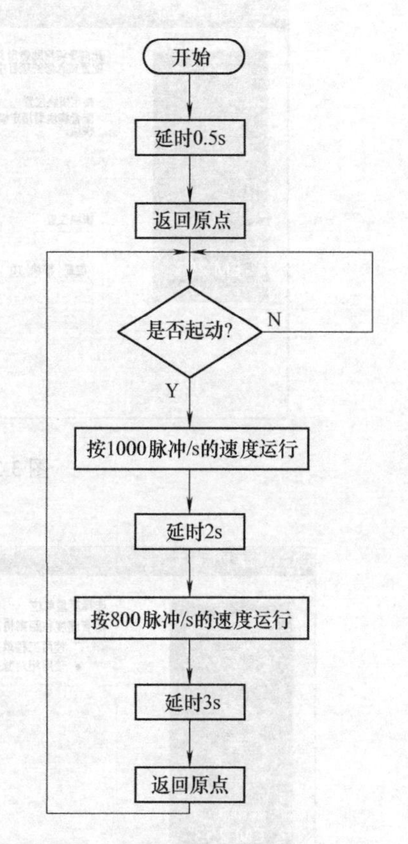

图 3-29 行走机械手的速度与位置控制系统程序设计的流程

4）编写 PLC 主程序并下载到 PLC 中。梯形程序图如图 3-46 所示，编程过程中要注意不要使用已经被向导占用的存储空间。

5）调试：按下 SB1，械手以 1000 个脉冲/s 的速度移动到一号库位，等待 2s 后再以 800 个脉冲/s 的速度送到四号库位等待 3s，最后回到原点；当机械手在运行过程中按下 SB2，机械手将会停止。

（4）分析与思考　EM253 是 S7—200 PLC 的位控单元扩展模块，能实现位置的开环控制，控制脉冲频率从 12Hz ~ 200kHz，并有增、减速度曲线，既支持“S”曲线也支持直线，如图 3-47 所示。控制系统的测量单位既可以用脉冲数，也可以用相应的工程单位。它还提供螺距补偿功能和三种工作模式：绝对方式、相对方式和手动方式。不仅如此，它还提供了四种不同的原点搜索方式。在程序设计上，STEP 7-MICRO/WIN 还特别针对 EM253 模块添加了相关的向导，只要用户按照向导提示就能迅速完成 EM253 控制程序的编写。

1）位控单元模块的外观及接线。EM253 是最常用的位控扩展模块，外观如图 3-48 所示。使用时，只要在 CPU 单元上接入位控模块自带的通信线及电源线即可。EM253 与步进电动机驱动器的接线如图 3-49 所示。图 3-49 中所示的“P0”、“P1”是 OC 输出，其输出的波形与“P0 +”、“P0 -”，“P1 +”、“P1 -”相对应，唯一不同的是“P0 +”、“P0 -”或“P1 +”、“P1 -”是差动输出。“RPS”是原点信号输入，“STP”是急停信号输入，“LMT +”和“LMT -”是限位信号输入。

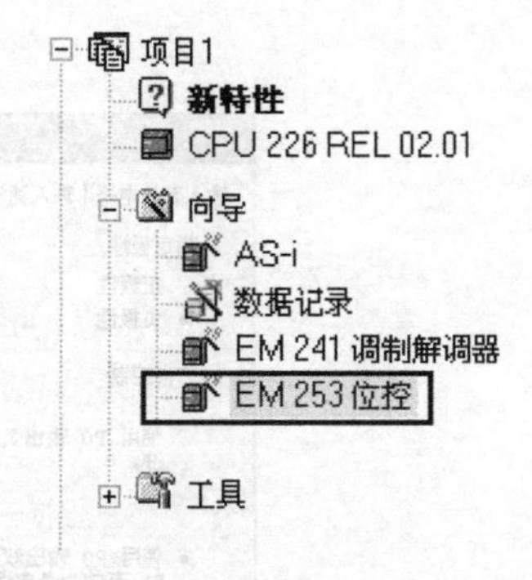

图 3-30 位控模块向导在树指令中的位置

2）位控单元模块的速度与位置控制特点。EM253 位控模块也是通过控制脉冲输出的频率和数量来控制执行器的速度与位置的。它的原理类似于前面所述的步进电动机控制，控制精度更高，更具有灵活性。由于是模块化的设备，脉冲输出由硬件产生，这样就简化了用户的程序。

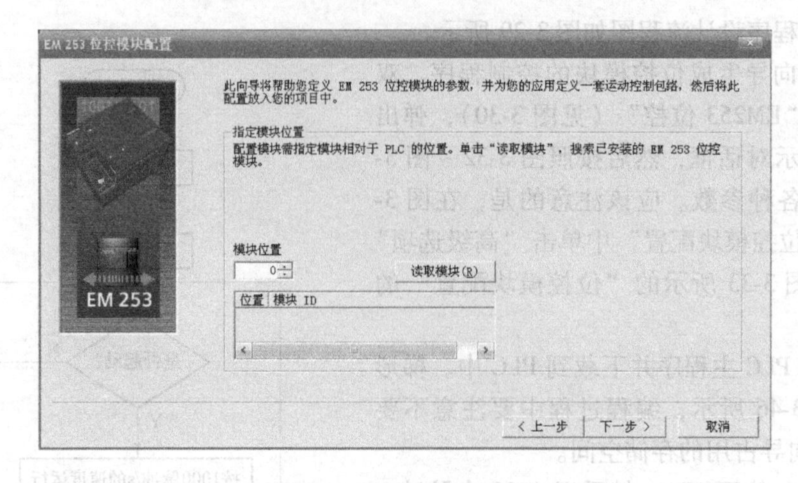

图 3-31 位控模块配置 1

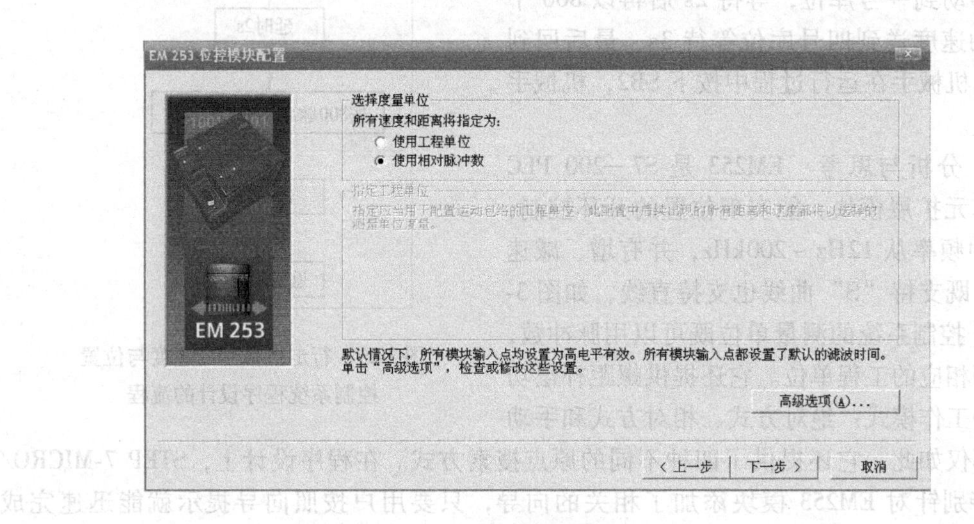

图 3-32 位控模块配置 2

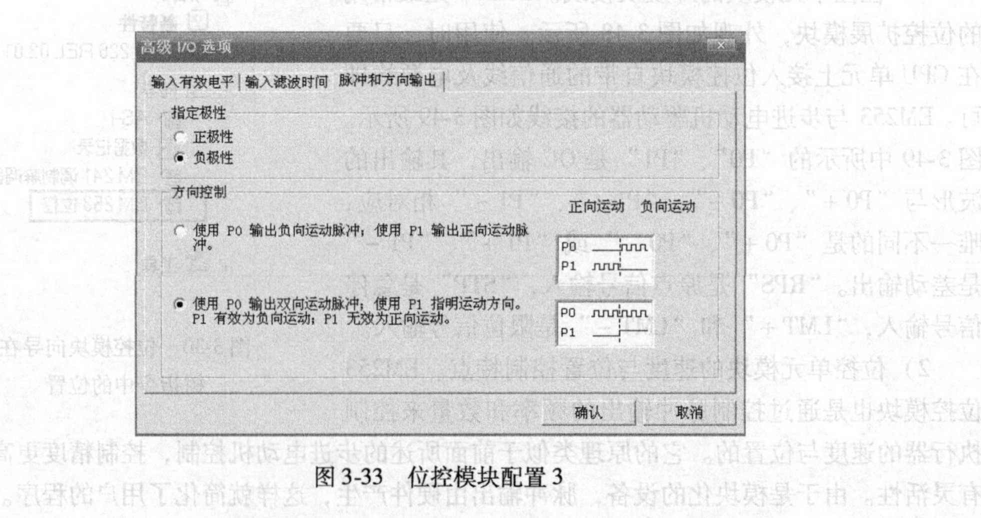

图 3-33 位控模块配置 3

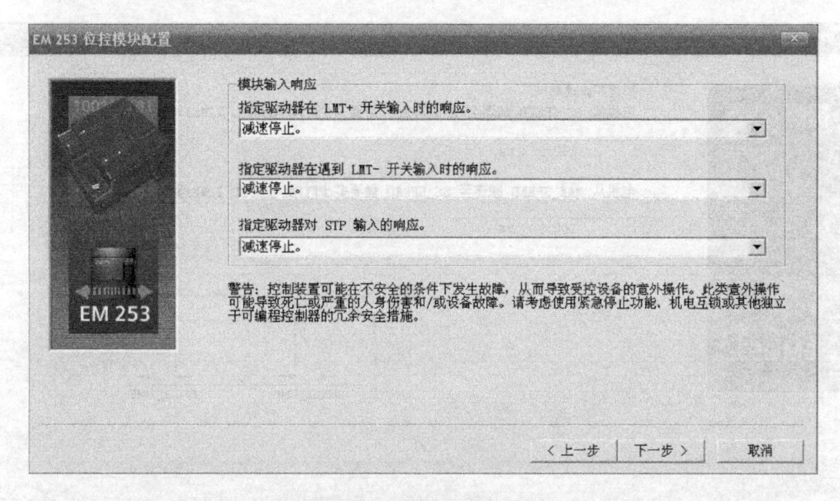

图 3-34 位控模块配置 4

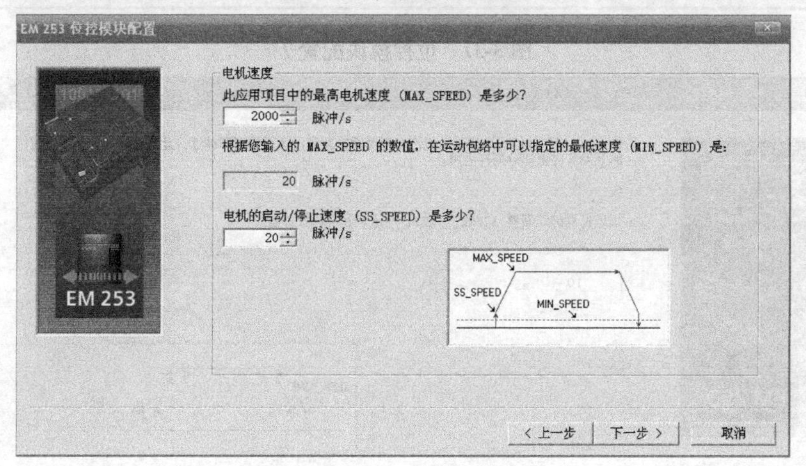

图 3-35 位控模块配置 5

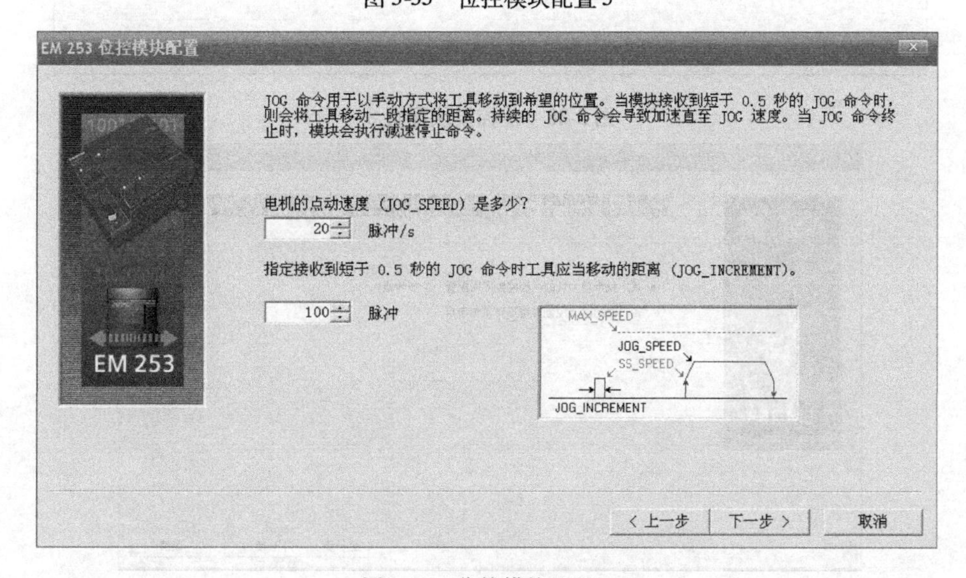

图 3-36 位控模块配置 6

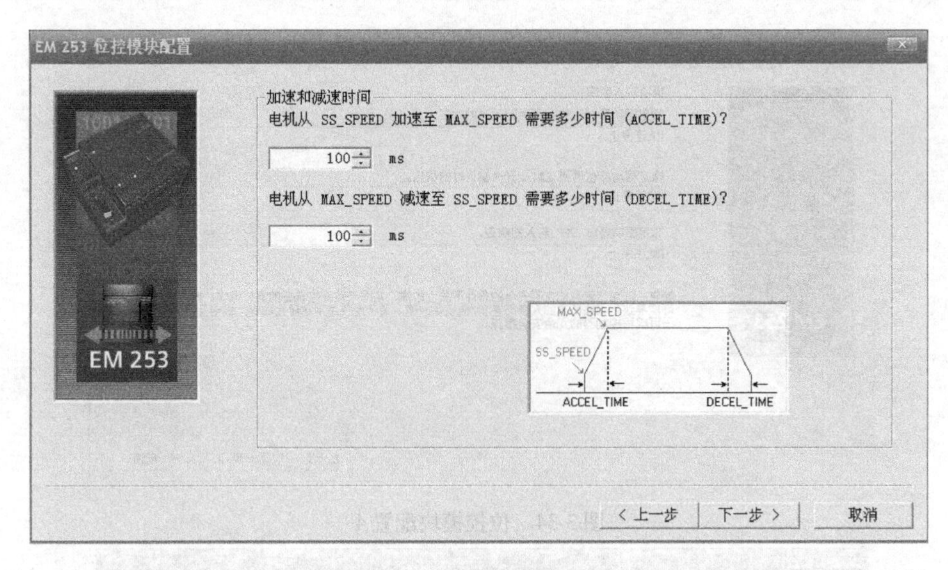

图 3-37　位控模块配置 7

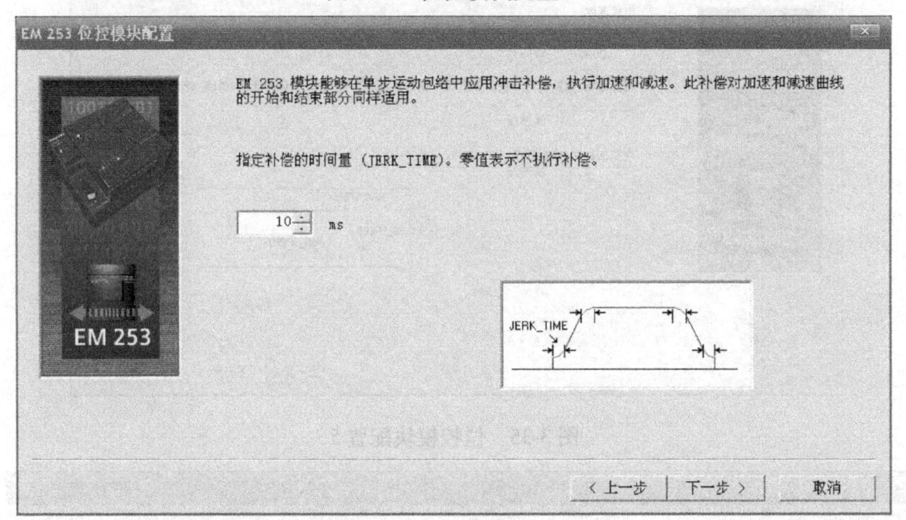

图 3-38　位控模块配置 8

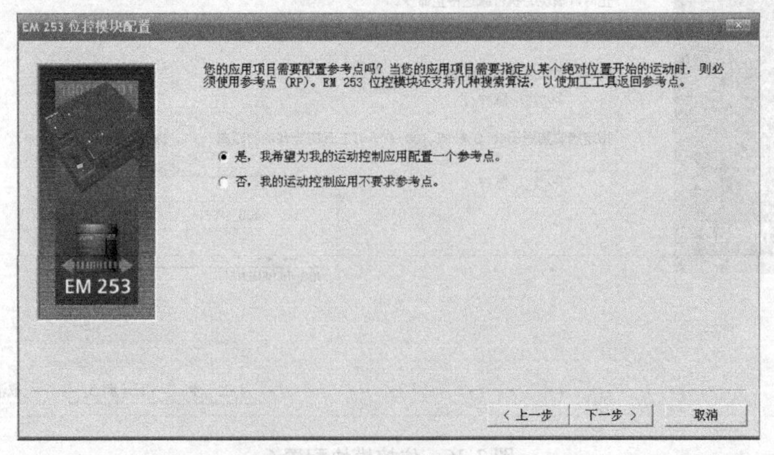

图 3-39　位控模块配置 9

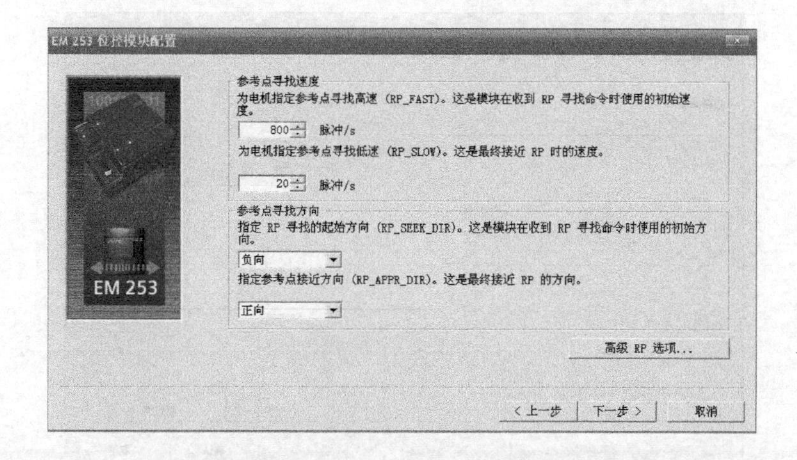

图 3-40　位控模块配置 10

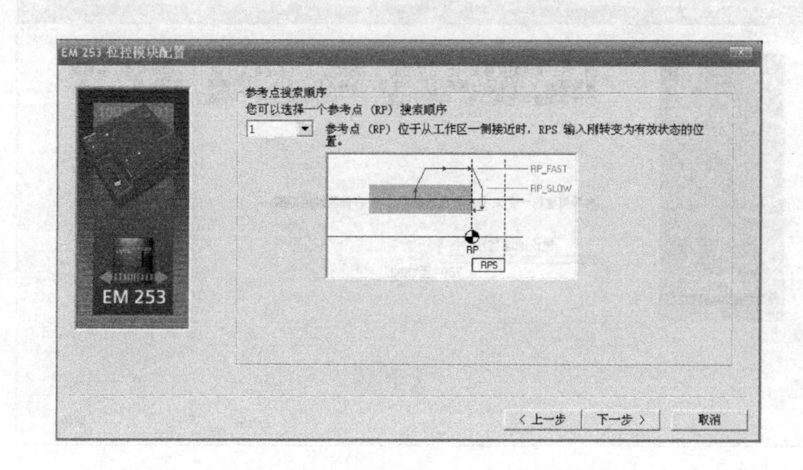

图 3-41　位控模块配置 11

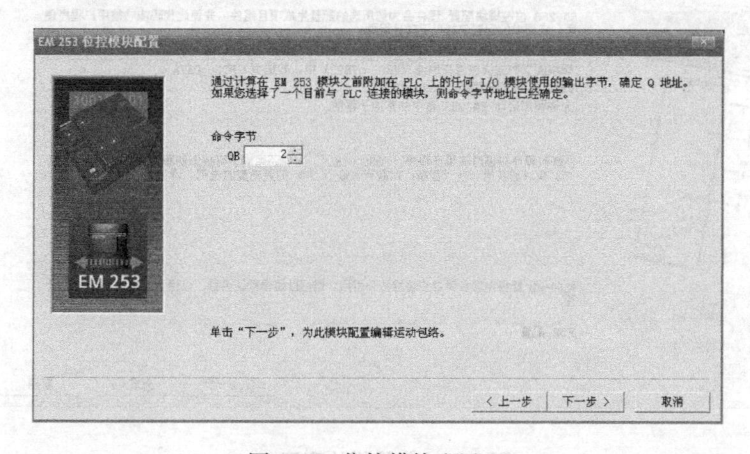

图 3-42　位控模块配置 12

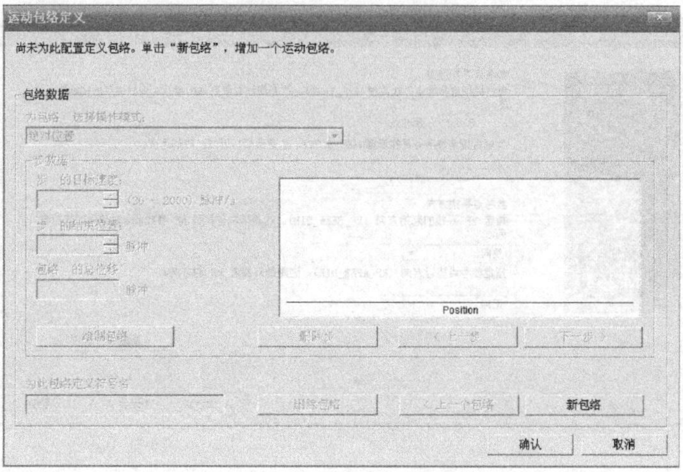

图3-43　位控模块配置13

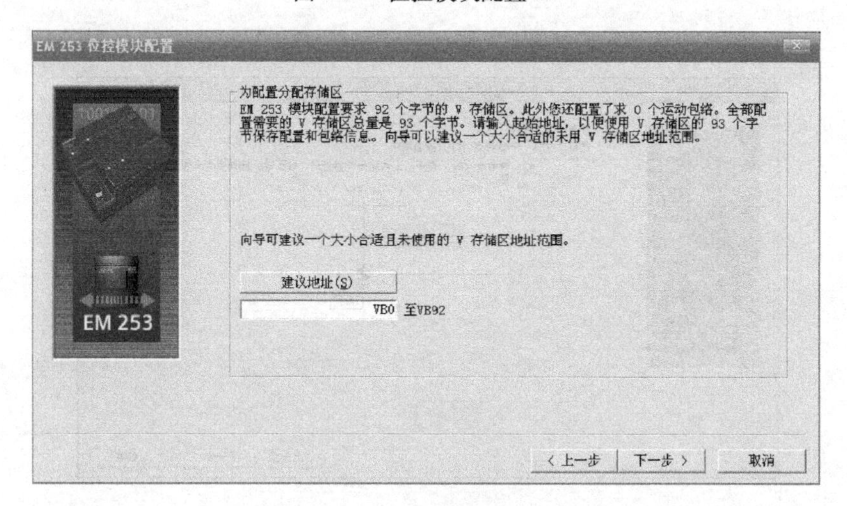

图3-44　位控模块配置14

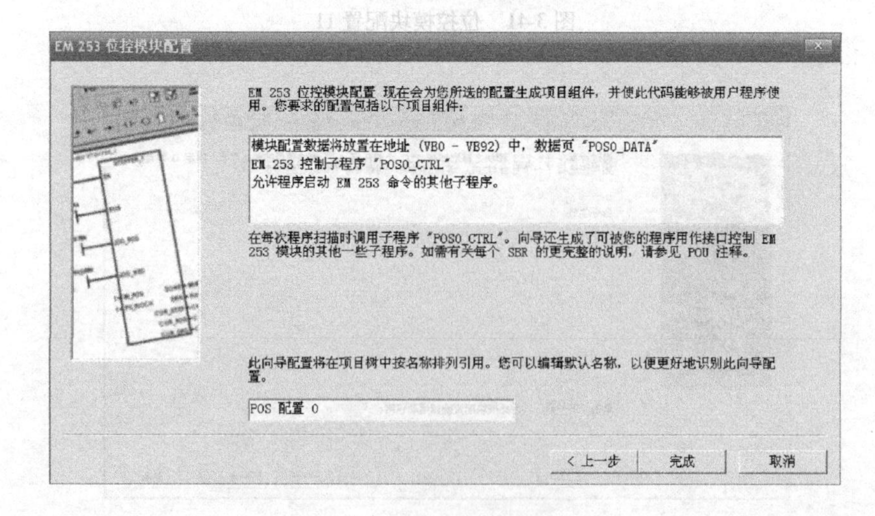

图3-45　位控模块配置15

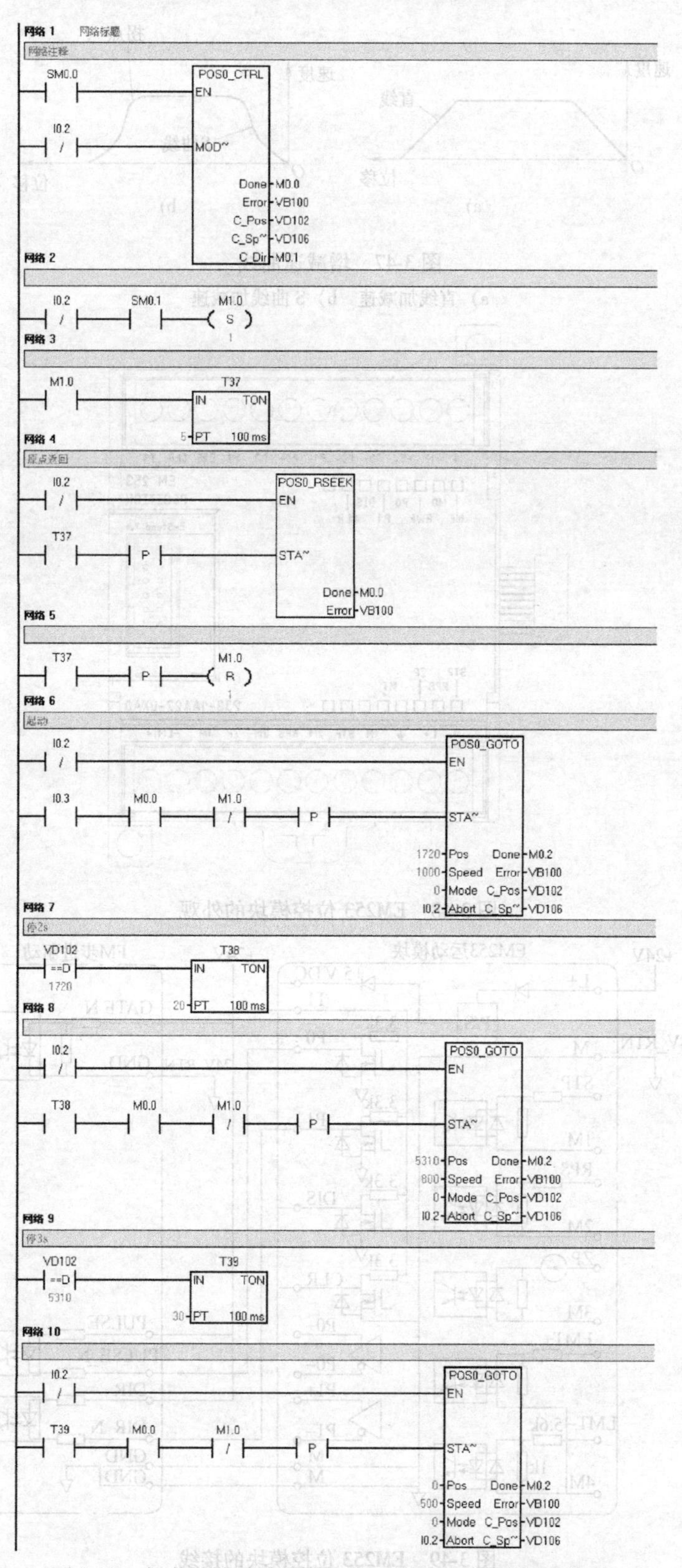

图3-46 行走机械手的速度与位置控制系统的梯形图程序

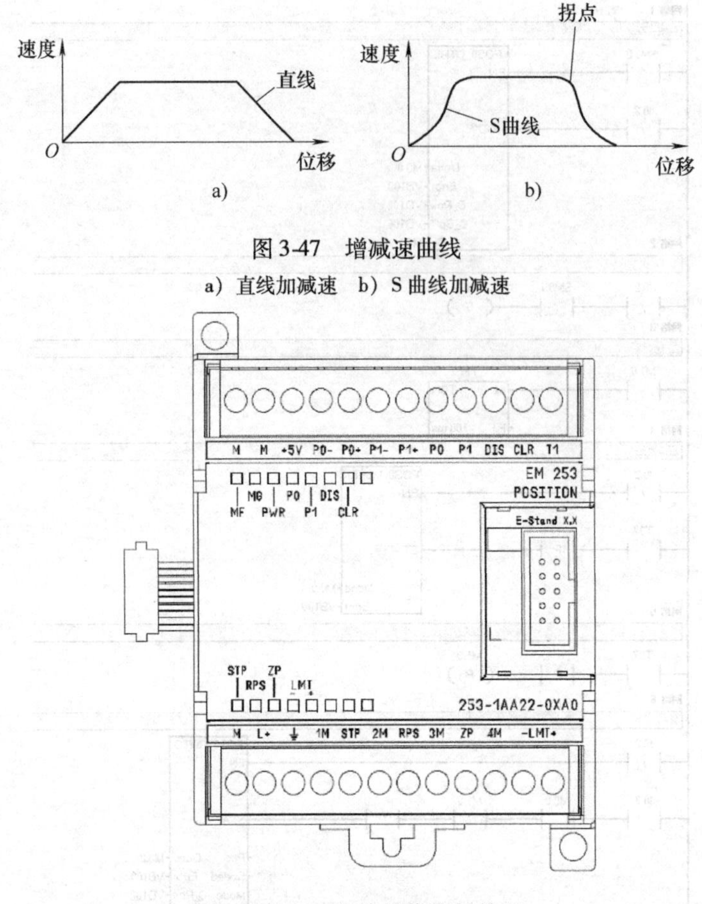

图 3-47　增减速曲线

a）直线加减速　b）S 曲线加减速

图 3-48　EM253 位控模块的外观

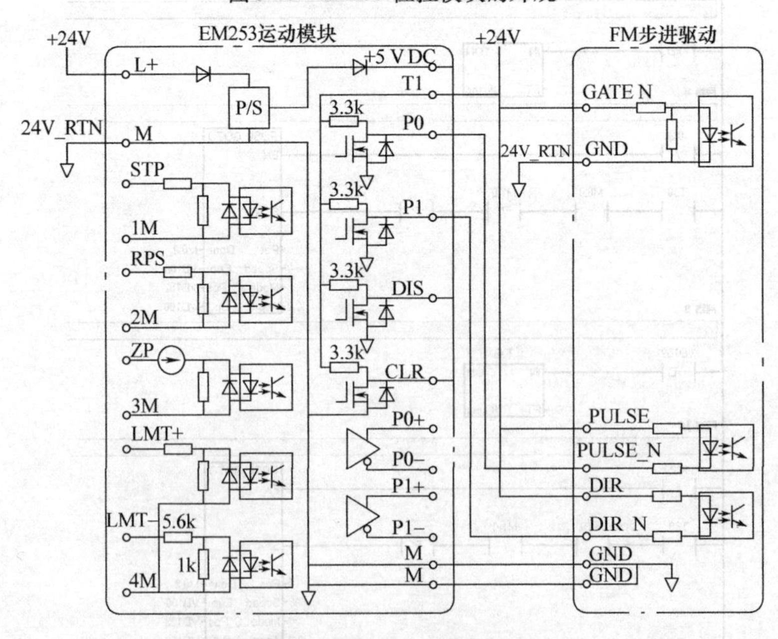

图 3-49　EM253 位控模块的接线

3.2　小结与作业

3.2.1　小结

本章我们学习了采用直流电动机、步进电动机、伺服电动机等配合光电编码器及高速计数器进行行走机械手的各种速度与位置控制方法。读者应该重点掌握光电编码器和高速计数器的使用方法，熟练使用坐标方式控制被控对象的运动，通过加强实训巩固所学知识。在使用直流电动机作为动力时，要注意利用继电器对电动机进行换向的接线，不要造成电源短路；机械手动作时，注意调节气泵的气压，不要将气压调得太大，以免气动元件出现故障。

3.2.2　作业

采用步进驱动系统实现机械手控制的具体要求：

1）如果机械手不在原点位置，按下起动按钮后应自动返回原点；如果机械手已经在原点位置，按下起动按钮后，机械手应运行到传送带上方并将传送带上的料块抓起来，接着以1000Hz 的速度把料块送到检测台上方并将货物放到检测台上检测 10s，待检测完成后机械手又将检测台上的料块抓起，以 500Hz 的速度送到一号库位存放，最后返回原点。

2）完成系统 PLC 的 I/O 分配。

3）画出系统原理接线图。

4）按控制要求编写 PLC 梯形图程序。

5）上机调试运行，直至满足控制功能。

第4章　货物传输与搬运系统的PLC网络控制

随着企业对工业自动化程度要求的提高，自动控制系统也由传统的集中式向多级分布式控制的方向发展，这就对各级控制机构之间数据的传输提出了更高的要求。在大型运动控制系统中，多个PLC之间常常需要传递很多的控制信息，传统的信息传递是利用一个PLC的输出信号作为另一个PLC的输入信号，这需占用大量的I/O点，并且传递的数据量较少。PLC工业网络出现以后，使PLC之间数据的传递变得简便、快捷，并能传输大量数据。本章将结合实例，介绍几种常见的西门子PLC网络对货物传输与搬运系统的控制。

4.1　货物传输与搬运系统的PPI网络控制

4.1.1　应用指令向导配置PPI网络实现对货物传输与搬运系统的控制

1. 实训任务

一号PLC控制传送带单元和井式供料单元，二号PLC控制行走机械手单元和仓库单元；系统通电后按起动按钮SB1，如果行走机械手不在原点，则返回原点，返回原点后，推料气缸将货物推出，变频器以30Hz运行，当货物到达位置2时，变频器停止运行；行走机械手将货物运送到一号库位后返回原点；在运行中按下急停按钮SB7，则设备立即停止运行。

2. 系统组成

S7—200继电器型PLC两台、PPI网络线一条、PC/PPI编程电缆一条、松下VF0变频器一台、指示与主令控制单元一台、METS3主体一台。其主要的元器件的摆放位置如图4-1所示。

3. 系统的I/O分配与流程

系统的I/O分配见表4-1和表4-2；系统的流程如图4-2所示。

表4-1　一号PLC的I/O分配

地　址	符　号	接线地址
I0.0	急停	MC-SB7-1
I0.1	起动	MC-SB1-1
I0.2	停止	MC-SB6-1
I0.4	推料气缸原点	MJ-11
I0.5	推料气缸动作到位	MJ-13
I0.6	料块有无检测	MJ-16
I0.7	带式传输机位置2	MJ-19
Q0.0	推料块气缸	MJ-94
Q0.1	变频器起动	MQ-5
Q0.2	30Hz	MQ-8

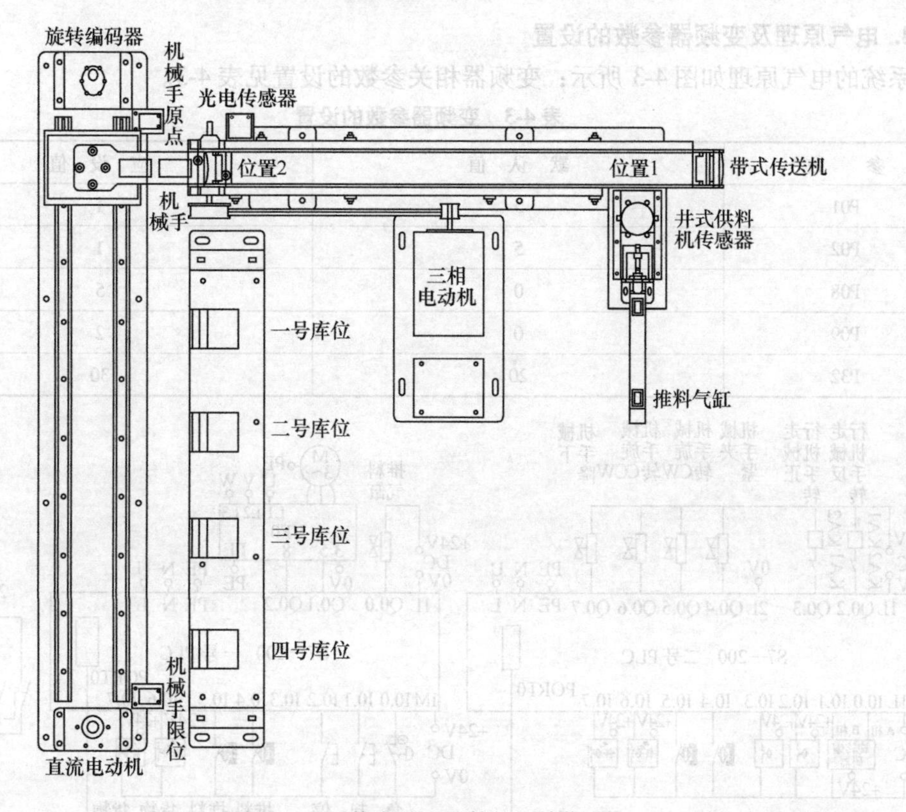

图4-1　系统主要元器件的摆放位置

表4-2　二号PLC的I/O分配

地　址	符　号	接线地址
I0.0	A相	MJ-2
I0.1	B相	MJ-3
I0.2	机械手原点	MJ-6
I0.3	机械手限位	MJ-9
I0.4	旋转缸右限位	MJ-30
I0.5	旋转缸左限位	MJ-32
I0.6	一号库位有无货物检测	MJ-52
I0.7	二号库位有无货物检测	MJ-54
Q0.2	机械手行走CCW（-）	MC-KA1-A2
Q0.3	机械手行走CW（+）	MC-KA2-A2
Q0.4	夹手动作	MJ-102
Q0.5	机械手旋转CW	MJ-98
Q0.6	机械手旋转CCW	MJ-96
Q0.7	机械手下降	MJ-100

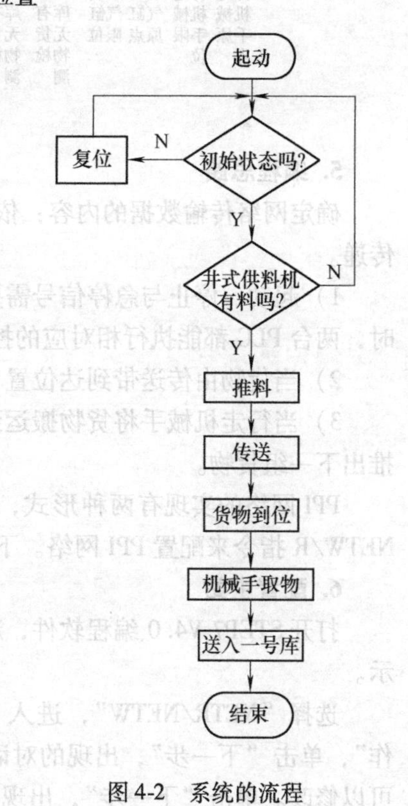

图4-2　系统的流程

4. 电气原理及变频器参数的设置

系统的电气原理如图 4-3 所示；变频器相关参数的设置见表 4-3。

表 4-3 变频器参数的设置

参 数	默 认 值	应 设 值
P01	5	1
P02	5	1
P08	0	5
P09	0	2
P32	20	30

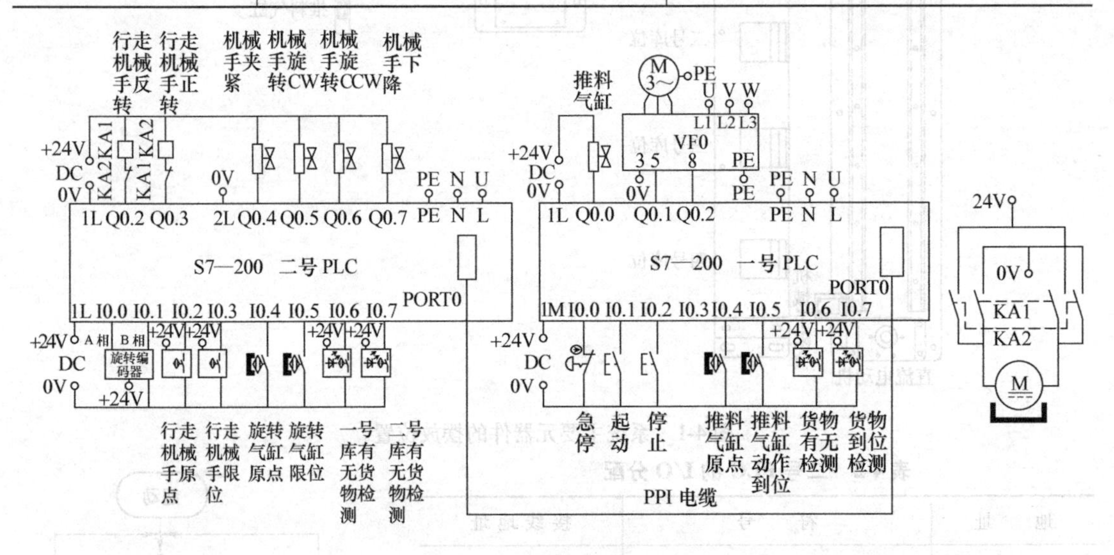

图 4-3 系统的电气原理

5. 编程思路

确定网络传输数据的内容：依据实训任务要求，确定有哪些信息需要在两台 PLC 之间传递。

1）起动、停止与急停信号需要由一号 PLC 传递给二号 PLC，当按下起动、停止或急停时，两台 PLC 都能执行相对应的控制功能。

2）当货物由传送带到达位置 2 时，一号 PLC 应告知二号 PLC 去位置 2 取货。

3）当行走机械手将货物搬运到仓库后，运动到原点时，二号 PLC 应告知一号 PLC 可以推出下一组货物。

PPI 网络的实现有两种形式，一种是利用指令向导配置 PPI 网络，另一种是直接调用 NETW/R 指令来配置 PPI 网络。下面介绍通过指令向导来配置 PPI 网络。

6. 配置主站

打开 STEP7 V4.0 编程软件，新建一个项目，在工具栏内选择“指令向导”，如图 4-4 所示。

选择“NETR/NETW”，进入“下一步”，在出现的对话框里选择“配置 2 项读写操作”，单击“下一步”，出现的对话框如图 4-5 所示。我们选择“端口 0”，子程序的名字也可以修改。单击“下一步”，出现的对话框如图 4-6 所示。

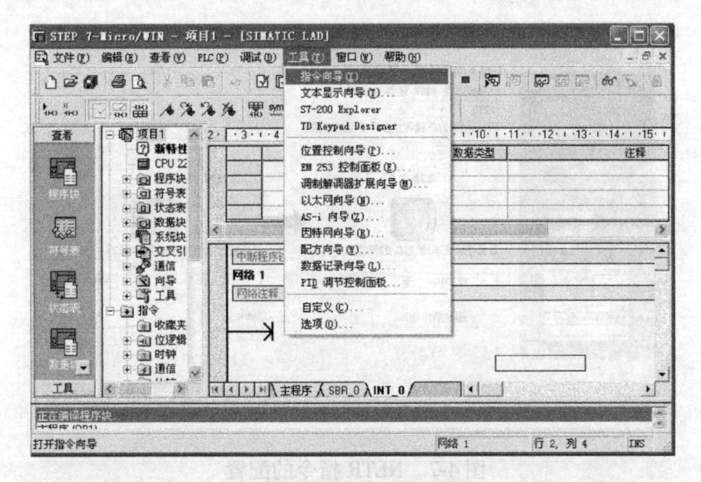

图4-4　指令向导的选择

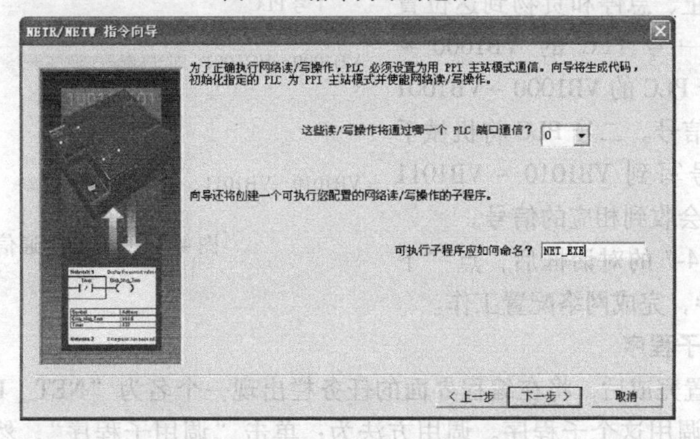

图4-5　通信口的选择与子程序的命名

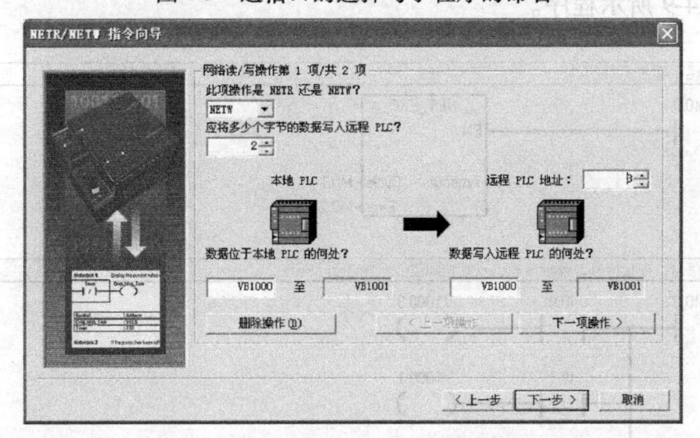

图4-6　NETW 指令的配置

在出现的对话框里，选择“NETW”指令，将2B的数据写入远程PLC，“远程PLC地址”选择“3”。注意远程PLC地址不能与本地PLC地址相同，否则PPI网络将无法正常通信。配置完NETW指令后点击“下一项操作”，出现图4-7所示的对话框，选择“NETR”指令，将2B的数据从远程PLC读到本地PLC，“远程PLC地址”选择“3”。如上配置实现的PLC之间的数据通信区如图4-8所示。

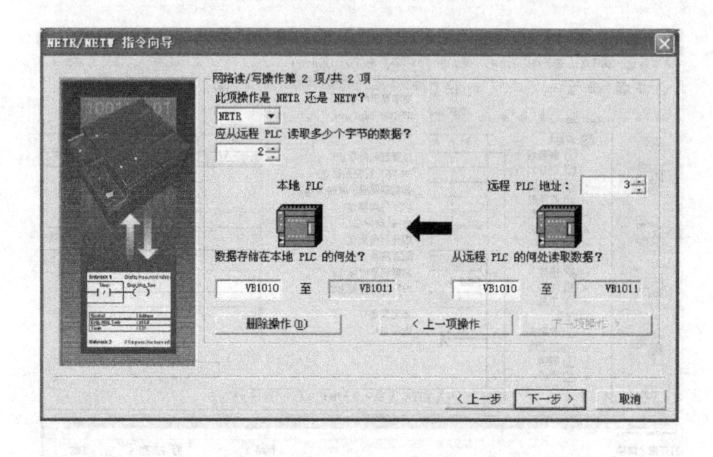

图 4-7 NETR 指令的配置

将起动、停止、急停和货物到达位置2的信号写到一号PLC的VB1000～VB1001里，二号PLC的VB1000～VB1001就会收到相应的信号。二号PLC将机械手在原点时的信号写到VB1010～VB1011里，一号PLC就会收到相应的信号。

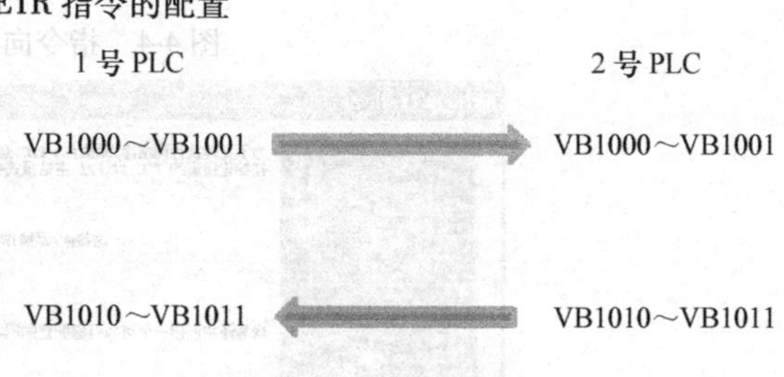

图 4-8 PLC 数据通信区

配置完成图4-7的对话框后，点“下一步”，跟随向导，完成网络配置工作。

7. 调用网络子程序

网络通信配置完成后，将在编程界面的任务栏出现一个名为“NET _ EXE”的子程序，需要在主程序里调用这个子程序。调用方法为：单击“调用子程序”，然后双击“NET _ EXE”，出现如图4-9所示程序。

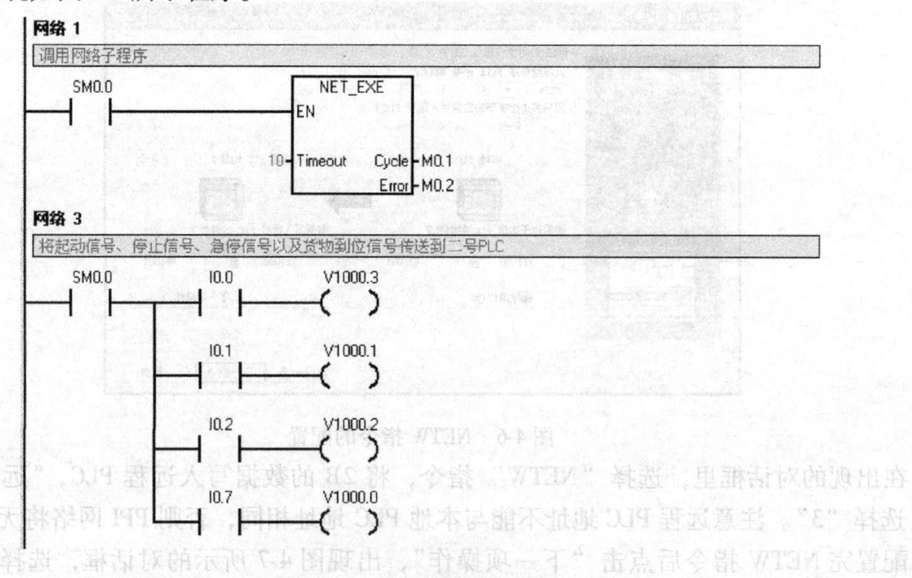

图 4-9 一号 PLC 梯形图程序

网络1是调用网络通信子程序，各参数含义如下：

1）Timeout 参数：0＝无定时器；1～36767 定时器数值。

2）Error 参数：0＝无错误；1＝有错误。

3）Cycle 参数：每次 NET 操作完成时都会切换状态。

网络3 是将起动、停止、急停以及货物到位信号传递到二号 PLC。

主站编程注意事项：应用网络配置向导生成网络虽然比较快捷、方便，但是，网络程序是加密程序，这就需要在“交叉引用”里查看网络程序使用过的变量、寄存器等，选择“交叉引用”，点“全部编译”，出现图4-10 所示的对话框。对话框内的变量是已经使用过的变量，在编写程序的时候要避开这些变量，避免双重线圈输出。

	元素	块	位置	关联
1	I0.7	主程序 (OB1)	网络 2	-I I-
2	&VB1000	NET_EXE (SBR1)	***	MOVD
3	VD5	NET_EXE (SBR1)	***	MOVD
4	VW1	NET_EXE (SBR1)	***	MOVW
5	VW1	NET_EXE (SBR1)	***	INCW
6	VW1	NET_EXE (SBR1)	***	LDW>=
7	VW1	NET_EXE (SBR1)	***	MOVW
8	NETW1_Status:VB3	NET_EXE (SBR1)	***	MOVB
9	NETW1_Status:VB3	NET_EXE (SBR1)	***	NETW
10	VB4	NET_EXE (SBR1)	***	MOVB
11	VB4	NET_EXE (SBR1)	***	NETW (隐含访问)
12	VB5	NET_EXE (SBR1)	***	NETW (隐含访问)
13	VB6	NET_EXE (SBR1)	***	NETW (隐含访问)
14	VB7	NET_EXE (SBR1)	***	NETW (隐含访问)
15	VB8	NET_EXE (SBR1)	***	NETW (隐含访问)
16	VB9	NET_EXE (SBR1)	***	MOVB
17	VB9	NET_EXE (SBR1)	***	NETW (隐含访问)
18	VB10	NET_EXE (SBR1)	***	BMB
19	VB10	NET_EXE (SBR1)	***	NETW (隐含访问)
20	VB11	NET_EXE (SBR1)	***	BMB (隐含访问)
21	VB1000	NET_EXE (SBR1)	***	BMB
22	VB1001	NET_EXE (SBR1)	***	BMB (隐含访问)
23	V0.0	NET_EXE (SBR1)	***	R
24	V0.0	NET_EXE (SBR1)	***	LD
25	V0.0	NET_EXE (SBR1)	***	LD
26	V0.0	NET_EXE (SBR1)	***	R
27	V0.0	NET_EXE (SBR1)	***	S
28	V0.1	NET_EXE (SBR1)	***	R (隐含访问)
29	V0.1	NET_EXE (SBR1)	***	S

图4-10 “交叉引用”表格

如果在程序基本编写完成后再配置网络程序，则向导程序可以自动避开在编程时已经使用过的变量。

8. 设置通信端口

程序编写结束后，还需对 PLC 的通信端口进行设置。选中“系统块”，打开“通信端口”，设置“端口0”站号为“2”，选择波特率为“9.6kbps”，如图4-11 所示。然后把程序下载到一号 PLC（程序见配套实训内容，程序名为 PPI 1-1）。

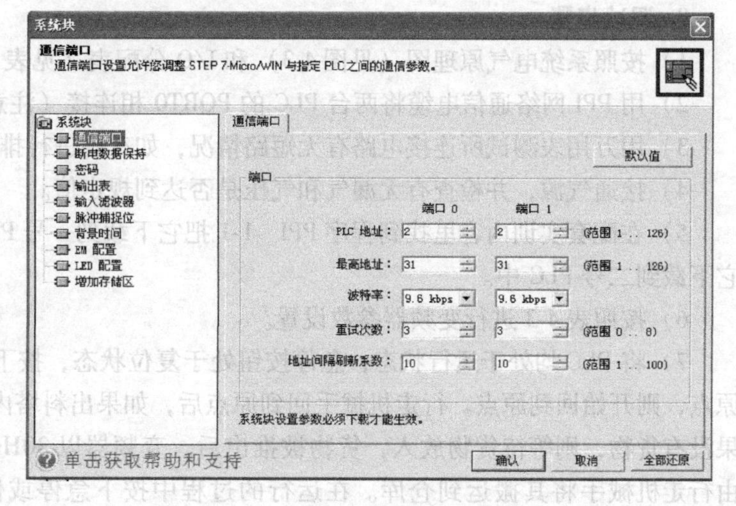

图4-11 一号 PLC 通信端口设置图

PPI 协议是一种主从通信协议，只需要由主站调用网络读写指令即可，从站则不需要配置读写指令。但二号 PLC 需要对 PLC 通信端口进行设置。具体参数如图 4-12 所示。

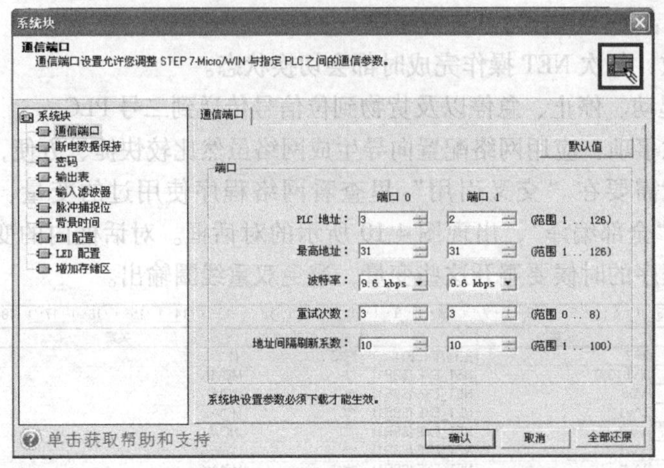

图 4-12 二号 PLC 通信端口的参数设置

注意：一定要保证 PLC 地址正确，同时还要保证两台 PLC 的通信端口的波特率一致。在这里体现为，“PLC 地址”为“3”（即一号 PLC 里配置的远程 PLC 地址），“波特率”为“9.6kbps”。二号 PLC 网络程序如图 4-13 所示。

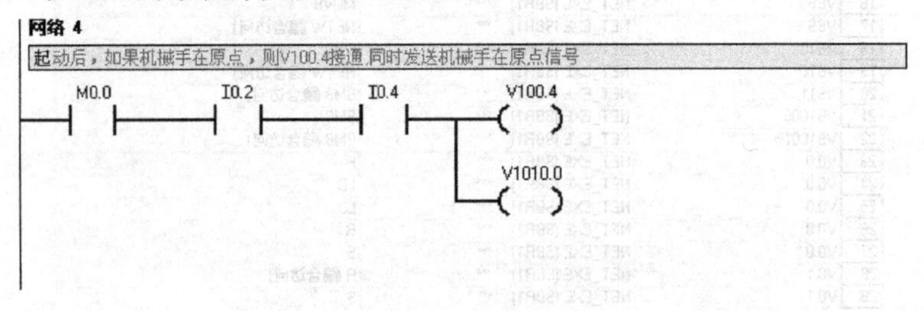

图 4-13 二号 PLC 梯形图程序

“M0.0”为起动标识，起动后，当 I0.2 和 I0.4 接通即行走机械手回到原点时，发送网络信息，使 V1010.0 接通，告知一号 PLC 可以把货物推出。

9. 调试步骤

1）按照系统电气原理图（见图 4-3）和 I/O 分配表（见表 4-1、表 4-2）进行电路连接。

2）用 PPI 网络通信电缆将两台 PLC 的 PORT0 相连接（注意不要带电插拔电缆）。

3）用万用表测试所连接电路有无短路情况，如有则进行排查。

4）接通气源，并检查有无漏气和气压是否达到规定值。

5）在配套实训内容里找到程序 PPI _1-1 把它下载到一号 PLC 中，找到程序 PPI _1-2 把它下载到二号 PLC 中。

6）按照表 4-3 进行变频器参数设置。

7）将 PLC 均处于运行状态，急停按钮处于复位状态，按下起动按钮 SB1，系统如不在原点，则开始回到原点。行走机械手回到原点后，如果出料塔内有货物，则将货物推出，如果没有货物，则等待货物放入，货物被推出后，变频器以 30Hz 的速度运行到位置 2 停下，由行走机械手将其搬运到仓库。在运行的过程中按下急停或停止按钮，系统立即停止运行。

10. 分析与思考

利用向导进行网络组态的要点是，站地址不能相同，波特率必须相同，同时记住自己配置的发送和接收区域，这个区域内的数据，不可再做他用，避免双重线圈输出，思考一下，波特率为9.6kbit/s和19.2kbit/s的区别。

4.1.2 应用NETW/R指令配置PPI网络实现对货物传输与搬运系统的控制

1. 实训任务

见4.1.1实训任务。

2. 系统组成

见4.1.1系统组成。

3. 系统的I/O分配和流程

系统的I/O分配见表4-1和表4-2；系统的流程如图4-2所示。

4. 电气原理和变频器参数的设置

见4.1.1系统的电气原理和变频器参数的设置。

5. 配置一号PLC通信端口

新建一个项目，点“系统块”，具体设置如图4-11所示。配置完成后将其配置参数下载到PLC中。

6. 使能主站模式

PPI网络需要在程序中使能通信端口为主站或从站模式，这就需要对SMB30或SMB130进行设置。SMB30和SMB130分别是S7—200PLC的PORT0及PORT1口的控制字节，各位表达的意义见表4-4。

表4-4 SMB30和SMB130各位表达的意义

Bit7	Bit6	Bit5	Bit4	Bit3	Bit2	Bit1	Bit0
p	p	d	b	b	b	m	m

注：pp—校验选择，d—每个字符的数据位，bbb—自由口波特率，mm—协议选择。

如要将PORT0设定为PPI主站模式，可将“2”MOVE给SMB30，只需设置一次(SM0.1)。若将一号PLC作为主站，设置方式如图4-14a“网络1”所示。

7. NETW/R指令的应用

NETW/R指令是通过TBL参数来指定报文的，报文格式见表4-5。表4-5中的内容说明如下：

1）“D”表示操作完成状态：0=未完成，1=已完成。

2）“A”表示操作有效否：0=无效，1=有效。

3）“E”错误信息：0=无错，1=有错。

4）远程站地址：被访问的PLC地址。

5）远程站的数据区指针：被访问的数据区的地址指针。

6）数据长度：远程站上被访问的数据区的字节数。

7）数据字节0~15：接收和发送数据区，对于NETR指令，执行指令后，从远程站读到的数据放在该区；对于NETW指令，执行指令后，要发送到远程站的数据存放到该区。

表4-5 数据表的格式

字节	bit7				bit0
0	D	A	E	0	错误代码
1	远程站地址				
2	远程站的数据区指针				
3					
4					
5					
6	数据长度				
7	数据字节0				
8	数据字节1				
⋮	⋮				
22	数据字节0～15				

错误代码含义见表4-6。

表4-6 错误代码

错误代码	定义
0	无错误
1	远程站响应超时
2	接收错误：奇偶校验错误，响应时帧或校验出错
3	离线错误：相同的站地址或无效的硬件引发冲突
4	队列溢出错误：激活了超过八个的NETR/NETW指令
5	通信协议错误：没有使用PPI协议调用NETR/NETW指令
6	非法参数：NETR/NETW表中包含非法或无效的值
7	没有资源：远程站点正在忙碌中（上传或下载程序）
8	违反应用协议
9	信息错误：错误的数据地址或数据长度
10	保留

每一个读写指令可以向远程站接收或发送各16B，一个程序中可以调用多个网络读写指令，但同一时刻最多只能有八条指令被激活。一号PLC编写通信程序如图4-14所示。

网络2是对NETW指令进行设定：先设定以VB300开始的TBL为NETW的参数表，则要将通信远程站号“3”填入“VB301”，将远程站的地址以指针形式填入“VD302”（“&VB307”表示远程站中从VB307开始的地址区），发送字节数填入“VB306”（最大为“16”，这里是“4”），而需要发送的数据填入从“VB307”开始的4B的区域内，最后将NETW的TBL（VB300）输出到PORT0。

网络3是网络信息发送程序，当货物到达位置2时（I0.7接通），V307.0接通，同时，通过NETW指令，二号PLC的V307.0也接通。

网络4是对NETR指令进行设定：先设定以VB200开始的TBL为NETR的参数表，则

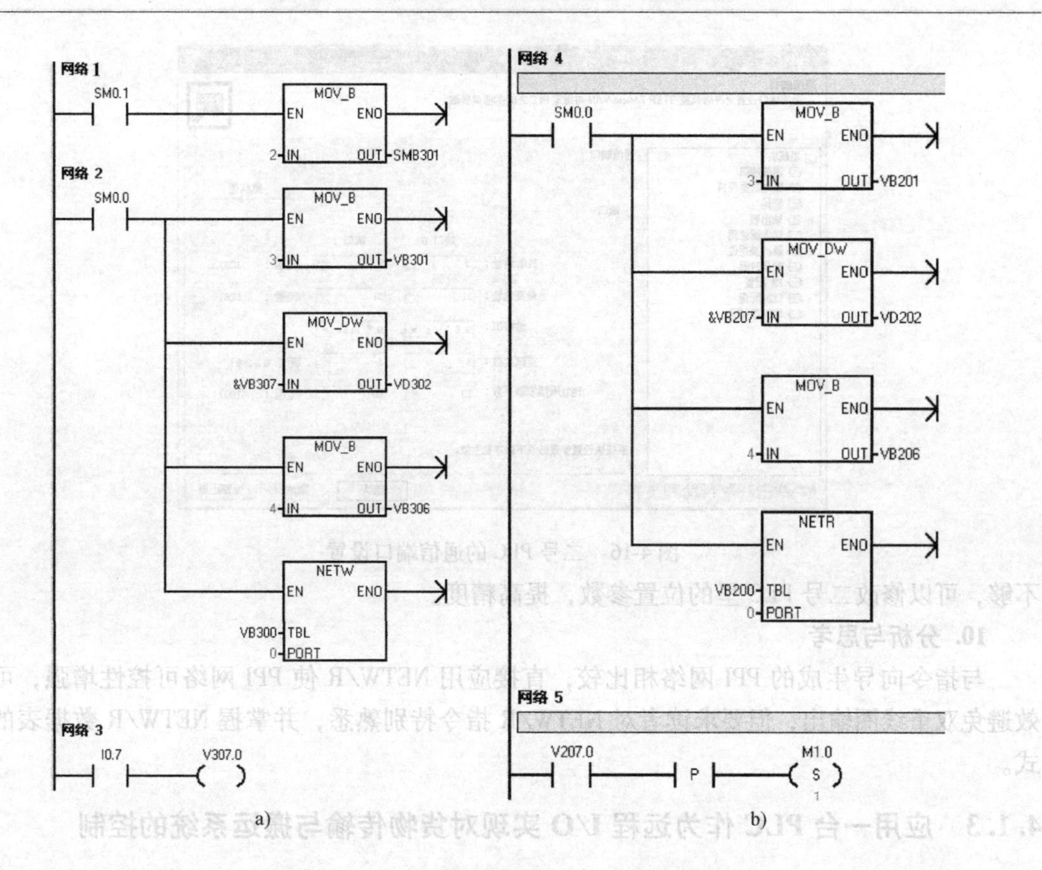

图 4-14　一号 PLC“NETW 指令”设定程序

要将通信远程站号“3”填入“VB201”，将远程站的地址以指针形式填入“VD202”（“&VB207”表示远程站中从 VB207 开始的地址区），读取送字节数填入“VB206”（最大为“16”，这里是“4”），而接收来的数据填入从 VB207 开始的 4B 的区域内，最后将 NETR 的 TBL（VB300）输出到 PORT0。

网络 5：当一号 PLC 接收到二号 PLC 传递过来的货物到位信号（V207.0）后，起动机械手取物程序。

NETR/W 指令读写的数据区域如图 4-15 所示。

一号 PLC		二号 PLC
VB307～VB310	→	VB307～VB310
VB207～VB210	←	VB207～VB210

图 4-15　NETR/W 指令读写数据区

8. 设置二号 PLC 的通信端口

对二号 PLC 进行端口设置，打开软件，点击“系统块”设置通信参数，如图 4-16 所示。

与指令向导生成的网络程序一样，二号 PLC 不再需要编写 NETW/R 指令，只需在它的接收区（VB307 ~ VB310）接收起动、停止、急停以及货物到达位置 2 时的信号，把需要发送的信号（行走机械手在原点）放到它的发送区（VB207 ~ VB210）即可。

9. 调试步骤

调试步骤与 4.1.1 基本相同，参考程序可在配套实训内容里找到，一号 PLC 程序名为 PPI 2-1，二号 PLC 程序名为 PPI 2-2。在调试中，如果发现行走机械手取放货物的位置精度

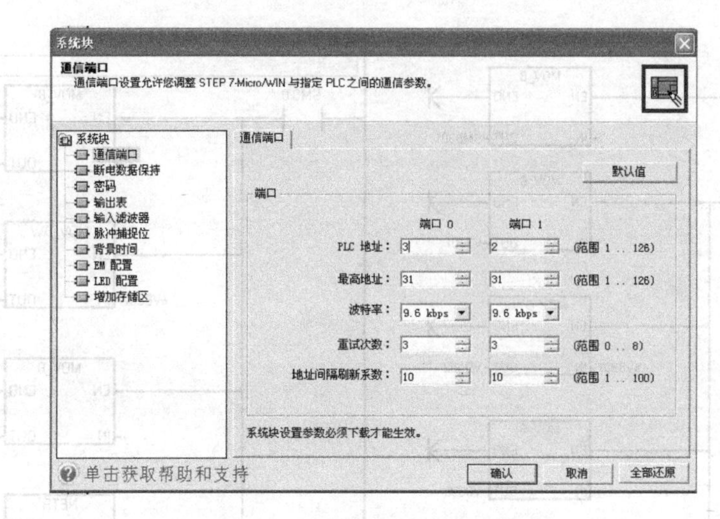

图4-16　二号PLC的通信端口设置

不够，可以修改二号PLC里的位置参数，提高精度。

10. 分析与思考

与指令向导生成的PPI网络相比较，直接应用NETW/R使PPI网络可控性增强，可有效避免双重线圈输出，但要求读者对NETW/R指令特别熟悉，并掌握NETW/R数据表的格式。

4.1.3　应用一台PLC作为远程I/O实现对货物传输与搬运系统的控制

1. 实训任务

一号PLC控制传送带单元和井式供料单元，二号PLC控制行走机械手和仓库单元。二号PLC作为主站，一号PLC作为从站，一号PLC只作为I/O，内部不编写程序，由二号PLC通过PPI网络控制一号PLC。系统通电后按起动按钮，如果行走机械手不在原点，则返回原点。返回原点后，推料气缸将货物推出，变频器以30Hz运行，当货物到达位置2时，变频器停止运行。行走机械手将货物运送到一号库位后返回原点。

2. 系统组成

见4.1.1系统组成。

3. 系统的I/O分配和流程

见4.1.1 I/O分配表和流程图。

4. 电气原理和变频器参数的设置

见4.1.1系统的电气原理和变频器参数的设置。

5. 编程思路

为实现任务目标，需要将一号PLC的输入信号读入二号PLC，将经过二号PLC处理后的数据直接写入一号PLC的输出数据区域，达到控制目的。

6. 通信配置

具体配置如图4-11和图4-12所示。配置完成后，分别将其配置参数下载到各自PLC中，将一号PLC作为从站，二号PLC作为主站。二号PLC设为主站模式的程序如图4-17所示。

7. 编写通信程序

将一号PLC的输入信号全部读取出来，放到以VB207开始的字节中，如图4-18所示。

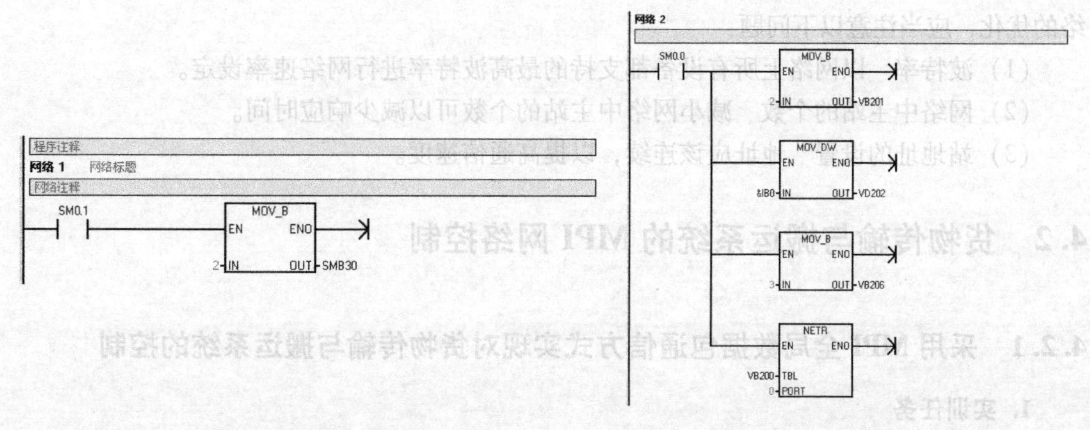

图4-17　二号PLC设为主站模式的程序　　　图4-18　读取远程输入信号

将经过二号PLC（主站）处理后的信息，放到一号PLC（从站）的输出区域输出，如图4-19所示。将二号PLC的VW307中的内容写入到一号PLC的从Q0.0开始的输出里。

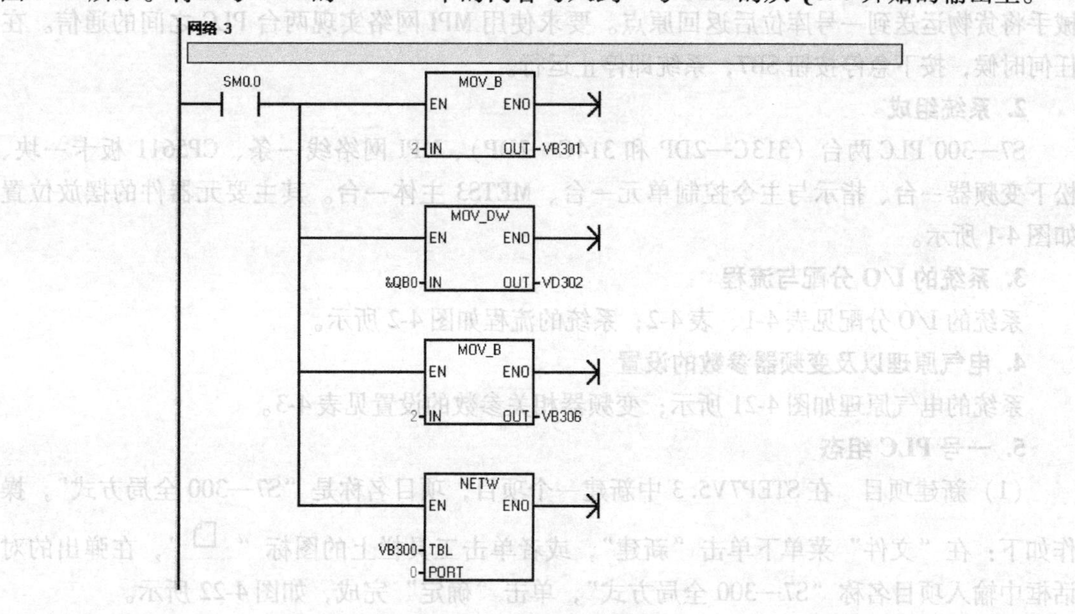

图4-19　配置远程输出

远程I/O数据区的存放区域如图4-20所示。

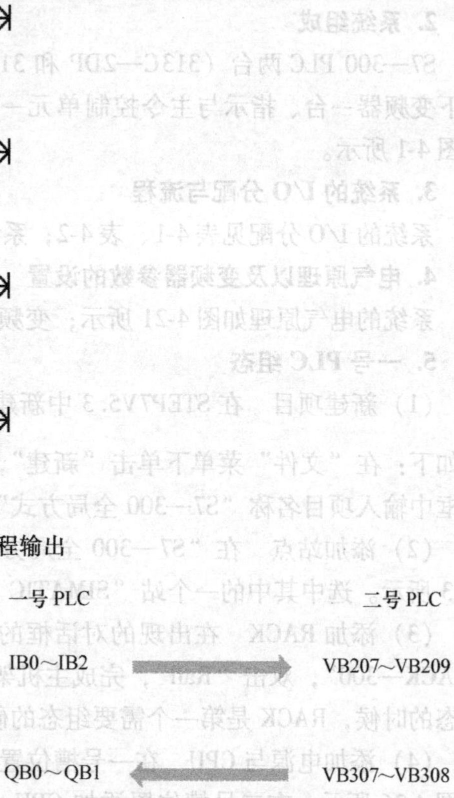

8. 调试步骤

调试步骤与4.1.2相同，系统程序在配套实训内容里，一号PLC程序名为PPI 3-1，二号PLC程序名为PPI 3-2。在调试的过程中，如果发现变频器停止响应较慢，可以改变通信的波特率，提高通信的速度。

一号PLC　　　二号PLC

IB0～IB2　→　VB207～VB209

QB0～QB1　←　VB307～VB308

图4-20　远程I/O数据暂存区

9. 分析与思考

PLC 作远程 I/O 时，所有的运算处理都由一台 PLC 来完成，这就对 PLC 的运算速度以及 PLC 网络数据传输的安全性有较高的要求，同时，也要求有较高的传输速率。对于 PPI 网络的优化，应当注意以下问题：

（1）波特率　以网络上所有设备都支持的最高波特率进行网络速率设定。

（2）网络中主站的个数　减小网络中主站的个数可以减少响应时间。

（3）站地址的设置　地址应该连续，以提高通信速度。

4.2 货物传输与搬运系统的 MPI 网络控制

4.2.1 采用 MPI 全局数据包通信方式实现对货物传输与搬运系统的控制

1. 实训任务

一号 PLC 控制传送带单元和井式供料单元，二号 PLC 控制行走机械手单元和仓库单元。系统通电后按起动按钮 SB1，如果行走机械手单元不在原点，则返回原点。返回原点后，推料气缸将货物推出，变频器以 30Hz 运行，当货物到达位置 2 时，变频器停止运行。行走机械手将货物运送到一号库位后返回原点。要求使用 MPI 网络实现两台 PLC 之间的通信。在任何时候，按下急停按钮 SB7，系统即停止运行。

2. 系统组成

S7—300 PLC 两台（313C—2DP 和 314C—2DP）、MPI 网络线一条、CP5611 板卡一块、松下变频器一台、指示与主令控制单元一台、METS3 主体一台。其主要元器件的摆放位置如图 4-1 所示。

3. 系统的 I/O 分配与流程

系统的 I/O 分配见表 4-1、表 4-2；系统的流程如图 4-2 所示。

4. 电气原理以及变频器参数的设置

系统的电气原理如图 4-21 所示；变频器相关参数的设置见表 4-3。

5. 一号 PLC 组态

（1）新建项目　在 STEP7V5.3 中新建一个项目，项目名称是“S7—300 全局方式”，操作如下：在“文件”菜单下单击“新建”，或者单击工具栏上的图标“ ”，在弹出的对话框中输入项目名称“S7—300 全局方式”，单击“确定”完成，如图 4-22 所示。

（2）添加站点　在“S7—300 全局方式”下面点击右键插入两个 S7—300 站点，如图 4-23 所示。选中其中的一个站“SIMATIC 300（1）”，双击右侧“硬件”，如图 4-24 所示。

（3）添加 RACK　在出现的对话框的左侧，打开资源图，选中“SIMATIC 300”，打开“RACK—300”，双击“Rail”，完成主机架的配置，如图 4-25 所示。在对 S7—300 进行硬件组态的时候，RACK 是第一个需要组态的硬件。

（4）添加电源与 CPU　在一号槽位置添加电源“PS 307 2A”（在 PS—300 资源库内），如图 4-26 所示。在二号槽位置添加 CPU，在“CPU 300”处选择“CPU 314C-2DP”，双击“6ES7 314-6CF02-0AB0”，如图 4-27 所示。如果需要扩展机架，则应在 IM-300 目录下找到

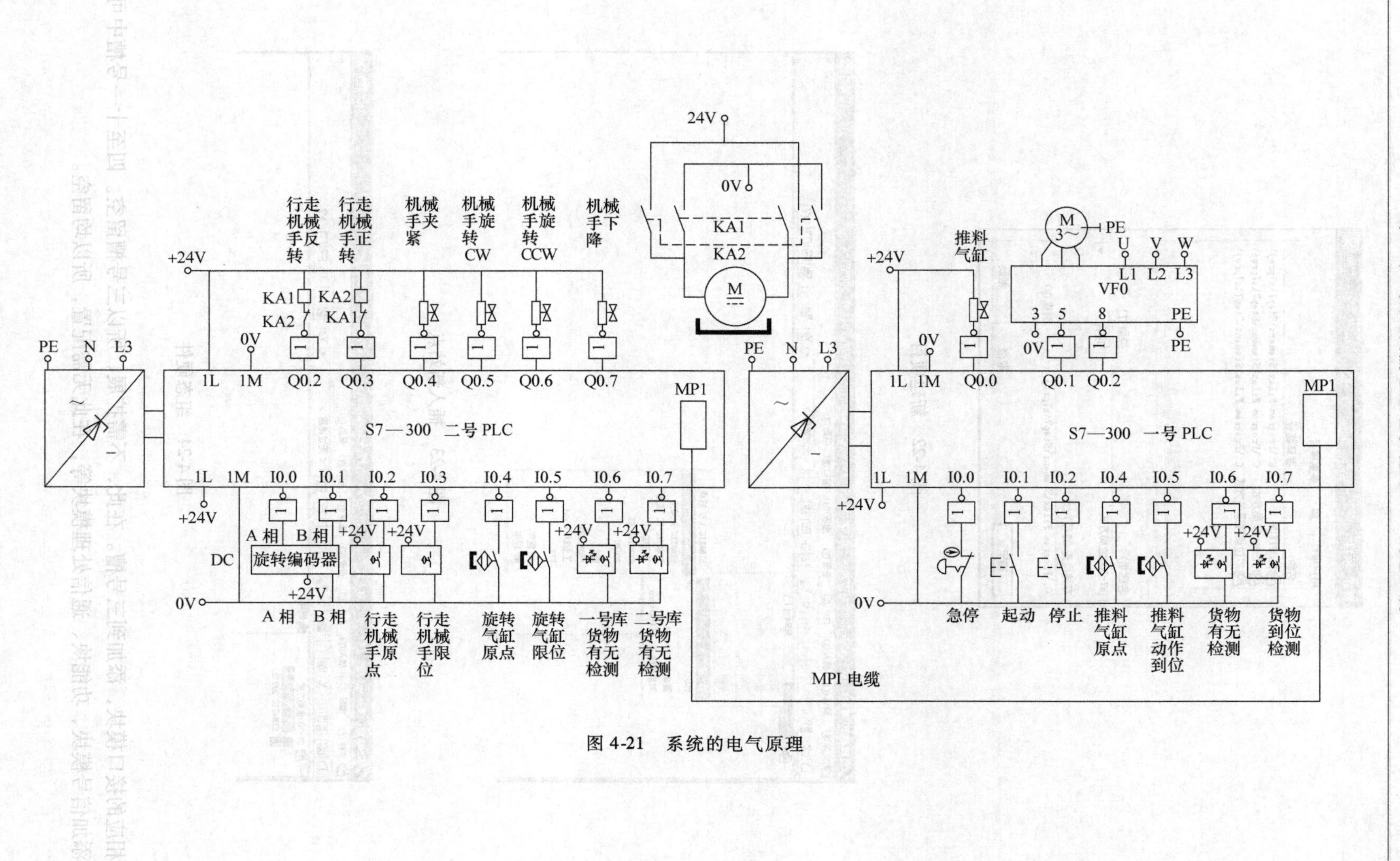

图 4-21　系统的电气原理

图 4-22　新建项目

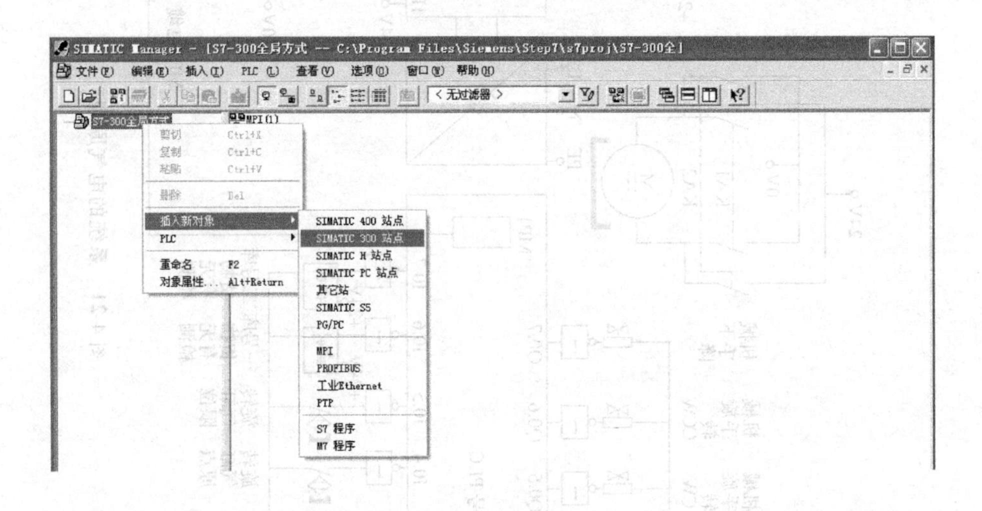

图 4-23　插入新站点

图 4-24　组态硬件

相应的接口模块，添加到三号槽。在此，不需扩展，所以三号槽留空。四至十一号槽中可以添加信号模块、功能块、通信处理模块等，在此无需配置，所以均留空。

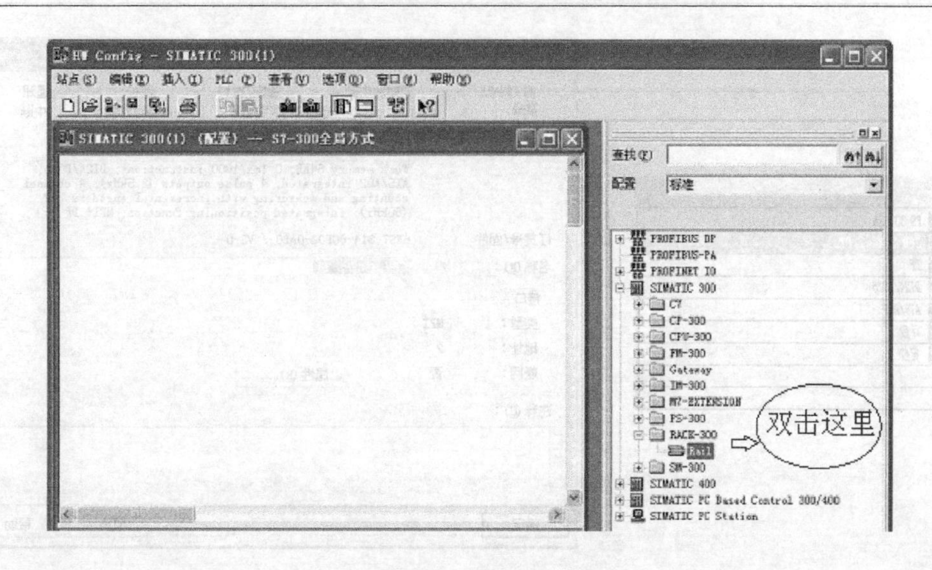

图4-25　配置RACK

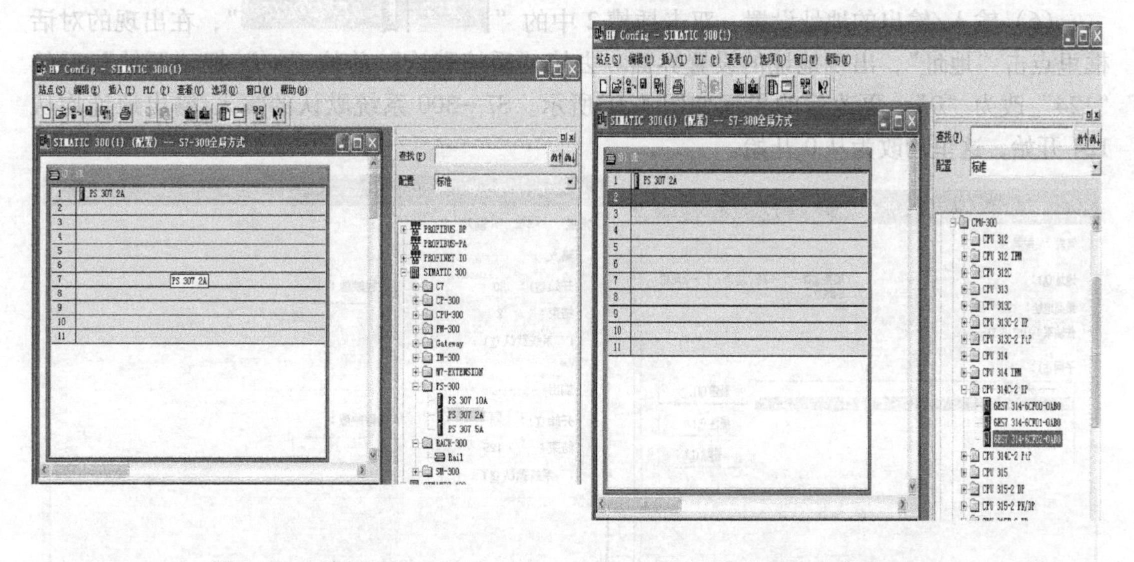

图4-26　添加电源　　　　图4-27　添加CPU

在配置的过程中，STEP7可以自动检查配置的正确性。当一个待添加模块被选中时，机架中允许插入该模块的槽会变成绿色，而不允许插入该模块的槽颜色无变化。双击待添加模块时，如不能插入，则会出现一个对话框，提示不能插入的原因。

注意：在选择硬件型号时，以实际设备上的型号为准。

（5）配置CPU　正确添加CPU后双击“插槽2”，进行CPU配置，如图4-28所示。在出现的对话框内选择“属性”，如图4-29所示。在出现的对话框里选择“MPI（1）”，地址选择“2”，如图4-30所示。单击“确定”，完成MPI接口配置。此配置的含义是，一号PLC的MPI地址是“2”，通信波特率是187.5KB/s。如需对中断、时钟等进行设置，选中图4-29所示的相对应任务栏进行设置即可。在这里，不对一号PLC的CPU做其他设置。

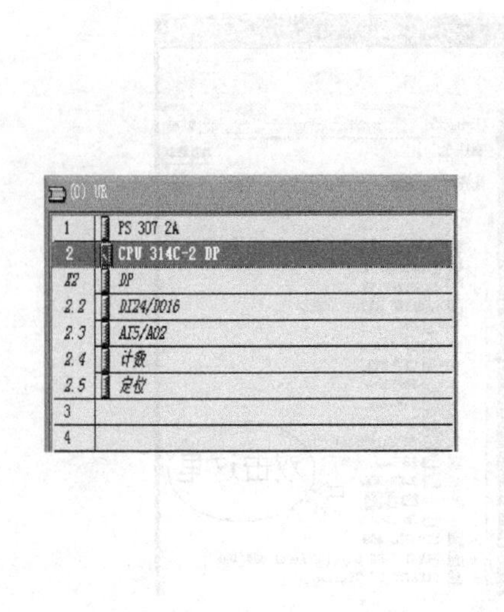

图 4-28 选择 CPU

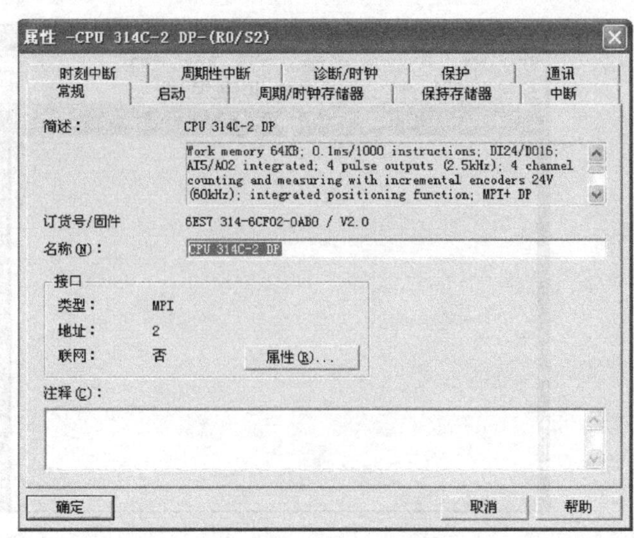

图 4-29 配置 CPU 界面

（6）输入/输出的地址设置 双击插槽 2 中的“2.2 DI24/DO16”，在出现的对话框里点击“地址”，出现地址的设置界面。去掉“系统默认”前的“√”把“开始”后的“124”改为“0”。更改后的界面如图 4-31 所示。S7—300 系统默认的输入/输出地址均从 124 开始，这里均改为从 0 开始。

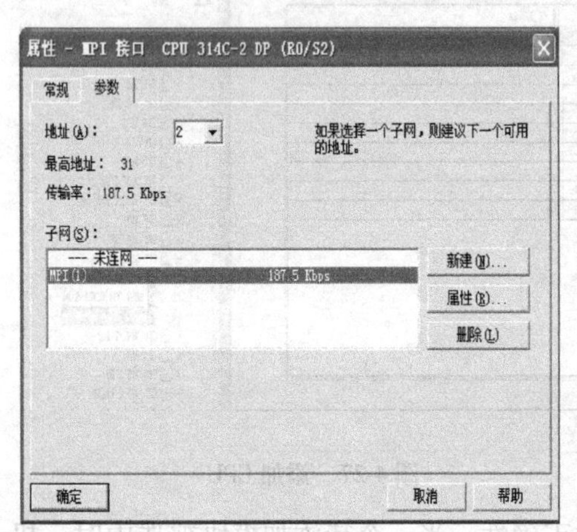

图 4-30 MPI 网络参数设置界面

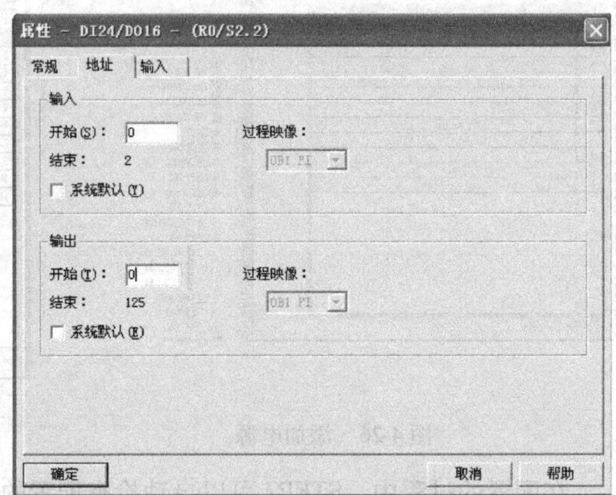

图 4-31 地址的设置界面

（7）下载硬件组态 选择编译并保存“”，将一号 PLC 电源打开，单击下载图标“”，然后单击“视图”，选择出现的“网络节点”，如图 4-32 所示。按照提示，单击“确定”，下载时出现的对话框如图 4-33 所示。

总结一号 PLC 的组态过程：首先，组态硬件；其次，配置 CPU，设置 MPI 地址和波特率；再次，更改 I/O 地址使其符合编程习惯；最后，编译、保存、下载。

6. 二号 PLC 组态

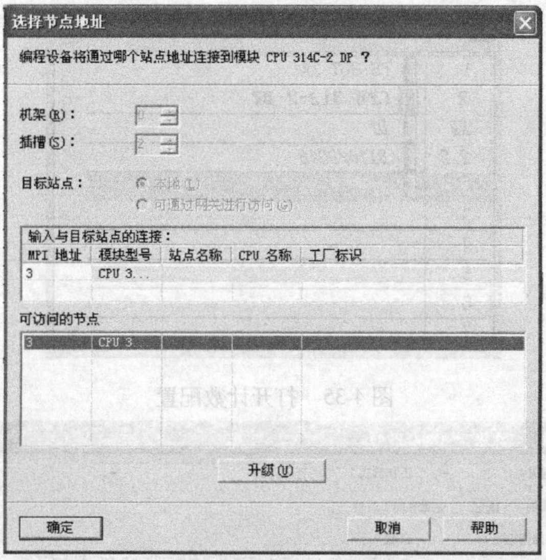

图4-32　选中下载节点

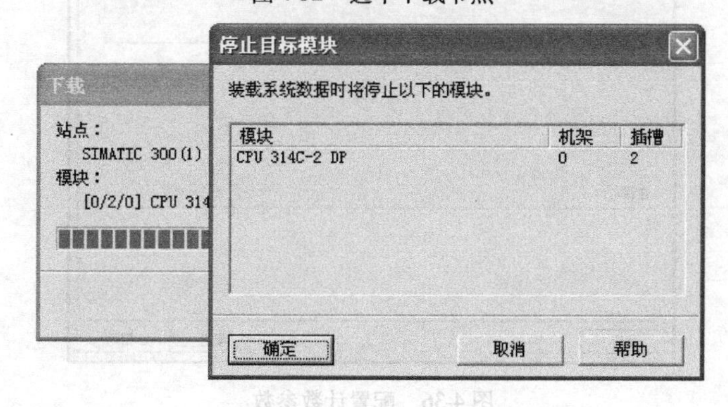

图4-33　下载硬件组态参数

二号PLC的组态过程和一号PLC相似，首先进行硬件组态，插入RACK、PS、CPU，在选择CPU时选择CPU 313C-2DP，如图4-34所示。

图4-34　选择CPU 313C-2DP

在进行CPU的配置时选择MPI地址为“4”，波特率为“187.5kbps”。输入/输出的地址与设置一号PLC相同，使输入/输出均从地址“0”开始，需要注意的是二号PLC需对计数部分进行组态，使二号PLC能进行高速计数。在组态PLC地址后（见图4-35），双击“计数”。在出现的对话框中选择“通道”为“0”，工作模式为“连续计数”，如图4-36所示。单击“计数”配置栏，出现如图4-37所示的对话框。可以对计数器进行详细配置，这里选择默认配置即可。

配置完成后，编译配置数据，保存。将二号PLC的电源打开，一号PLC的电源关闭，将组态配置下载到二号PLC。

7. MPI全局数据通信的组态

下面组态MPI网络二号站（一号PLC）和MPI网络四号站（二号PLC）的发送和接收区域。

(0) UR
1 PS 307 2A
2 CPU 313-2 DP
X2 DP
2.2 DI16/DO16
2.4 计数
3
4
5
6
7

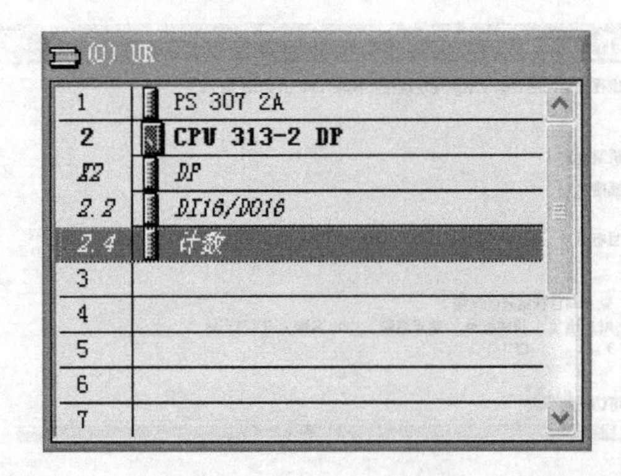

图 4-35　打开计数配置

属性 - 计数 - (R0/S2.4)
通道： 0
工作模式： 连续计数
常规
地址
基本参数
计数
简短描述： 计数
3 通道：以 30 kHz 进行计数和频率测量，以 2.5 kHz 切换频率
、计数频率进行脉宽调制
名称(N)： 计数
注释(C)：
确定
默认
取消
帮助

图 4-36　配置计数参数

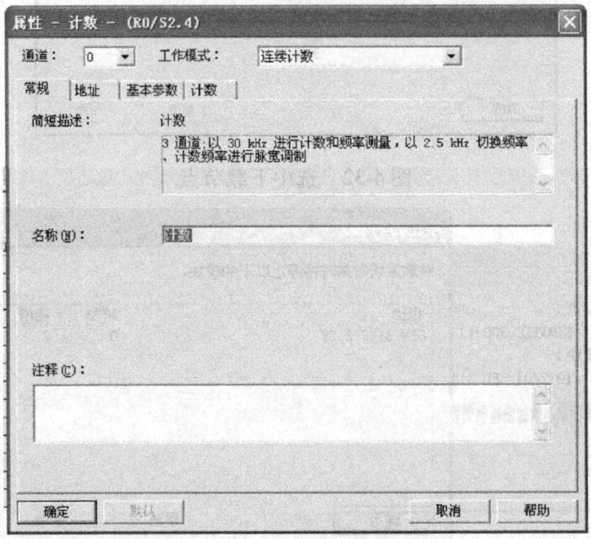

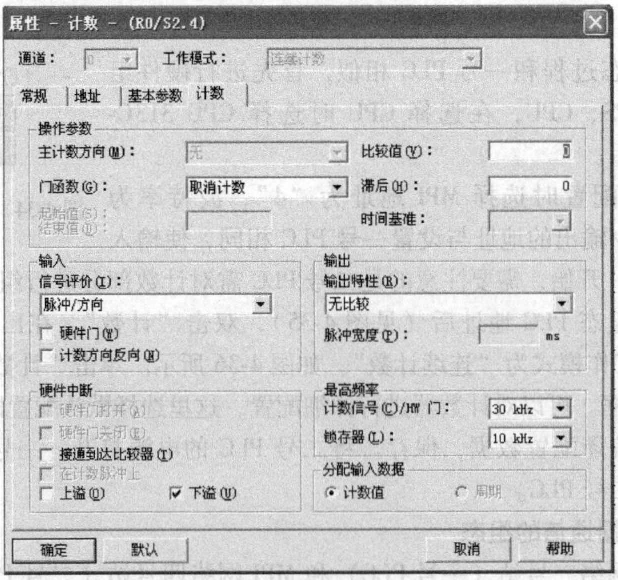

属性 - 计数 - (R0/S2.4)
通道： 0
工作模式： 连续计数
常规
地址
基本参数
计数
操作参数
主计数方向(M)： 无
比较值(V)： 0
门函数(G)： 取消计数
滞后(H)： 0
起始值(S)：
结束值(D)：
时间基准：
输入
信号评价(I)：
脉冲/方向
硬件门(W)
计数方向反向(R)
输出
输出特性(R)：
无比较
脉冲宽度(P)： ms
硬件中断
硬件门打开(A)
硬件门关闭(E)
接通到达比较器(T)
在计数脉冲上
上溢(O)
下溢(U)
最高频率
计数信号(C)/HW 门： 30 kHz
锁存器(L)： 10 kHz
分配输入数据
计数值
周期
确定
默认
取消
帮助

图 4-37　计数详细参数的配置

在图 4-38 所示的管理界面中选择“S7—300 全局方式”，双击右边出现的“MPI（1）”图标。在出现的对话框中，选中“MPI”红线，单击“选项”，选择“定义全局数据”，操作界面如图 4-39 所示。选择“定义全局数据”后出现的对话框如图 4-40 所示。

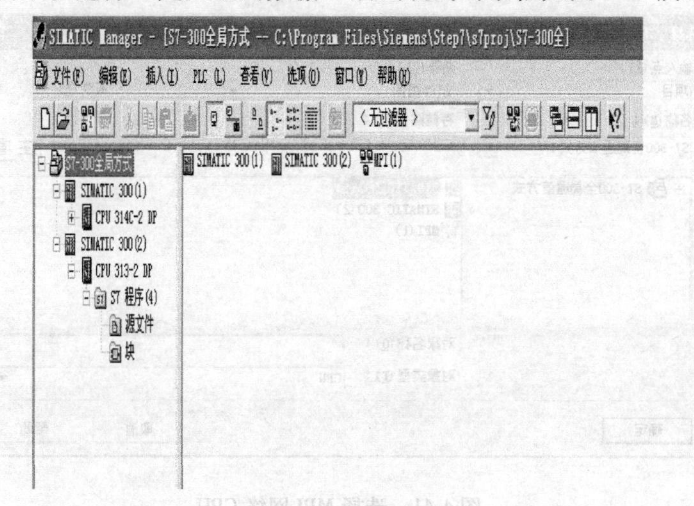

图 4-38　管理界面

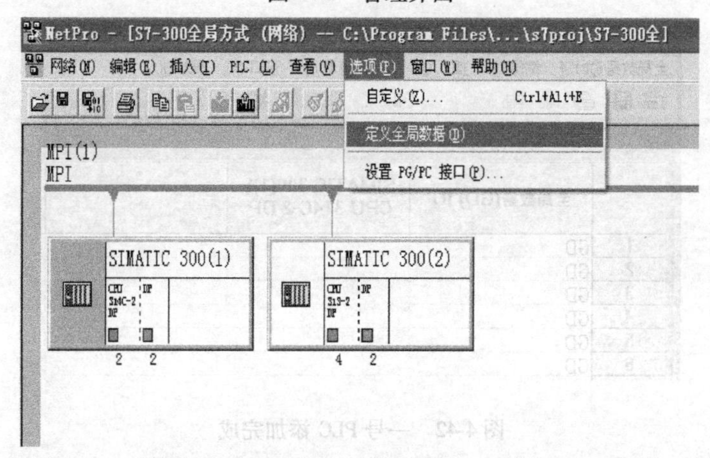

图 4-39　打开组态界面

GD – MPI(1)

GD 表(G) 编辑(E) 插入(I) PLC 查看(V) 窗口(W) 帮助(H)

MPI(1) (全局数据) -- S7-300全局方式

	GD ID					
1	GD					
2	GD					
3	GD					
4	GD					
5	GD					
6	GD					
7	GD					
8	GD					
9	GD					
10	GD					
11	GD					
12	GD					
13	GD					
14	GD					

图 4-40　MPI 全局数据组态

双击“GD ID”后面的方格区域，出现图 4-41 所示的对话框。双击“SIMATIC 300 (1)”添加需要组态的 CPU，接着，在出现的对话框里单击“确定”，出现图 4-42 所示的对话框。

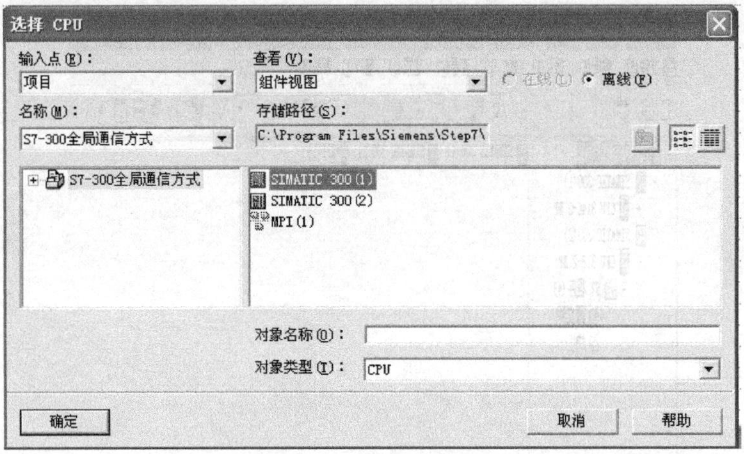

选择 CPU
输入点(E)： 项目
查看(V)： 组件视图
在线(L) 离线(F)
名称(M)： S7-300全局通信方式
存储路径(S)： C:\Program Files\Siemens\Step7\
S7-300全局通信方式
SIMATIC 300(1)
SIMATIC 300(2)
MPI(1)
对象名称(O)：
对象类型(T)： CPU
确定 取消 帮助

图 4-41 选择 MPI 网络 CPU

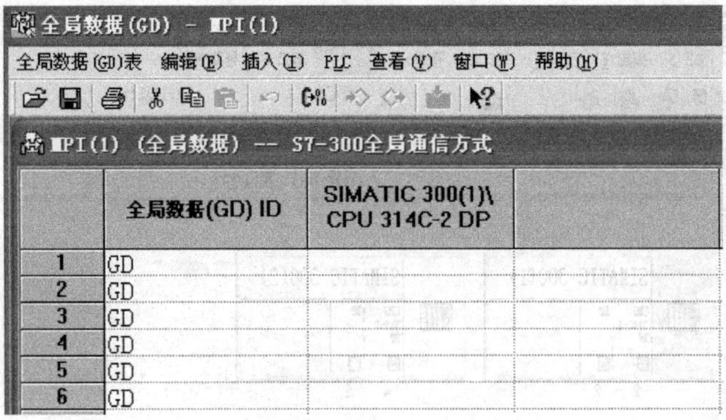

全局数据(GD) - MPI(1)
全局数据(GD)表 编辑(E) 插入(I) PLC 查看(V) 窗口(W) 帮助(H)
MPI(1) (全局数据) -- S7-300全局通信方式

	全局数据(GD) ID	SIMATIC 300(1)\ CPU 314C-2 DP	
1	GD		
2	GD		
3	GD		
4	GD		
5	GD		
6	GD		

图 4-42 一号 PLC 添加完成

按照一号 PLC 添加顺序，添加二号 PLC，如图 4-43 和图 4-44 所示。

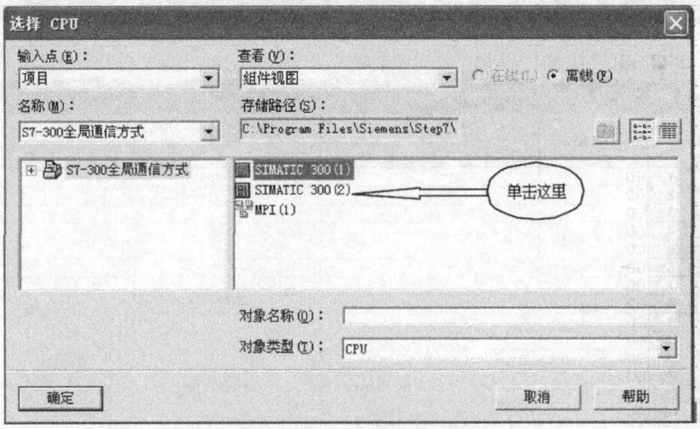

选择 CPU
输入点(E)： 项目
查看(V)： 组件视图
在线(L) 离线(F)
名称(M)： S7-300全局通信方式
存储路径(S)： C:\Program Files\Siemens\Step7\
S7-300全局通信方式
SIMATIC 300(1)
SIMATIC 300(2)
MPI(1)
单击这里
对象名称(O)：
对象类型(T)： CPU
确定 取消 帮助

图 4-43 二号 PLC 的添加

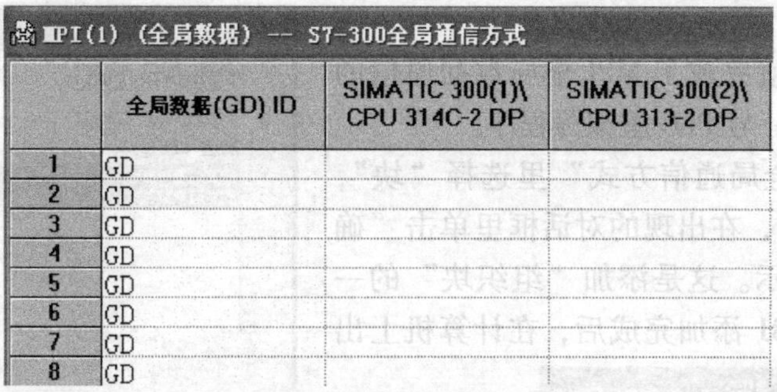

MPI(1)（全局数据）-- S7-300全局通信方式

	全局数据(GD) ID	SIMATIC 300(1)\ CPU 314C-2 DP	SIMATIC 300(2)\ CPU 313-2 DP
1	GD		
2	GD		
3	GD		
4	GD		
5	GD		
6	GD		
7	GD		
8	GD		

图4-44　二号PLC添加完成

CPU添加完成后，分别组态相应的数据发送区和接收区，如图4-45所示。例如，组态数据发送区时，选中要发送区域，点击“编辑”，选择“发送器”即可。图4-45中，深色区域为发送区，白色区域为接收区，发送区大小要求和接收区相同。S7—300最大可发送22B，发送和接收区的地址可以是D、B、M、I、Q。图4-45所示将CPU314里的从MB20开始的2B的数据发送到CPU 313的从MB20开始的2B的数据区里，将CPU 313里的从MB40开始的2B的数据发送到CPU 314里的从MB40开始的2B的数据区里。

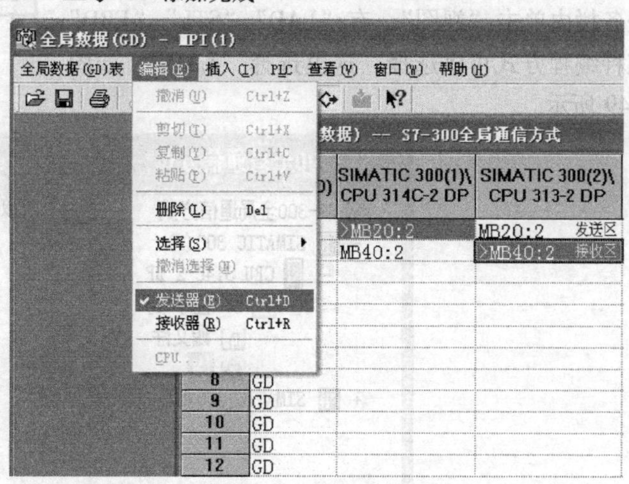

图4-45　组态发送区域

组态完所有的数据发送区和接收区后，编译并保存组态内容，分别把组态好的内容下载到各个CPU中，这样全局的MPI网络已经建立完成。图4-46和图4-47是编译和下载组态网络过程的图示。

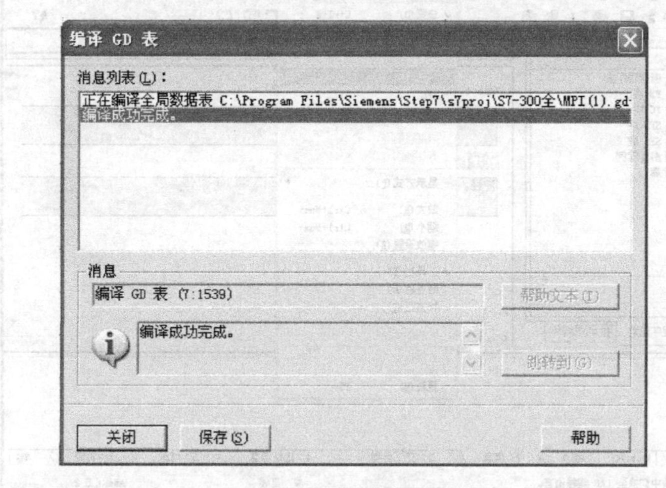

图4-46　编译组态网络

8. 编写程序

下载完成后，就完成了 MPI 全局数据通信的组态工作，下面在一号 PLC 里编写程序。

在“S7—300 全局通信方式”里选择“块”，双击右侧的“OB1”，在出现的对话框里单击“确定”，如图 4-48 所示。这是添加“组织块”的一个过程，组织块 OB1 添加完成后，在计算机上出现一个新的任务栏 LAD/STL/FBD ，在这个新的任务栏内单击“视图”，有“LAD”“STL”“FBD”三种编程方式可供选择，这里选择“LAD”，如图 4-49 所示。

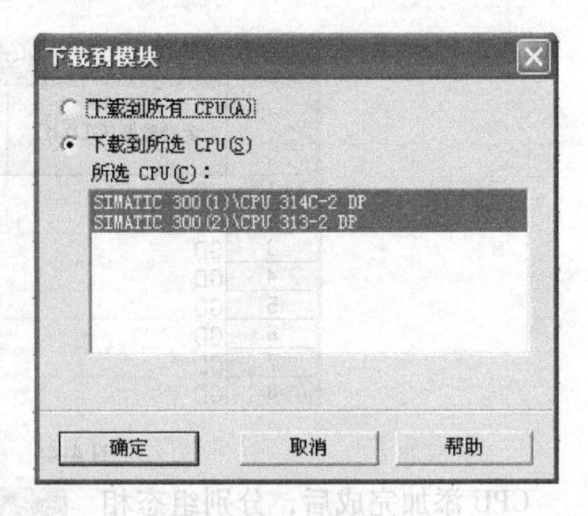

图 4-47　下载组态网络

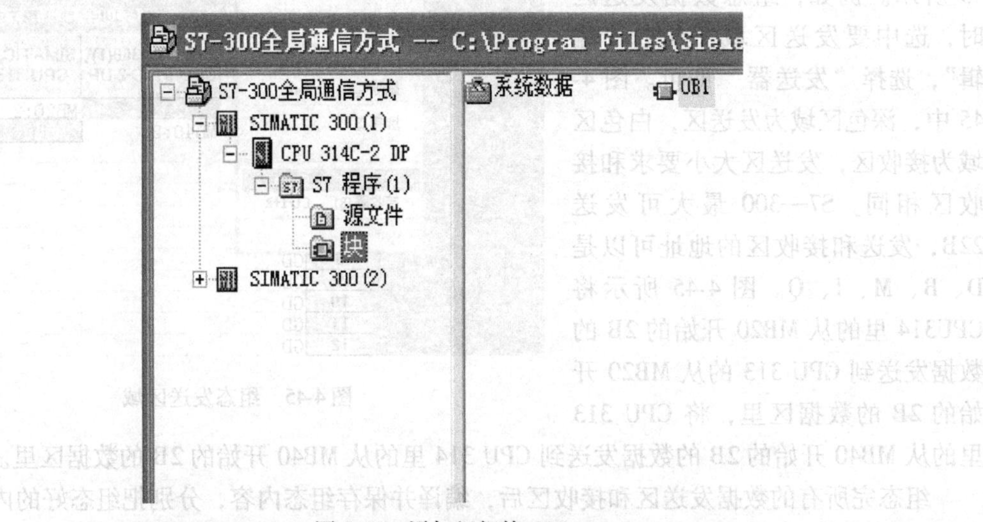

图 4-48　添加组织块 OB1

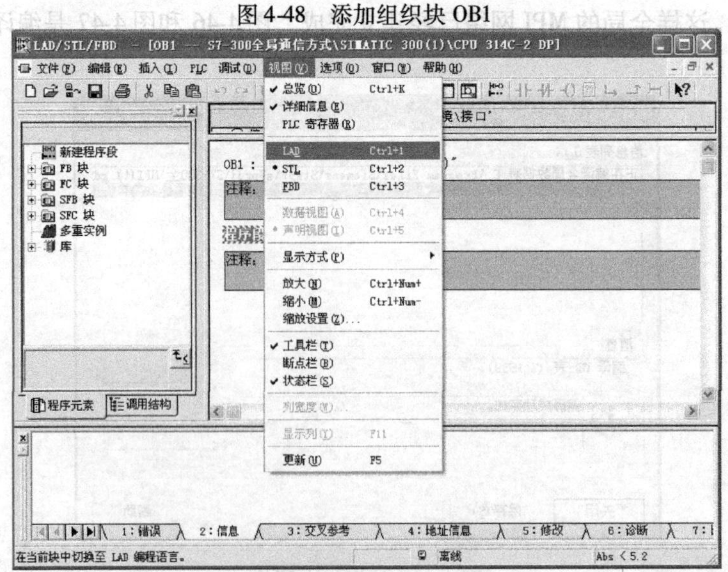

图 4-49　选择 LAD 编程方式

一号PLC网络程序如图4-50所示。当货物到达位置2时，传感器使I0.7接通，通过MPI网络将货物到位信号M20.0传送到二号PLC。二号PLC网络程序如图4-51所示。

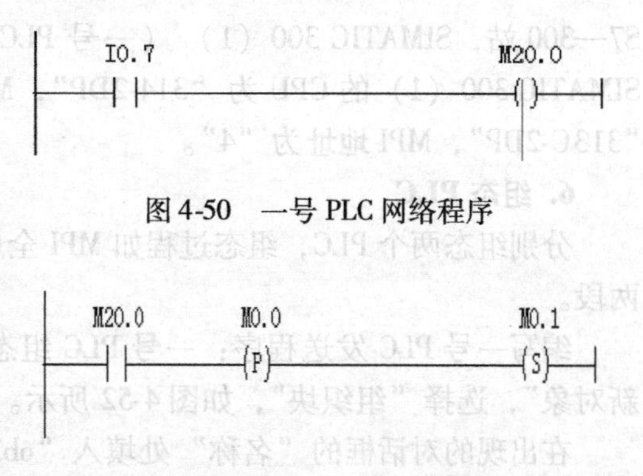

图4-50　一号PLC网络程序

图4-51　二号PLC网络程序

当二号PLC接到从一号PLC传来的货物到位信号时即M20.0接通，对M0.1进行置位，起动行走机械手，到取货点把货物搬运到一号库。同时，一号PLC仍需把起动、停止以及急停信号传递到二号PLC。

完整程序见配套实训内容，一号PLC程序名为“MPI全局数据通信1-1”，二号PLC程序名为“MPI全局数据通信1-2”。

9. 调试步骤

调试步骤和实训任务4.1.1基本相同，需要注意的是，MPI网络线一定要连接到系统的MPI口上，如果接到DP口上，则无法进行通信。

10. 分析与思考

实现MPI全局通信的关键点是对PLC进行正确组态，在对PLC进行硬件组态时，注意进行编译、保存并正确下载。下载时，注意PG/PC口的设置，进行完MPI组态后也要进行下载才能使组态的参数正确地应用。同时，思考一下，如果不进行MPI组态，将如何进行MPI通信。

4.2.2　采用无组态连接通信方式实现对货物传输与搬运系统的控制

1. 实训任务

见4.2.1实训任务。

2. 系统组成

见4.2.1系统组成。

3. 系统的I/O分配与流程

系统的I/O分配见表4-1和表4-2；系统的流程如图4-2所示。

4. 电气原理以及变频器参数的设置

系统的电气原理如图4-21所示；变频器参数的设置见表4-3。

5. 新建项目

无组态的MPI通信需要调用系统功能块SFC 65-SFC 69来实现，它又分为单边编程通信方式和双边编程通信方式。“无组态连接方式”不能和“全局数据通信方式”混合使用。下面利用双边编程通信方式来实现数据传递。

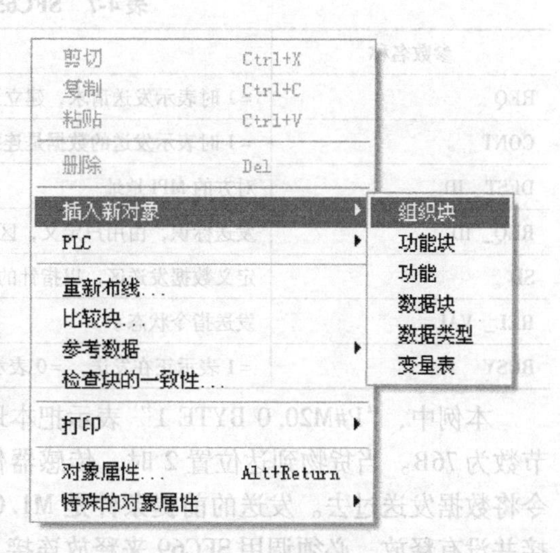

图4-52　新建组织块

在STEP7中新建一个项目，项目名为“双边编程通信方式”，在这个项目下插入两个

S7—300 站，SIMATIC 300（1）（一号 PLC）和 SIMATIC 300（2）（二号 PLC）。其中，SIMATIC 300（1）的 CPU 为“314-2DP”，MPI 地址为“2”；SIMATIC 300（2）的 CPU 为“313C-2DP”，MPI 地址为“4”。

6. 组态 PLC

分别组态两个 PLC，组态过程如 MPI 全局数据通信里的一号 PLC 组态和二号 PLC 组态两段。

编写一号 PLC 发送程序：一号 PLC 组态完毕后，选择“块”，点击右键，出现“插入新对象”，选择“组织块”，如图 4-52 所示。

在出现的对话框的“名称”处填入“ob35”，单击“确定”，完成 ob35 的添加，如图 4-53 所示。在 ob35 中编写的程序如图 4-54 所示。

SFC65 指令中参数的说明见表 4-7。

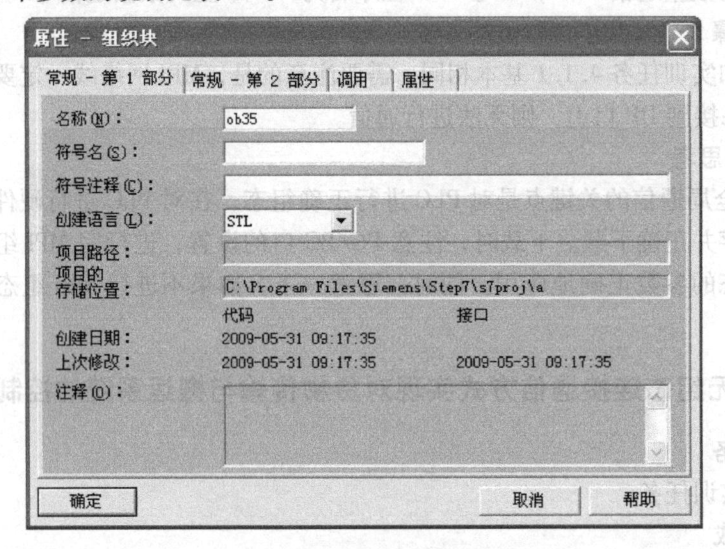

图 4-53　ob35 的添加界面

表 4-7　SFC65 指令参数的说明

参数名称	参 数 说 明
REQ	=1 时表示发送请求，建立通信动态连接
CONT	=1 时表示发送的数据是连续的一个整体
DEST_ ID	对方的 MPI 地址
REQ_ ID	发送标识，由用户定义，区分不同的发送
SD	定义数据发送区，以指针的格式表示，最大 76B
REL_ VAL	发送指令状态字
BUSY	=1 表示正在发送，=0 表示发送完成

本例中，“P#M20. 0 BYTE 1”表示把本地 MB20 开始的一个字节发送出去，最大发送字节数为 76B。当货物到达位置 2 时，传感器使 I0. 7 接通，M20. 0 线圈闭合，通过 SFC65 指令将数据发送过去。发送的前提条件是 M1. 0 为“1”。当 M1. 0 为“0”时，此时建立的连接并没有释放，必须调用 SFC69 来释放连接。

7. 编写二号 PLC 接收程序

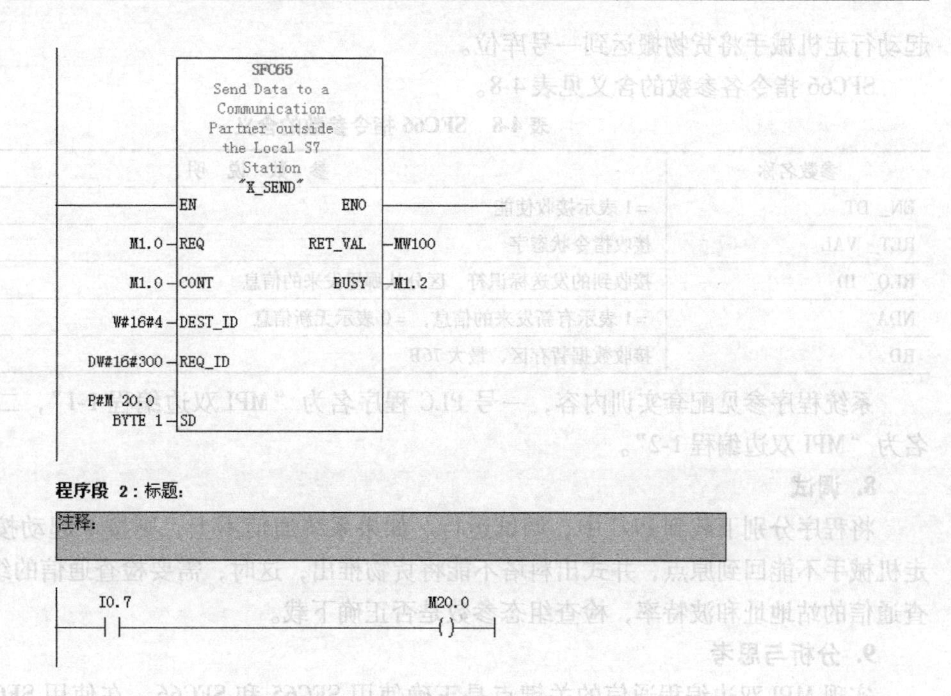

图4-54　SFC65发送指令程序

在OB1中编写二号PLC接收程序，接收程序如图4-55所示。

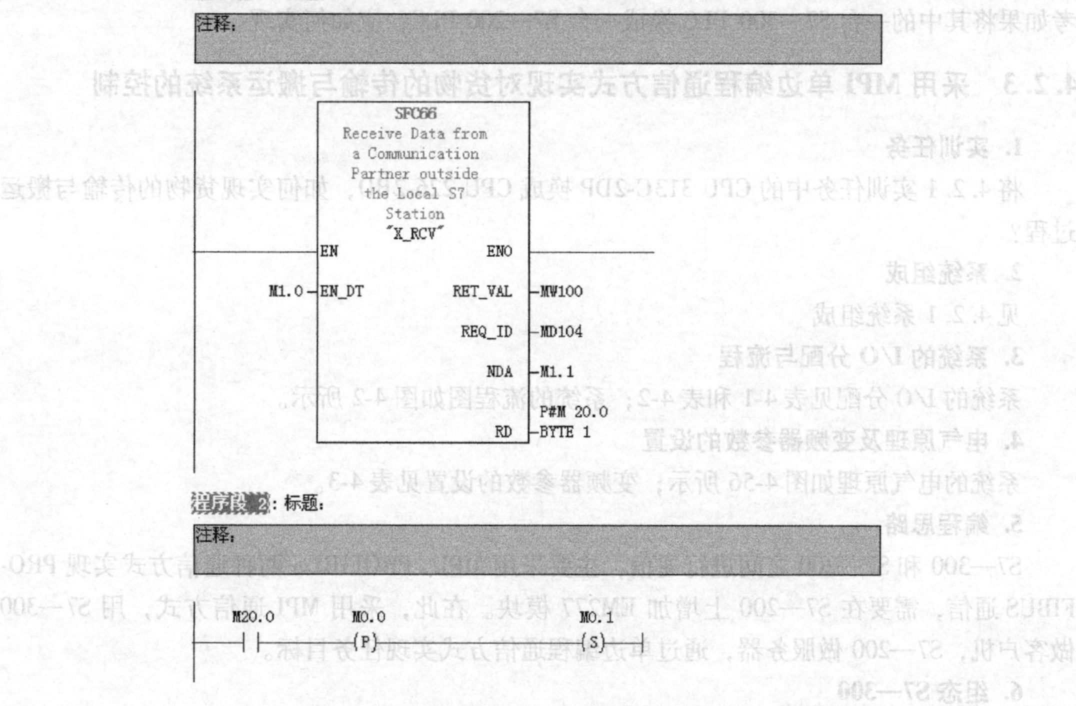

图4-55　SFC66接收指令程序

当M1.0为“1”时，将接收到的数据放在以MB20开始的一个字节里。网络2表示当二号PLC接到从一号PLC传来的货物到位信号即“M20.0”接通，对“M0.1”进行置位，起动行走机械手将货物搬运到一号库位。

SFC66 指令各参数的含义见表 4-8。

表 4-8　SFC66 指令参数的含义

参数名称	参 数 说 明
EN_ DT	=1 表示接收使能
RET_ VAL	接收指令状态字
REQ_ ID	接收到的发送标识符，区分从哪里发来的信息
NDA	=1 表示有新发来的信息，=0 表示无新信息
RD	接收数据暂存区，最大 76B

系统程序参见配套实训内容，一号 PLC 程序名为“MPI 双边编程 1-1”，二号 PLC 程序名为“MPI 双边编程 1-2”。

8. 调试

将程序分别下载到 PLC 中，调试运行。如果系统通信不上，则按下起动按钮 SB1 后行走机械手不能回到原点，井式出料塔不能将货物推出，这时，需要检查通信的组态设置，检查通信的站地址和波特率，检查组态参数是否正确下载。

9. 分析与思考

实现 MPI 双边编程通信的关键点是正确使用 SFC65 和 SFC66。在使用 SFC65 和 SFC66 的过程中，要重点注意数据的发送区和接收区，同时站地址要填写正确。在组态 PLC 的过程中，把两台 PLC 的 MPI 网络的波特率一定要设置一致，否则不能正常通信。同时，请思考如果将其中的一台 S7—300 PLC 换成一台 S7—200 PLC，应如何实现。

4.2.3　采用 MPI 单边编程通信方式实现对货物的传输与搬运系统的控制

1. 实训任务

将 4.2.1 实训任务中的 CPU 313C-2DP 换成 CPU 226-2BD，如何实现货物的传输与搬运过程？

2. 系统组成

见 4.2.1 系统组成

3. 系统的 I/O 分配与流程

系统的 I/O 分配见表 4-1 和表 4-2；系统的流程图如图 4-2 所示。

4. 电气原理及变频器参数的设置

系统的电气原理如图 4-56 所示；变频器参数的设置见表 4-3。

5. 编程思路

S7—300 和 S7—200 之间进行通信，主要采用 MPI、PROFIBUS 两种通信方式实现 PROFIBUS 通信，需要在 S7—200 上增加 EM277 模块。在此，采用 MPI 通信方式，用 S7—300 做客户机，S7—200 做服务器，通过单边编程通信方式实现任务目标。

6. 组态 S7—300

首先，打开 SIMATIC Manager 软件，新建项目“单边编程通信”，其次插入 S7—300 CPU，双击硬件进行组态。S7—300 组态的过程如全局数据包通信里的一号 PLC 组态和二号 PLC 组态，请按照上述步骤执行。

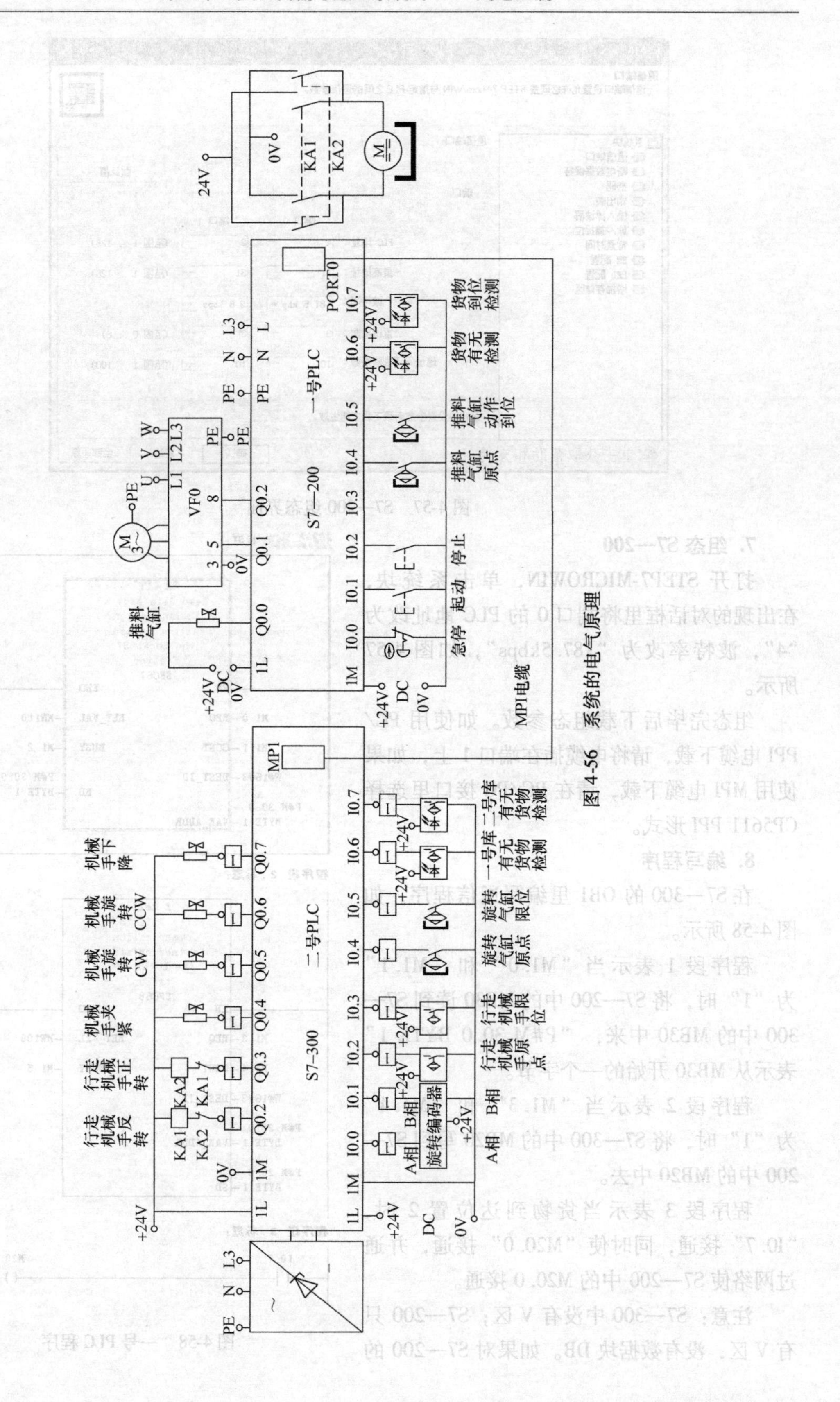

图4-56 系统的电气原理

系统块

通信端口

通信端口设置允许您调整 STEP 7-Micro/WIN 与指定 PLC 之间的通信参数。

	端口 0	端口 1	
PLC 地址：	4	2	(范围 1 .. 126)
最高地址：	31	31	(范围 1 .. 126)
波特率：	187.5 kbp	9.6 kbps	
重试次数：	3	3	(范围 0 .. 8)
地址间隔刷新系数：	10	10	(范围 1 .. 100)

系统块设置参数必须下载才能生效。

图 4-57 S7—200 组态界面

7. 组态 S7—200

打开 STEP7-MICROWIN，单击系统块，在出现的对话框里将端口 0 的 PLC 地址改为“4”，波特率改为“187.5kbps”，如图 4-57 所示。

组态完毕后下载组态参数。如使用 PC/PPI 电缆下载，请将电缆插在端口 1 上，如果使用 MPI 电缆下载，请在 PG/PC 接口里选择 CP5611 PPI 形式。

8. 编写程序

在 S7—300 的 OB1 里编写通信程序，如图 4-58 所示。

程序段 1 表示当“M1.0”和“M1.1”为“1”时，将 S7—200 中的 MB30 读到 S7—300 中的 MB30 中来，“P#M 30.0 BYTE 1”表示从 MB30 开始的一个字节。

程序段 2 表示当“M1.3”和“M1.4”为“1”时，将 S7—300 中的 MB20 写到 S7—200 中的 MB20 中去。

程序段 3 表示当货物到达位置 2 时，“I0.7”接通，同时使“M20.0”接通，并通过网络使 S7—200 中的 M20.0 接通。

注意：S7—300 中没有 V 区；S7—200 只有 V 区，没有数据块 DB。如果对 S7—200 的

程序段 1：标题：

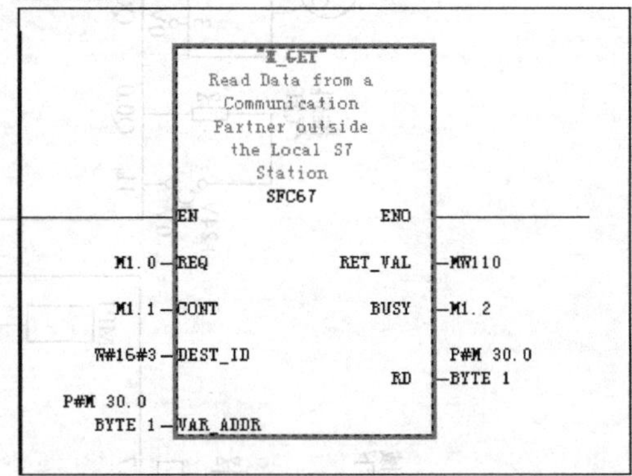

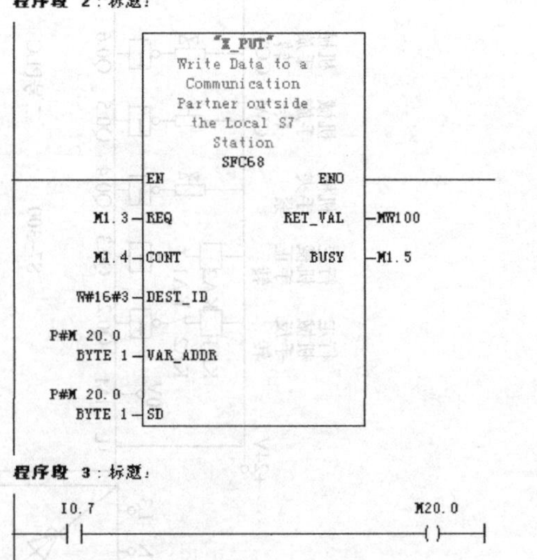

图 4-58 一号 PLC 程序

V区进行读写，就要在S7—300中用DB1定义，也就是说S7—200的V区对应S7—300的DB1区。

S7—200程序如图4-59所示。

当货物到达位置2时，S7—300通过网络使“M20.0”接通，“M20.0”对“M1.0”进行置位，行走机械手开始起动，将货物搬运到一号库位。

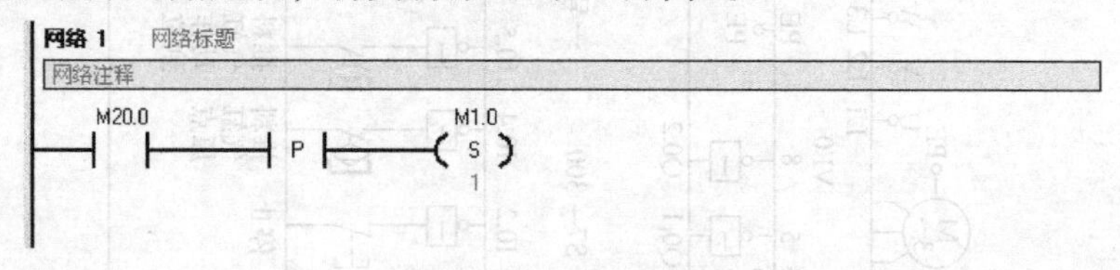

图4-59 二号PLC程序

系统程序参见配套实训内容，S7—300程序名为“MPI单边编程1-1”，S7—200程序名为“MPI单边编程1-2”。

9. 调试

在进行MPI单边编程通信的时候，我们需要对S7—200的PLC进行通信设置。进行设备接线的时候，将MPI电缆一边连接到S7—300的MPI口上，一边连接到S7—200的PORT0或PORT1口上，例子中使用的是PORT0口。

10. 分析与思考

实现MPI单边编程通信的关键点是正确使用SFC67和SFC68，在使用SFC67和SFC68的过程中，重点注意数据的发送区和接收区，同时站地址要填写正确。在组态PLC的过程中，把两台PLC MPI网络的波特率一定要设置一致，否则不能正常通信。同时，思考如果将S7200PLC设置成远程I/O，不编写程序，应如何实现以及如何调用SFC69来释放资源。如果使用EM277模块进行MPI网络通信，设置站号时需要调节EM277上的拨动开关，波特率则不需设置，EM277能进行自适应。

4.3 货物传输与搬运系统的PROFIBUS网络应用

4.3.1 两台S7—300的PROFIBUS网络应用

1. 实训任务

一号PLC控制传送带单元和井式供料单元，二号PLC控制行走机械手单元和仓库单元。系统通电后按起动按钮，如果行走机械手不在原点，则返回原点。返回原点后，推料气缸将货物推出，变频器以30Hz运行，当货物到达位置2时，变频器停止运行。行走机械手将货物运送到一号库位后返回原点。要求使用PROFIBUS网络实现两台PLC之间的通信。

2. 系统组成

一号PLC（S7—300 CPU 314C-2DP）、二号PLC（S7—300CPU 313C-2DP）PROFIBUS网络线一条、CP5611板卡一块、松下变频器一台、指示与主令控制单元一台、METS3主体一台。其主要元器件摆放位置如图4-1所示。

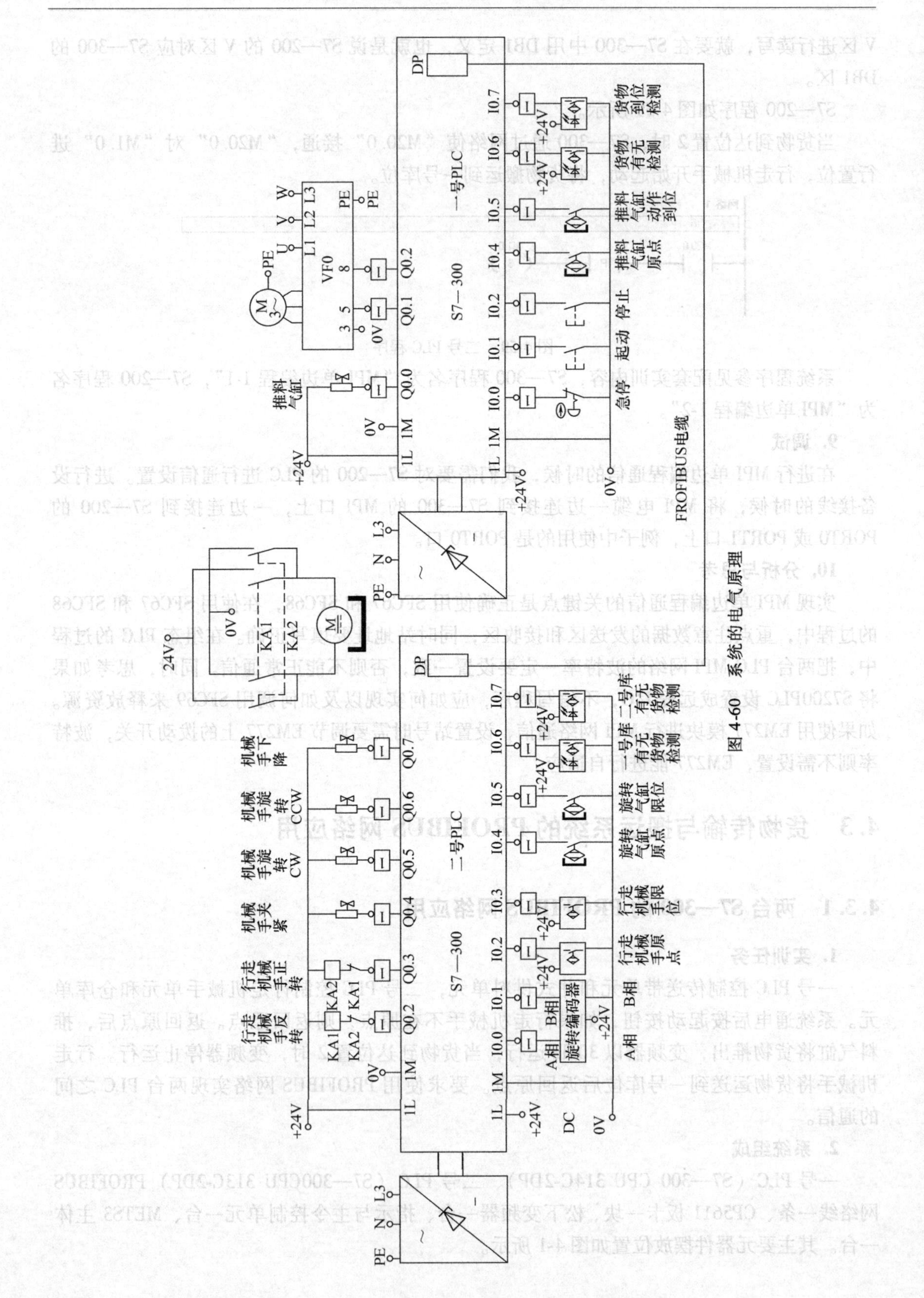

图4-60 系统的电气原理

3. 系统的I/O分配与流程

系统的I/O分配见表4-1和表4-2；系统的流程如图4-2所示。

4. 电气原理及变频器参数的设置

系统的电气原理如图4-60所示；变频器参数的设置见表4-3。

5. 组态S7—300 PLC

本例以一号PLC为主站、二号PLC为从站，进行PROFIBUS总线组态。

首先，打开SIMATIC Manager软件，新建项目“PROFIBUS-300”，其次插入两个S7—300 CPU，双击“硬件”进行组态，以次加入RACK、PS、CPU，并对DI\DO做出更改，使它们的地址从“0”开始，并对二号PLC进行计数设置。

6. 组态PROFIBUS

先组态从站，打开组态好的二号PLC的“硬件”，双击槽架CPU中的“DP”，出现图4-61所示的界面。

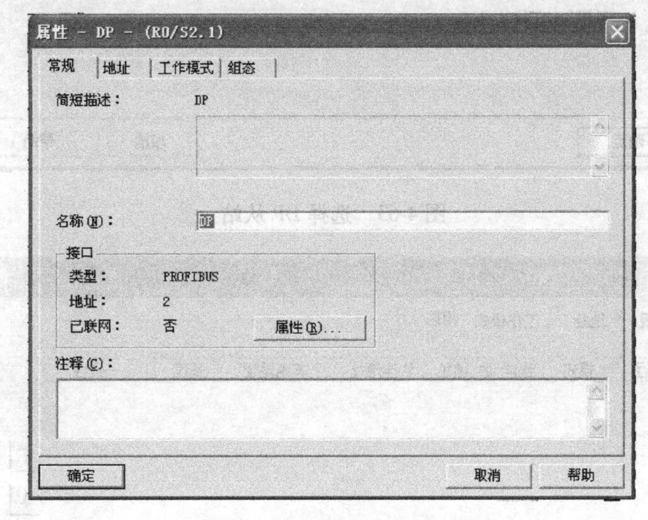

图4-61 DP网络组态界面

在图4-61所示界面中单击“属性”，在出现的对话框里单击“新建”，选择“DP”方式及“187. 5kbps”。

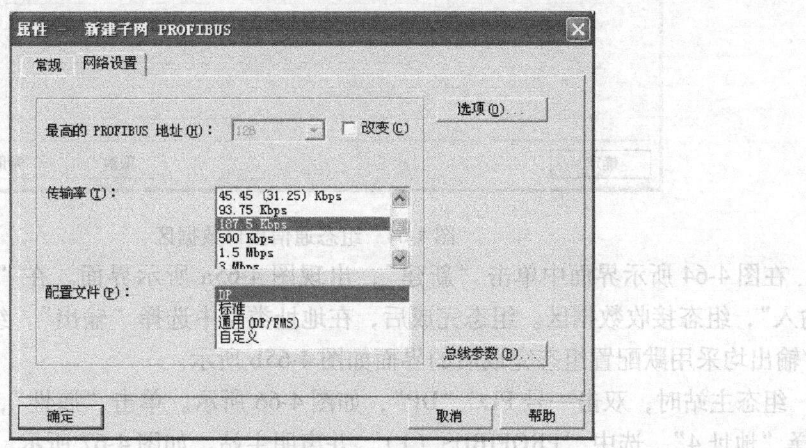

图4-62 设置网络方式及传输速率

在图 4-62 所示界面中单击“确定”，在出现的对话框内选择“工作模式”任务栏，出现图 4-63 所示界面，选择“从站”，单击“组态”，出现图 4-64 所示界面。

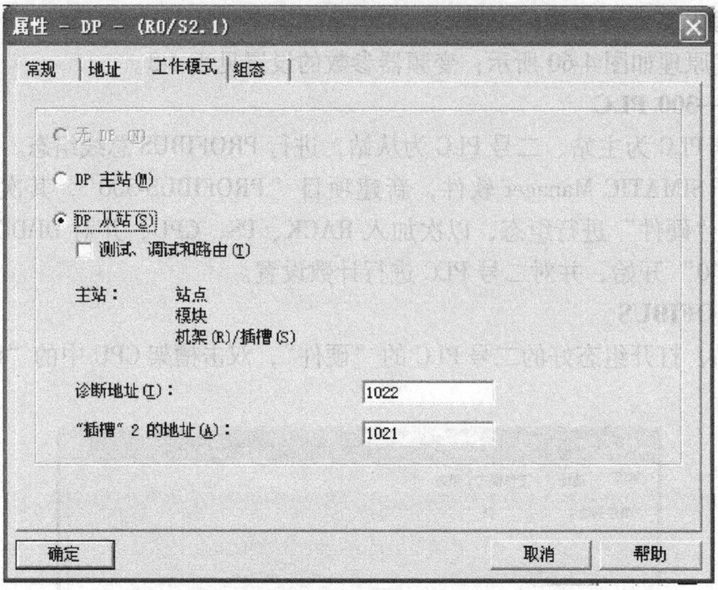

图 4-63　选择 DP 从站

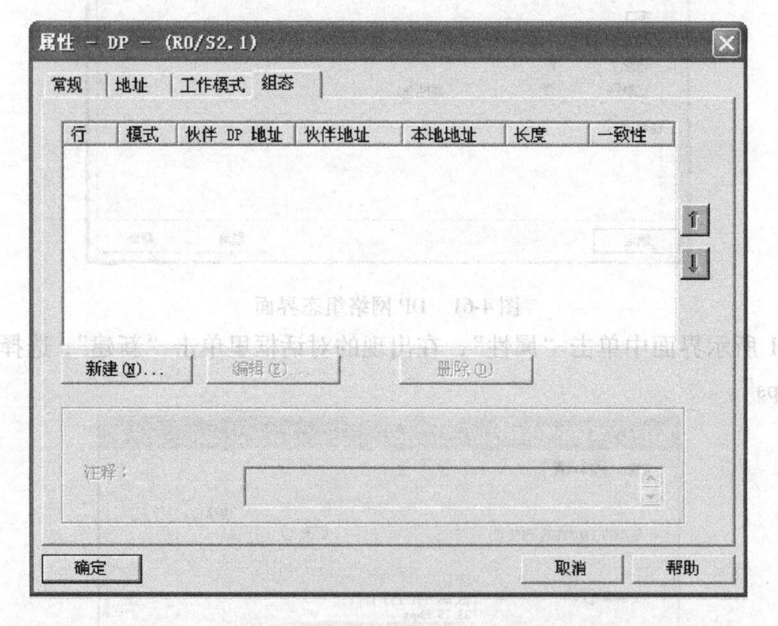

图 4-64　组态通信接口数据区

在图 4-64 所示界面中单击“新建”，出现图 4-65a 所示界面。在“地址类型”处选择“输入”，组态接收数据区。组态完成后，在地址类型中选择“输出”，组态发送数据区，输入/输出均采用默配置组态完成后的界面如图 4-65b 所示。

组态主站时，双击一号 PLC“DP”，如图 4-66 所示。单击“属性”，在出现的对话框里选择“地址 4”，选中“PROFIBUS（1）”并声明主站，如图 4-67 所示。

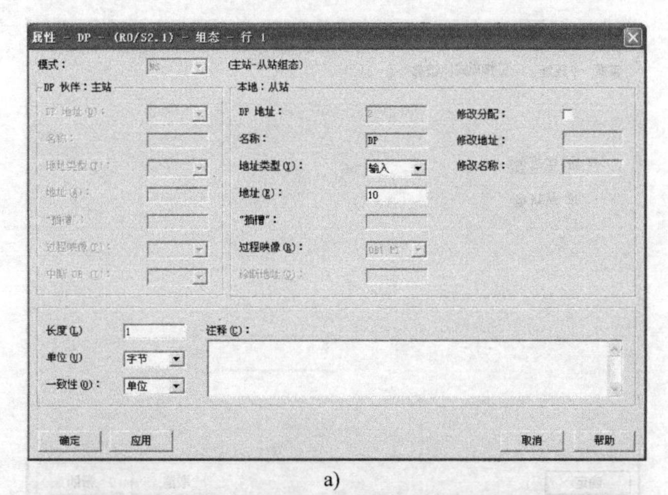

a)

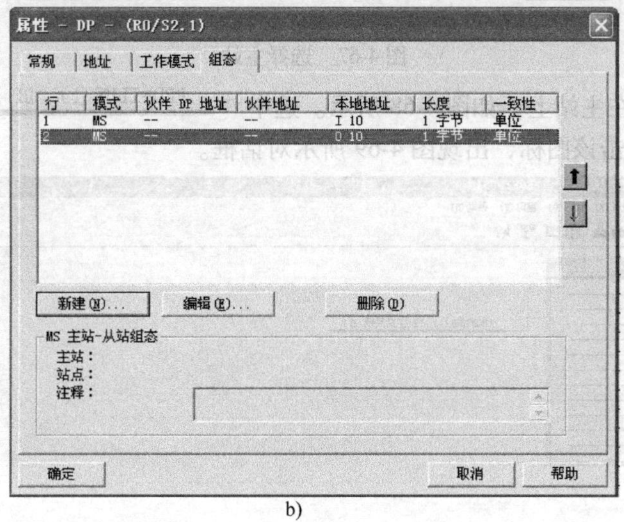

b)

图4-65 从站通信数据区组态

a）组态接收数据区 b）从站通信数据区组态完毕

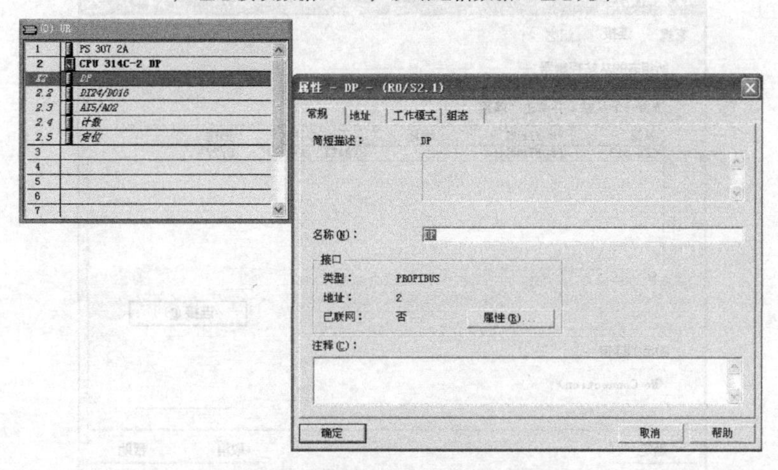

图4-66 设置地址以及传输速率

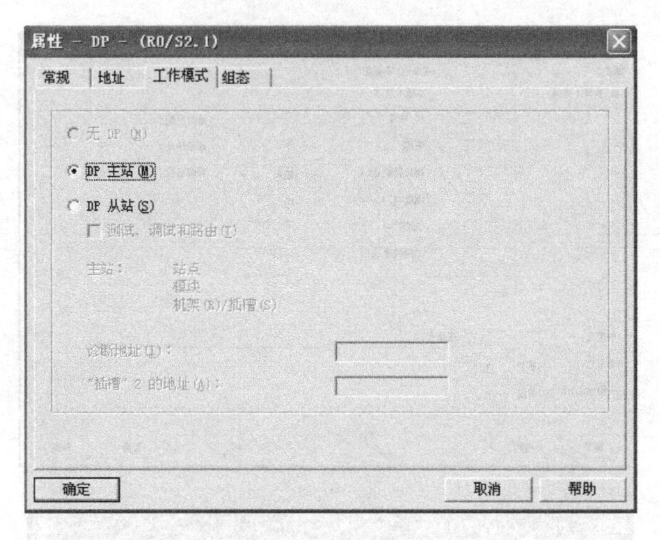

图 4-67　选择主站

把二号 PLC 挂在主站上，如图 4-68 所示。选中“PROFIBUS(1): DP 主站系统 (1)”找到“CPU 31X”，双击该图标，出现图 4-69 所示对话框。

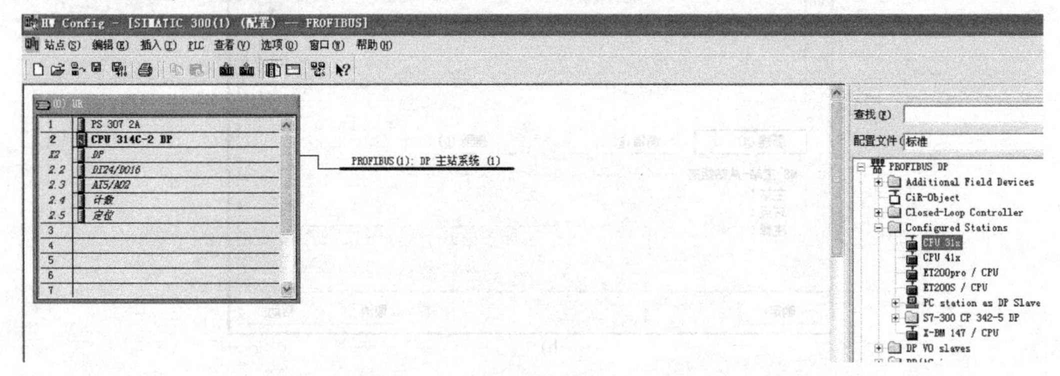

图 4-68　挂从站

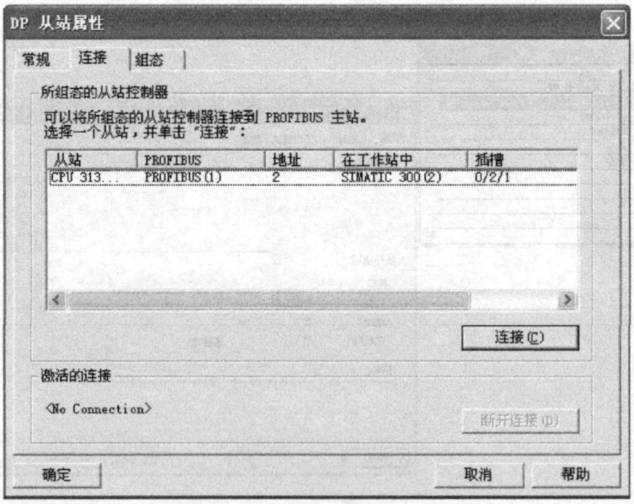

图 4-69　未激活的组态连接

选中要挂到总线上的 CPU（313C-2DP），单击“连接［C］”，在出现的对话框里选择“组态”，出现图 4-70 所示对话框。

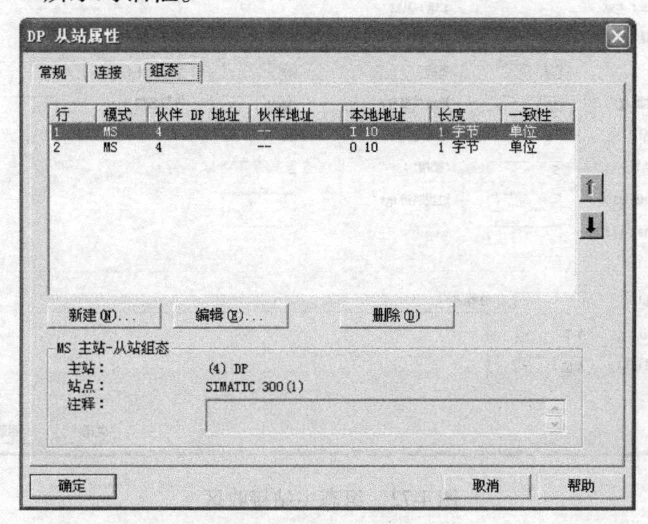

图 4-70　组态主站通信接口数据区

在图 4-70 所示界面中选中第一组，单击“编辑”，组态主站发送区，如图 4-71 所示。在图 4-70 所示界面中选中第二组，单击“编辑”，组态主站接收区，如图 4-72 所示。组态完毕后如图 4-73 所示，表示将主站的 QB10 写到从站的 IB10 里，将从站 QB10 写到主站的 IB10 里。

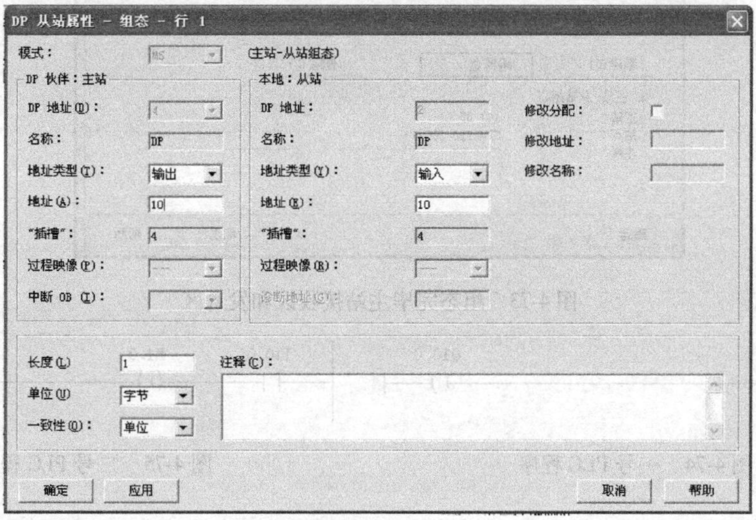

图 4-71　组态主站发送区

组态完成后编译、保存并分别下载到 PLC 中。

7. 编写程序

一号 PLC 程序如图 4-74 所示；二号 PLC 程序如图 4-75 所示。

系统程序参见配套实训内容，一号 PLC 程序名为“PROFIBUS300 1-1”，二号 PLC 程序名为“PROFIBUS300 1-2”。

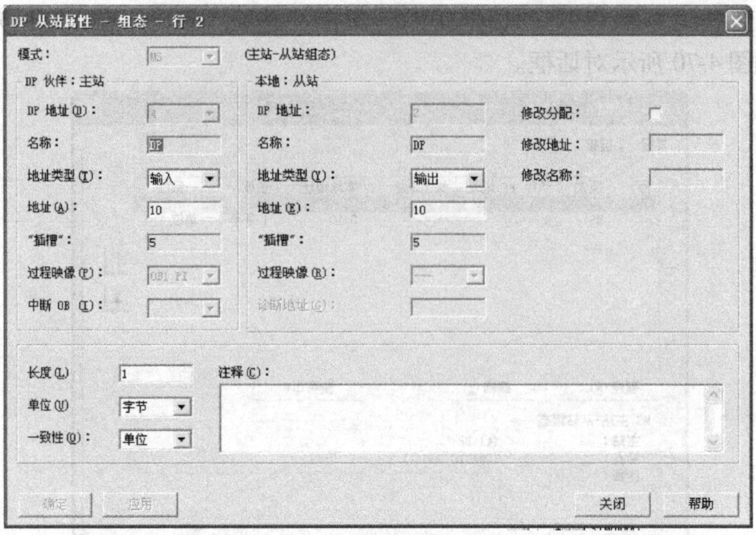

DP 从站属性 - 组态 - 行 2

模式： MS （主站-从站组态）

DP 伙伴：主站

DP 地址(D)： 4

名称： DP

地址类型(T)： 输入

地址(A)： 10

"插槽"： 5

过程映像(P)： OB1 PI

中断 OB (I)：

本地：从站

DP 地址： 2

名称： DP

地址类型(Y)： 输出

地址(E)： 10

"插槽"： 5

过程映像(R)： ---

诊断地址(G)：

修改分配：

修改地址：

修改名称：

长度(L) 1

单位(U) 字节

一致性(O)： 单位

注释(C)：

确定 应用 关闭 帮助

图 4-72 组态主站接收区

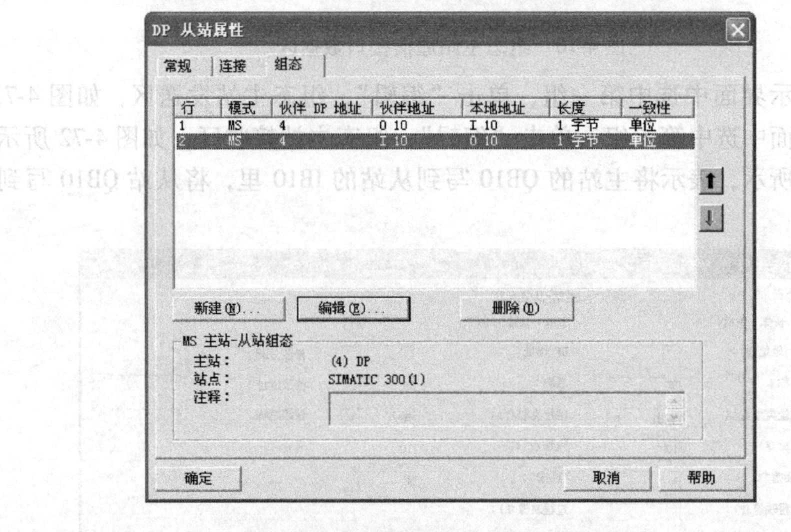

图 4-73 组态完毕主站接收区和发送区

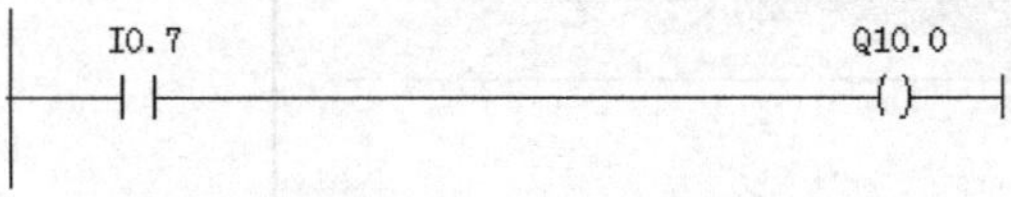

I0.7 Q10.0 ( )

图 4-74 一号 PLC 程序

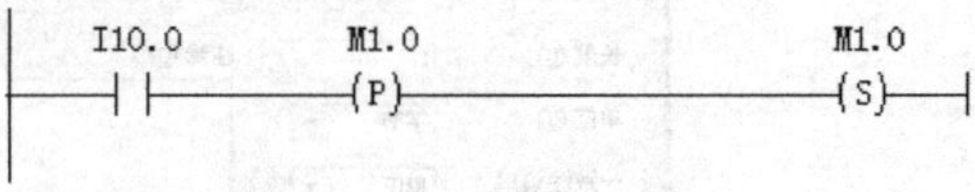

I10.0 M1.0 (P) M1.0 (S)

图 4-75 二号 PLC 程序

8. 调试

将电缆插到 PLC 的 DP 口上，如果出现通信不上的状态，检查自己的程序，重点检查组态的参数是否正确，组态配置是否进行编译、保存、下载，同时把设备断电后重新起动，进行调试。

9. 分析与思考

实现 FROFIBUS 组态的关键是对 PLC 进行正确组态，在站地址和波特率上要正确设置，并且正确组态发送区和接收区。同时思考，如果将一台 S7—300 换成一台 S7—200，如何通过 FROFIBUS 实现货物传输与搬运。

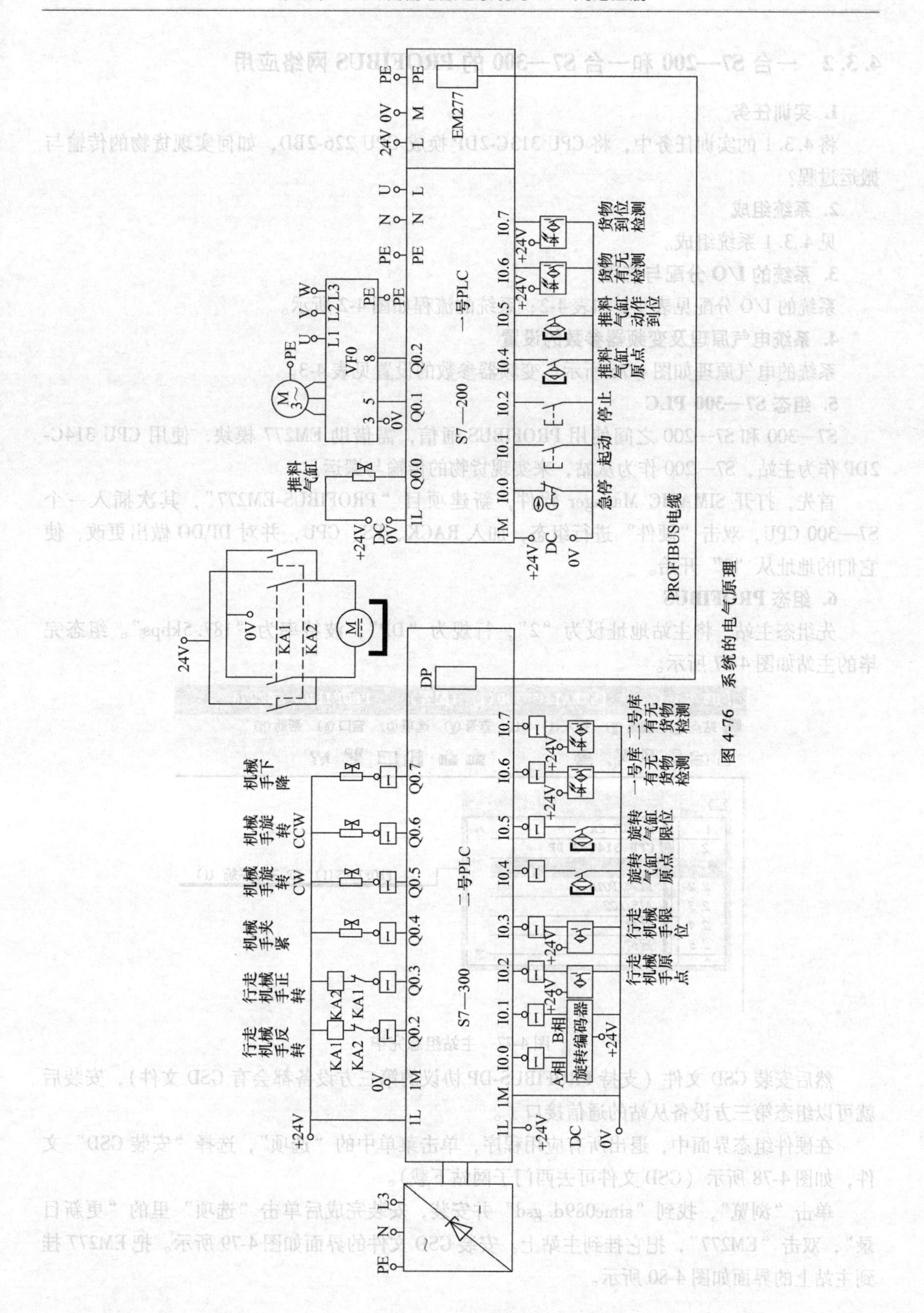

图 4-76　系统的电气原理

4.3.2　一台S7—200和一台S7—300的PROFIBUS网络应用

1. 实训任务

将4.3.1的实训任务中，将CPU 313C-2DP换成CPU 226-2BD，如何实现货物的传输与搬运过程?

2. 系统组成

见4.3.1系统组成。

3. 系统的I/O分配与流程

系统的I/O分配见表4-1和表4-2；系统的流程如图4-2所示。

4. 系统电气原理及变频器参数的设置

系统的电气原理如图4-76所示；变频器参数的设置见表4-3。

5. 组态S7—300 PLC

S7—300和S7—200之间使用PROFIBUS通信，需借助EM277模块，使用CPU 314C-2DP作为主站，S7—200作为从站，来实现货物的传输与搬运。

首先，打开SIMATIC Manager软件，新建项目“PROFIBUS-EM277”，其次插入一个S7—300 CPU，双击“硬件”进行组态，加入RACK、PS、CPU，并对DI\DO做出更改，使它们的地址从“0”开始。

6. 组态PROFIBUS

先组态主站，将主站地址设为“2”，行规为“DP”，波特率为“187.5kbps”。组态完毕的主站如图4-77所示。

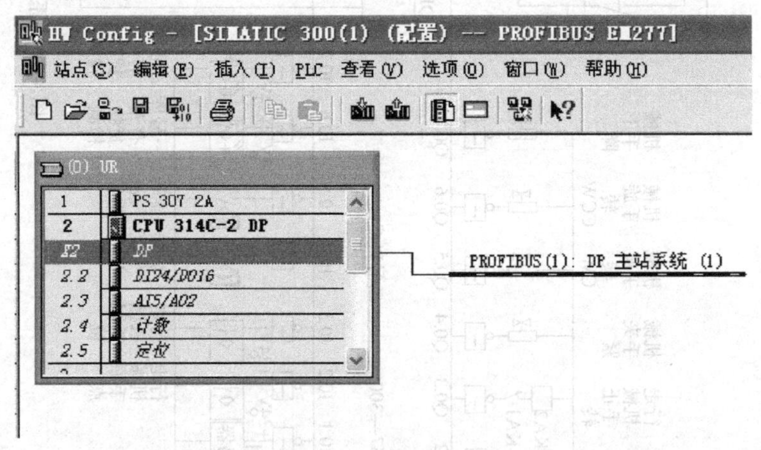

图4-77　主站组态完毕

然后安装GSD文件（支持FROFIBUS-DP协议的第三方设备都会有GSD文件），安装后就可以组态第三方设备从站的通信接口了。

在硬件组态界面中，退出所有应用程序，单击菜单中的“选项”，选择“安装GSD”文件，如图4-78所示（GSD文件可去西门子网站下载）。

单击“浏览”，找到“sime089d.gsd”并安装，安装完成后单击“选项”里的“更新目录”，双击“EM277”，把它挂到主站上。安装GSD文件的界面如图4-79所示。把EM277挂到主站上的界面如图4-80所示。

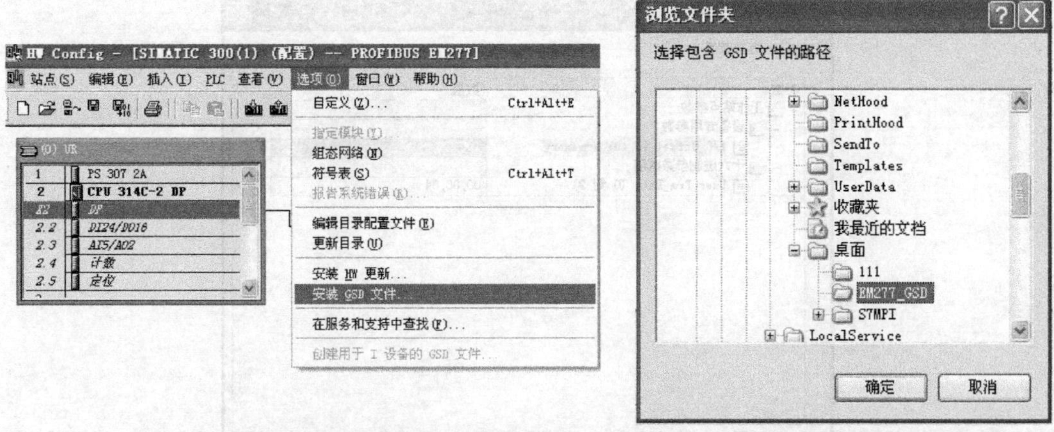

图4-78　安装GSD文件向导　　　　图4-79　安装GSD

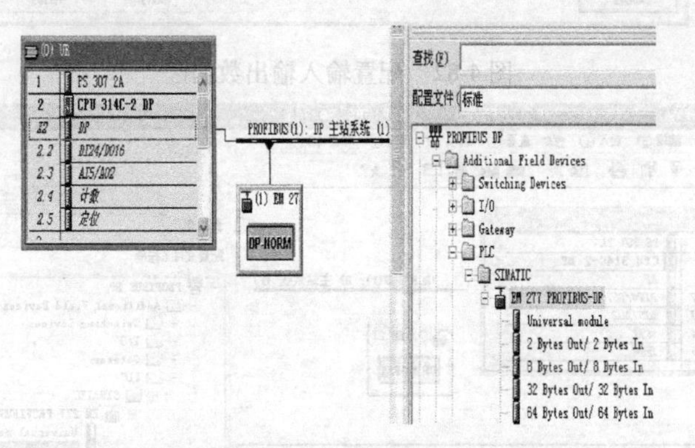

图4-80　添加EM277从站

双击“EM277”从站图标，出现4-81所示的组态界面，点击“PROFIBUS”，选择从站地址为三号站（这个站号与EM277上的拨码开关要一致），选择传输速率。

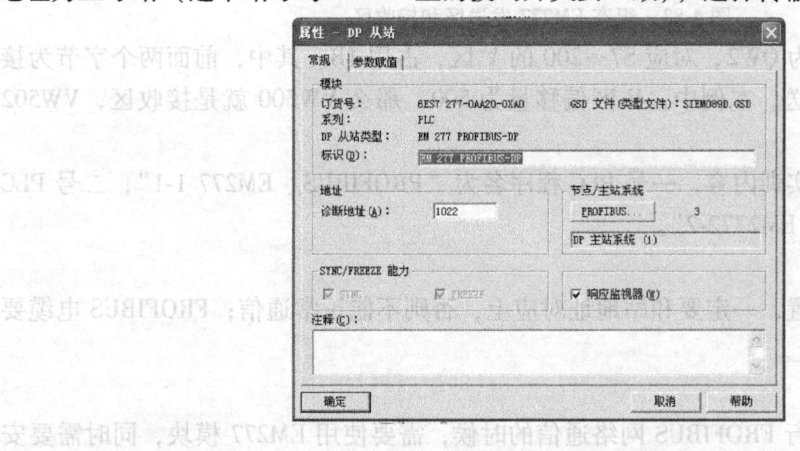

图4-81　设置从站EM277网络参数

在图4-81所示界面中选择“参数赋值”，出现4-82所示组态界面，在“数值”处选择“100”，单击确定。

在右侧项目栏双击“2Bytes Out/2Bytes In”，定义通信接口数据区为输入2B、输出2B，如图4-83所示。

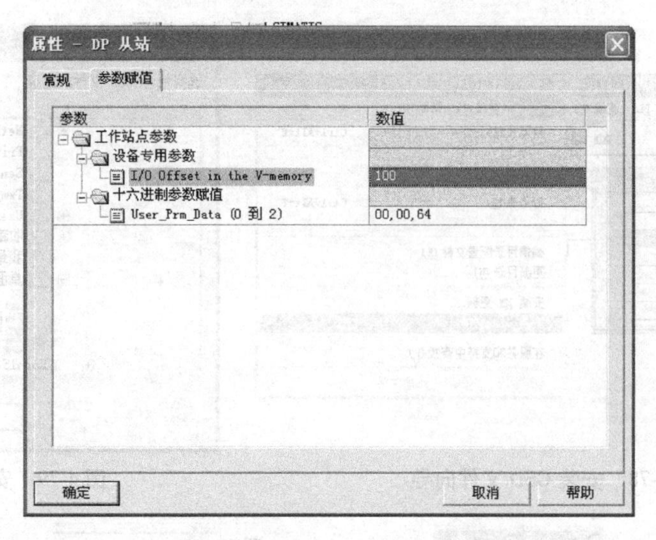

图 4-82　配置输入输出数据区

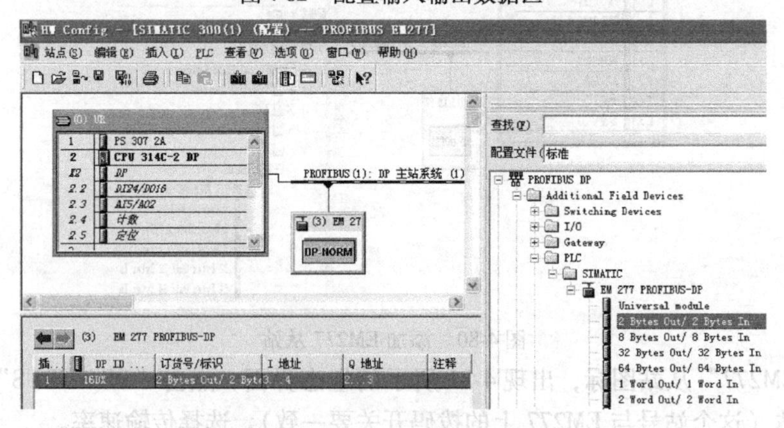

图 4-83　组态 EM277 发送区和接收区

输入为 IW3，输出为 QW2，对应 S7—200 的 V 区，占用 4B。其中，前面两个字节为接收，后面两个字节为发送。本例中，V 区偏移量为 500，那么 VW500 就是接收区，VW502 就是发送区。

系统程序参见配套实训内容，一号 PLC 程序名为“PROFIBUS_ EM277 1-1”，二号 PLC 程序名为“PROFIBUS_ EM2772-2”。

7. 调试

注意拨码开关的设置，一定要和站地址对应上，否则不能正常通信；FROFIBUS 电缆要插到 S7—300 的 DP 口上。

8. 分析与思考

在使用 S7—200 进行 FROFIBUS 网络通信的时候，需要使用 EM277 模块，同时需要安装 GSD 文件；在进行站地址设置的时候，需要调节 EM277 上的拨码开关，这样，EM277 的波特率能对网络进行自适应，不需要进行设置。思考：如果将 S7—200 作为远程 I/O，应如何编程。在进行 FROFIBUS 网络通信的时候，注意将站地址、波特率设置正确，对 PLC 进行正确组态并下载，并将通信电缆正确连接，就能实现 PLC 的正常通信。习惯上，经常在

PLC的组态上没有严格按照操作要求组态并下载，致使通信失败。

4.4 小结与作业

4.4.1 小结

1. PPI通信网络

PPI（Point To Point）协议是S7—200默认的通信方式，通过其自身的端口（PORT0或PORT1）就可以实现通信。PPI网络最多可传输1KB数据，传输数据速率为9.6～187.5kbit/s。

PPI网络是一个令牌传递网，遵从主从通信协议，是一种一对一的通信网络。在PPI网络中，主站通过相关通信指令对其他PLC进行读写操作，同时也可作为从站响应主站的请求或查询。对任何一个从站，PPI网络不限制其通信主站的数量，不加中继器时，一个PPI网络中主站的个数不能超过三十二个。

在进行PPI网络配置的时候，一定要注意，站地址、波特率以及数据发送区和数据接收区。

2. MPI通信网络

MPI（Multi Point Interface）通信是一种比较简单的通信方式。西门子PLC上的RS485接口不仅是编程接口，同时也是一个MPI通信接口，所以，不增加任何接口就可实现S7—200与S7—300/400操作面板或上位机等进行数据交换。

MPI网络的通信速率为19.2 kbit/s～12000Mbit/s，最多支持连接三十二个节点，最大通信距离仅为50m，通信数据量也不大，通过中继器可以扩展通信距离，但中继器也占用节点。

西门子PLC与PLC之间的MPI通信有以下三种通信方式。

（1）全局数据包通信方式　在组态PLC硬件的过程中，只需要组态所要通信的PLC站之间的发送区和接收区，不需要任何的程序处理，这种通信方式适用于S7—300/400 PLC之间的通信。

（2）无组态连接通信方式　需要调用系统功能块来实现，这种通信方式适合于S7—300、S7—400和S7—200之间的通信

（3）组态连接通信方式　适用于S7—300/400之间或S7—400/400之间的通信。S7—300/400通信时，S7—300只能作为服务器，S7—400作为客户机对S7—300的数据进行读写操作；S7—400即可以作服务器也可以作为客户机。

3. PROFIBUS通信网络

PROFIBUS现场总线是一种开放式现场总线，是国际上公认的标准，它实现了数字和模拟输入/输出模块、智能信号装置和过程调节装置与PLC和PC的数据传输，把I/O通道分散到实际需要的现场设备附近，从而使整个系统的工程费用和维修费用减小到最少。

PROFIBUS网络通信结构精简，传输速度很高且稳定，其按“主/从令牌通行”访问网络，只有主动节点才有接收访问网络的权利，通过从一个主站将“令牌”传输到下一个主站来访问网络。

PROFIBUS提供三种通信协议类型，即PROFIBUS-DP、PROFIBUS-FMS、PROFIBUS-PA。

（1）PROFIBUS-DP　适合PLC之间以及PLC与现场分散的I/O设备之间的通信。

（2）PROFIBUS-FMS　处理PLC和PC之间的数据通信。

（3）PROFIBUS-PA　使用扩展的PROFIBUS-DP协议进行数据传输，通过现场总线对现场设备供电。

PROFIBUS总线的传输速率为9.6 kbit/s ~12Mbit/s，总线长度与传输速率有关，传输速率越高，总线长度越短，越容易受到干扰。

在应用中，选择西门子网络协议类型的时候要在系统成本、速率、通信距离以及传输数据量的大小上综合考虑。PPI网络比较经济，但传输数据量比较少，速率也不高，距离也比较近；PROFIBUS网络成本比较高，但传输数据量大、速率比较快、距离也比较远；MPI网络在成本、速率、通信数据量以及通信距离均处于PPI与PROFIBUS两者间。

4.4.2　作业

作业1：一号PLC控制传输带单元和井式供料单元，二号PLC控制行走机械手单元和仓库单元。系统上电后按起动按钮SB1，如果行走机械手不在原点，则返回原点，返回原点后，推料气缸将货物推出，变频器以30Hz运行，当货物到达位置2时，变频器停止运行。机械手将货物搬运到仓库，经检测，如果是黄色的铝块，放到一号库，黄色的铁块放到二号库，蓝色的铁块放到三号库，蓝色的铝块放到四号库。在运行中按下急停按钮SB7，则设备立即停止运行。用两台S7—200PLC，使用PPI网络实现上述任务目标。

作业2：用两台S7—300PLC，并分别用MPI网络和PROFIBUS网络实现作业1的任务目标。

作业3：用一台S7—300PLC控制系统的检测元器件，另一台S7—300PLC控制系统的执行元器件，系统上电后按起动按钮SB1，如果行走机械手不在原点，则返回原点。返回原点后，推料气缸将货物推出，变频器以20Hz运行，当货物到达位置2时，变频器停止运行。行走机械手将货物运送到一号库位后返回原点。在运行中按下急停按钮SB7，则设备立即停止运行。分别用MPI网络和PROFIBUS网络实现上述任务目标。

作业4：用两台S7—200PLC并利用PPI网络实现作业3的任务目标。

第5章　人机界面在行走机械手中的应用

5.1　触摸屏

随着自动化控制程度越来越智能化，人与系统交流信息也越来越多，传统的指令按钮与指示已无法满足现在的控制要求，触摸屏可以很好地解决上述问题。触摸屏具有易于使用、坚固耐用、反应速度快、节省空间、工作可靠等优点，是一种能使控制系统更人性化，人机交互更方便快捷的设备。触摸屏极大地简化了控制系统硬件，也简化了操作员的操作，即使是对计算机一无所知的人，也照样能够很容易地操作，给系统调试人员与用户带来极大的方便。

触摸屏作为一种最新的控制设备，是目前最简单、方便、自然的一种人机交互平台。触摸屏在我国的应用范围非常广，主要是用于公共信息的查询，如电信局、税务局、银行、电力等部门的业务查询，城市街头的信息查询，此外还应用于办公、工业控制、军事指挥、电子游戏、点歌点菜、多媒体教学、房地产预售等。本节主要介绍TP177B触摸屏如何在行走机械手中进行数据监视与控制的入门使用。

5.1.1　触摸屏的特点及功能介绍

触摸屏是代替鼠标或键盘作为输入设备，在工作时，我们首先用手指或其他物体触摸安装在显示器前端的触摸屏，然后系统根据触摸的图标或菜单位置来定位选择信息的输入。

触摸屏主要由触摸检测部件和触摸屏控制器组成。触摸检测部件安装在显示器屏幕前面，用于检测用户触摸位置，接收信息后送触摸屏控制器。而触摸屏控制器的主要作用是从触摸点检测装置上接收触摸信息，并将它转换成触点坐标，再送给信息处理单元，同时执行信息处理单元的指令。

按照触摸屏的工作原理和传输信息的介质，可把触摸屏分为电阻式触摸屏、红外线式触摸屏、电容感应式触摸屏和表面声波式触摸屏。

触摸屏的基本技术特性有：

1. 透明性能

触摸屏是由多层的复合薄膜构成，透明性能的好坏直接影响触摸屏的视觉效果。衡量触摸屏透明性能时，不仅要从视觉效果来衡量，还应该从透明度、色彩失真度、反光性和清晰度这几个特性来综合衡量。

2. 绝对坐标系统

触摸屏选用绝对坐标系统，其特点是：定位坐标与历史动作没有关系，每次触摸的数据通过校准转为屏幕上的坐标，不管在什么情况下，触摸屏同一点的输出数据是稳定的。不过由于技术的原因，并不能保证同一点触摸时每次采样的数据是相同的，不能保证绝对坐标定位，触摸屏最大的问题是漂移。对于性能好的触摸屏来说，漂移情况出现的并不是很严重。

3. 检测与定位

各种触摸屏技术都是依靠传感器来工作的，甚至有的触摸屏本身就是一套传感器。各自的定位原理和各自所用的传感器决定了触摸屏的反应速度、可靠性、稳定性和寿命。

5.1.2　触摸屏的硬件介绍

1. TP177B 触摸屏的正视图与左视图

触摸屏的正视图没有按键，其操作是用手轻轻地在显示屏上触动就可以完成操作，如图 5-1 所示。图 5-1 中的扩展卡，主要作为用户程序、系统参数及历史数据的存储单元；密封垫用于防止面板因溅水而渗入主板造成设备损坏；卡件插入卡紧凹槽内用螺钉顶在安装面板上，使触摸屏紧固在面板里。

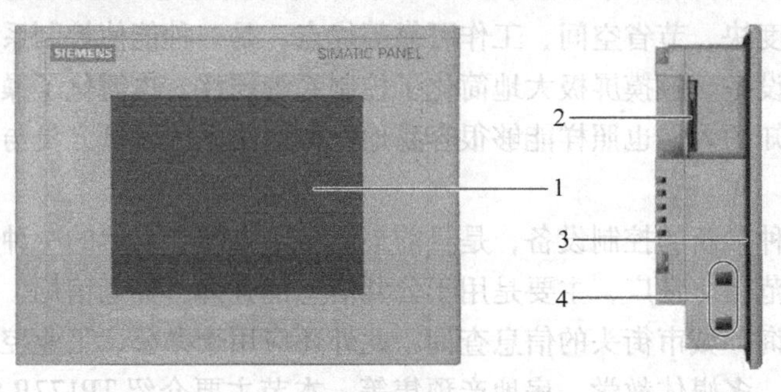

图 5-1　正视图与侧视图

1—显示与触摸屏　2—多媒体卡插槽

3—安装密封垫　4—卡紧凹槽

2. TP177B 触摸屏的仰视图

触摸屏的仰视图如图 5-2 所示。图 5-2 中的机壳等接地电位端子与其他设备的机壳相连，避免设备之间产生静电而损坏设备或干扰设备运行；电源插座使用直流 24V 的电源，按接口的标识正确接电源正负极，否则无法工作；IF 1B 接口可以与 PLC 连接，读写 PLC 的数据，也可以与电脑连接，把电脑编写好的触摸屏程序下载到触摸屏中；Internet 连接口如与 PLC 的 Internet 模块连接即可控制 PLC，与计算机的 Internet 接口连接可以把计算机编写好的触摸屏程序下载到触摸屏中，计算机装有 OPC 数据库，可以通过此接口读写触摸屏中的数据；USB 接口通过专用的 USB 线与计算机连接，把计算机编写好的触摸屏程序下载到触摸屏中。

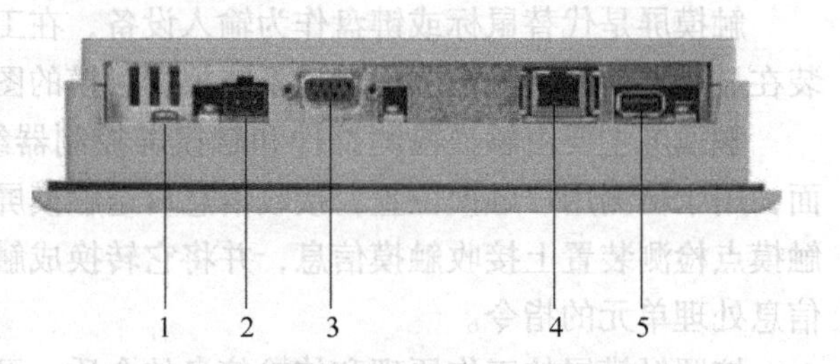

图 5-2　TP 177B PN/DP HMI 设备上的接口

1—机壳等接地电位端子　2—电源插座

3—RS 422/485 接口（IF 1B）　4—Internet 连接口

（适用于 TP 177B PN/DP）　5—USB 接口

3. TP177B 触摸屏的后视图

触摸屏的后视图如图 5-3 所示。图 5-3 中的标牌是对图 5-2 的四个接口进行说明；DIP 开关具有组态 RS—485 接口的功能，见表 5-1。

4. 附件

TP177 与面板固定需要卡件，如图 5-4 所示。图 5-4 中的挂钩插在卡紧凹槽内，用螺钉拧紧，把触摸屏紧固在面板上。

5. 电源连接

触摸屏的接线端子与电源线的连接如图 5-5 所示。必须确保电源线没有接反，可参见触摸屏背面的引出线标识。触摸屏安装有极性反向保护的电路。

6. 连接控制器

TP177 除了与西门子公司的 PLC 连接，还可以与其他多种 PLC 连接，如图 5-6 所示。图 5-6 中的“①”是通过 Internet 接口与西门子 S7—300 PLC 或 S7—200 PLC 连接；“②”是通过 RS 422/485 接口（IF 1B）的 RS—485 与西门子 S7—300 PLC 或 S7—200 PLC 连接；“③”是通过 RS 422/485 接口（IF 1B）的 RS—422 与西门子 SIMATIC 500 或 SIMATIC 505 的 PROFIBUS 控制器连接；“④”是通过 RS 422/485 接口（IF 1B）的 RS—485 与其他 RS—485 串口的 PLC 连接，如松下 FPΣ 的扩展卡 FPΣ—COM3 等设备，RS—422 直接与松下的 FP1 PLC 或三菱的 FX_{2N} PLC 连接；“⑤”是通过 RS 422/485 接口（IF 1B）的 RS—485 转 RS232 与其他 RS—232 串口的 PLC 连接，如松下 FPΣ 与 FP0 等 PLC 连接。

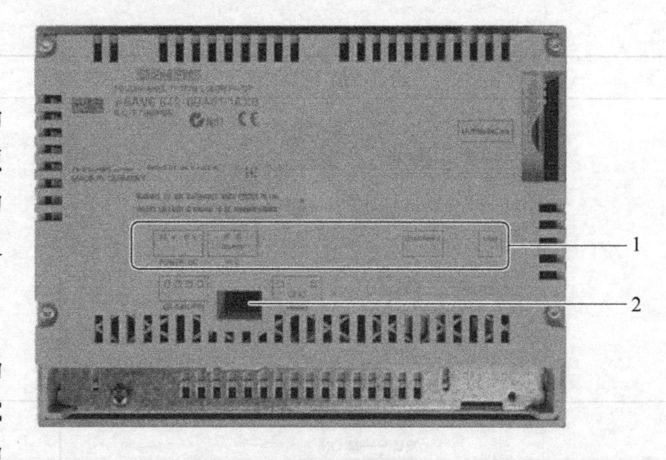

图 5-3　后视图

1—标牌　2—DIP 开关

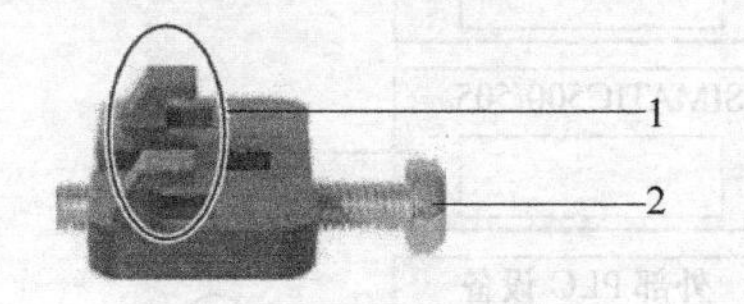

图 5-4　安装卡件的视图

1—挂钩　2—槽式头螺钉

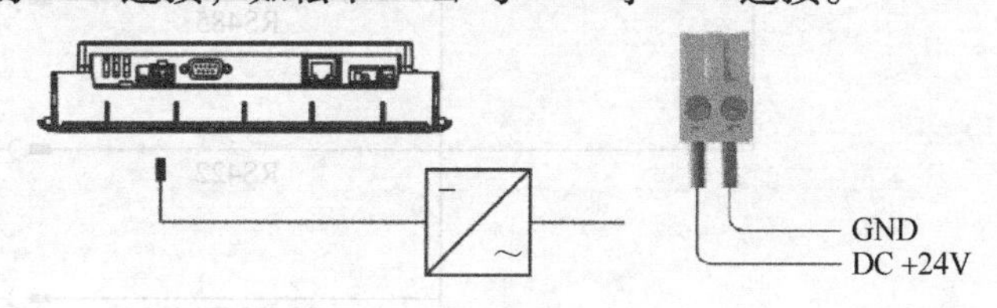

图 5-5　电源线的连接

7. 组态 RS—485 接口

用于组态 RS—485 接口的 DIP 开关位于触摸屏的背面，通过开关的设置使 RS 422/485 接口（IF 1B）与外部 PLC 的通信口的电气相适配。在出厂时，DIP 开关设置为与 SIMATIC S7 控制器进行通信。表 5-1 所示为 DIP 开关的设置。DIP 开关也可以使 RTS 信号对发送与接收方向进行内部切换。

表 5-1　DIP 开关的设置

通　信	开关设置	含义
MPI/PROFIBUS DP RS 485	4 3 2 1 ON	RTS 在引脚 9 上，如同编程设备，例如用于调试
MPI/PROFIBUS DP RS 485	4 3 2 1 ON	RTS 在引脚 4 上，如同编程设备，例如用于调试
	4 3 2 1 ON	无 RTS 开关用于控制器和 HMI 设备之间的数据传输

（续）

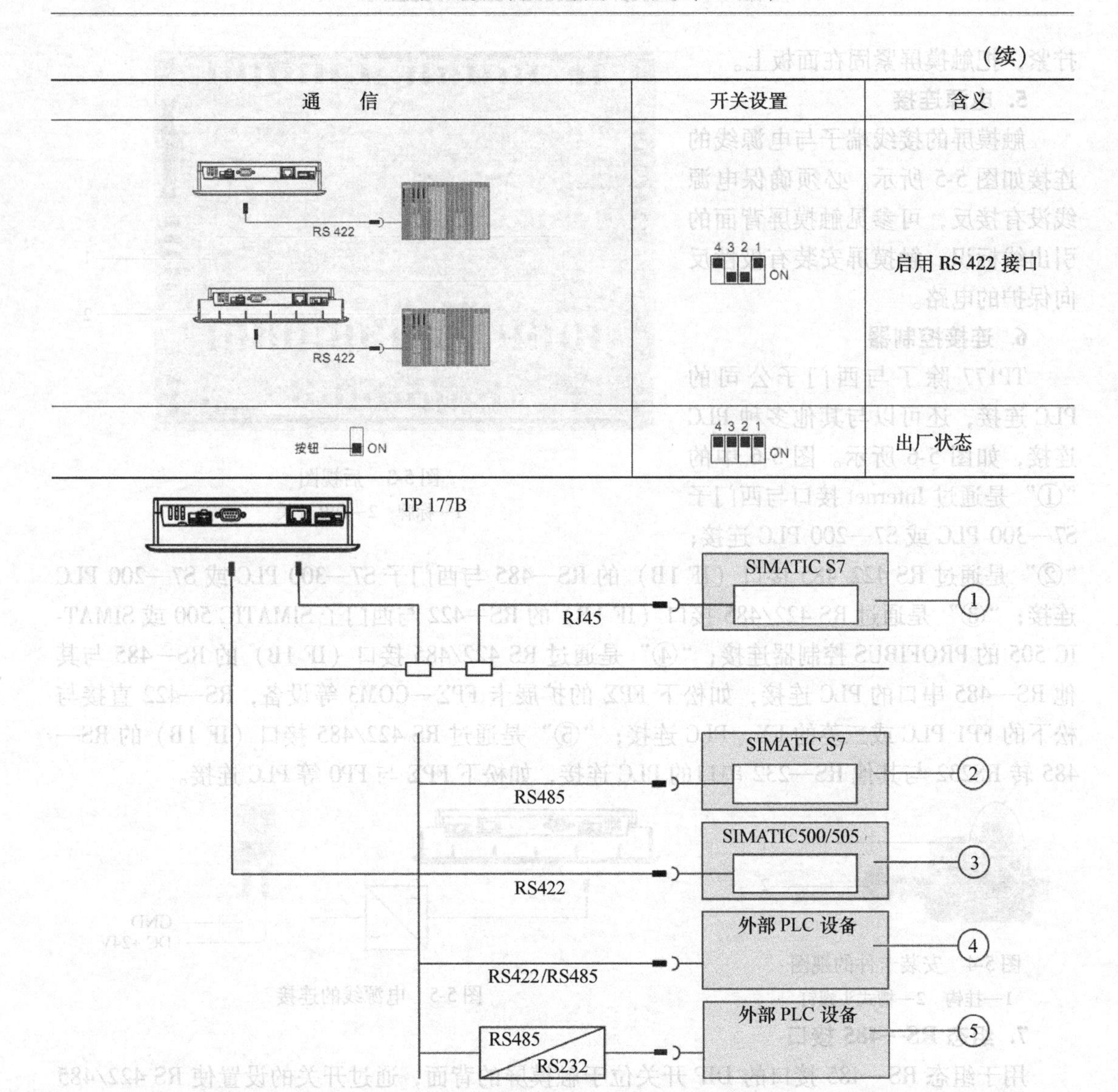

通　信	开关设置	含义
RS 422 RS 422	4 3 2 1 ON	启用 RS 422 接口
按钮 ON	4 3 2 1 ON	出厂状态

图 5-6　将控制器连接到 TP 177B PN/DP

8. 连接组态计算机

计算机可以通过多种适配器与触摸屏连接，在 TP177B 上可使用的适配器有 PC/PPI、PC Adapter、网络线、USB 线等。

计算机编写完程序后可以通过以下方法下载程序，如图 5-7 所示。

方法一：网络线连接，即计算机的网卡通过网络线与 TP177B 的“LAN”口进行连接。

方法二：PC/PPI 电缆连接，即计算机的串口通过 PC/PPI 电缆与 TP177B 的“IF 1B”口进行连接。

方法三：PC Adapter 电缆连接，即计算机的 USB 通过 PC Adapter 电缆与 TP177B 的“IF 1B”口进行连接。

方法四：CP5611 板卡连接，即计算机的安装 CP5611 板卡与 TP177B 的“IF 1B”口进行连接。

方法五：USB 连接，即计算机的 USB 与 TP177B 的“USB”口进行连接。

以上五种连接方法中，传输速度快、成本最低的是方法一，方法二的速度慢、成本较低。

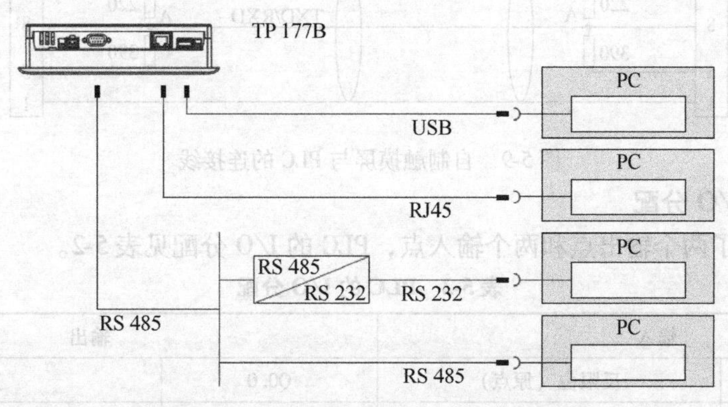

图 5-7　将 TP 177B 连接到组态计算机

5.1.3　触摸屏的软件安装

将 WinCC flexible 2007 光盘放入光驱，系统自动弹出对话框，询问是否安装，选择“是”系统进行自动安装直到安装完成。

5.2　触摸屏实训任务

5.2.1　制作两个按钮控制行走机械手的左移动与右移动

1. 实训任务

在触摸屏上制作两个按钮控制行走机械手的左移动与右移动，触摸屏通过通信电缆与 S7—200 的通信口（PORT0/1）连接，以通信方式与 PLC 进行数据交换。触摸屏直接对 PLC 输出进行写入操作，使 Q0.0 与 Q0.1 导通或关断，进而控制直流电动机的正转与反转，从而控制行走机械手的左移动与右移动。系统组成示意图如图 5-8 所示。系统由 TP 177B、西门子 S7—200、直流电动机驱动器、直流电动机、行走机械手、限位开关等组成。

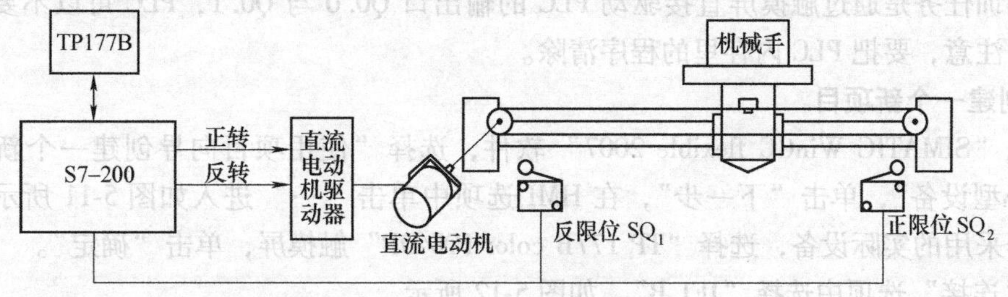

图 5-8　系统的组成示意图

2. 触摸屏与 PLC 的通信线

触摸屏与 PLC 的通信线可以自己制作，也可以购买西门子公司的电缆。自制电缆成本很低，其通信效果与购买的电缆没有什么区别，如图 5-9 所示。

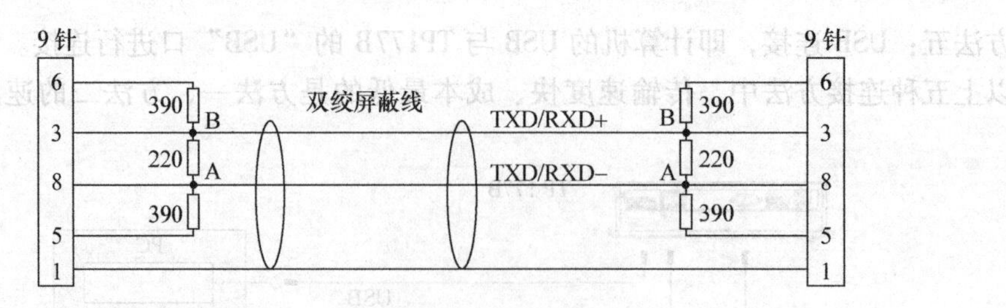

图 5-9 自制触摸屏与 PLC 的连接线

3. PLC 的 I/O 分配

本任务使用了两个输出点和两个输入点，PLC 的 I/O 分配见表 5-2。

表 5-2 PLC 的 I/O 分配

输入		输出	
I0.0	反限位（原点）	Q0.0	正转
I0.1	正限位	Q0.1	反转

4. 系统的电气原理

系统的电气原理如图 5-10 所示。根据电气原理图进行接线。

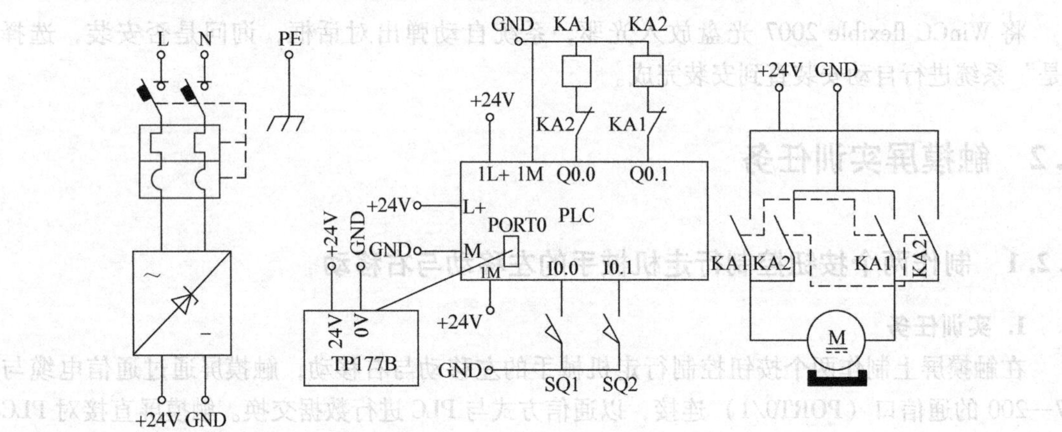

图 5-10 系统的电气原理

5. PLC 程序的编写

本实训任务是通过触摸屏直接驱动 PLC 的输出口 Q0.0 与 Q0.1，PLC 可以不要编写任何程序。注意，要把 PLC 内存里的程序清除。

6. 创建一个新项目

进入“SIMATIC WinCC flexible 2007”软件，选择“使用项目向导创建一个新项目”，选择“小型设备”，单击“下一步”，在 HMI 选项中单击“…”进入如图 5-11 所示的对话框，根据采用的实际设备，选择“TP 177B color PN/DP”触摸屏，单击“确定”。

在“连接”选项中选择“IF1 B”，如图 5-12 所示。

在“控制器”选项中单击“▼”，在下拉菜单中选择“SIMATIC S7 200”，单击“下一步”，进入图 5-13 所示对话框。

如果不需要标题，在“标题”选项中不打“√”；如不需要浏览条，在“浏览条”选项中不打“√”；如不需要报警行/报警窗口，在“报警行/报警窗口”选项中不打“√”。设

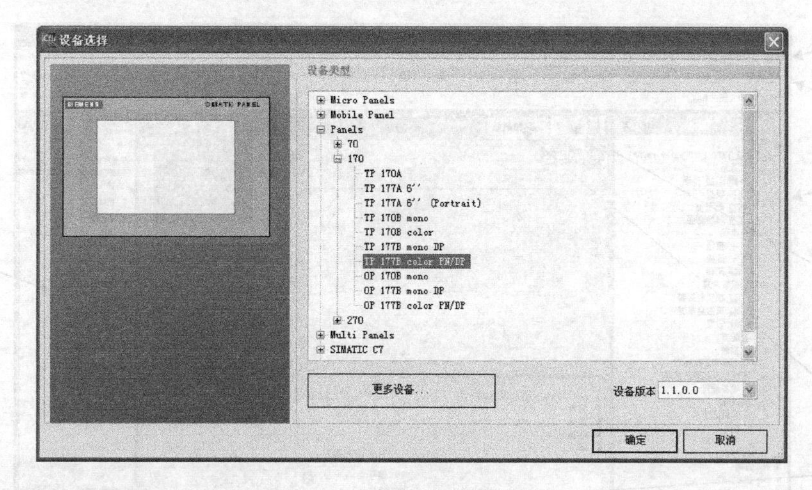

图 5-11　触摸屏的选择

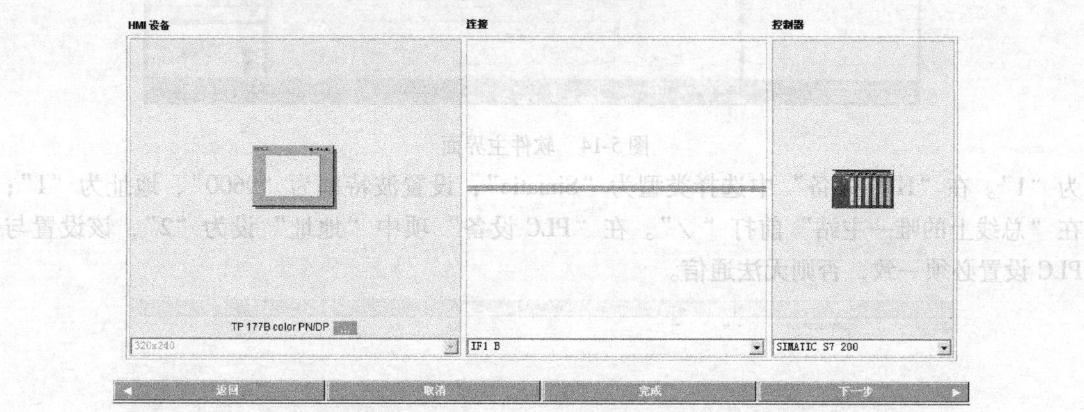

图 5-12　通信口的选择

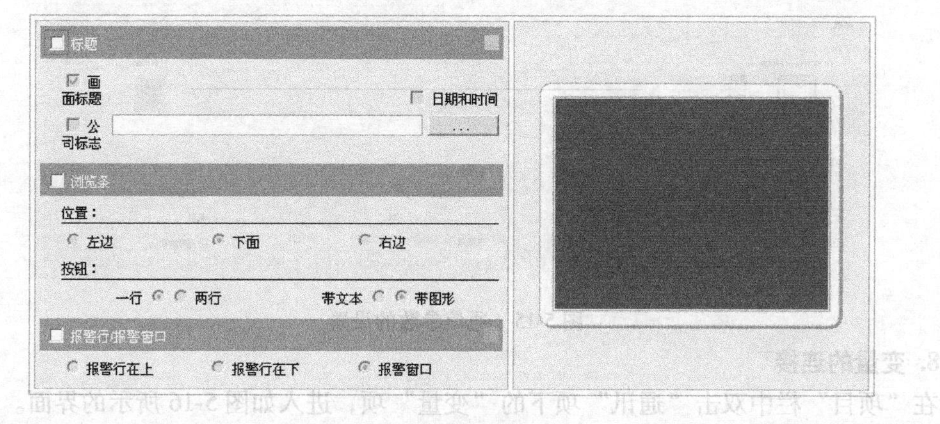

图 5-13　模板页的设计

置完成后单击“完成”进入软件主界面，如图 5-14 所示。

7. 通信参数的设置

在“项目”栏中单击“通讯”项下的“连接”项，进入如图 5-15 所示的界面。在基本界面中的第一行双击，“名称”项写上“S7—200”或其他名称；在“通讯驱动程序”项单击“▼”，选择“SIMATIC S7 200”。在属性栏中，“配置文”选择“PPI”，“主站数”设置

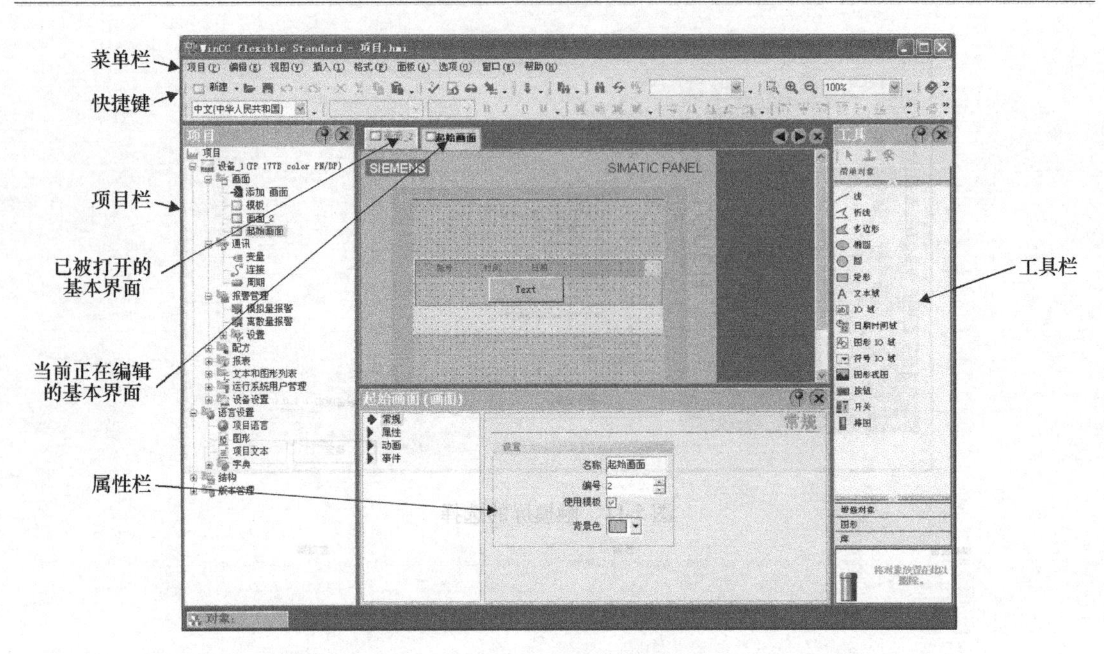

图5-14　软件主界面

为“1”。在“HMI设备”中选择类型为“Simatic”；设置波特率为“9600”、地址为“1”；在“总线上的唯一主站”前打“✓”。在“PLC设备”项中“地址”设为“2”，该设置与PLC设置必须一致，否则无法通信。

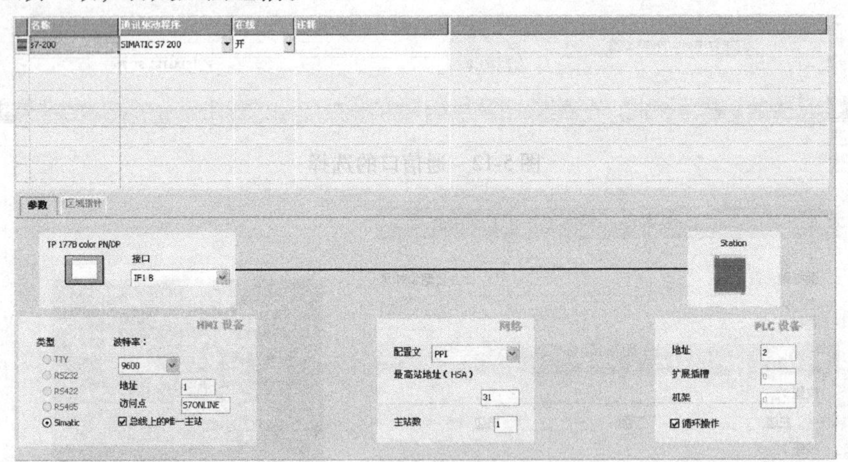

图5-15　通信参数的设置

8. 变量的连接

在“项目”栏中双击“通讯”项下的“变量”项，进入如图5-16所示的界面。

双击变量界面中的空行，写入变量名称“左移”，在“连接”栏中选择“S7—200”，在“数据类型”选择“Bool”，在地址栏写入“Q0.0”（对应PLC的Q0.0输出），采集时间选择“1s”。同样的方法设置“右移”的变量，如图5-16所示。

9. 触摸屏按钮的制作

双击项目栏中“画面”下的“起始画面”，在工具栏的简单对象中先单击一下“按钮”，再在当前正在编辑的画面中单击一下，按钮就添加到画面中，如图5-17所示。在画面中双

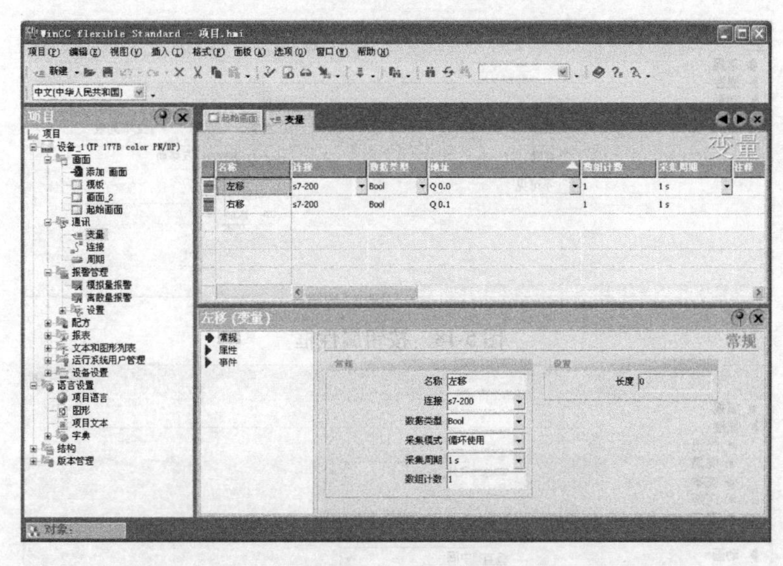

图5-16　变量界面

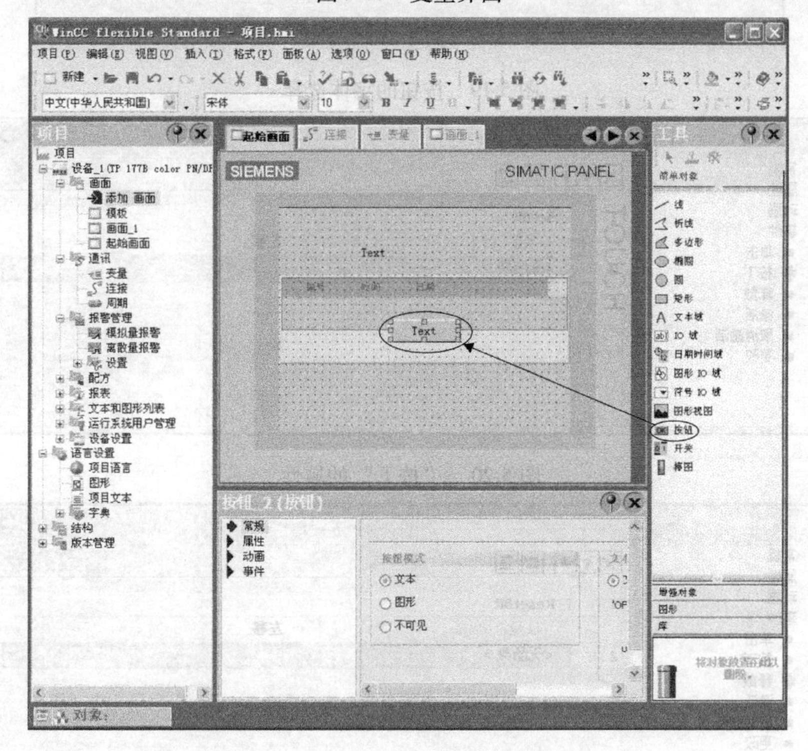

图5-17　按钮的制作

击“按钮”弹出如图5-18所示的属性对话框，在文本中写入“左移动”。如果字体太小，单击“属性”，展开属性菜单后再单击“文本”，选择适合的字体，如图5-19所示。

单击“事件”中的“按下”，写入指令“SetBit”，变量为“左移”，如图5-20所示。指令“SetBit”的作用是把变量“左移”置“1”。PLC的Q0.0输出，驱动继电器KA1得电使电动机正转，行走机械手向左移动。

单击“释放”属性中的写入指令“ResetBit”，变量为“左移”，如图5-21所示。指令

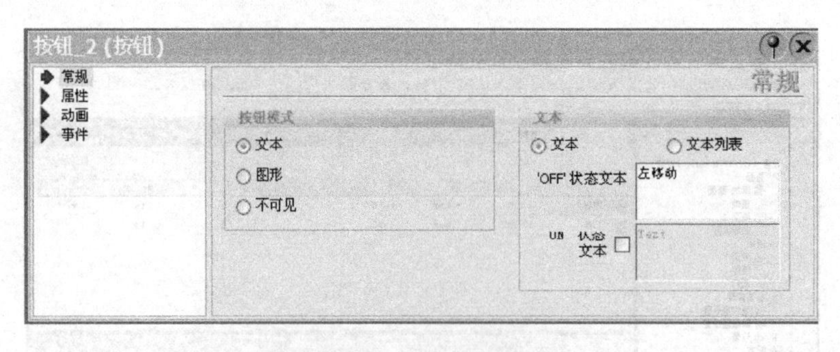

图 5-18　按钮属性框

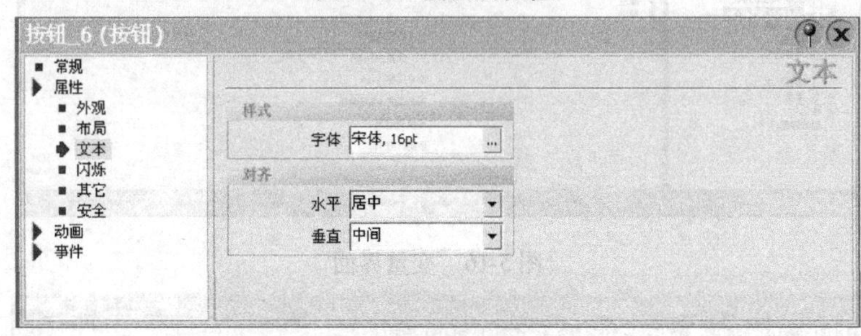

图 5-19　按钮的字体选择

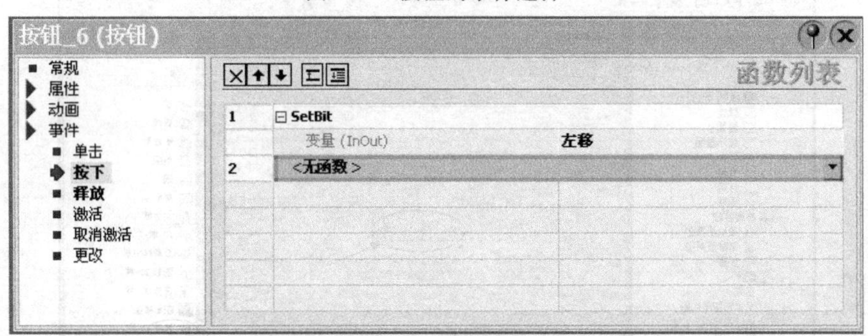

图 5-20　“按下”的属性

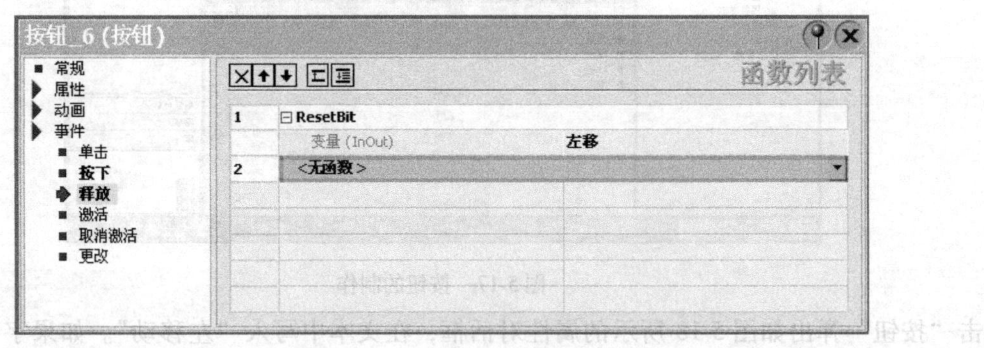

图 5-21 “释放”的属性

“ResetBit”的作用是把变量“左移”置“0”。PLC 的 Q0.0 无输出，驱动继电器 KA1 失电使电动机停转，行走机械手停止移动。点击“×”，关闭属性框。以同样的方法设置“右移”按钮。

10. 触摸屏程序的下载

（1）通过以太网网络线连接触摸屏进行程序的下载

1）TP177参数的设置。网络线连接需要对TP177通信口的IP地址进行设置。设置方法为：启动TP177B系统，出现如图5-22所示界面，然后单击“Control panel”进入设备控制面板，如图5-23所示；单击“Transfer”，弹出如图5-24所示界面，在“Channe2”项中选择“ETHERNET”，然后单击“Advanced”按钮，进入如图5-25所示界面；单击“Properties”按钮，弹出图5-26所示界面，选择“Specify an IP address”输入IP地址192.168.56.198（也可以是其他IP地址），在“Subnet Mask”输入255.255.255.0，单击“OK”按钮，退出本对话框，再单击“OK”按钮一直退到主菜单。

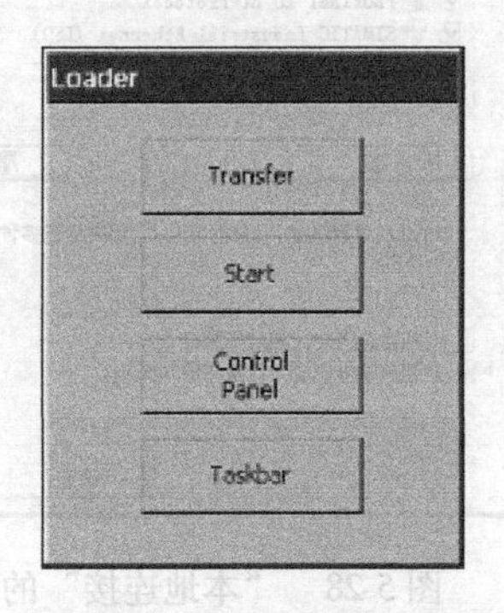

图5-22　TP177B装载菜单

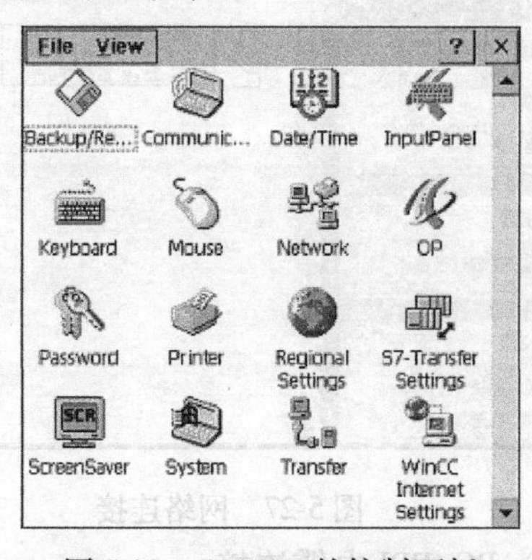

图5-23　TP177B的控制面板

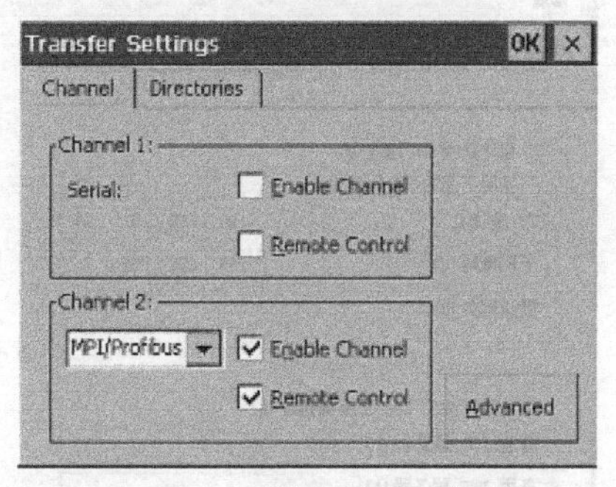

图5-24　“传输设置”对话框

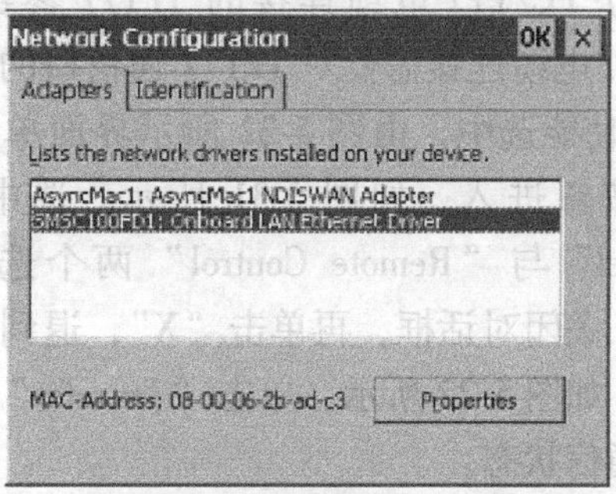

Network Configuration 对话框：

图5-25　“网络配置”对话框

2）网络线连接的计算机IP设置。从“开始”进入“控制面板”，弹出控制面板界面，在界面中双击“网络连接”弹出如图5-27所示的对话框。

选中“本地连接”，点击鼠标右键，在弹出菜单中选择“属性”，弹出如图5-28所示的对话框。

选中“Internet协议（TCP/IP）”，单击“属性”，弹出如图5-29所示的界面。

输入IP地址192.168.56.10或其他IP地址，前面3段地址必须一致，否则无法通信。输入子网掩码255.255.255.0，这个号码必须与TP177B设置一致，否则无法通信。

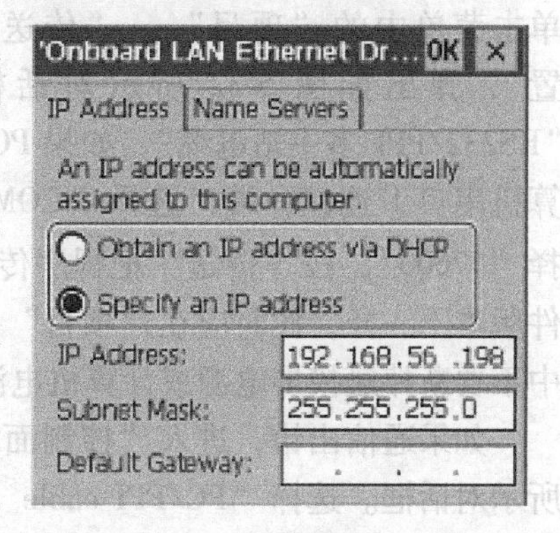

图5-26　“IP地址设置”对话框

3）SIMATIC WinCC flexible 2007通信设置。单击菜单中的“项目”→“传送”→“传

送设置”，弹出如图5-30所示的对话框。模式选择“以太网”；计算机名域IP地址写入在TP177所设的IP地址“192.168.56.198”，按“传送”把程序传下去。如果传送错误，有可能是软件版本与TP177的硬件版本不一样，此时应在“项目”→“传送”→“OS更新”后再传送。在OS更新的过程中不要断掉触摸屏电源或计算机电源，否则可能使触摸屏无法使用。

图5-27 网络连接

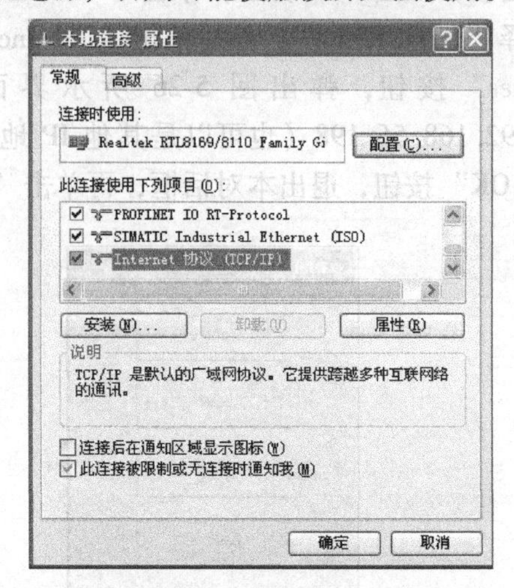

图5-28 “本地连接”的属性

（2）PC/PPI电缆连接

1）PC/PPI电缆连接的TP177参数的设置。PC/PPI电缆连接需要对TP177通信口的“Channel 1”的使能选中，由图5-22所示界面单击“transfer”按钮进入，如图5-31所示。选中“Enable Channel”与“Remote Control”两个选项，单击“OK”关闭对话框，再单击“X”，退到“Loader”菜单，如图5-22所示。单击“Transfer”进入与计算机通信状态。

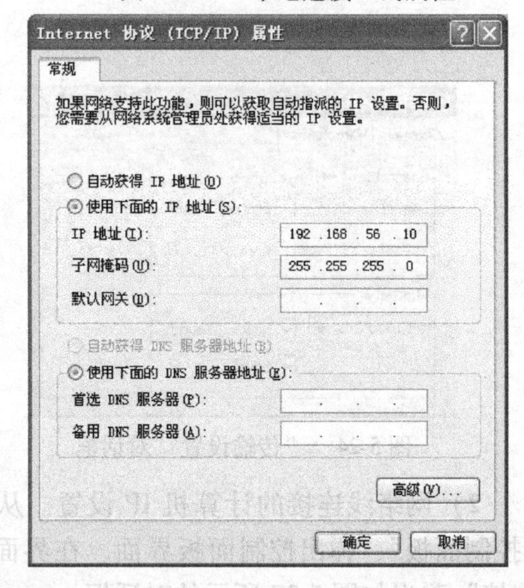

图5-29 “Internet 协议（TCP/IP）”的属性

2）SIMATIC WinCC flexible 2007通信设置。单击菜单中的“项目”→“传送”→“传送设置”，弹出如图5-32所示对话框。模式选择“RS232/PPI多主站电缆”，如果PC/PPI电缆与计算机串口1连接，端口选择“COM1”，波特率选择“57600”，按“传送”把程序传下去。如果传送错误，有可能是软件版本与TP177的硬件版本不一样，此时应在“项目”→“传送”→“OS更新”后再传送。在OS更新的过程中不要断掉触摸屏电源或计算机电源，否则可能使触摸屏无法使用。

如果通信出错，进入“控制面板”，双击“Setting the PG-PC Interface”，弹出如图5-33所示对话框。选择“PC/PPI cable（PPI）”后点击“确定”退出，再进入图5-32所示的界面，点击“传送”把程序传下去。

11. 调试

下载完成后，TP177触摸屏约5s后进入“起始画面”，单击“左移动”按钮，观察PLC

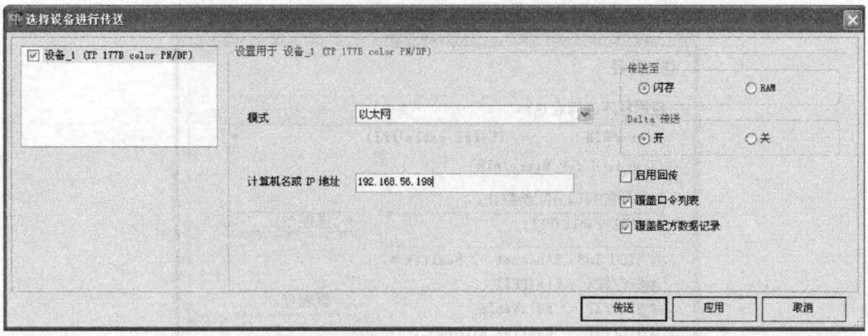

图 5-30　选择设备进行传送

的 Q0.0 是否输出，继电器 KA1 是否吸合，行走机械手是否移动。单击“右移动”按钮，观察 PLC 的 Q0.1 是否输出，继电器 KA2 是否吸合，行走机械手是否移动。

12. 分析与思考

为什么 PLC 里的程序需要清除？PLC 是循环扫描，在程序里如果用到的了 Q0.0 与 Q0.1，在执行完程序后把结果输出，这样会与触摸屏的结果发生冲突，会使控制出错。如在 PLC 程序中执行的结果是“0”，此时触摸屏按下为“1”，则 PLC 会输出一个脉冲，之后一直为“0”。

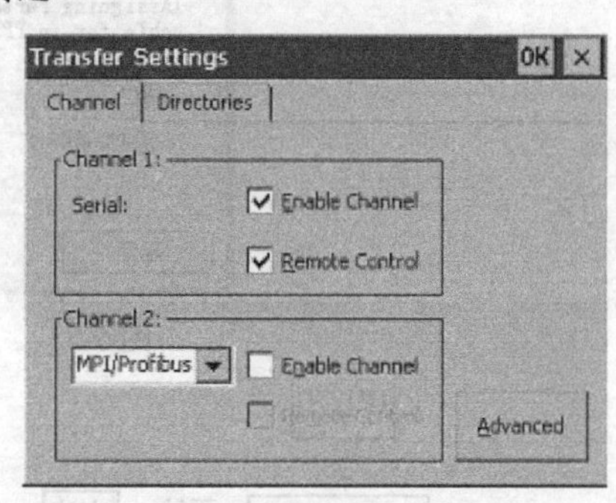

图 5-31　“传输设置”对话框

思考：如果采用三个按钮，“左移动”、“右移动”、“停止”（不是点动）该如何设置？

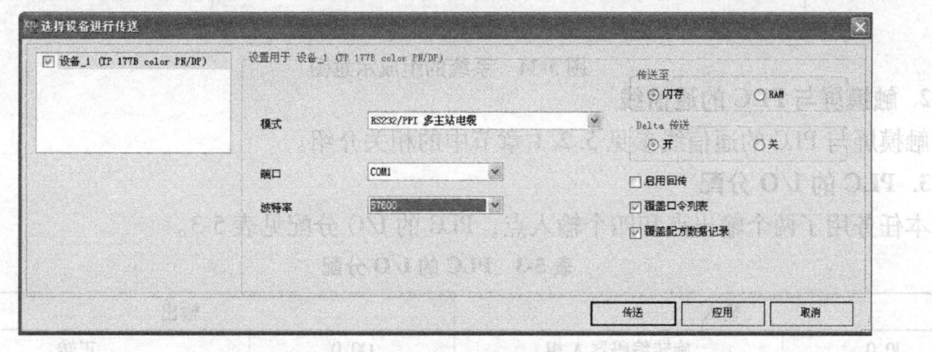

图 5-32　选择设备进行传送

5.2.2　行走机械手触摸屏的监控界面制作

1. 实训任务

在触摸屏上制作一个开机界面和一个监控界面。开机界面有一个按钮和实训任务名称，单击此按钮进入监控界面。监控界面有行走机械手的示意图、坐标值显示、“左移动”按钮、“右移动”按钮和“返回”按钮。当单击“左移动”或“右移动”按钮时，机械手的示意图也实时地向左或向右移动，同时显示实时坐标值。单击“返回”按钮回到开机画面，系统组成示意图如图 5-34 所示。系统由 TP177B、西门子 S7—200、直流电动机驱动器、直流电动机、行走机械手、限位开关、旋转编码器等组成。

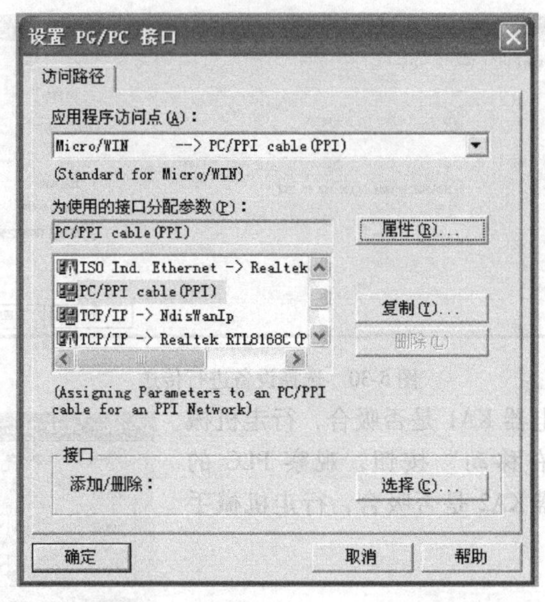

图 5-33　“PC/PPI cable（PPI）”的设置

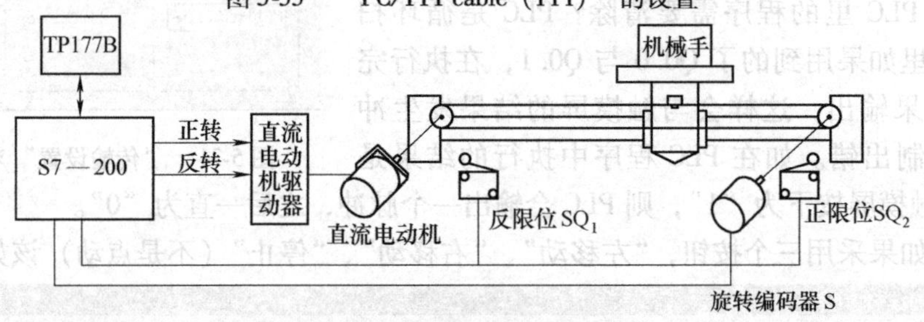

图 5-34　系统的组成示意图

2. 触摸屏与 PLC 的通信线

触摸屏与 PLC 的通信线参见 5.2.1 章节中的相关介绍。

3. PLC 的 I/O 分配

本任务用了两个输出点和四个输入点，PLC 的 I/O 分配见表 5-3。

表 5-3　PLC 的 I/O 分配

输入		输出	
I0.0	旋转编码器 A 相	Q0.0	正转
I0.1	旋转编码器 B 相	Q0.1	反转
I0.2	反限位（原点）		
I0.3	正限位		

4. 系统的电气原理

系统的电气原理如图 5-35 所示。根据原理图进行接线。

5. PLC 程序

用向导设置高速计数器 HC0，设置为“模式 10”，产生一个“HSC_INIT”子程序，在主程序中调用。系统梯形图程序如图 5-36 所示。

6. 创建一个新项目

参见 5.2.1 中关于创建新项目的介绍。

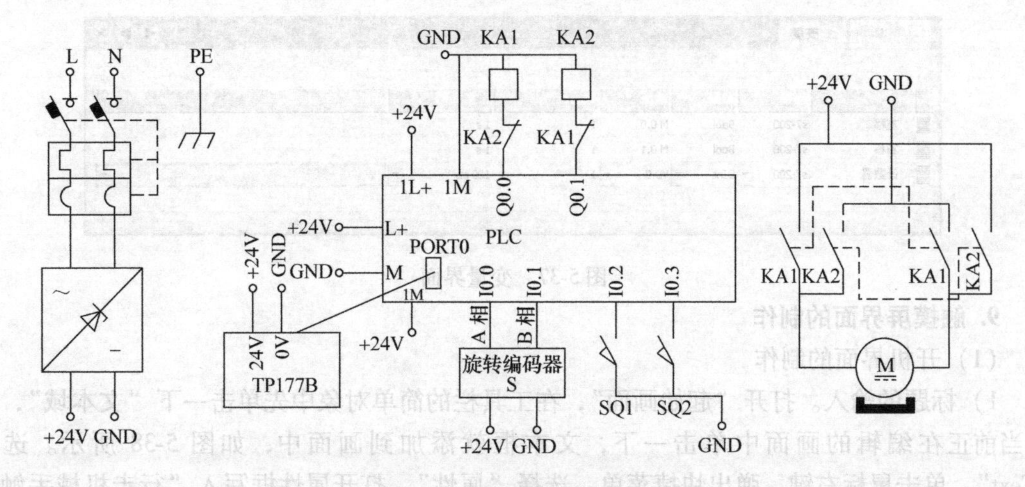

图 5-35　系统的电气原理

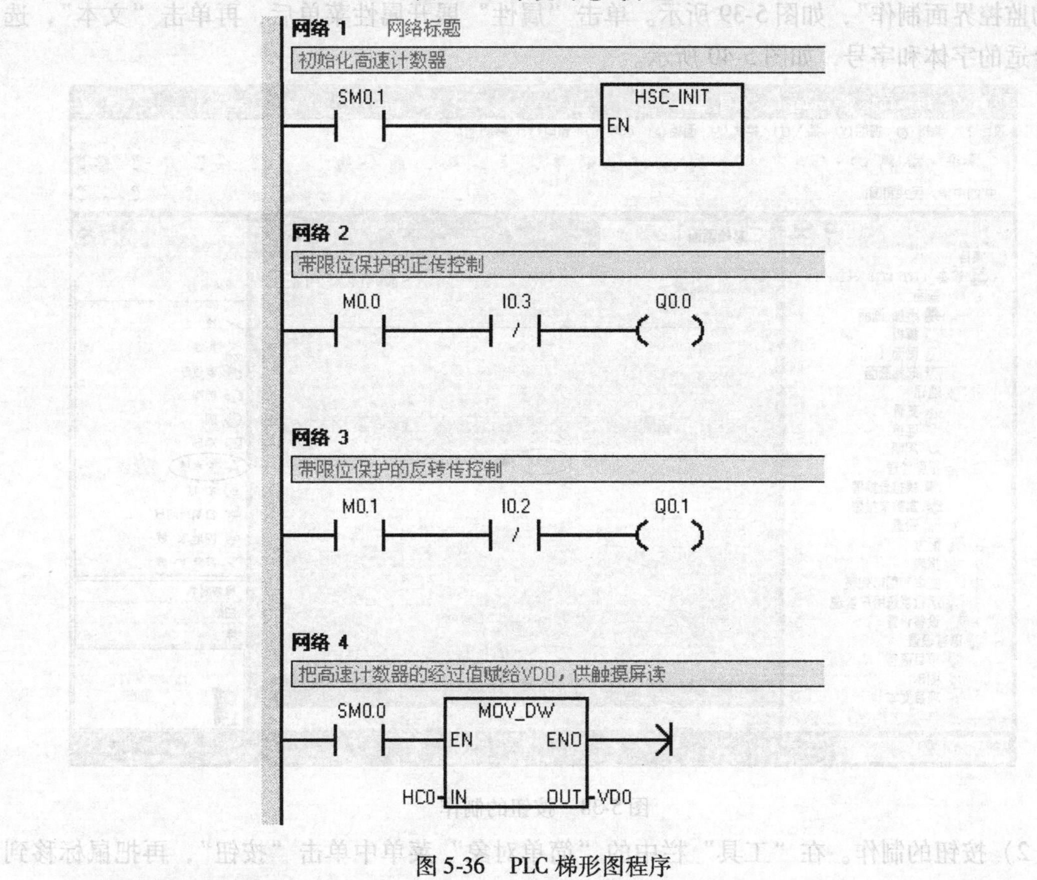

图 5-36　PLC 梯形图程序

7. 通信参数的设置

参见 5.2.1 中关于通信参数设置的介绍。

8. 变量的连接

本实训任务中变量的连接指的是中间继电器 M 与数据寄存器 VD0 的连接。M0.0 是触摸屏控制左移的信号，M0.1 是触摸屏控制右移的信号。VD0 是触摸屏读取高速计数器的经过值，由于经过值是实时监视，所以采集周期设为“100ms”，如图 5-37 所示。

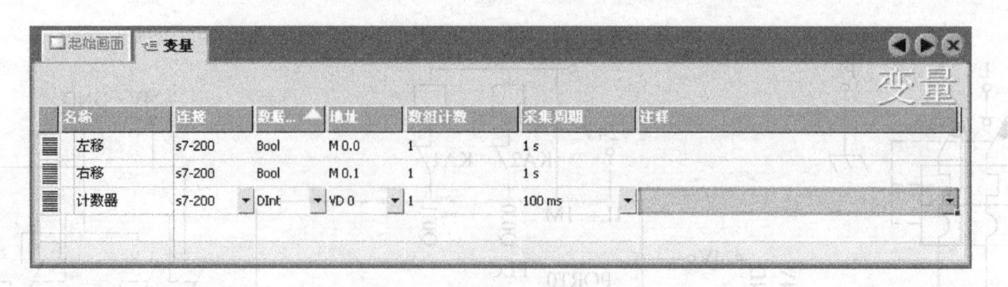

名称	连接	数据...	地址	数组计数	采集周期	注释
左移	s7-200	Bool	M 0.0	1	1 s	
右移	s7-200	Bool	M 0.1	1	1 s	
计数器	s7-200	DInt	VD 0	1	100 ms	

图 5-37　变量界面

9. 触摸屏界面的制作

（1）开机界面的制作

1）标题的输入。打开“起始画面”，在工具栏的简单对象中先单击一下“文本域”，再在当前正在编辑的画面中单击一下，文本框就添加到画面中，如图 5-38 所示。选中“Text”，单击鼠标右键，弹出快捷菜单，选择“属性”，打开属性框写入“行走机械手触摸屏的监控界面制作”，如图 5-39 所示。单击“属性”展开属性菜单后，再单击“文本”，选择合适的字体和字号，如图 5-40 所示。

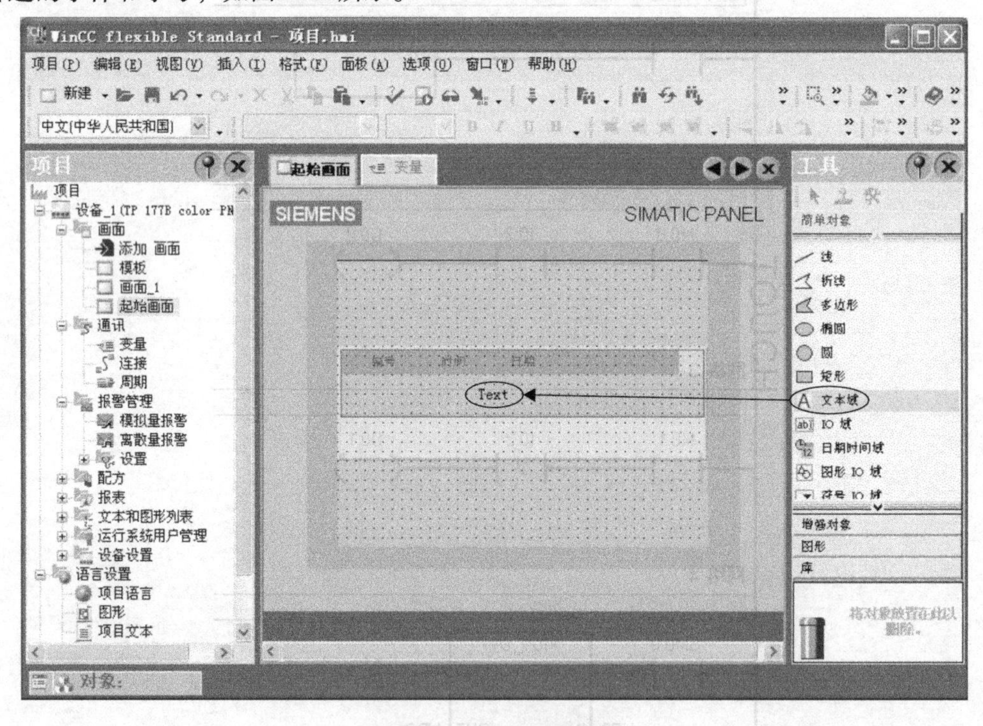

图 5-38　按钮的制作

2）按钮的制作。在“工具”栏中的“简单对象”菜单中单击“按钮”，再把鼠标移到“起始画面”的画面里，单击一下鼠标，按钮就添加成了。双击按钮，打开“属性”框，在“常规”项输入“点击进入监控页”，调整字体大小，单击“事件”中的“按下”写入指令“ActivateScreen”，画面名为“监控”，如图 5-41 所示。在使用这个指令时，先在“项目”框里添加一个画面，用鼠标放在新添加的画面上，单击鼠标的右键，选择“重命名”，把它命名为“监控”。

（2）监控界面的制作

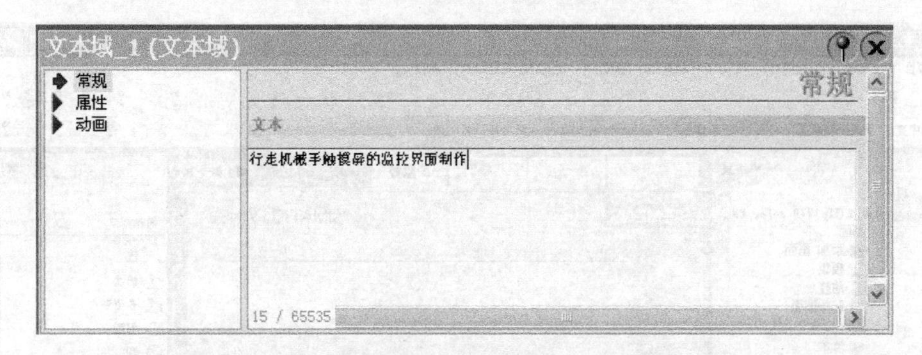

图5-39　按钮的属性框

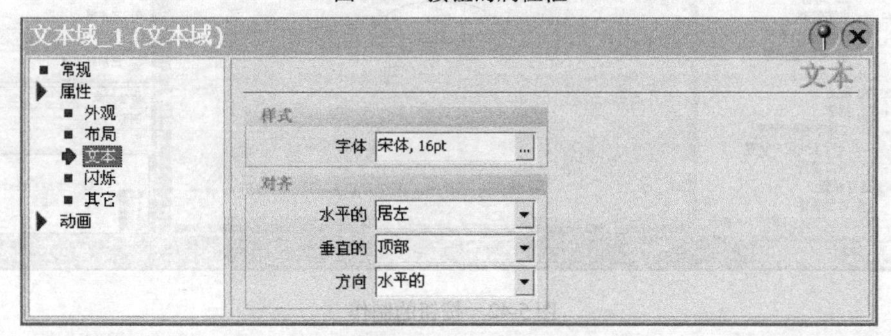

图5-40　文字的字体选择

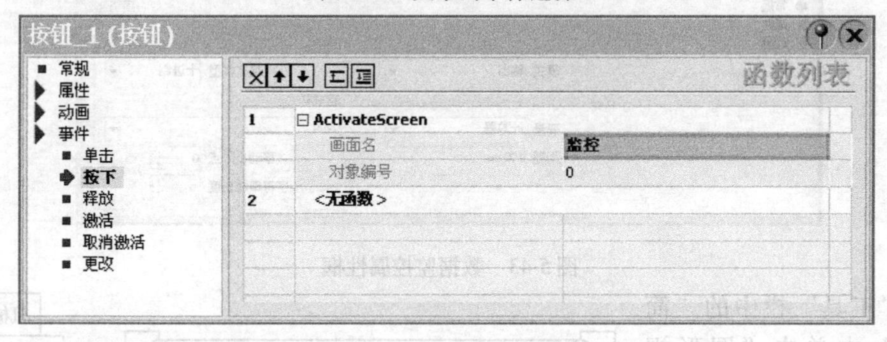

图5-41　“按下”的属性

1）左移动与右移动按钮的制作。打开“监控”画面，制作左移动与右移动按钮（参看5.2.1章节关于按钮制作的介绍）。

2）数据监控的制作。在工具栏的简单对象中先单击一下“IO域”，再在当前正在编辑的画面中单击一下，数据监控就添加到画面中，如图5-42所示。双击“000.000”打开属性框，在“模式”里选择“输出”，在“格式类型”中选择“十进制”，在“变量”中选择“计数器”，在“格式样式”中选择“9999”。高速计数器的经过值没有经过量纲的转换，原值为整数，所以设“移动小数点”为“0”，如图5-43所示。单击“属性”展开属性菜单后，再单击“文本”，选择合适的字体和字号。在数据前面添加一个文字如“当前位置：”，这样比较容易读懂数据的意义。

3）图形视图的制作。在制作动画前，先用制图软件（如画笔）制作两个部件位图，如图5-44所示。图形的大小不要超过320×240像素（触摸屏的分辨率）。分别存成两个文件，如文件名为“jxs01.bmp”与“jxs02.bmp”。

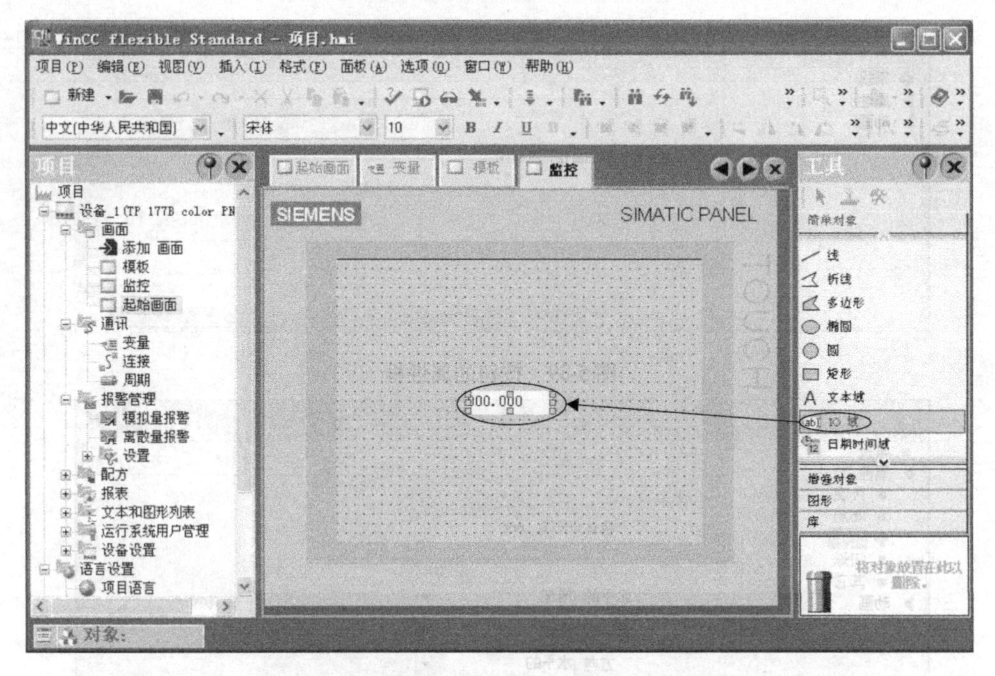

图5-42　按钮的制作

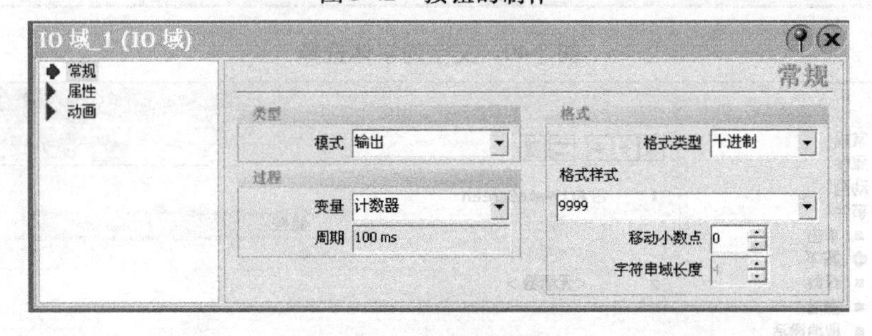

图5-43　数据监控属性框

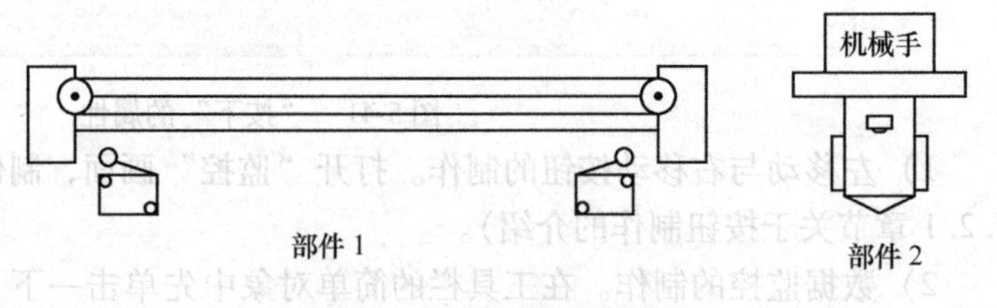

图5-44　行走机械手的部件

在“工具”栏中的“简单对象”中单击“图形视图”，再把鼠标移到“监控”的画面里，单击一下鼠标，图形视图就添加成了，如图5-45所示。双击图形视图，打开“属性”框（见图5-46），单击“▣”，弹出如图5-47所示对话框，选择jxs01.bmp文件，单击“打开”，选择“jxs01”，单击“设置”，就装载到画面里了。单击“属性”展开属性菜单后，再单击“外观”，在“透明色”项中选择“✓”，再选择“白色”。单击“布局”，在“适合图形大小”选项中选择“✓”，然后把图形移到合适的位置。图形1（部件1）不要动画，其他设置不要再进行设置了。用同样的方法把图形2（部件2）添加进来。

4）动画的制作。在这个画面里，只需要图形2制作成动画。在“属性”框里，展开“动画”项，点击“水平移动”，如图5-48所示。在“启用”项前打“✓”，变量设为“计

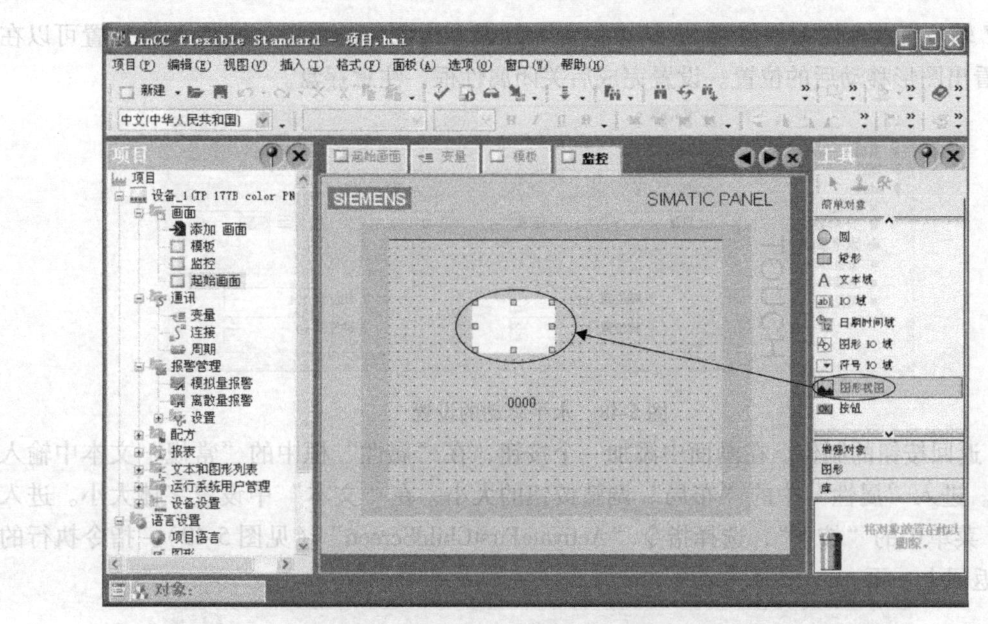

图5-45　“按下”属性

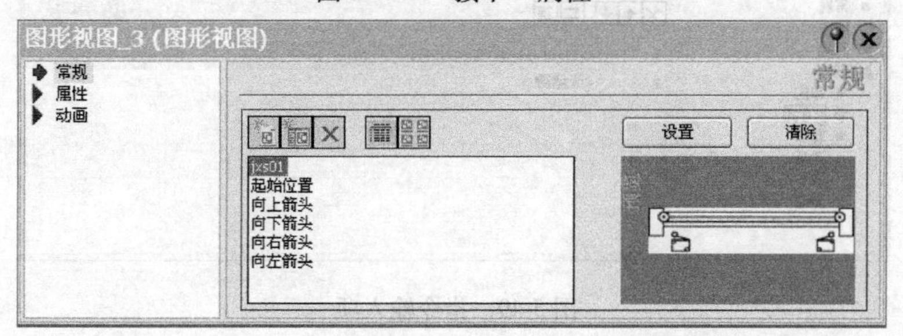

图5-46　图形视图属性

图5-47　打开文件

数器”，范围为“0” ~ “2700”，“2700”是指行走机械手的初始位置到最右边限位的位置是2700个计数器脉冲数。“起始位置”就是最初放置图形的位置，即原点的位置。通过调整X、Y轴位置改变图形的位置。“结束位置”即最左边限位的位置，调整X轴位置可以在画面上看出图形移动后的位置。设置完成后关闭属性框，注意存盘。

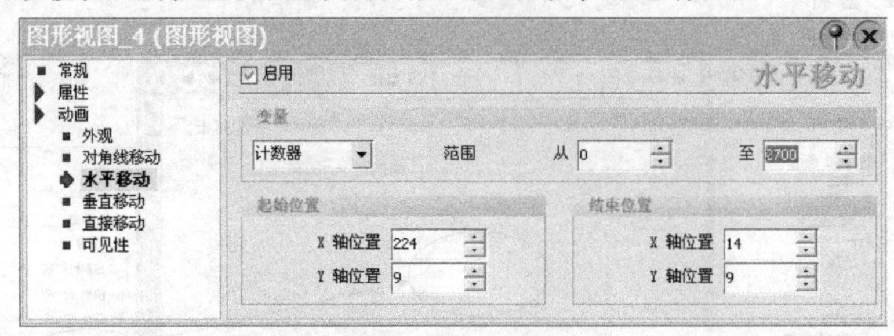

图5-48 水平移动的设置

5）返回按钮的制作。在画面中添加一个按钮，在“属性”框中的“常规”文本中输入“返回”。进入“属性”中的“布局”调整按钮的大小，在“文本”中设置字体大小。进入“事件”菜单中的“按下”，选择指令“ActivateFirstChildScreen”（见图5-49），指令执行的动作是返回上一页。

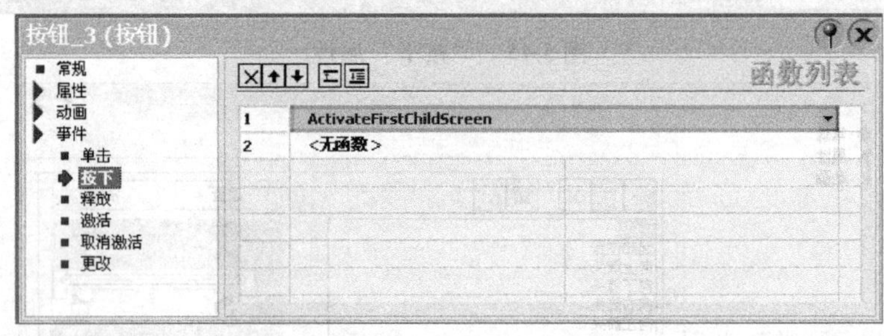

图5-49 指令输入项

10. 触摸屏程序的下载

参见5.2.1章节中有关触摸屏程序下载的介绍。

11. 调试

下载完成后，TP177触摸屏约5s后进入开机界面，如图5-50所示。单击“点击进入监控页”按钮，进入监控界面，如图5-51所示。单击“左移动”观察PLC的Q0.0是否输出，继电器KA1是否吸合，行走机械手是否移动，“当前位置”的数字是否增加。如果数据是减小的，则旋转编码器的A相与B相接反，调换一下即可。单击“右移动”观察PLC的Q0.1是否输出，继电器KA2是否吸合，行走机械手是否移动，“当前位置”的数字是否减小。单击“返回”时观察是否退回到开机界面。

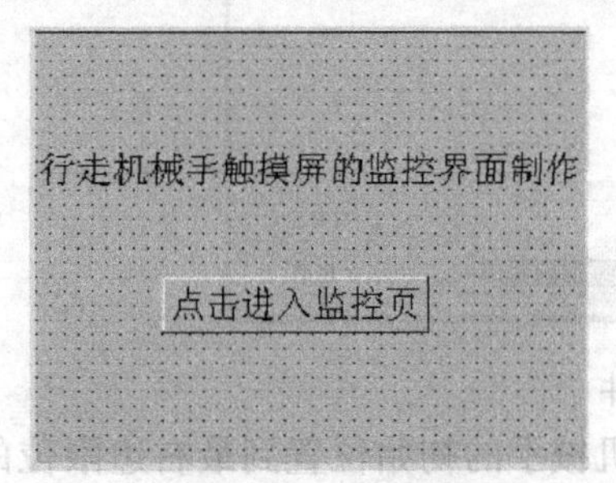

图5-50 开机界面

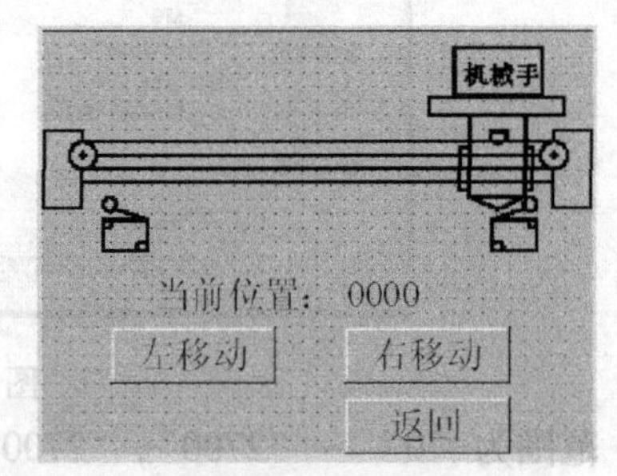

图5-51 监控界面

12. 分析与思考

触摸屏能不能直接读取高速计数器的经过值呢？当然不能，因此需要把高速计数器的经过值赋值给 VD0，触摸屏读取 VD0 的值即为高速计数器的经过值。

思考：为什么监控数据时采样周期要小？

5.3 组态王

组态王软件是一种通用的工业监控软件，它融过程控制设计、现场操作以及工厂资源管理于一体，将一个企业内部的各种生产系统和应用以及信息交流汇集在一起，实现最优化管理。它基于“Microsoft Windows XP/NT/2000”操作系统，用户可以在企业网络的所有层次的各个位置上都可以及时获得系统的实时信息。采用组态王软件开发工业监控工程，可以极大地增强用户生产控制能力，提高工厂的生产力和效率，提高产品的质量，减少成本及原材料的消耗。它适用于从单一设备的生产运营管理和故障诊断到网络结构分布式大型集中监控管理系统的开发。

组态王软件结构由工程管理器、工程浏览器及运行系统三部分构成。

（1）工程管理器 工程管理器用于新工程的创建和已有工程的管理，对已有工程进行搜索、添加、备份、恢复以及实现数据词典的导入和导出等功能。

（2）工程浏览器 工程浏览器是一个工程开发设计工具，用于创建监控界面、监控的设备及相关变量、动画链接、命令语言以及设定运行系统配置等的系统组态工具。

（3）运行系统 工程运行界面，从采集设备中获得通信数据，并依据工程浏览器的动画设计显示动态画面，实现人与控制设备的交互操作。

5.3.1 组态王的特点

组态王软件作为一个开放型的通用工业监控软件，支持与国内外常见的 PLC、智能模块、智能仪表、变频器、数据采集板卡等（如西门子 PLC、莫迪康 PLC、欧姆龙 PLC、三菱 PLC、研华模块等等）通过常规通信接口（如串口方式、USB 接口方式、以太网、总线、GPRS 等）进行数据通信。

组态王软件与 I/O 设备进行通信时，一般是通过调用“ *. dll”动态库来实现的，不同的设备、协议对应不同的动态库。工程开发人员无需关心复杂的动态库代码及设备通信协议，只需使用组态王提供的设备定义向导，即可定义工程中使用的 I/O 设备，并通过变量的定义实现与 I/O 设备的关联，对用户来说既简单又方便。

主要功能特性：

1）可视化操作界面，真彩显示图形，支持渐进色，丰富的图库、动画连接。

2）无与伦比的动力和灵活性，拥有全面的脚本与图形动画功能。

3）可以对画面中的一部分进行保存，以便以后进行分析或打印。

4）变量导入导出功能。变量可以导出到 Excel 表格中，方便对变量名称等属性进行修改，然后再导入新工程中，实现变量的二次利用，节省开发时间。

5）强大的分布式报警、事件处理功能，支持实时和历史数据的分布式保存。

6）强大的脚本语言处理能力，能够帮助你实现复杂的逻辑操作与决策处理。

7）全新的WebServer架构，全面支持画面发布、实时数据发布、历史数据发布以及数据库数据的发布。

8）方便的配方处理功能。

9）丰富的设备支持库，支持常见的PLC设备、智能仪表、智能模块。

5.3.2　组态王的功能

组态软件具有监控和数据采集系统，优点之一就是能大大缩短开发时间，快速便捷地进行图形维护和数据采集，并能保证系统的质量。组态王提供了丰富的快速应用设计的工具。

1）快速便捷的应用设计。

2）丰富的可扩充图形库。

3）支持多媒体。

4）灵活简便的变量定义和管理。

5）强大的控制语言。

6）能够采集和显示历史数据。

7）全新的灵活多样、操作简单的内嵌式报表。

8）配方管理。

9）温度控制曲线控件。

5.3.3　组态王的安装

如果是从网站下载的，把压缩文件解压在本地的硬盘里，进入该目录，双击“install. EXE”进行安装。如果是光盘，插入光盘后出现安装对话框，点击“安装组态王程序”，开始安装组态王。

安装结束后，选择是否安装组态王驱动程序和加密锁的驱动程序。单击“是”就进行安装，安装结束后重新起动计算机，快捷桌面上出现“组态王6.53”。

双击快捷桌面的“组态王6.53”，出现“组态王工程管理器”对话框，如图5-52所示。单击工具条上的“搜索”按钮，可以在项目列表中添加已有的项目；单击“新建”，可以新建工程项目。

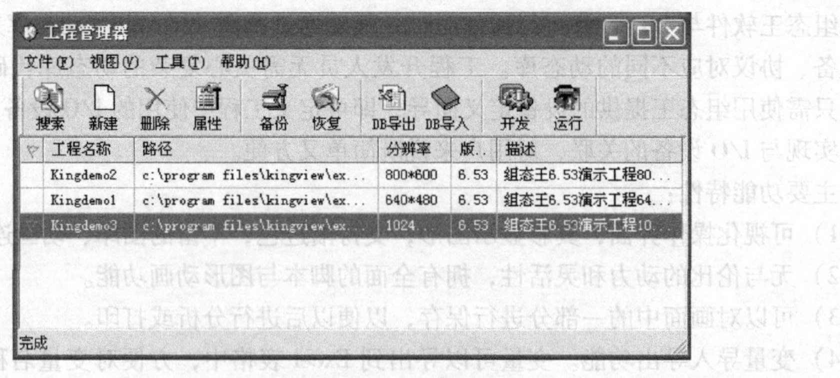

图5-52　组态王工程管理器界面

5.4　组态王实训任务

5.4.1　制作两个按钮控制行走机械手的左移动与右移动

1. 实训任务

在组态王上制作两个按钮控制行走机械手的左移动与右移动，组态王是通过通信电缆 PC/PPI 与 S7—200 的通信口（PORT0/1）连接的，以通信方式与 PLC 进行数据交换。组态王直接对 PLC 输出进行写入操作，控制 Q0.0 与 Q0.1 导通或关断，进而控制直流电动机的正转与反转，从而实现控制行走机械手的左移动与右移动。系统组成示意图如图 5-53 所示。系统由计算机、西门子 S7—200、直流电动机驱动器、直流电动机、行走机械手、限位开关等组成。

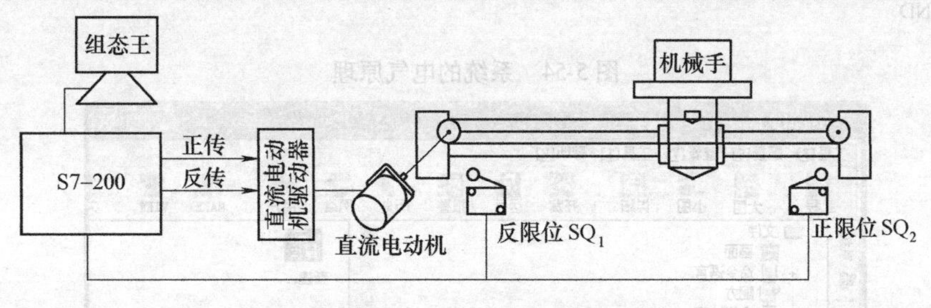

图 5-53　系统的组成示意图

2. PLC 的 I/O 分配

本任务使用了两个输出点和两个输入点，PLC 的 I/O 分配见表 5-4。

表 5-4　PLC 的 I/O 分配

输入		输出	
I0.0	反限位（原点）	Q0.0	正转
I0.1	正限位	Q0.1	反转

3. 系统的电气原理

系统的电气原理如图 5-54 所示。根据原理图进行接线。

4. PLC 程序的编写

本实训是通过组态王直接驱动 PLC 的输出口 Q0.0 与 Q0.1 的，PLC 可以不编写任何程序。注意一定要把 PLC 内存里的程序清除。

5. 创建一个新项目

双击快捷桌面的“组态王 6.53”图标，启动“组态王” 的“工程浏览器”，出现如图 5-52 所示的组态王工程管理器界面，单击工具条上的 “新建” 按钮，出现新建工程向导，根据工程向导，选择工程路径，输入工程名称为“行走机械手 1”，在工程描述文本框里可以输入对该工程的描述内容。

双击“行走机械手 1” 工程，如果没有安装加密狗，则出现提示信息“您将进入演示方式，程序将在 2h 后关闭”，2h 后关闭不会影响再次进入及其他问题。单击“确认”按钮后打开组态王工程浏览器，如图 5-55 所示。

6. 设备的连接

设备的连接是组态王通过计算机硬件与外设数据进行连接的。计算机的硬件有串口、并

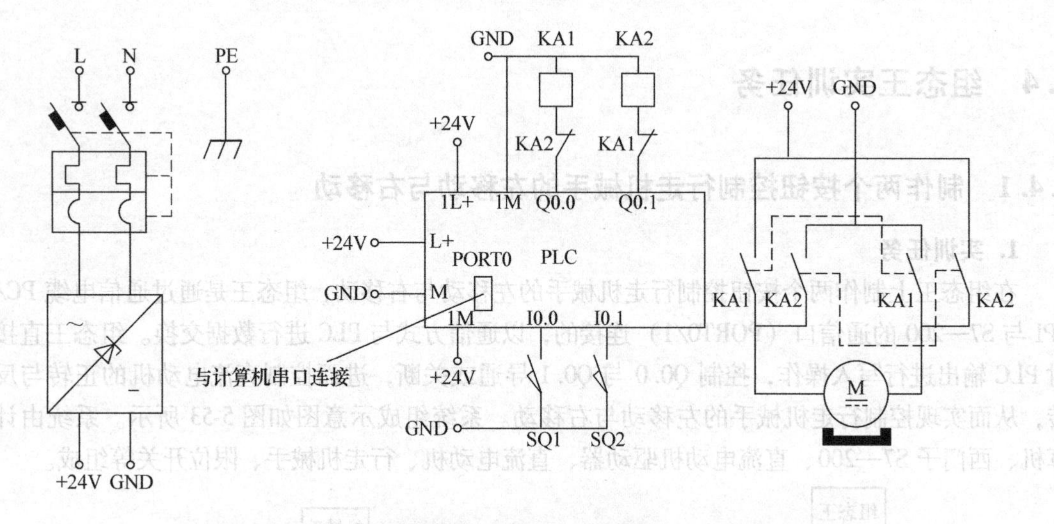

图5-54　系统的电气原理

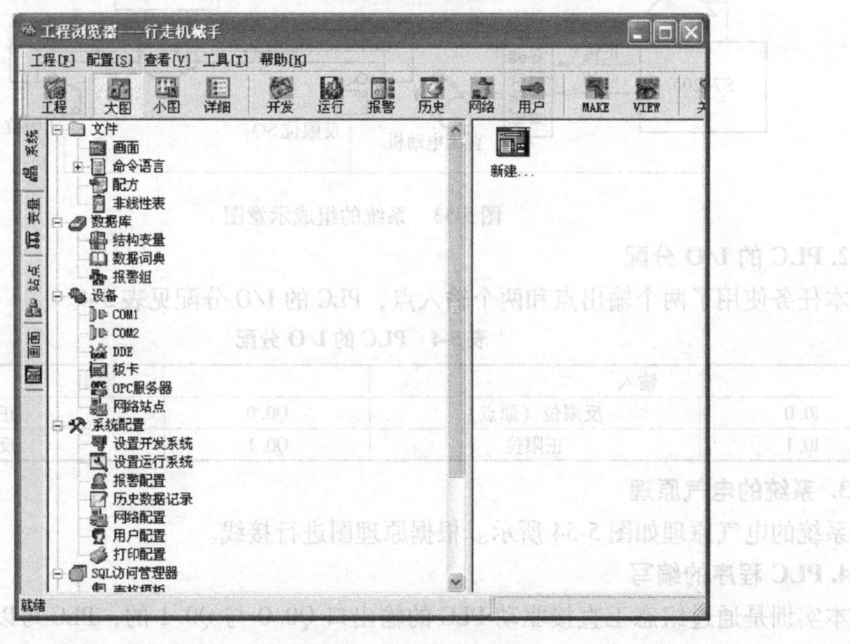

图5-55　组态王工程浏览器界面

口、数据采集板卡等硬件，外设有PLC、单片机、条码扫描器、智能仪表等。PLC与计算机的连接口有多个，如是COM1，单击工程浏览器中的“COM1”图标，出现如图5-56所示的COM1通信口的设置界面。

鼠标在工作区双击“新建…”就会弹出如图5-57所示的对话框。

单击“PLC”打开各种厂家的PLC，单击“西门子”，此时又打开西门子的各种PLC。单击“S7—200系列”（见图5-58）选择“PPI”，单击“下一步”，写上设备名称如“s7_200”，单击“下一步”，出现图5-59所示的界面。根据计算机的串口地址选择串口号，单击“下一步”，填上PLC通信的地址。PLC如果没有更改过，地址默认为“2”，在这个对话框写上“2”，单击“下一步”，此时出现的对话框为恢复时间，设为“默认”。单击“下一步”，再单击“完成”，硬件配置完成。

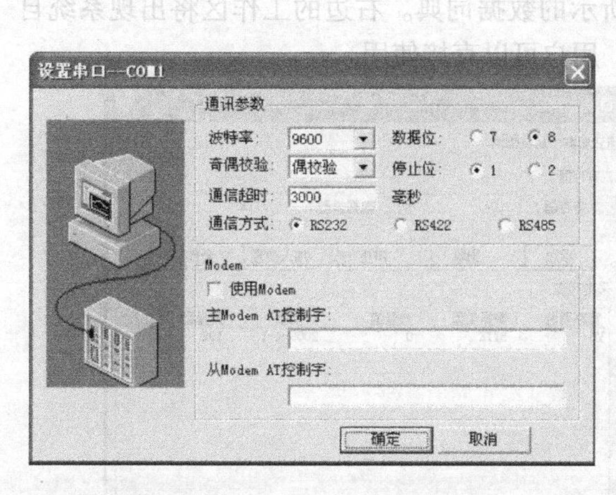

图 5-56　COM1 通信口的设置

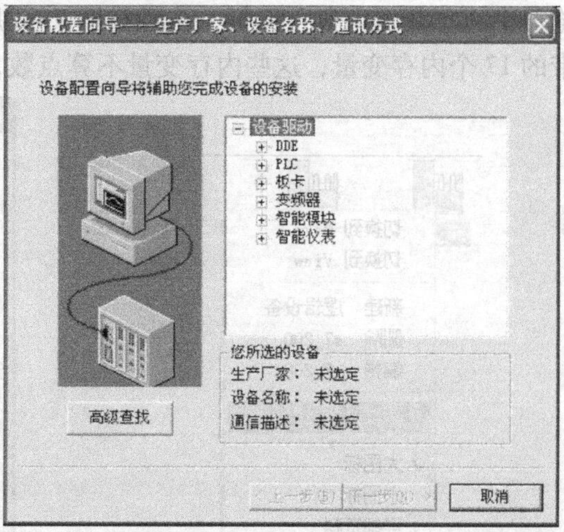

图 5-57　设备配置向导

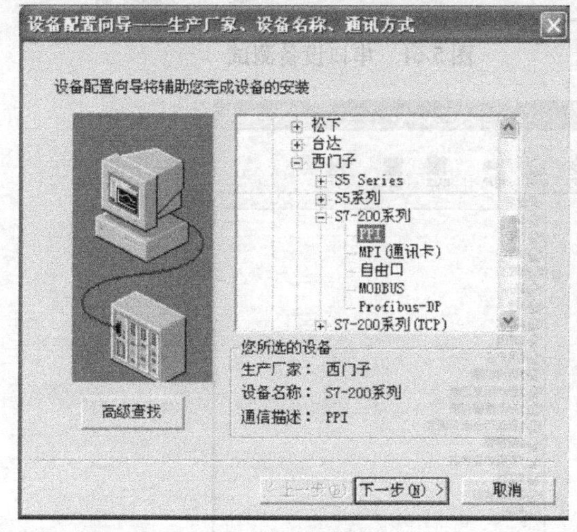

图 5-58　选择 PPI

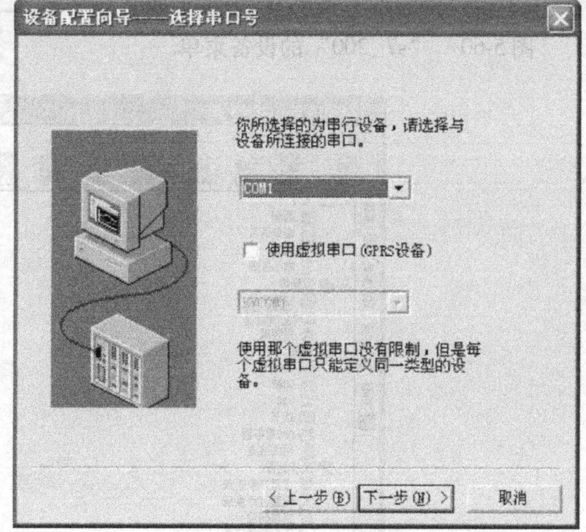

图 5-59　选择串口号

配置完之后，在工作区多了一个“s7 _ 200”，测试设备是否与计算机正常通信。将鼠标移到“s7 _ 200”单击鼠标的右键，弹出如图 5-60 所示对话框，单击“测试 s7 _ 200”，弹出对话框后再单击“设备测试”，如图 5-61 所示。在“寄存器：”中输入“V0”；在“数据类型”中选择“BYTE”，单击“添加”按钮，就添加到“采集列表”中，单击“读取”按钮，读取按钮显示“停止”，在寄存器名“V0”的变量值显示“0”或其他值，说明计算机与 PLC 已经连接正常，否则会有出错的信息。如果通信出错，可以进入“STEP 7 Micro-WIN”检查是否正常上、下载程序，如果正常上、下载程序，检查组态王的 COM 口的参数是否设置正确，COM 口的地址是否正确。如果不能上、下载程序，则有可能是通信线与计算机的 COM 口接触不好或其他原因（如 PLC 的通信口损坏、通信电缆损坏、COM 口的地址选择不正确等）。

7. 组态变量

数据库是“组态王”软件的核心部分，数据变量的集合成为“数据词典”。单击工程浏览器中的“数据词典”图标，出现如图5-62所示的数据词典。右边的工作区将出现系统自带的17个内存变量，这些内存变量不算点数，用户可以直接使用。

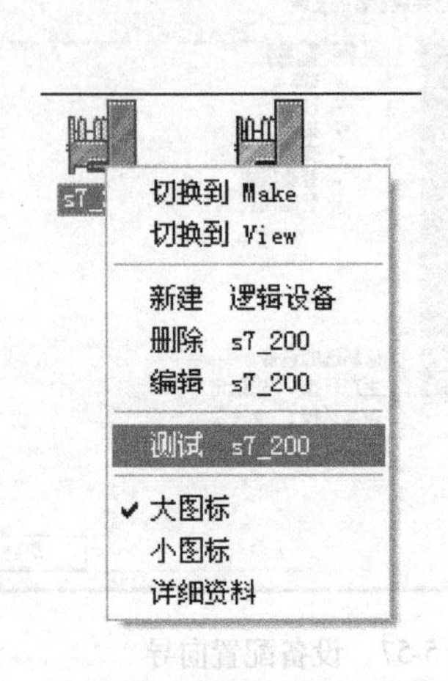

图5-60　“s7_200”的设备菜单

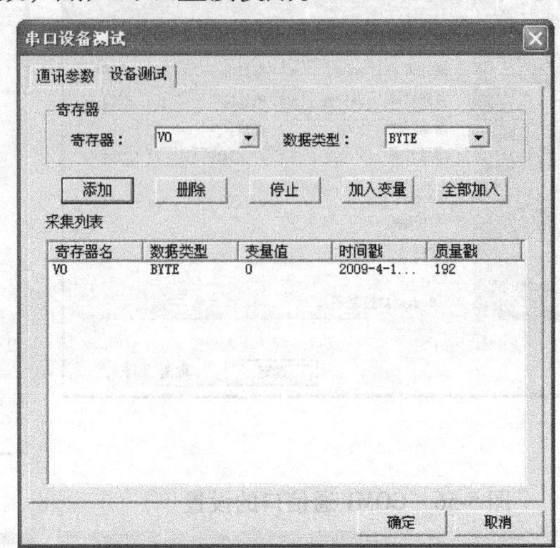

图5-61　串口设备测试

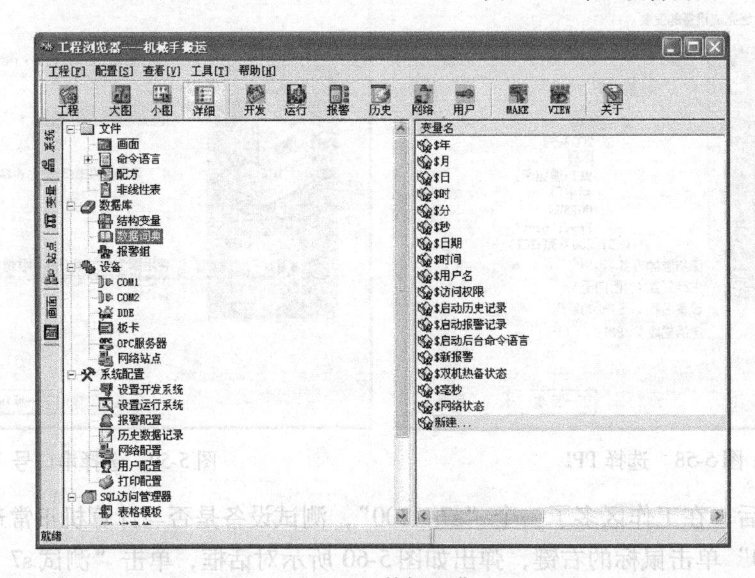

图5-62　数据词典

双击工作区最下面的“新建...”图标，弹出如图5-63所示的定义变量对话框。设置变量名为“左移动”，选择变量类型为“I/O离散”。I/O离散是指PLC中的数字量，初始值采用默认的“关”（OFF状态），连接设备选择“s7_200”，寄存器选择“Q0.0”，数据类型选择“Bit”，采集频率设置为“100”ms，读写属性设置为“只写”。用同样的方法组态“右移动”的变量，寄存器选择“Q0.1”。注意，变量的读写属性设置应如图5-64所示数据词典中的变量列表。在定义变量描述文本框里可以输入对该变量的描述内容。

8. 建立新建界面

单击工程浏览器左侧的“画面”图标，双击右边窗口中的“新建...”图标，就会弹出“新画面”对话框，输入新画面的名称为“主页”。输入完名称后一经确认后就不能修改，但可以修改画面的位置和大小。单击“确认”按钮，进入组态王的开发系统，如图5-65所示。

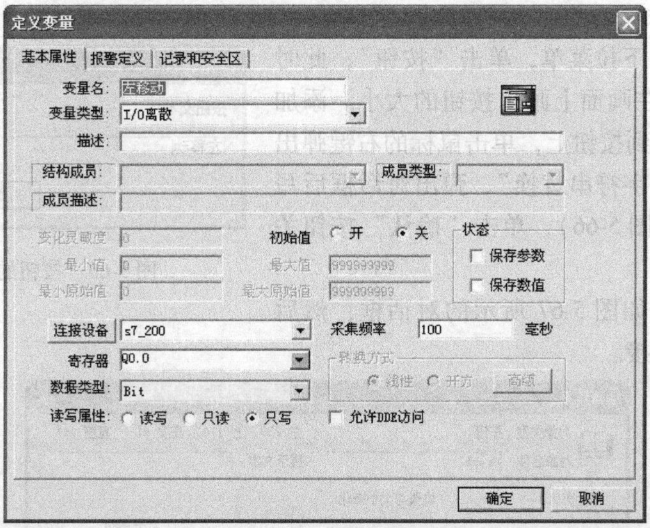

定义变量

基本属性 | 报警定义 | 记录和安全区

变量名: 左移动

变量类型: I/O离散

描述:

结构成员: 　成员类型:

成员描述:

变化灵敏度 0　初始值 ○开 ⊙关　状态

最小值 0　最大值 999999999　□保存参数

最小原始值 0　最大原始值 999999999　□保存数值

连接设备 s7_200　采集频率 100 毫秒

寄存器 Q0.0　转换方式

数据类型: Bit　⊙线性 ○开方 高级

读写属性: ○读写 ○只读 ⊙只写　□允许DDE访问

确定　取消

图 5-63　定义变量

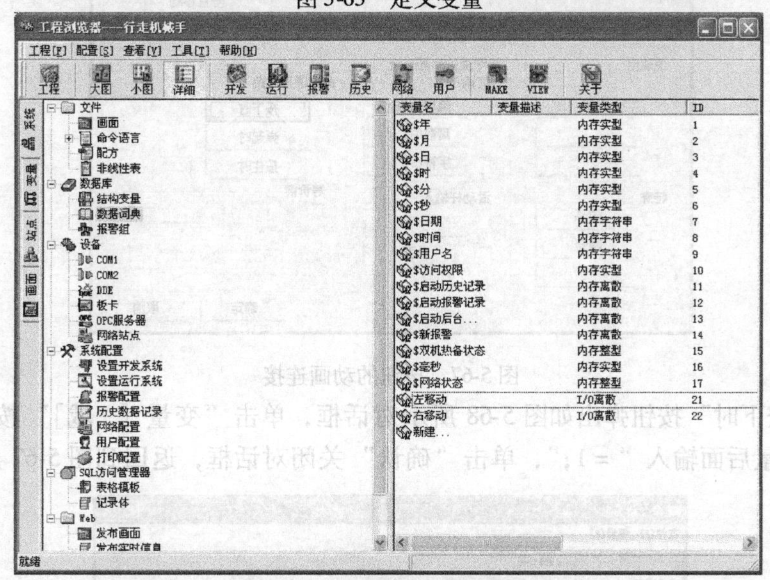

图 5-64　数据词典中的变量列表

图 5-65　开发系统界面

9. 按钮的制作

打开“工具”下拉菜单，单击“按钮”，此时鼠标变成“+”，在画面上画出按钮的大小。添加完成后，将鼠标移到按钮上，单击鼠标的右键弹出快捷菜单，选择“字符串替换”，弹出对话框后写入“左移动”（见图5-66），单击“确认”按钮关闭对话框。

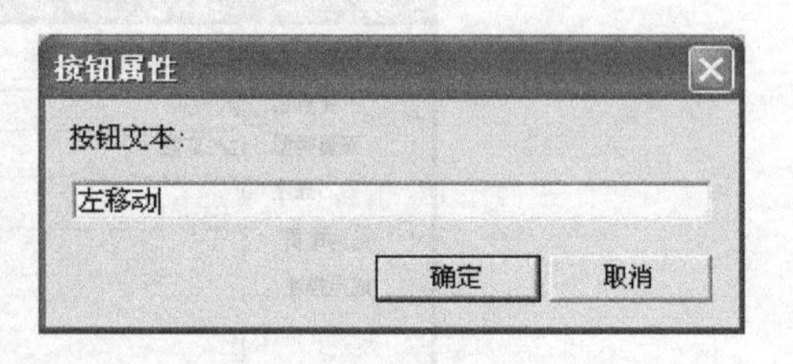

图5-66　按钮的文本设置

双击按钮弹出如图5-67所示的对话框，然后进行按钮的动画连接。

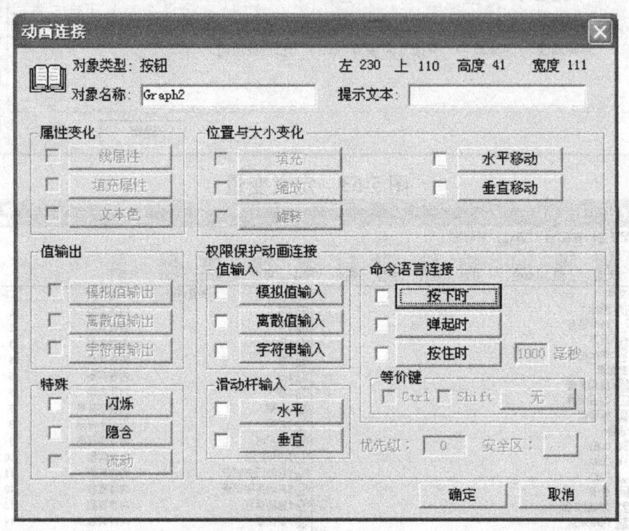

图5-67　按钮的动画连接

单击“按下时”按钮弹出如图5-68所示对话框，单击“变量[.域]”按钮选择“左移动”，在变量后面输入“=1;”，单击“确认”关闭对话框，返回到图5-67所示的界面，

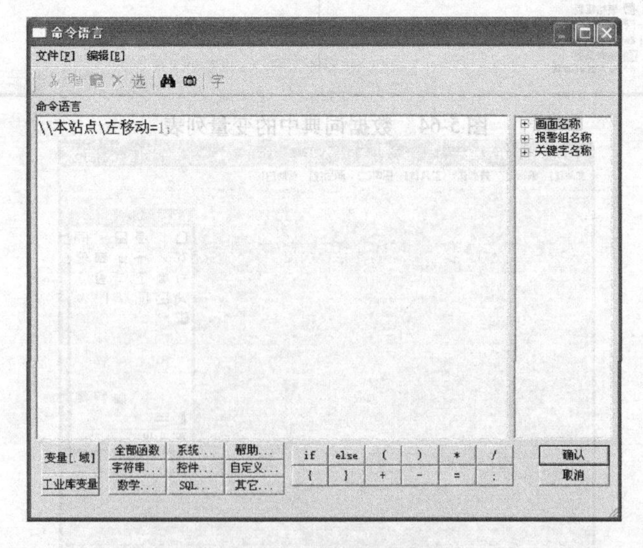

图5-68　命令语言编辑框

单击“弹起时”按钮弹出对话框，单击“变量［.域］”按钮选择“左移动”，在变量后面输入“=0;”，单击“确认”关闭对话框，“左移动”按钮设置完成。用同样的方法制作“右移动”按钮。都制作完成后存盘。

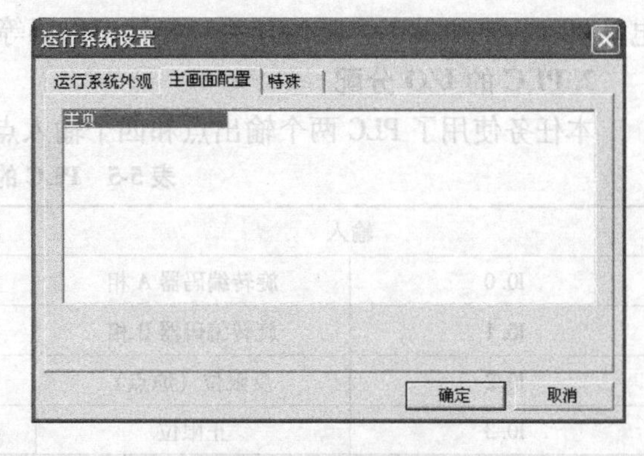

图5-69　运行系统设置

10. 主画面配置

进入“工程浏览器”，打开“配置”下拉菜单，单击“运行系统”弹出对话框，单击“主画面配置”（见图5-69），选中“主页”，单击“确定”弹出主页配置对话框，然后进行相关参数的设置。

11. 调试

在“工程浏览器”的快捷菜单里单击“VIEW”，进入监控界面。单击“左移动”按钮，观察PLC的Q0.0是否输出，继电器KA1是否吸合，检查行走机械手是否移动。单击“右移动”按钮，观察PLC的Q0.1是否输出，继电器KA2是否吸合，检查行走机械手是否移动。

12. 分析与思考

为什么串口配置完后需要进行测试？这是因为组态王与PLC通信最关键的是实时数据，如果没有实时数据，组态王监控就失去了意义了。测试则是把容易出错的地方先排除。

思考：如果采用三个按钮，“左移动”、“右移动”、“停止”（不是点动）该如何设置？

5.4.2　制作行走机械手组态王的监控界面

1. 实训任务

在组态王上制作一个开机界面和一个监控界面。开机界面有一个按钮和实训任务名称，单击此按钮可以进入监控界面。监控界面有行走机械手的示意图、坐标值显示、“左移动”按钮、“右移动”按钮和“返回”按钮。当单击“左移动”或“右移动”按钮时，机械手的示意图也实时地向左或右移动，同时显示实时坐标值。单击“返回”按钮回到开机界面，系统组成示意图如图5-70所示。系统由计算机、西门子S7—200、直流电动机驱动器、直流

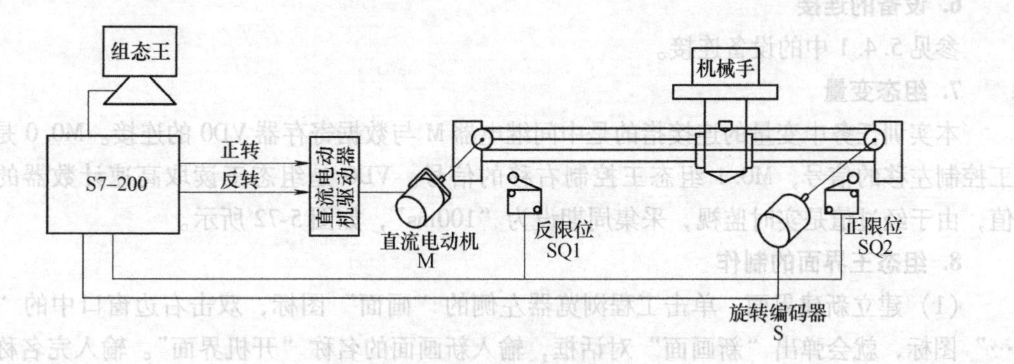

图5-70　系统的组成示意图

电动机、行走机械手、限位开关、旋转编码器等组成。

2. PLC 的 I/O 分配

本任务使用了 PLC 两个输出点和四个输入点。PLC 的 I/O 分配见表 5-5。

表 5-5　PLC 的 I/O 分配

输入		输出	
I0.0	旋转编码器 A 相	Q0.0	正转
I0.1	旋转编码器 B 相	Q0.1	反转
I0.2	反限位（原点）		
I0.3	正限位		

3. 系统的电气原理

系统的电气原理如图 5-71 所示。根据原理图进行接线。

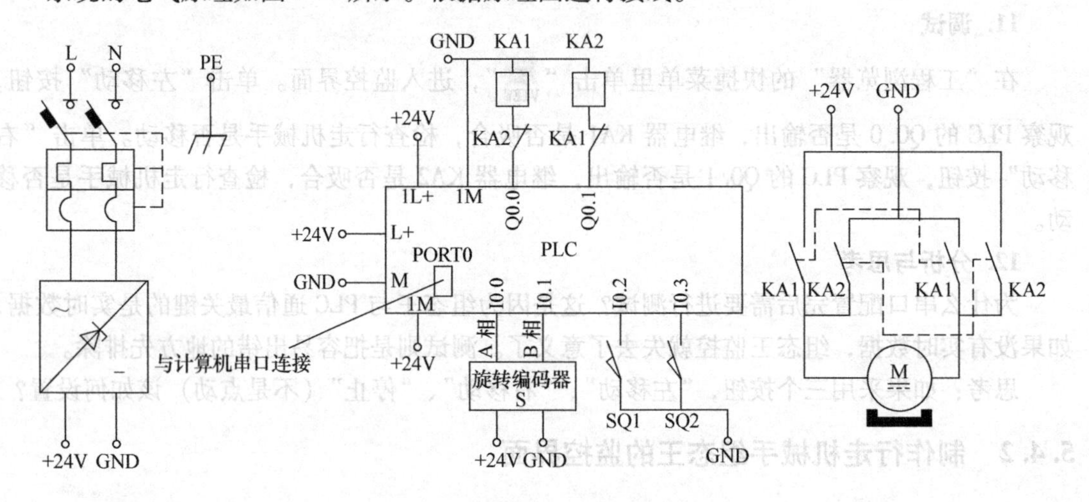

图 5-71　系统的电气原理

4. PLC 程序

参见 5.2.2 中图 5-36 所示的 PLC 程序。

5. 创建一个新项目

参见 5.4.1 中的相关介绍，工程名称写为“行走机械手 2”。

6. 设备的连接

参见 5.4.1 中的设备连接。

7. 组态变量

本实训任务中变量的连接指的是中间继电器 M 与数据寄存器 VD0 的连接。M0.0 是组态王控制左移的信号，M0.1 组态王控制右移的信号。VD0 是组态王读取高速计数器的经过值，由于经过值是实时监视，采集周期设为“100ms”，如图 5-72 所示。

8. 组态王界面的制作

（1）建立新建界面　单击工程浏览器左侧的“画面”图标，双击右边窗口中的“新建…”图标，就会弹出“新画面”对话框，输入新画面的名称“开机界面”。输入完名称后一经确认后就不能修改，但可以修改画面的位置和大小。单击“确认”按钮，进入组态王的

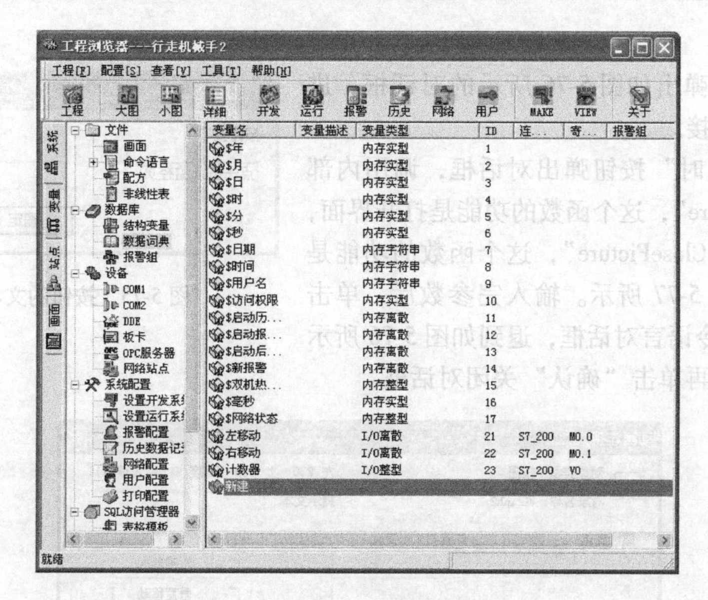

图5-72　变量界面

开发系统界面，如图5-67所示。

用同样的方法再建一个画面名称为“监控界面”。

（2）开机界面的制作

1）标题的输入。在“开发系统”中打开“界面”下拉菜单，检查一下当前编辑的画面是不是“开机界面”，如果“开机界面”前面有“✓”就是当前界面；如果不是，切换到“开机界面”。

在工具箱中单击一下“T”，再在当前界面中单击一下，光标就会在界面中闪烁，（见图5-73），输入字符串“行走机械手组态王的监控界面制作”。单击工具箱中字体的图标“AC”弹出如图5-74所示的对话框，选择合适的字体和字号。

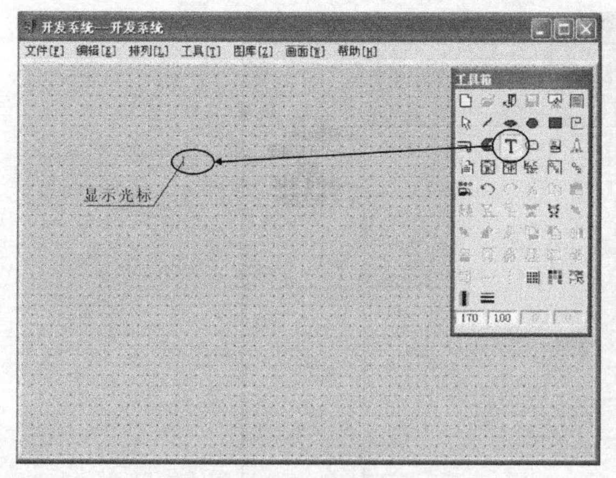

图5-73　文字的输入

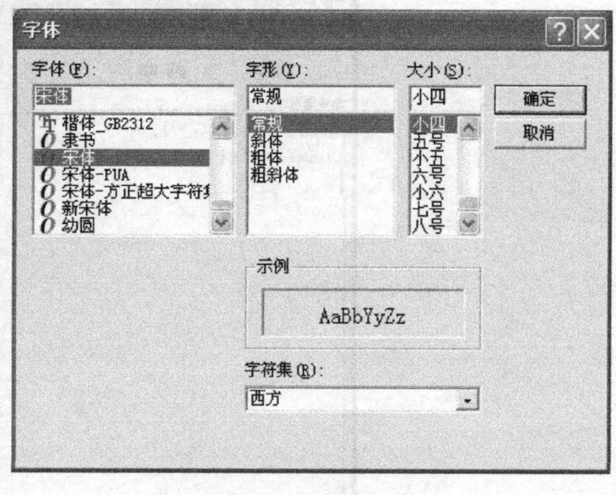

图5-74　文字的设置

2）按钮的制作。打开“工具”下拉菜单，单击“按钮”，此时鼠标变成“+”，在界面上画出按钮的大小。添加完成后，将鼠标移到按钮上，单击鼠标的右键弹出快捷菜单，选择“字符串替换”，弹出对话框后写入“点击进入监控页”（见图5-75），单击“确认”按钮关闭对话框。

双击按钮，弹出如图 5-76 所示的对话框，进行按钮的动画连接。

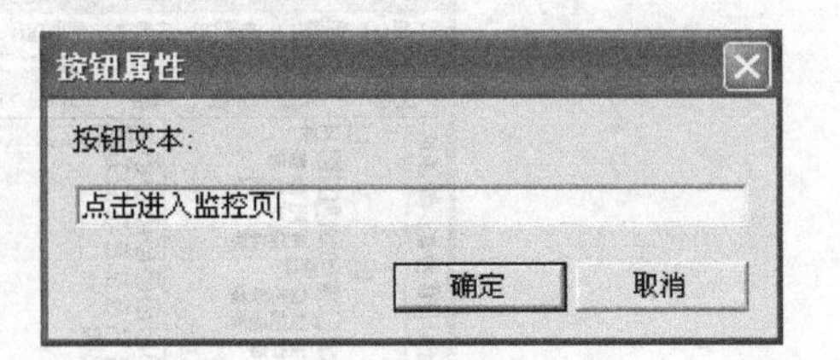

图 5-75　按钮的文本设置

单击“按下时”按钮弹出对话框，调用内部函数“ShowPicture”，这个函数的功能是打开界面，调用内部函数“ClosePicture”，这个函数的功能是关闭界面，如图 5-77 所示。输入完参数后，单击“确认”关闭命令语言对话框，退到如图 5-76 所示的动画对话框，再单击“确认”关闭对话框。

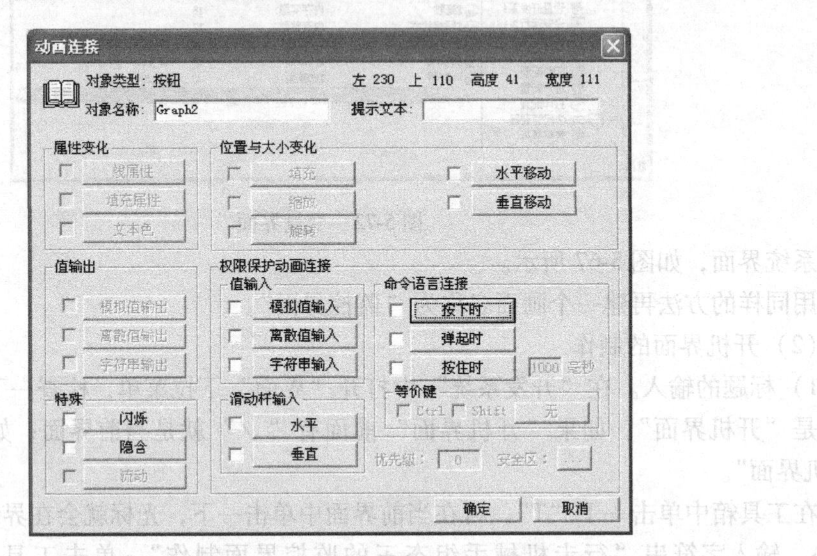

图 5-76　按钮的动画连接

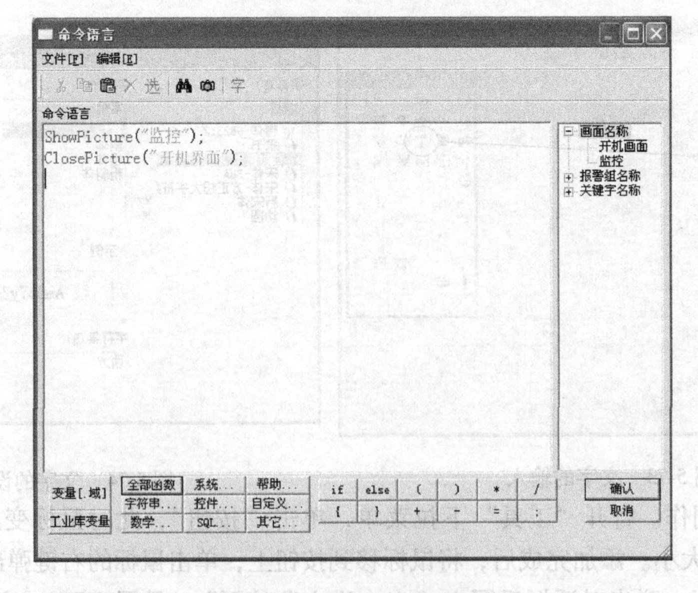

图 5-77　命令语言编辑框

（3）监控界面的制作

1）左移动与右移动按钮的制作。打开或切换到“监控界面”，制作左移动与右移动按钮，见5.4.1章节中相关的介绍。

2）数据监控的制作。在工具箱中单击一下“T”，再在当前界面中单击一下，光标在界面中闪烁，输入字符串“＊＊＊＊＊”。单击工具箱中字体的图标“ ”弹出对话框，选择合适的字体和字号。双击字符串“＊＊＊＊＊”，弹出“动画连接”对话框，单击“模拟量输出”按钮弹出对话框。单击“?”弹出变量表，在变量表中选择“计数器”变量；设置“整数位数”为“4”，设置完成后如图5-78所示。单击“确认”按钮关闭对话框，再单击“确认”按钮关闭“动画连接”对话框，数据监控设置完成。在数据前面添加一个字符串如“当前位置:”，这样比较容易读懂数据的意义。

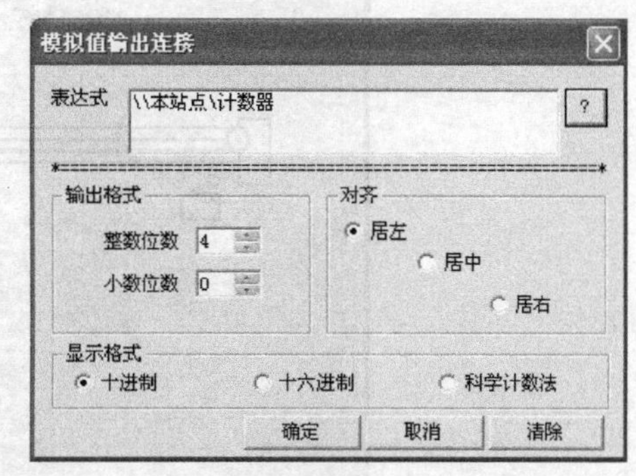

图5-78　模拟值输出连接

3）图形视图的制作。在制作动画前，先用制图软件（如画笔）制作两个部件位图，如图5-44所示。图形的像素大小最好不要超过计算机显示器的分辨率。分别存成两个文件，如文件名为“jxs11.bmp”与“jxs12.bmp”。

① 图形的装载。在“工具箱”栏中单击“ ”，此时鼠标变成“+”，在界面上画出图像块。添加完成后，将鼠标移到图像块上，单击鼠标的右键弹出快捷菜单，选择“从文件中加载”，弹出“图像文件”对话框，选择“jxs11.bmp”，此时图像块显示部件1的图形。将鼠标移到图形上，单击鼠标的右键弹出快捷菜单，选择“恢复原始大小”，图形就恢复原始大小尺寸。用同样的方法把图形2（部件2）添加进来。

② 图形背景的透明化。将鼠标移到图形上单击右键，弹出快捷菜单并选择“透明化”，如果此时没有透明，透明色与默认的颜色不一致，设置透明色的颜色。在“工具箱”栏中单击“ ”，显示调色板就会弹出如图5-79所示的对话框，单击“透明色”再单击“吸色管”，然后在图形中选择要透明的颜色——白色，此时白色的就透明了，如图5-80所示。

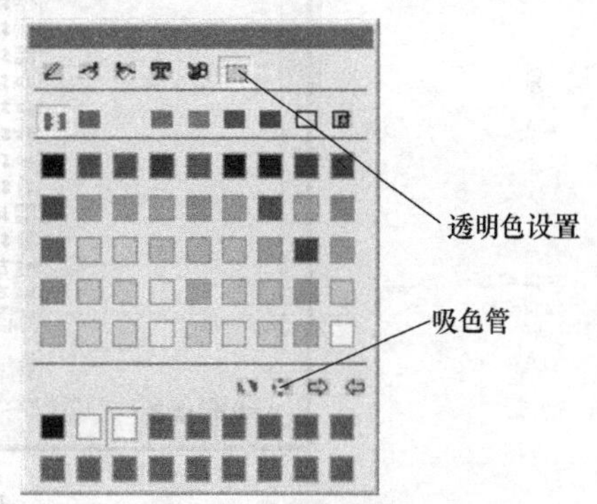

图5-79　调色板

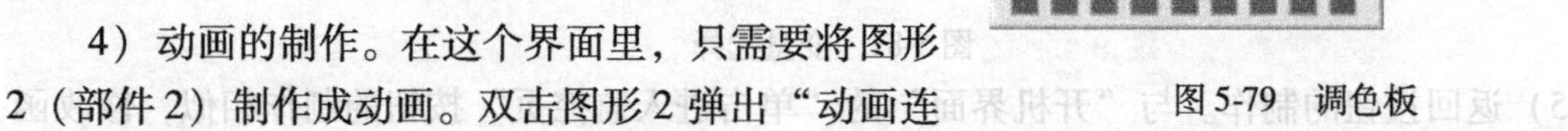

4）动画的制作。在这个界面里，只需要将图形2（部件2）制作成动画。双击图形2弹出“动画连接”对话框，单击“水平移动”按钮弹出“水平移动连接”对话框，单击“?”按钮弹出“选择变量名”对话框，如图5-81所示。选择变量名为“计数器”，单击“确认”关闭“选择变量名”对话框。将“移动距离”中的“向左”设为“0”，“向右”设为“210”；将“对应值”中的“最左边”设为“0”，“最右边”设为“2700”，如图5-82所示。图中的“移动距离”为图形在画面中的移动距离，对应值为高速计数器的经过值。设置完成后关闭属性框，注意存盘。

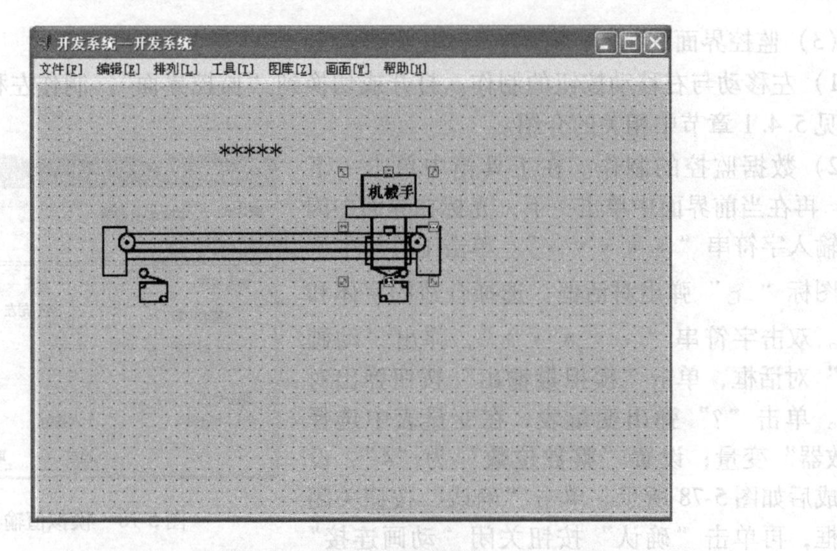

图 5-80　透明化后的图形

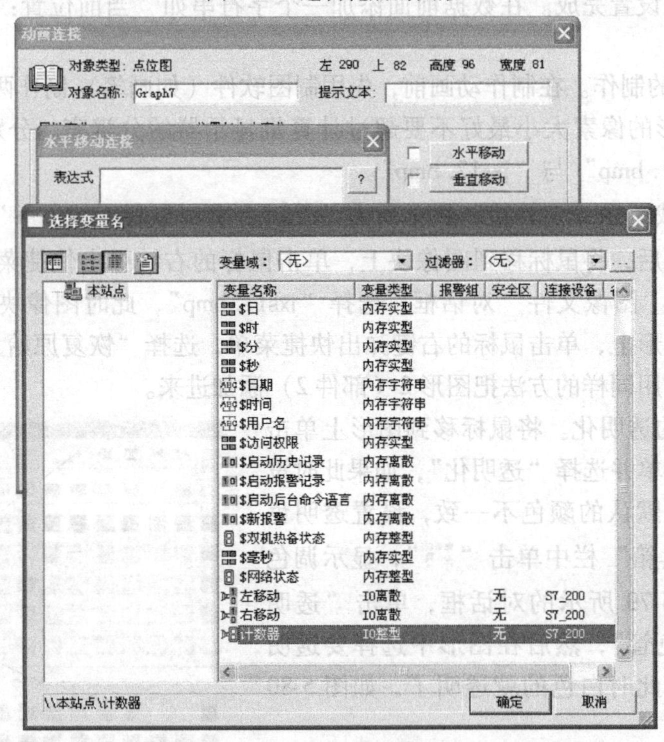

图 5-81　变量选择

5）返回按钮的制作。与“开机界面”的“单击进入监控页”按钮的制作相似，修改函数参数后出现如图 5-83 所示的对话框。

9. 主界面配置

进入“工程浏览器”打开“配置”下拉菜单，单击“运行系统”弹出“运行系统配置”对话框，单击“主界面配置”项，选中“开机界面”，单击“确认”关闭对话框。

10. 调试

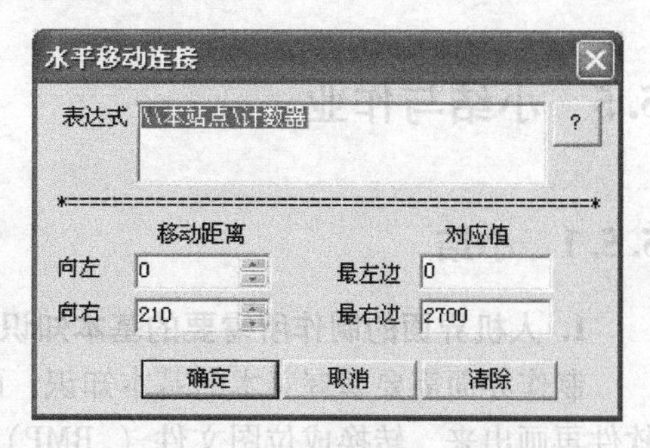

图5-82 水平移动连接的设置

在“工程浏览器”的快捷菜单里单击“VIEW”，进入图5-84所示的监控界面。单击“单击进入监控页”按钮，进入“监控界面”，如图5-85所示。单击“左移动”观察PLC的Q0.0是否输出，继电器KA1是否吸合，行走机械手是否移动，“当前位置”的数字是否增加。如果数据是减小的，则旋转编码器的A相与B相接反，调换一下即可。单击“右移动”观察PLC的Q0.1是否输出，继电器KA2是否吸合，行走机械手是否移动，“当前位置”的数字是否减小。单击“返回”观察是否退回到“开机界面”。

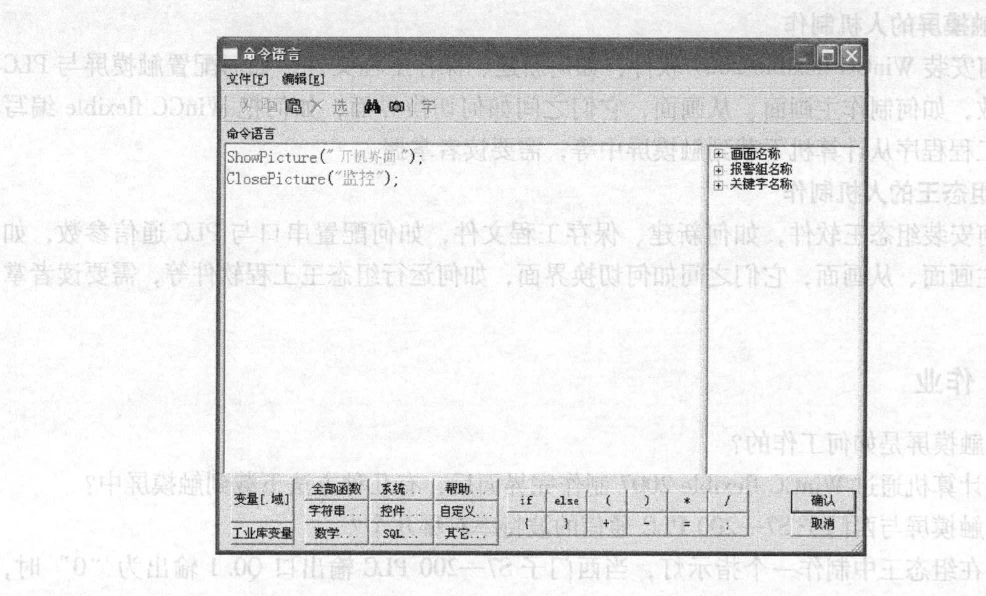

图5-83 命令语言

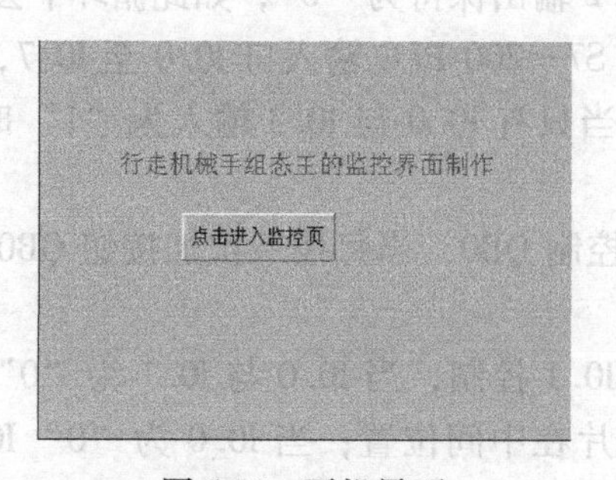

图5-84 开机界面

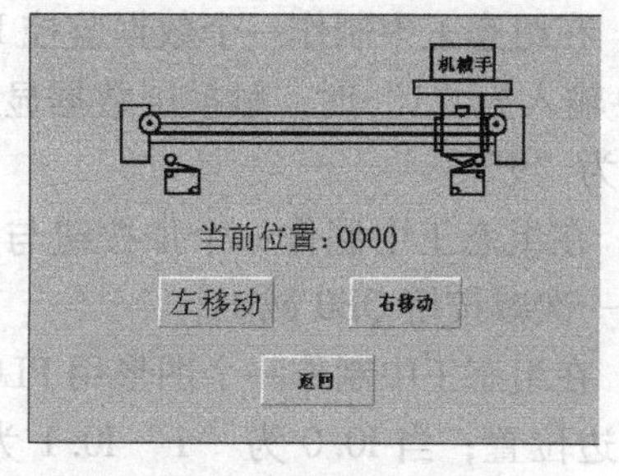

图5-85 监控界面

11. 分析与思考

思考：当机械手在原点时，如何让微动开关显示黑点标识？

5.5　小结与作业

5.5.1　小结

1. 人机界面的制作所需要的基本知识

制作界面需要掌握美术的基本知识，画出来的界面要整洁、美观，然后通过计算机画图软件再画出来，转换成位图文件（.BMP），存在硬盘上，在WinCC flexible或组态王使用时装载到画面里。在画人机界面时也可以从软件中调用自带的图形库中的图形。

此外，还需要计算机的基本知识，应用于第一次的软件安装，软件系统的设置，如串口的设置、IP地址的设置等。还需要新建文件、存盘、打印等知识，能够知道在WinCC flexible中如何下载工程程序到触摸屏里。

2. 触摸屏的人机制作

如何安装WinCC flexible 2007软件，如何新建、保存工程文件，如何配置触摸屏与PLC通信参数，如何制作主画面、从画面，它们之间如何切换界面，如何把WinCC flexible编写完成的工程程序从计算机下载到触摸屏中等，需要读者掌握。

3. 组态王的人机制作

如何安装组态王软件，如何新建、保存工程文件，如何配置串口与PLC通信参数，如何制作主画面、从画面，它们之间如何切换界面，如何运行组态王工程软件等，需要读者掌握。

5.5.2　作业

1）触摸屏是如何工作的？

2）计算机通过WinCC flexible 2007制作完界面后，有几种方法下载到触摸屏中？

3）触摸屏与西门子S7—200 PLC通信的波特率有哪几个？

4）在组态王中制作一个指示灯，当西门子S7—200 PLC输出口Q0.1输出为“0”时，指示灯显示为红色；当Q0.1输出为“1”时，指示灯显示为绿色。

5）在组态王中制作一个按钮控制西门子S7—200 PLC输出口Q0.2，当第一次按下按钮时Q0.2输出保持为“1”；当第二次按下按钮时Q0.2输出保持为“0”，如此循环下去。

6）在组态王中制作一个数据监控IB0，西门子S7—200 PLC输入口I0.0至I0.7，当只有I0.0输入为“1”时，触摸屏数据显示为“1”；当只有I0.0与I0.3输入为“1”时，数据显示为“9”。

7）在组态王中制作一个加按钮与一个减按钮控制QB0，当每按一次加按钮QB0加1；当每按一次减按钮QB0减1。

8）在组态王中制作一个图形用PLC的I0.0与I0.1控制，当I0.0与I0.1为“0”时图片在左边位置；当I0.0为“1”I0.1为“0”时图片在中间位置；当I0.0为“0”I0.1为“1”时图片在右边位置。

9）在组态王不与PLC连接时，制作电动机运转示意图，如顺时针运转。

10）在组态王不与PLC连接时，制作一个水箱的液位显示图，液位从低往高连续上涨。

第 6 章　PLC 运动控制系统的设计与实践

6.1　仓储控制系统的设计与实践

6.1.1　加工制造系统终端货物的识别、分拣与入库

1. 实训任务

自动化生产线对已加工的工件进行分拣。正确加工的工件为白色塑料圆柱内装配金属铝圆柱或铁圆柱的工件，分拣设备的任务是将正确加工的两种工件分别放入一号库位和二号库位，并将混入的未加工工件（白色塑料圆柱内为白色塑料）送至四号库位，将加工的废品工件（白色塑料圆柱内为黑色塑料）送至三号库位进行收集（库位不限工件存放数量，如果库位被占用可手工取走工件）。

2. TVT—METS3 设备的主要部件及其名称

设备各部件、器件的名称和安装位置如图 6-1 所示。

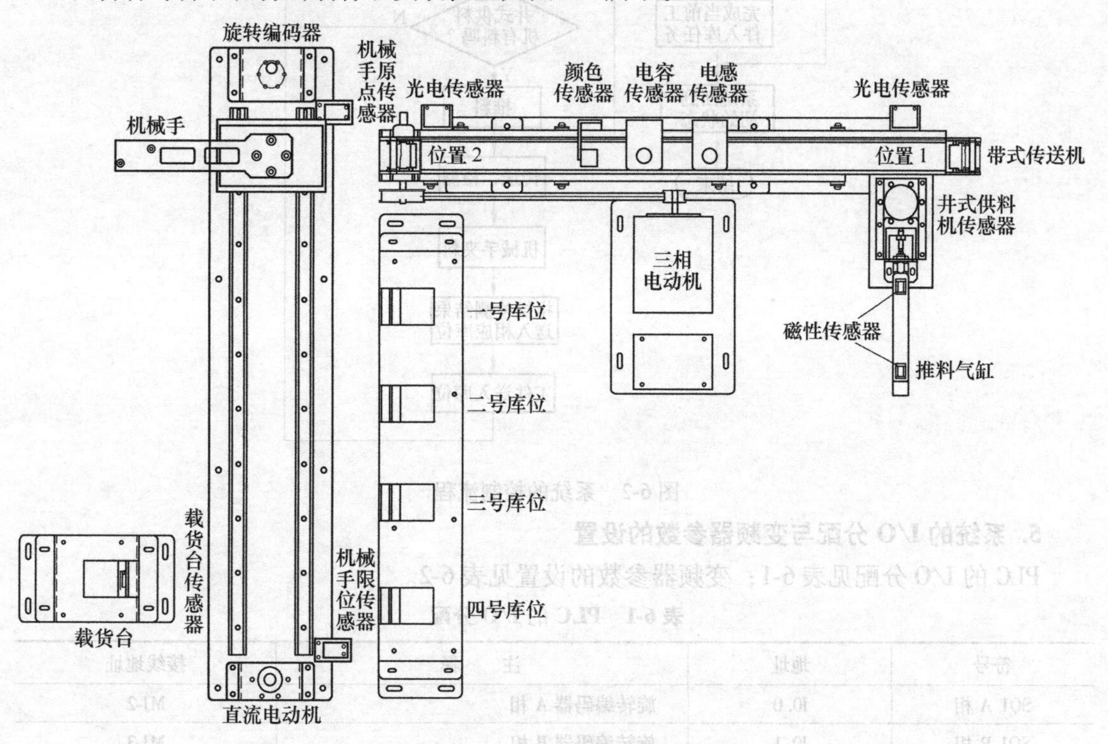

图 6-1　设备各部件、器件的名称和安装位置

3. 控制要求

1）运行前，生产线应满足一种初始状态。

2）起动后，运行指示灯点亮，允许推料指示灯始终提示当前推料状态。井式供料机送

出工件后，带式传送机将其送到位置2并在传输过程中进行检测，机械手根据检测结果将工件送入相应库位。机械手在搬运过程中由指示灯进行提示。

3）若检测中发现工件为未加工工件，则机械手将其送至四号库位，同时蜂鸣器报警提示。若检测中发现工件为废品工件，则机械手将其送入三号库位，同时相应指示灯进行提示。

4）停止后，机械手在完成最后一个工件的搬运后，系统回到初始状态。

4. 系统的控制流程

系统的控制流程如图6-2所示。

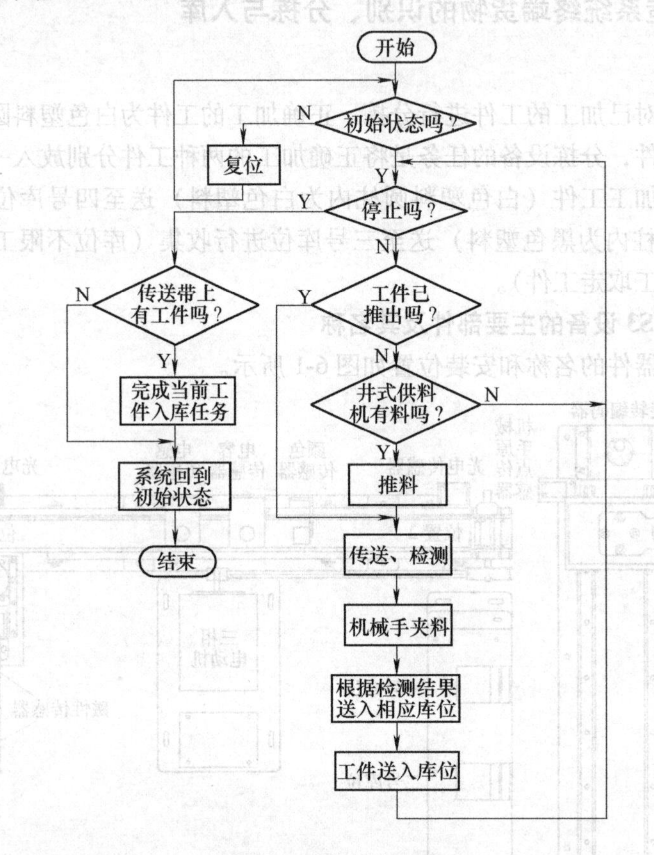

图6-2　系统的控制流程

5. 系统的I/O分配与变频器参数的设置

PLC的I/O分配见表6-1；变频器参数的设置见表6-2。

表6-1　PLC的I/O分配

符号	地址	注　释	接线地址
SQ1 A相	I0.0	旋转编码器A相	MJ-2
SQ1 B相	I0.1	旋转编码器B相	MJ-3
SQ2	I0.2	机械手原点检测传感器	MJ-6
SQ3	I0.3	机械手限位检测传感器	MJ-9
SQ4	I0.4	推料气缸原点检测传感器	MJ-11
SQ5	I0.5	推料气缸限位检测传感器	MJ-13

（续）

符号	地址	注　　释	接线地址
SQ6	I0.6	井式供料机工件有无检测传感器	MJ-16
SQ7	I0.7	带式传送机位置2检测传感器	MJ-19
SQ8	I1.0	电感传感器	MJ-22
SQ9	I1.1	电容传感器	MJ-25
SQ10	I1.2	颜色传感器	MJ-28
SB1	I2.6	起动	MC-SB2-1
SB2	I2.7	停止	MC-SB1-1
CCW	Q0.0	机械手行走信号CCW（－）	MC-KA1-A2
CW	Q0.1	机械手行走信号CW（＋）	MC-KA2-A2
YV1	Q0.2	井式供料机推料气缸控制电磁阀	MJ-94
YV2	Q0.5	机械手上升下降气缸控制电磁阀	MJ-100
YV3	Q0.6	夹手气缸控制电磁阀	MJ-102
Inverter_Y	Q0.7	变频器运行第一速20Hz	MQ-5
Inverter_E	Q1.0	变频器运行第二速50Hz	MQ-7
HL1	Q1.1	运行指示灯	MC-HL1-2
HL2	Q1.2	允许下料指示灯	MC-HL2-2
HL3	Q1.3	机械手搬运指示灯	MC-HL3-2
HL4	Q1.4	废品工件提示灯	MC-HL4-2
HA	Q1.5	报警蜂鸣器	MC-HA-2

注：电磁阀的符号仅代表在本文各实训任务中的编号，与实物编号不一致，请读者操作时注意。

表6-2　变频器参数的设置

参数	设置值	参数	设置值
P01	0.2	P09	1.0
P02	0.2	P32	50.0
P08	5.0		

注：第一速为20Hz。

6. 气动原理

系统的气动原理如图6-3所示。

7. 电气原理

系统的电气接线如图6-4所示。

8. 梯形图程序

编制的系统梯形图程序见配套实训内容，路径为：第6章\6.1\加工制造系统终端货物的识别、分拣与入库。

本例直流电动机可换为步进电动机。编制的系统梯形图程序见配套实训内容，路径为：第6章\6.1\加工制造系统终端货物的识别、分拣与入库\步进电动机实现程序。

9. 程序的执行与调试

1）初始状态下，带式传送机上没有工件并处于停止状态，机械手停在原点并处于带式传送机上方，机械手上升下降气缸的活塞杆伸出，气动手指处于松开状态。井式供料机推料

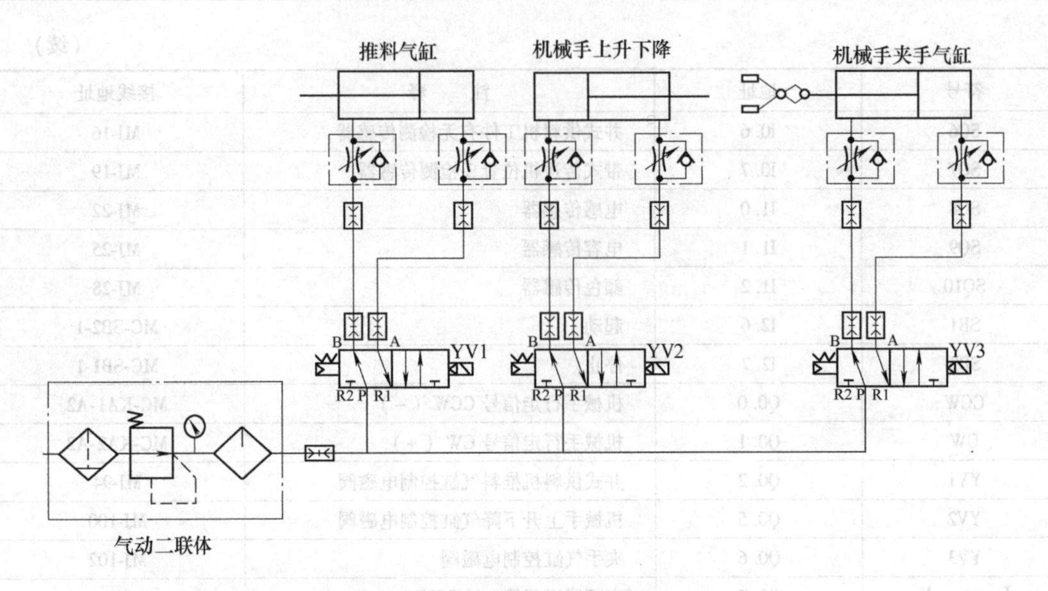

图6-3　系统的气动原理

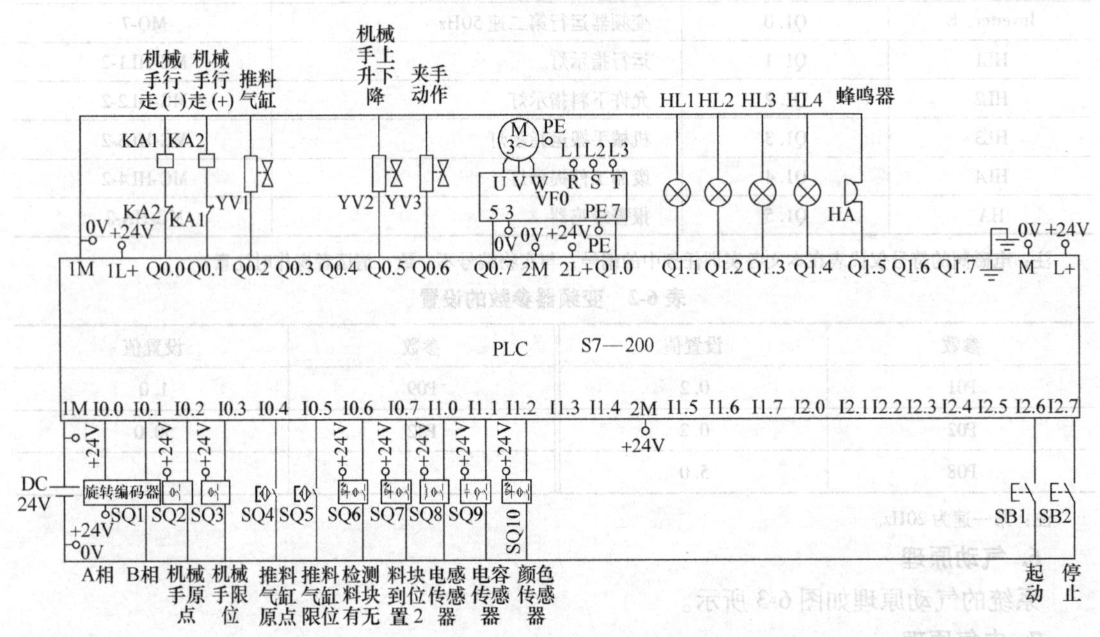

图6-4　系统的电气原理

气缸处于缩回状态。若不满足初始状态，可用起动按钮进行复位（按钮SB1兼有复位和起动两个功能）。

2）在初始状态，按下按钮SB1（起动），运行指示灯HL1发光，带式传送机在变频器的控制下以20Hz向左运行，允许井式供料机推料指示灯HL2闪光（每秒闪光一次）提示推料。若此时井式供料机内有料，HL2闪烁3次后转为点亮，推料气缸开始伸出将加工后的工件推到带式传送机位置1。推料气缸复位后，带式传送机以高速（50Hz）向左运行，工件在带式传送机上经过三个传感器进行检测，当工件传送到带式传送机位置2时，带式传送机停止转动等待机械手搬运。机械手按要求将工件放入指定库位（白色塑料圆柱内装配金属铝圆柱对应一号库位、白色塑料圆柱内装配金属铁圆柱对应二号库位)。机械手在搬运工件的过程中，指示灯 HL3 发光，提示机械手正在搬运过程中。

3）当机械手取走工件后，井式供料机推出下一个工件到带式传送机位置 1。

4）当井式供料机内无工件时，机械手抓起工件后，带式传送机在变频器的控制下以 20Hz 向左运行。机械手处理完最后一个工件后，回到原点，允许下料指示灯 HL2 每秒闪烁一次，提示上料。

5）若在检测过程中发现工件为未加工工件（白色塑料圆柱内为白色塑料），则机械手将其送四号库位，等待重新进行加工，同时蜂鸣器响 5s 进行提示。

6）若在检测过程中发现工件为废品工件（白色塑料圆柱内为黑色塑料），则机械手将其送入三号库位进行收集，同时 HL4 闪烁（每秒闪 1 次）5 次进行提示。

7）按下按钮 SB2，发出设备正常停机指令，此时推料气缸停止工作。若带式传送机上还有工件，则继续完成工件的检测、传送后再停止。在保证带式传送机上没有工件的情况下，机械手搬运完最后一个工件返回原点，系统回到初始状态，电源指示全部灯熄。

10. 注意事项

1）当机械手由直流电动机控制时，直流电动机旋转一圈，带动机械手行走 7. 1cm，同时由高速计数器计数 400 个脉冲，并向 PLC 输入。因此，当库位发生变动时，可手工测量机械手位于原点与机械手位于相应库位时两个位置的距离，然后根据比例关系计算控制脉冲的数值，并对地址子程序中相应数值进行修订。

2）按下停止后，为保证机械手能够对带式传送机上的工件进行搬运，本例使用了标识位 M2. 1，只有机械手完成了全部工件的搬运后，才能置位 M2. 1，结束设备的运行并保证设备回到初始状态。

3）因为 PLC 采用扫描工作方式，因此，在传送带子程序中对推料和取料进行计数时，必须使用上升延或下降延，否则机械部件运行一次，PLC 可能已经完成了几十个扫描周期，计数将发生很大的偏差。

4）高速计数器的 A 相和 B 相接反后，会造成机械手不可控，此时只需将 A 相与 B 相交换即可解决。

5）在夹料和放料子程序中的定时器因在调用结束后不能自动清零，因此，编程时必须在结束子程序调用前进行复位。

6）本章所说的机械手左转右转限位传感器在设备平面图中无法标注，请读者在调试时注意。

6. 1. 2　载货台与库位间货物的传送

1. 实训任务

机械手能自动将载货台上的工件放入仓库的一至四号库位（载货台只提供正确的工件且每个库位只放一个工件），或将一至四号库位里的工件放到载货台上。

2. TVT—METS3 设备的主要部件及其名称

设备各部件、器件的名称和安装位置如图 6-1 所示。

3. 控制要求

1）运行前，设备应满足一种初始状态。

2）入库流程：起动后，指示灯提示进入工作状态，若库位有空，供料指示灯发光提示向载货台放工件，机械手将工件取下后送到位置2，由带式传送机运送到位置1，然后反转送回到位置2，同时进行检测，机械手根据检测结果将工件送到相应的库位；若载货台没有工件，机械手在载货台附近等待；当仓库满时，对应指示灯进行提示，机械手自动回原点，若此时载货台上有工件，则蜂鸣器报警提示，直到取走工件。

3）出库流程：起动后，指示灯提示进入工作状态，若库位有工件，出货指示灯发光提示，机械手按一至四号库位的顺序出货至载货台，并由数码管显示库位号，库位全空时，机械手回原点，出货指示灯提示库位已空。

4）停止后，停机指示灯点亮提示，机械手运送完成当前工件后，系统回到初始状态。

4. 系统的控制流程

系统的控制流程如图6-5所示。

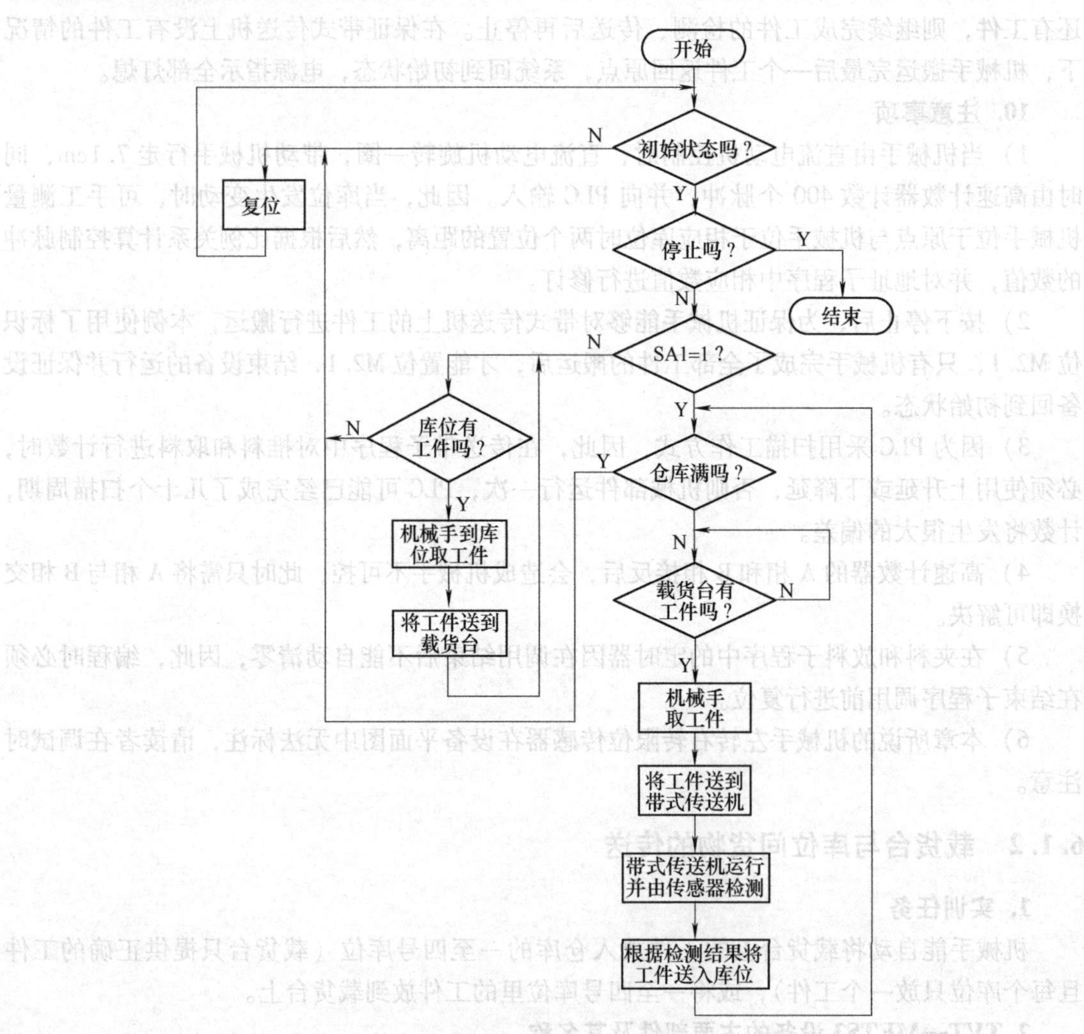

图6-5　系统的控制流程

5. 系统的I/O分配与变频器系数的设置

PLC的I/O分配见表6-3，变频器参数的设置见表6-4。

表6-3　PLC的I/O分配

符号	地址	注释	接线地址
SQ1 A相	I0.0	旋转编码器A相	MJ-2
SQ1 B相	I0.1	旋转编码器B相	MJ-3
SQ2	I0.2	机械手原点检测传感器	MJ-6
SQ3	I0.3	机械手限位检测传感器	MJ-9
SQ20	I0.6	带式传送机位置1检测传感器	MJ-52
SQ7	I0.7	带式传送机位置2检测传感器	MJ-19
SQ8	I1.0	电感传感器	MJ-22
SQ9	I1.1	电容传感器	MJ-25
SQ10	I1.2	颜色传感器	MJ-28
SQ11	I1.3	机械手右转限位传感器	MJ-30
SQ12	I1.4	机械手左转限位传感器	MJ-32
SQ19	I1.7	载货台检测传感器	MJ-49
SA1	I2.0	工作状态选择开关	MC-SA1-3
SB1	I2.6	起动按钮	MC-SB1-1
SB2	I2.7	停止按钮	MC-SB2-1
CCW	Q0.0	机械手行走信号CCW（-）	MC-KA1-A2
CW	Q0.1	机械手行走信号CW（+）	MC-KA2-A2
YV11	Q0.2	机械手左转气缸控制电磁阀	MJ-96
YV12	Q0.3	机械手右转气缸控制电磁阀	MJ-98
YV2	Q0.4	机械手上升下降气缸控制电磁阀	MJ-100
YV3	Q0.5	夹手气缸控制电磁阀	MJ-102
HA	Q0.6	蜂鸣器报警	MC-HA-2
Inverter_Z	Q0.7	变频器正转运行40Hz	MQ-6
Inverter_F	Q1.0	变频器反转运行20Hz	MQ-7、5
HL1	Q1.1	一号灯	MC-HL1-2
HL2	Q1.2	二号灯	MC-HL2-2
HL3	Q1.3	三号灯	MC-HL3-2
HL4	Q1.4	四号灯	MC-HL4-2
B00	Q1.5	LED数码管显示1	B00
B01	Q1.6	LED数码管显示2	B01
B02	Q1.7	LED数码管显示3	B02

表6-4　变频器参数的设置

参数	设置值	参数	设置值
P01	0.2	P09	1
P02	0.2	P32	20.0
P08	5		

注：第一频率为40Hz。

6. 气动原理

系统的气动原理如图 6-6 所示。

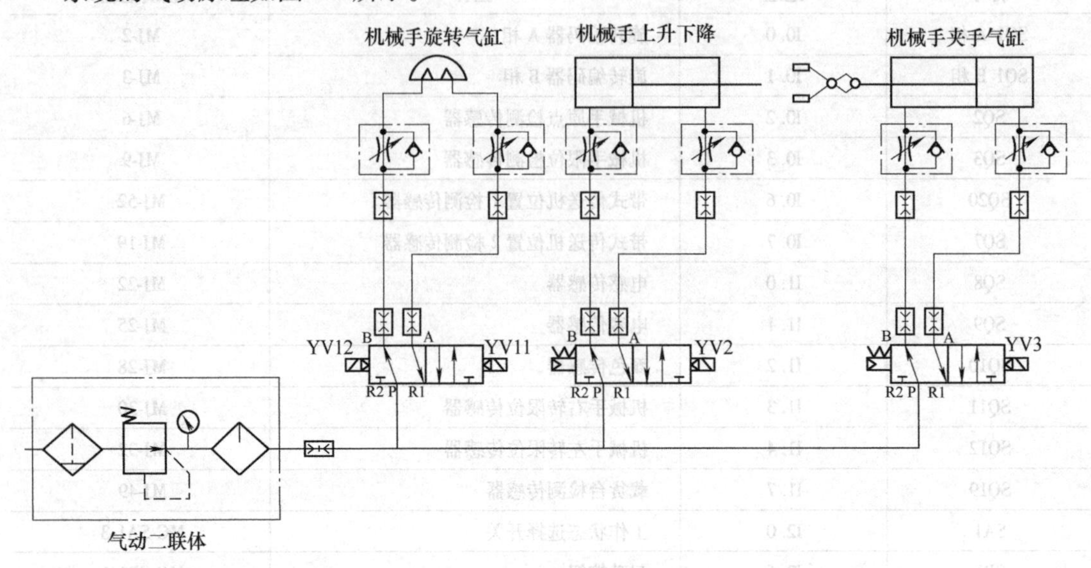

图 6-6　系统的气动原理

7. 电气原理

系统的电气原理如图 6-7 所示。

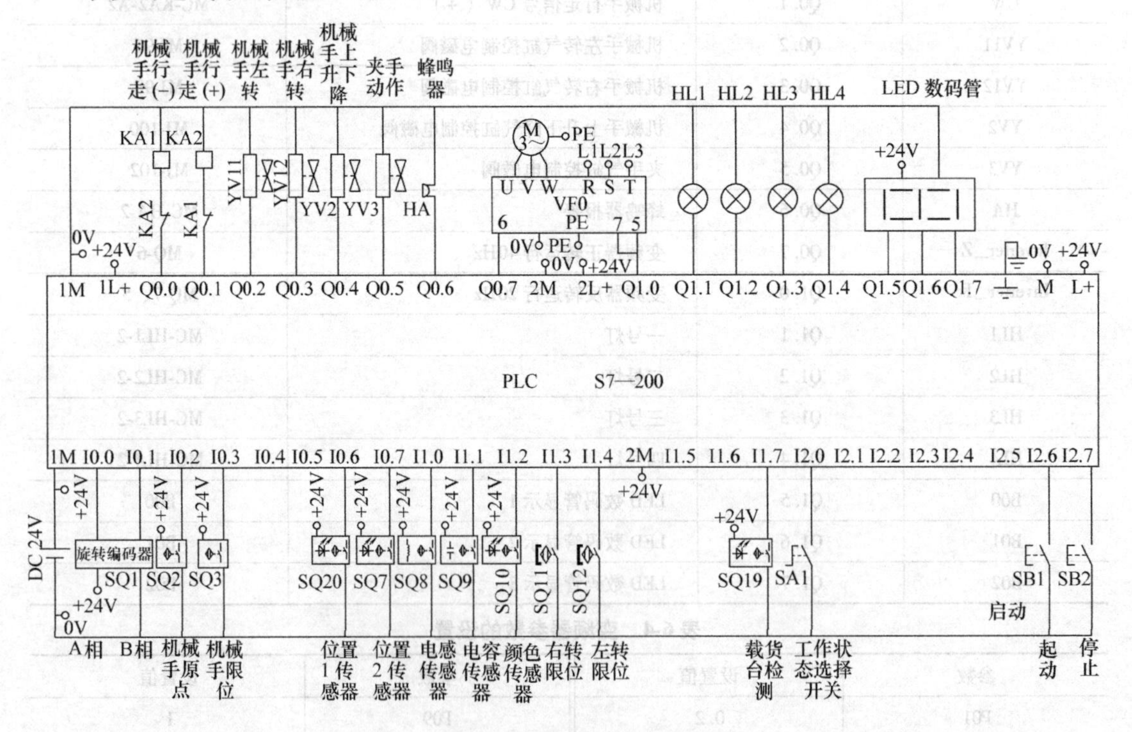

图 6-7　系统的电气原理

8. 梯形图程序

编制的系统梯形图程序见配套实训内容，路径为：第 6 章 \ 6.1 \ 载货台与库位间货物的传送。

9. 程序的执行与调试

1）初始状态下，带式传送机停止运行，机械手停在原点并处于带式传送机上方，推料气缸复位，一号灯处于发光状态。若不满足初始状态，可用起动按钮进行复位（按钮SB1兼有复位和起动两个功能）。

2）入库流程。转换开关SA1在位置1（手柄在左位置），按下按钮SB1（起动功能），指示灯HL1变为每秒闪烁一次，提示设备处于工作状态。若一至四号库位有空位，指示灯HL2发光，提示可以向载货台上放工件。当载货台上传感器检测到有工件时，机械手在直流电动机的拖动下移动到载货台附近，然后将载货台上的工件取下并送到带式传送机位置2。机械手放下工件1s后，带式传送机在变频器的控制下以40Hz运行，将工件送至带式传送机位置1。当位置1检测传感器检测到工件时，带式传送机停止转动1s，随后带式传送机在变频器的控制下以20Hz反转运行，将工件送至带式传送机位置2。在传送过程中经过三个传感器进行检测，判断工件进入仓库的库位号（白色塑料+铝送一号库位，白色塑料+铁送二号库位，黑色塑料+铝送三号库位，黑色塑料+铁送四号库位）。当工件到达位置2时，带式传送机停止转动，机械手将工件送到相应的库位。若库位仍有空的，而载货台没有工件时，机械手在送完最后一个工件后，在直流电动机的拖动下移动到载货台附近等待。当仓库满时，机械手自动回原点，指示灯HL2每秒闪烁两次，提示库位满，禁止向载货台送工件。若此时继续向载货台送工件，则蜂鸣器报警提示，机械手停在原位，直到取走载货台上的工件，设备恢复正常，等待操作者按下停止按钮。

3）出库流程。SA1开关在位置2（手柄在右位置），按下起动按钮SB1（起动功能），指示灯HL1变为每秒闪烁一次，提示设备处于工作状态。若一至四号库位有工件，指示灯HL3发光，提示可以由仓库向载货台出货，机械手将自动按一至四号库位的顺序将工件送到载货台，并由LED数码管显示当前工件的库位号，直到四个库位全为空，机械手自动回原点，指示灯HL3每秒闪烁两次，提示仓库已空，等待操作者按下停止按钮。

4）按下按钮SB2，发出设备正常停机指令，指示灯HL4点亮，机械手应完成当前工件的运送，在放下工件并返回初始位置后再停止。系统回到初始状态后，指示灯HL4熄灭，指示灯HL1变为点亮。

10. 注意事项

1）程序中每次传送新的地址给地址子程序后，都要通过地址子程序的输出参数判断机械手是否到位。因为扫描周期过快，所以会出现机械手还没有移动（输出参数还没有被刷新）却已经判断到位的错误结果。因此，在判断是否到位时，本程序使用了定时器，适当增加延时，以达到机械手必须移动到位后才能继续向下运行的目的。

2）传感器的位置应尽可能保证当工件经过传感器下方时，传感器与工件同轴。调整颜色传感器时应保证对金属和白色塑料检测有效，对黑色塑料检测无效。

3）为使每一次检测数据准确，对于公用的标识位在使用后应及时进行复位。

4）数码管采用四位BCD码输入，程序中使用的数制为十进制，为能够正确显示结果，程序中使用了整数转换为BCD码的指令。

5）设备上用于库位检测的传感器偏少，因此，程序中使用标识位来记忆库位内有无工件。

6.1.3　仓库货物的调配

1. 实训任务

机械手将一至四号库位中的工件分别放到带式传送机上，由三个传感器进行检测，然后按照要求放入规定的库位。要求：一号库位存放白铝工件对，二号库位存放黑铝工件对，三号库位存放白铁工件对，四号库位存放黑铁工件对。

注：铝、铁的小圆柱工件嵌入到加工好的白色塑料或黑色塑料工件中，完成装配后的成品简称工件对，嵌入铝的白色塑料工件简称白铝工件对，嵌入铁的白色塑料工件简称白铁工件对，嵌入铝的黑色塑料工件简称黑铝工件对，嵌入铁的黑色塑料工件简称黑铁工件对。

2. TVT—METS3 设备主要部件及其名称

设备各部件、器件的名称和安装位置如图 6-1 所示。

3. 控制要求

1）运行前，设备应满足一种初始状态。

2）起动后，指示灯提示进入工作状态。机械手将一号库位的工件对送到带式传送机上进行检测，判断工件对的库位号，然后机械手将工件对送到对应的库位，若库位正被占用，则将工件对暂存到载货台，然后将被占用库位中的工件对放到带式传送机上进行检测，再将载货台上的工件对送入规定库位，依次处理余下的工件对，直到工件对全部处理完毕，指示灯提示货物整理结束。

3）若工件对在带式传送机上丢失，相应指示灯进行提示，同时带式传送机停止运行。

4）设备应具有急停功能。

5）设备应具有掉电保持功能。

6）设备应具有三相交流电动机过载保护功能。

4. 系统的控制流程

系统的控制流程如图 6-8 所示。

5. 系统的 I/O 分配与变频器参数的设置

PLC 的 I/O 分配见表 6-5；变频器参数的设置见表 6-6。

表 6-5　PLC 的 I/O 分配

符号	地址	注　释	接线地址
SQ1 A 相	I0.0	旋转编码器 A 相	MJ-2
SQ1 B 相	I0.1	旋转编码器 B 相	MJ-3
SQ2	I0.2	机械手原点检测传感器	MJ-6
SQ3	I0.3	机械手限位检测传感器	MJ-9
SB3	I0.4	复位	MC-SB3-1
SQ20	I0.6	带式传送机位置 1 检测传感器	MJ-52
SQ7	I0.7	带式传送机位置 2 检测传感器	MJ-19
SQ8	I1.0	电感传感器	MJ-22
SQ9	I1.1	电容传感器	MJ-25
SQ10	I1.2	颜色传感器	MJ-28

（续）

符号	地址	注　　释	接线地址
SQ11	I1.3	机械手右转限位传感器	MJ-30
SQ12	I1.4	机械手左转限位传感器	MJ-32
SW1	I2.0	交流电动机过载	MC-SW1-1
SB7	I2.5	急停	MC-SB7-1
SB1	I2.6	起动	MC-SB2-1
CCW	Q0.0	机械手行走信号 CCW（－）	MC-KA1-A2
CW	Q0.1	机械手行走信号 CW（＋）	MC-KA2-A2
YV11	Q0.2	机械手左转气缸控制电磁阀	MJ-98
YV12	Q0.3	机械手右转气缸控制电磁阀	MJ-96
YV2	Q0.4	机械手上升下降气缸控制电磁阀	MJ-100
YV3	Q0.5	夹手气缸控制电磁阀	MJ-102
Inverter_Z	Q0.7	变频器运行正转 50Hz	MQ-6、7
Inverter_F	Q1.0	变频器运行反转 40Hz	MQ-5
HL1	Q1.1	一号灯	MC-HL1-2
HL2	Q1.2	二号灯	MC-HL2-2
HL3	Q1.3	三号灯	MC-HL3-2
HL4	Q1.4	四号灯	MC-HL4-2
HA	Q1.5	报警蜂鸣器	MC-HA-2

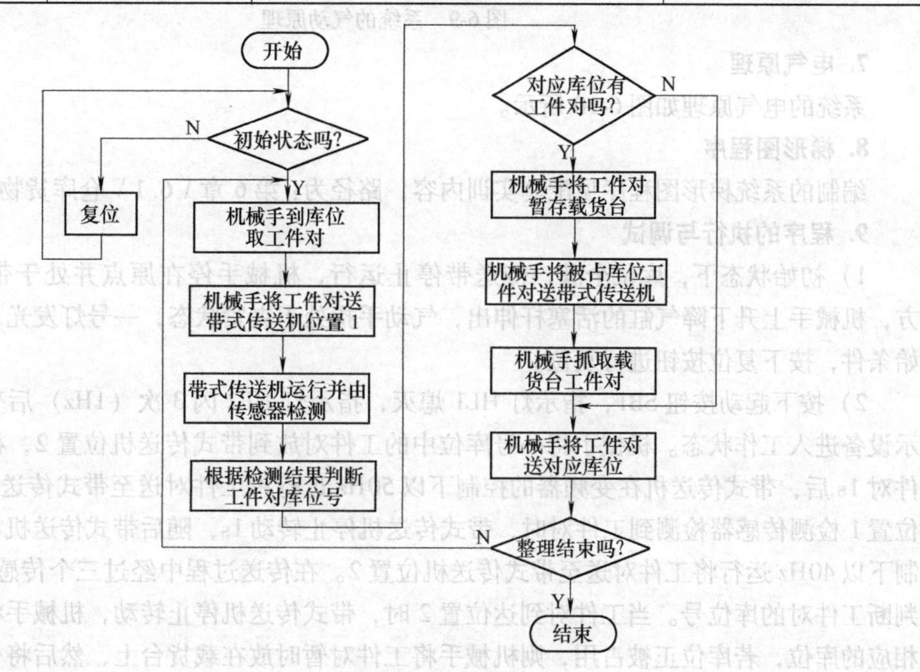

图6-8　系统的控制流程

表 6-6　变频器参数的设置

参数	设置值	参数	设置值
P01	0.2	P09	1.0
P02	0.2	P32	50.0
P08	5.0		

注：第一速为 40Hz。

6. 气动原理

系统的气动原理如图 6-9 所示。

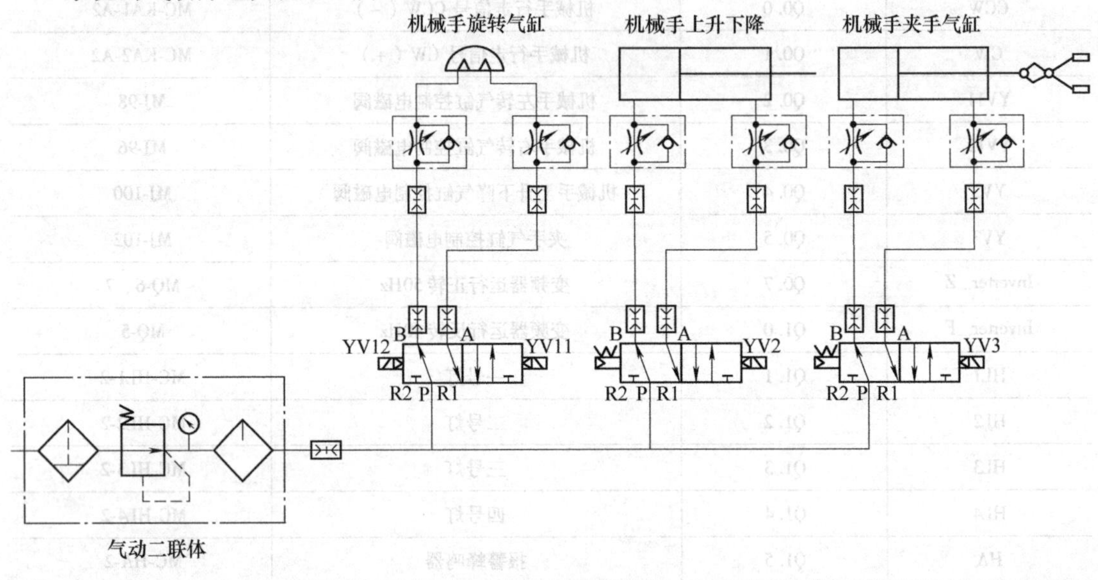

图 6-9　系统的气动原理

7. 电气原理

系统的电气原理如图 6-10 所示。

8. 梯形图程序

编制的系统梯形图程序见配套实训内容，路径为：第 6 章 \ 6.1 \ 仓库货物的调配。

9. 程序的执行与调试

1）初始状态下，库位全满，传送带停止运行，机械手停在原点并处于带式传送机上方，机械手上升下降气缸的活塞杆伸出，气动手指处于夹紧状态，一号灯发光。若不满足初始条件，按下复位按钮进行复位。

2）按下起动按钮 SB1，指示灯 HL1 熄灭，指示灯 HL2 闪 3 次（1Hz）后变为常亮，提示设备进入工作状态。机械手将一号库位中的工件对放到带式传送机位置 2，机械手放下工件对 1s 后，带式传送机在变频器的控制下以 50Hz 运行将工件对送至带式传送机位置 1，当位置 1 检测传感器检测到工件对时，带式传送机停止转动 1s，随后带式传送机在变频器的控制下以 40Hz 运行将工件对送至带式传送机位置 2。在传送过程中经过三个传感器进行检测，判断工件对的库位号。当工件对到达位置 2 时，带式传送机停止转动，机械手将工件对送到相应的库位，若库位正被占用，则机械手将工件对暂时放在载货台上，然后将被占用库位中的工件对放到带式传送机上进行检测，再将载货台上的工件对送入规定库位，依次处理余下

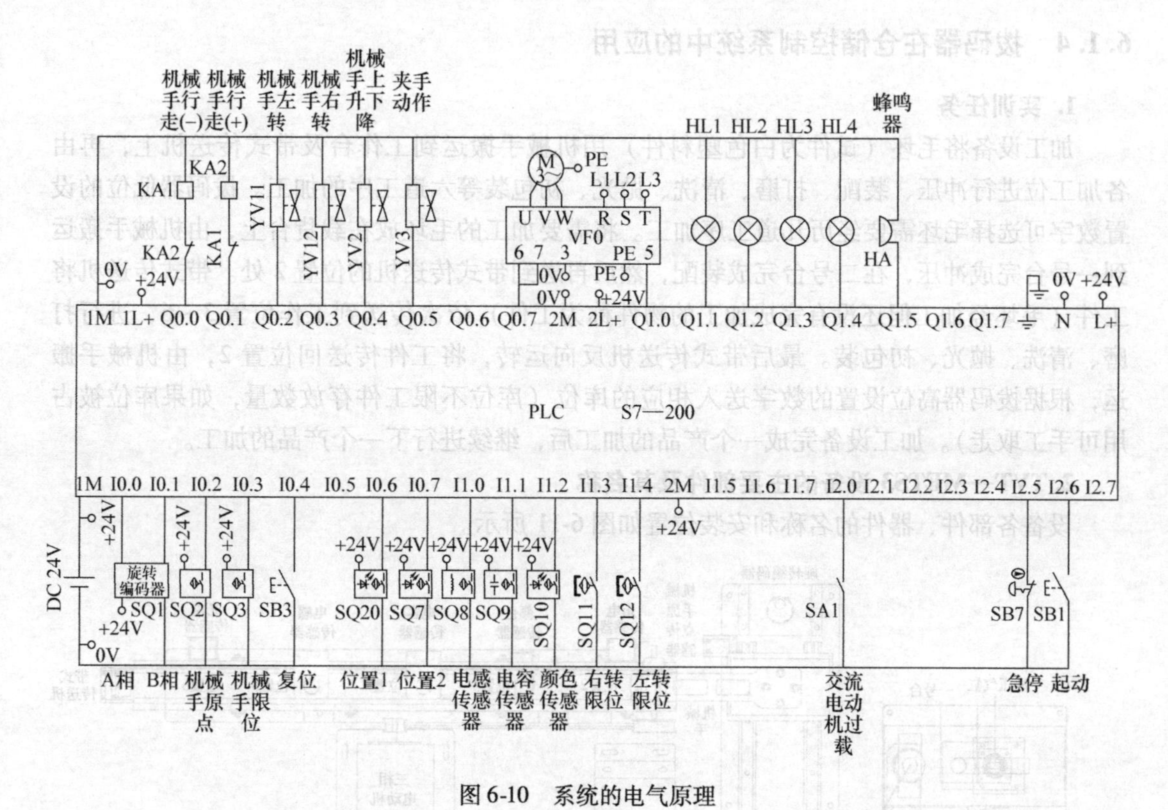

图6-10 系统的电气原理

的工件对，直到工件对全部处理完毕。货物整理结束，指示灯HL1和指示灯HL2交替闪烁(2Hz)，提示已经完成货物整理，可进行下一工序。

3）若工件对在15s内没能到达带式传送机位置1，指示灯HL3每秒闪1次报警，同时带式传送机停止运行。待检测设备后，重新按下起动按钮SB1，系统继续运行。

4）因突发故障需要急停时，可按下急停按钮SB7（按下后锁死），此时设备应立刻停止运行。若机械手夹持有工件对，气动手指应保持抓取状态，以防止物体在急停时掉下发生事故。松开急停按钮，按下起动按钮SB1，设备应继续完成原来流程中剩下的工作。

5）突然断电后恢复供电，按下起动按钮SB1，设备应继续完成原来流程中剩下的工作。

6）三相交流电动机过载（SW1打开模拟）时，指示灯HL4闪烁（1s闪烁1次），同时蜂鸣器报警。带式传送机将工件对传送到位置1或位置2（根据传送方向选择位置）后停止运行，机械手停在原位，待过载解除后，指示灯HL4熄灭，蜂鸣器停止鸣叫，系统继续完成余下的工作。

10. 注意事项

1）为实现断电数据保持，对程序中使用的变量需在系统块中进行设置，而程序中顺序步和高速计数器的脉冲数需在主程序的每个扫描周期进行保存，并在通电的第一个扫描周期进行恢复。

2）PLC采用扫描工作方式，因此，在一个扫描周期内对同一变量多次赋值时，后面的赋值将覆盖前面的赋值，只有最后的赋值有效。

6.1.4 拨码器在仓储控制系统中的应用

1. 实训任务

加工设备将毛坯（试件为白色塑料件）用机械手搬运到工作台及带式传送机上，再由各加工位进行冲压、装配、打磨、清洗、抛光、初包装等六道工序的加工。拨码器低位的设置数字可选择毛坯需要经历几道工序加工。将需要加工的毛坯放在载货台上，由机械手搬运到一号台完成冲压，在二号台完成装配，然后再送到带式传送机的位置2处。带式传送机将工件（毛坯经加工但还没有完成加工的物件称为工件）依次传送到工作位置3~6，进行打磨、清洗、抛光、初包装。最后带式传送机反向运转，将工件传送回位置2，由机械手搬运，根据拨码器高位设置的数字送入相应的库位（库位不限工件存放数量，如果库位被占用可手工取走）。加工设备完成一个产品的加工后，继续进行下一个产品的加工。

2. TVT—METS3 设备的主要部件及其名称

设备各部件、器件的名称和安装位置如图6-11所示。

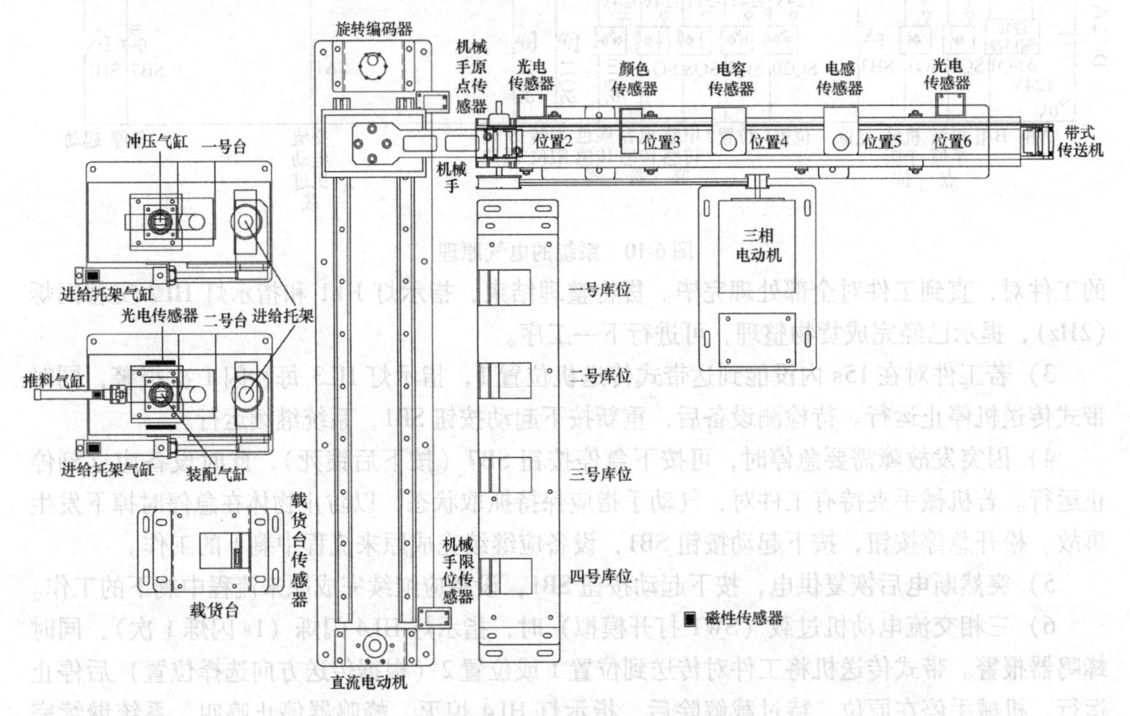

图6-11 设备各部件、器件的名称和安装位置

3. 控制要求

1）运行前，设备应满足一种初始状态。

2）起动后，当载货台上有毛坯时，机械手将毛坯由载货台分别搬运到一号台和二号台进行第一道和第二道工序的加工。然后再将加工后的工件送到带式传送机，由位置3、位置4、位置5、位置6分别完成第三道至第六道工序的加工。在不同工序的加工期间，应有相应指示灯进行提示。

3）完成第六道工序后，机械手将工件送入高位拨码器设置数字对应的库位内（由低位拨码器设置的工序数完成后，可直接执行本部操作）。工件送入库位后，系统可重新进行下一工件的加工。

4）停止后，当前工件应完成加工并送入库位，系统恢复初始状态。

5）设备应具有过载保护功能。

6）设备应具有断电保持功能。

7）设备应具有应对突发故障而急停的功能。

4. 系统的控制流程

系统的控制流程如图6-12所示。

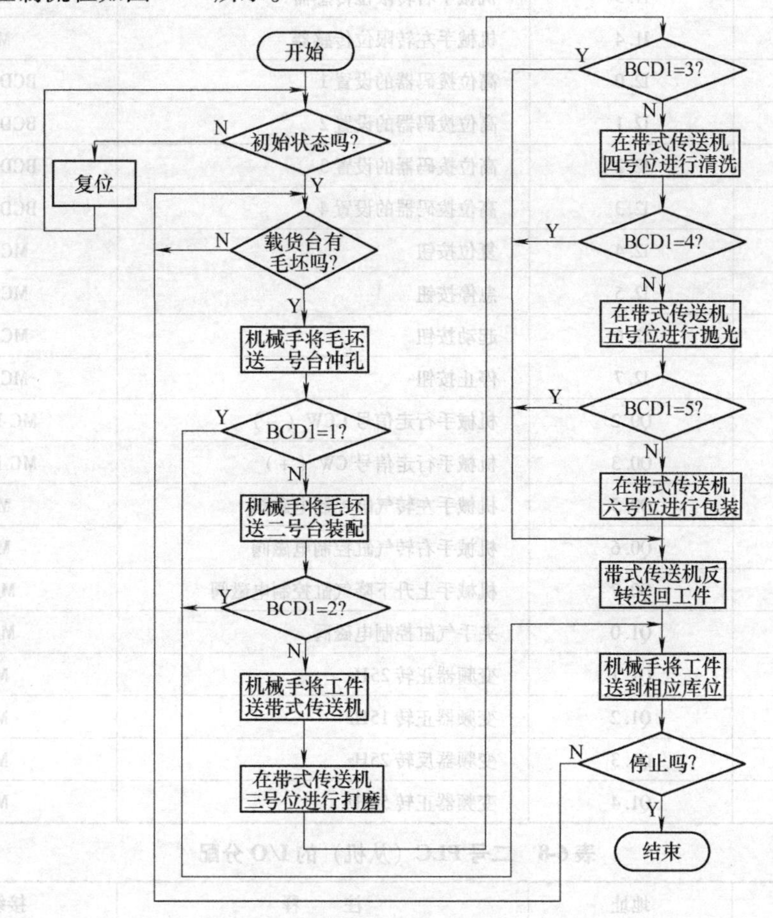

图6-12　系统的控制流程

5. 系统的I/O分配与变频器参数的设置

PLC的I/O分配见表6-7和表6-8；变频器参数的设置见表6-9。

表6-7　一号PLC（主机）的I/O分配

符号	地址	注　释	接线地址
SQ1 A相	I0.0	旋转编码器A相	MJ-2
SQ1 B相	I0.1	旋转编码器B相	MJ-3
SQ2	I0.2	机械手原点检测传感器	MJ-6
SQ3	I0.3	机械手限位检测传感器	MJ-9
SQ20	I0.6	位置6检测传感器	MJ-52

（续）

符号	地址	注　　释	接线地址
SQ7	I0.7	位置2检测传感器	MJ-19
SQ8	I1.0	位置5检测传感器	MJ-22
SQ9	I1.1	位置4检测传感器	MJ-25
SQ10	I1.2	位置3检测传感器	MJ-28
SQ11	I1.3	机械手右转限位传感器	MJ-30
SQ12	I1.4	机械手左转限位传感器	MJ-32
BCD码21	I2.0	高位拨码器的设置1	BCD码B10
BCD码22	I2.1	高位拨码器的设置2	BCD码B11
BCD码23	I2.2	高位拨码器的设置3	BCD码B12
BCD码24	I2.3	高位拨码器的设置4	BCD码B13
SB3	I2.4	复位按钮	MC-SB3-1
SB7	I2.5	急停按钮	MC-SB7-1
SB1	I2.6	起动按钮	MC-SB1-1
SB2	I2.7	停止按钮	MC-SB2-1
CCW	Q0.2	机械手行走信号CCW（－）	MC-KA1-A2
CW	Q0.3	机械手行走信号CW（＋）	MC-KA2-A2
YV11	Q0.5	机械手左转气缸控制电磁阀	MJ-96
YV12	Q0.6	机械手右转气缸控制电磁阀	MJ-98
YV2	Q0.7	机械手上升下降气缸控制电磁阀	MJ-100
YV3	Q1.0	夹手气缸控制电磁阀	MJ-102
Inverter_Z	Q1.1	变频器正转25Hz	MQ-6
Inverter_ZR	Q1.2	变频器正转15Hz	MQ-7
Inverter_F	Q1.3	变频器反转25Hz	MQ-5
Inverter_ZS	Q1.4	变频器正转50Hz	MQ-8

表6-8　二号PLC（从机）的I/O分配

符号	地址	注　　释	接线地址
SQ15	I0.2	一号台进给托架回位检测传感器	MJ-39
SQ16	I0.3	二号台有无装配件检测传感器	MJ-42
SQ17	I0.4	二号台推料气缸动作到位检测传感器	MJ-44
SQ18	I0.5	二号台进给托架回位检测传感器	MJ-46
SQ19	I0.6	载货台有无工件检测传感器	MJ-49
BCD码11	I2.0	低位拨码器的设置1	BCD码B00
BCD码12	I2.1	低位拨码器的设置2	BCD码B01
BCD码13	I2.2	低位拨码器的设置3	BCD码B02
BCD码14	I2.3	低位拨码器的设置4	BCD码B03

（续）

符号	地址	注　释	接线地址
SW1	I2.7	过载保护	MC-SW1-1
YV4	Q0.0	一号台冲压气缸控制电磁阀	MJ-104
YV5	Q0.2	一号台进给托架气缸控制电磁阀	MJ-108
YV6	Q0.3	二号台装配气缸控制电磁阀	MJ-110
YV7	Q0.4	二号台推料气缸控制电磁阀	MJ-112
YV8	Q0.5	二号台进给托架气缸控制电磁阀	MJ-114
HL1	Q1.1	待机指示灯 HL1	MC-HL1-2
HL2	Q1.2	指示灯 HL2	MC-HL2-2
HL3	Q1.3	指示灯 HL3	MC-HL3-2
HA	Q1.7	蜂鸣器	MC-HA-2

表6-9　变频器参数的设置

参数	设置值	参数	设置值
P01	0.2	P09	1.0
P02	0.2	P32	15.0
P08	5.0	P33	50.0

注：第一速为25Hz。

6. 气动原理

系统的气动原理如图6-13所示。

7. 电气原理

系统的电气原理如图6-14和图6-15所示。

8. 梯形图程序

编制的系统梯形图程序见配套实训内容，路径为：第6章\6.1\拨码器在仓储系统中的应用。

9. 程序的执行与调试

1）在接通加工设备电源之前，应将动作过的保护元件复位，通电后，系统应处于初始状态。机械手在原点位置，机械手上升和下降气缸伸出，旋转气缸使机械手停在带式输送机上方，气动手指处于松开状态，一号台的冲压气缸和二号台的装配气缸的活塞杆均处于缩回状态，二号台的推料气缸的活塞杆处于缩回状态，一号台、二号台进给托架气缸的活塞杆均处于伸出状态，带式输送机静止不动。若系统未能满足初始状态要求，则需按下按钮SB3进行系统复位。当系统处在初始状态后，指示灯HL1点亮（指示灯HL1只在初始状态下点亮）。在初始状态下设置拨码器高低位数字。

2）在初始状态按下SB1，设备开始工作。指示灯HL2闪烁（1Hz），载货台上的光电传感器检测到有毛坯时，气动机械手在直流电动机的带动下，将毛坯由载货台移动到一号台的进给托架上，进给托架在进给气缸的带动下进入一号台，然后冲压气缸动作完成冲压，1s后，进给托架由进给气缸带出一号台，完成第一道工序——冲压。

3）第一道工序完成后，气动机械手动作，将一号台的物料由一号台的进给托架搬运到二号台的进给托架上，这时指示灯HL2闪烁（2Hz），进给托架在进给气缸的带动下进入二

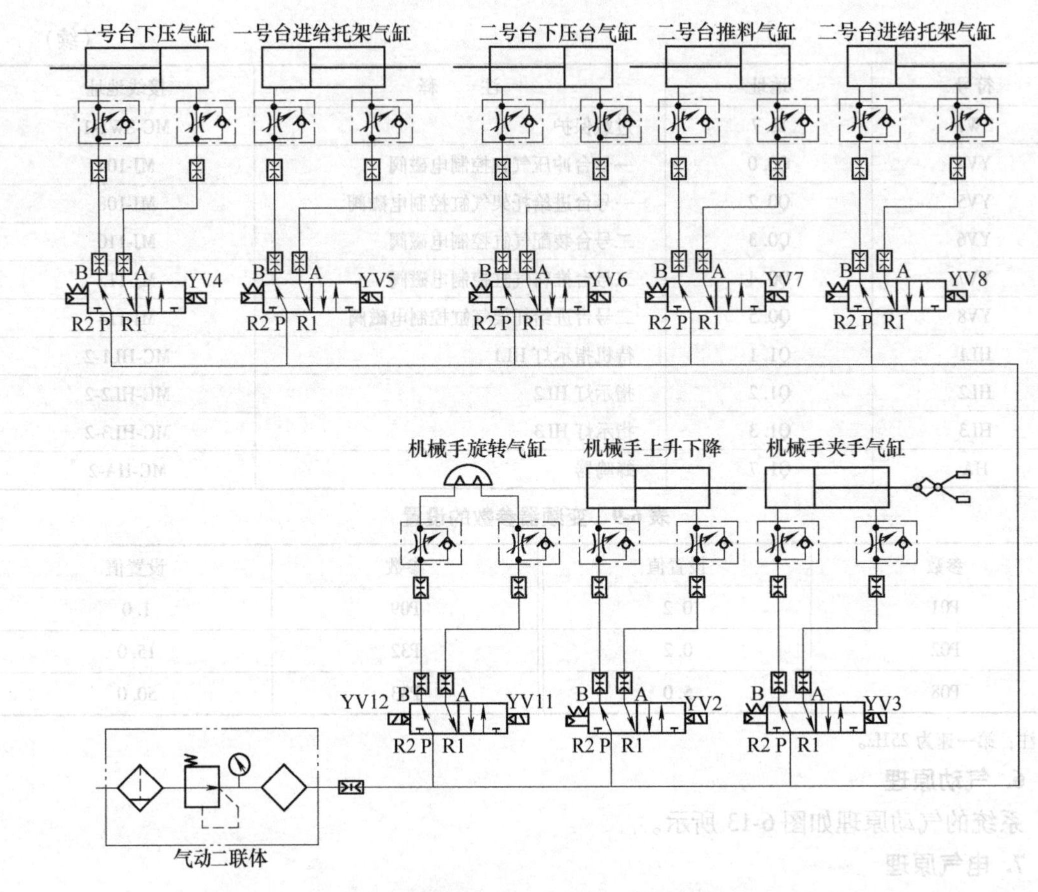

图6-13 系统的气动原理

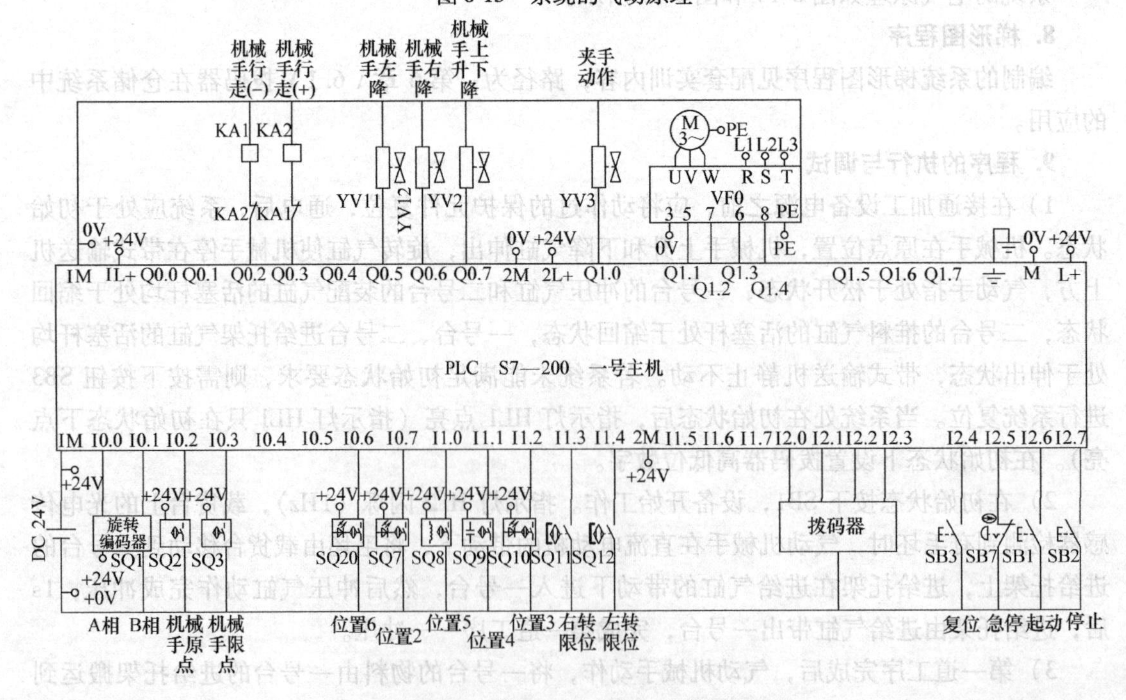

图6-14 一号PLC（主机）电气原理

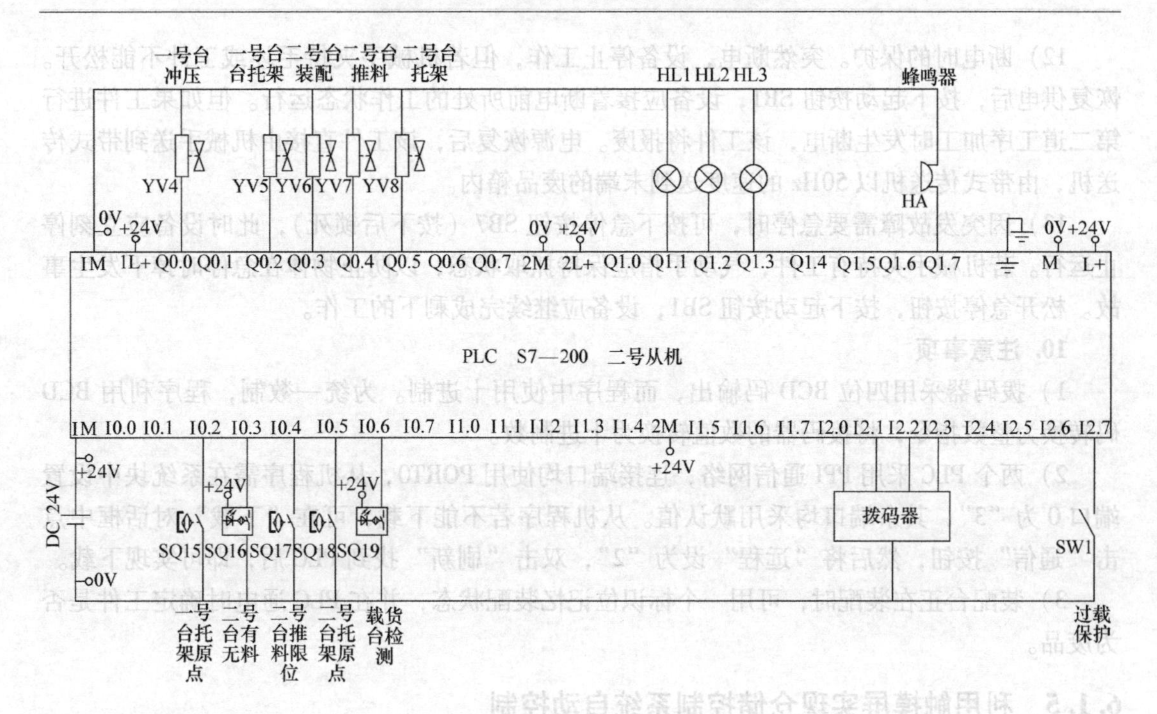

图6-15　二号PLC（从机）电气原理

号台，然后二号台的推料气缸动作推出装配件，接着装配气缸动作完成装配，1s后，进给托架由进给气缸带出装配台，完成第二道工序——装配。

4）第二道工序完成后，气动机械手动作，将装配后的工件由装配台的进给托架上抓起放到带式传送机的位置2。这时指示灯HL2点亮，指示灯HL3闪烁（1Hz），机械手放下夹持的工件1s后，带式传送机在变频器的控制下以25Hz运行，带式传送机中速运转传送工件。当工件运行到位置3时，带式传送机停止3s，进行第三道工序——打磨。

5）完成第三道工序后，指示灯HL3闪烁（2Hz），带式传送机以15Hz的频率起动，传送被加工过的工件到位置4时，停止3s，进行第四道工序——清洗。

6）完成第四道工序后，指示灯HL3闪烁（3Hz），带式传送机以15Hz的频率起动，传送被加工过的工件到位置5时，停止3s，进行第五道工序——抛光。

7）完成第五道工序后，指示灯HL3闪烁（4Hz），带式传送机以15Hz的频率起动，传送被加工过的工件到位置6时，停止3s，进行第六道工序——初包装。

8）完成第六道工序后，指示灯HL3点亮，带式传送机在交流电动机的拖动下以25Hz的反转运行，将加工后的工件送到位置2停止，气动机械手将工件送入高位拨码器设置数字对应的库位内（由低位拨码器设置的工序数完成后，可直接执行本部操作）。

9）工件送入库位后，HL2闪烁（1Hz），HL3熄灭，系统可重新进行下一工件的加工。

10）设备的正常停止。在工作过程中，按下停止按钮SB2，当前工件应完成加工并送入库位后，系统恢复初始状态。

11）过载保护。当带式传送机发生过载时，过载触点动作（SW1断开），此时蜂鸣器鸣叫，提示发生过载。若过2s后过载仍未消除，则带式传送机停止运行。当过载消除（SW1闭合）后，蜂鸣器停止鸣叫，带式传送机重新按停止的状态继续运行。

12）断电时的保护。突然断电，设备停止工作，但若机械手夹持毛坯或工件不能松开。恢复供电后，按下起动按钮SB1，设备应接着断电前所处的工作状态运行。但如果工件进行第二道工序加工时发生断电，该工件将报废。电源恢复后，该工件直接由机械手送到带式传送机，由带式传送机以50Hz的速度送到末端的废品箱内。

13）因突发故障需要急停时，可按下急停按钮SB7（按下后锁死），此时设备应立刻停止运行。若机械手夹持有工件，气动手指应保持抓取状态，以防止物体在急停时掉下发生事故。松开急停按钮，按下起动按钮SB1，设备应继续完成剩下的工作。

10. 注意事项

1）拨码器采用四位BCD码输出，而程序中使用十进制。为统一数制，程序利用BCD码转换为整数指令，将拨码器的数值转换为十进制数。

2）两个PLC采用PPI通信网络，连接端口均使用PORT0，从机程序需在系统块中设置端口0为“3”，其余端口均采用默认值。从机程序若不能下载，可在“下载”对话框中点击“通信”按钮，然后将“远程”设为“2”，双击“刷新”找到PLC后，即可实现下载。

3）装配台正在装配时，可用一个标识位记忆装配状态，并在PLC通电时确定工件是否为废品。

6.1.5 利用触摸屏实现仓储控制系统自动控制

1. 实训任务

在生产线的终端安装了一台工件分拣设备和一套仓储系统。生产线加工相同的工件，分拣设备的任务是根据触摸屏设置的库位号完成入/出库，同时利用触摸屏可完成：①根据仓库位置调整行走机械手坐标值；②在线监控设备动作；③手动控制机械手及带式输送机。当某个库位内有工件时，库位对应指示灯点亮（一至四号库位分别对应指示灯HL1～HL4），当数量达到两个时，对应指示灯闪烁。

2. TVT—METS3设备的主要部件及其名称

设备各部件、器件的名称和安装位置如图6-1所示。

注意：本题直流电动机可用步进电动机替换，实现快速运转。

3. 控制要求

1）运行前，设备应满足一种初始状态。

2）起动后，指示灯提示进入运行状态，利用触摸屏设置入/出库状态及库位号。

3）入库时，入/出库指示灯点亮，井式供料机将工件送到带式输送机位置1，由带式传送机将工件送到位置2，然后机械手将工件送到触摸屏设定的库位内，并由指示灯和数码管提示库位内有两个工件的库位号。当井式供料机内无工件时，机械手处理完最后一个工件后回到原点，同时蜂鸣器报警提示，直到井式供料机内有工件时，报警停止。

4）出库时，入出库指示灯闪烁，带式传送机向左运行做好出库准备，机械手按触摸屏设置的库位号取出工件并送到带式传送机位置2，由带式传送机将工件送到末端，并由指示灯提示库位内工件的数量。工件全部出库后，机械手回到原点，带式传送机停止运行。

5）停止后，系统在完成当前工作任务后回到初始状态。

4. 系统的控制流程

系统的控制流程如图6-16所示。

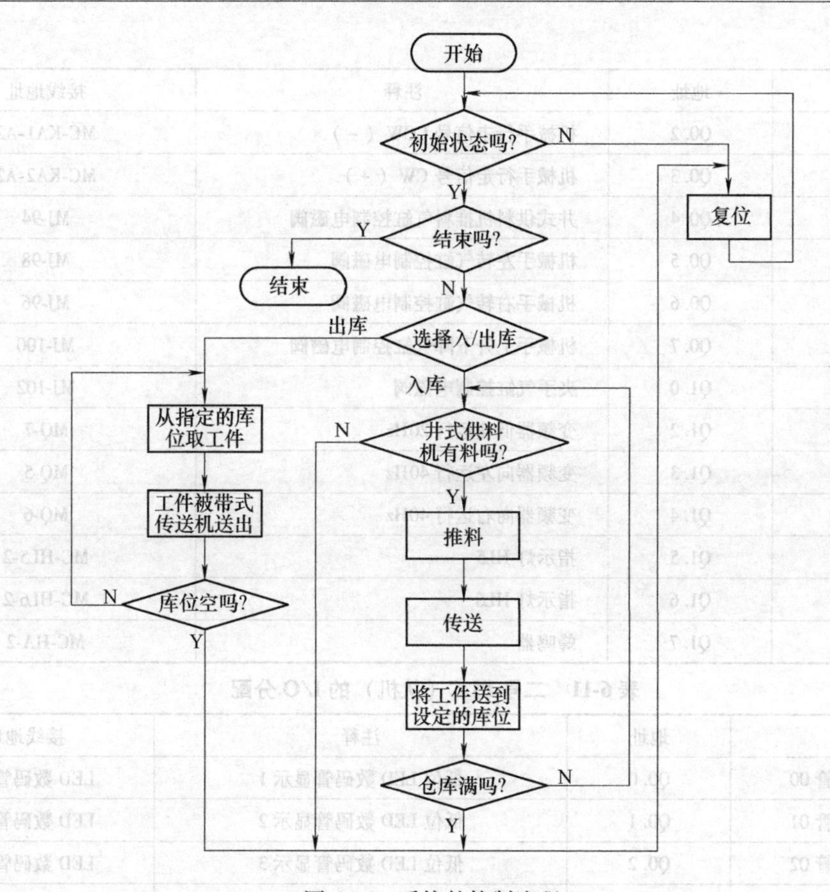

图 6-16 系统的控制流程

5. 系统的 I/O 分配与变频器参数的设置

PLC 的 I/O 分配见表 6-10 和表 6-11；变频器参数的设置见表 6-12。

表 6-10 一号 PLC（主机）的 I/O 分配

符号	地址	注释	接线地址
SQ1A 相	I0. 0	旋转编码器 A 相	MJ-2
SQ1B 相	I0. 1	旋转编码器 B 相	MJ-3
SQ2	I0. 2	机械手原点检测传感器	MJ-6
SQ3	I0. 3	机械手限位检测传感器	MJ-9
SQ4	I0. 4	井式供料机推料气缸原点检测传感器	MJ-11
SQ5	I0. 5	井式供料机推料气缸限位检测传感器	MJ-13
SQ6	I0. 6	井式供料机料块检测传感器	MJ-16
SQ7	I0. 7	带式传送机位置 2 检测传感器	MJ-19
SQ11	I1. 3	机械手右转限位传感器	MJ-30
SQ12	I1. 4	机械手左转限位传感器	MJ-32
SB6	I2. 4	复位按钮	MC-SB6-1
SB1	I2. 6	起动按钮	MC-SB1-1
SB2	I2. 7	停止按钮	MC-SB2-1

（续）

符号	地址	注释	接线地址
CCW	Q0.2	机械手行走信号 CCW（-）	MC-KA1-A2
CW	Q0.3	机械手行走信号 CW（+）	MC-KA2-A2
YV1	Q0.4	井式供料机推料气缸控制电磁阀	MJ-94
YV21	Q0.5	机械手左转气缸控制电磁阀	MJ-98
YV22	Q0.6	机械手右转气缸控制电磁阀	MJ-96
YV3	Q0.7	机械手上升下降气缸控制电磁阀	MJ-100
YV4	Q1.0	夹手气缸控制电磁阀	MJ-102
Inverter_D	Q1.2	变频器低速运行 20Hz	MQ-7
Inverter_Z	Q1.3	变频器向左运行 40Hz	MQ-5
Inverter_Y	Q1.4	变频器向右运行 40Hz	MQ-6
HL5	Q1.5	指示灯 HL5	MC-HL5-2
HL6	Q1.6	指示灯 HL6	MC-HL6-2
HA	Q1.7	蜂鸣器	MC-HA-2

表 6-11 二号 PLC（从机）的 I/O 分配

符号	地址	注释	接线地址
LED 数码管 00	Q0.0	低位 LED 数码管显示 1	LED 数码管 B00
LED 数码管 01	Q0.1	低位 LED 数码管显示 2	LED 数码管 B01
LED 数码管 02	Q0.2	低位 LED 数码管显示 3	LED 数码管 B02
LED 数码管 03	Q0.3	低位 LED 数码管显示 4	LED 数码管 B03
LED 数码管 11	Q0.4	高位 LED 数码管显示 1	LED 数码管 B10
LED 数码管 12	Q0.5	高位 LED 数码管显示 2	LED 数码管 B11
LED 数码管 13	Q0.6	高位 LED 数码管显示 3	LED 数码管 B12
LED 数码管 14	Q0.7	高位 LED 数码管显示 4	LED 数码管 B13
HL1	Q1.1	指示灯 HL1	MC-HL1-2
HL2	Q1.2	指示灯 HL2	MC-HL2-2
HL3	Q1.3	指示灯 HL3	MC-HL3-2
HL4	Q1.4	指示灯 HL4	MC-HL4-2

表 6-12 变频器参数的设置

参数	设置值	参数	设置值
P01	0.2	P09	1.0
P02	0.2	P32	20.0
P08	5.0		

注：第一速为 40Hz。

6. 气动原理

系统的气动原理如图 6-17 所示。

7. 电气原理

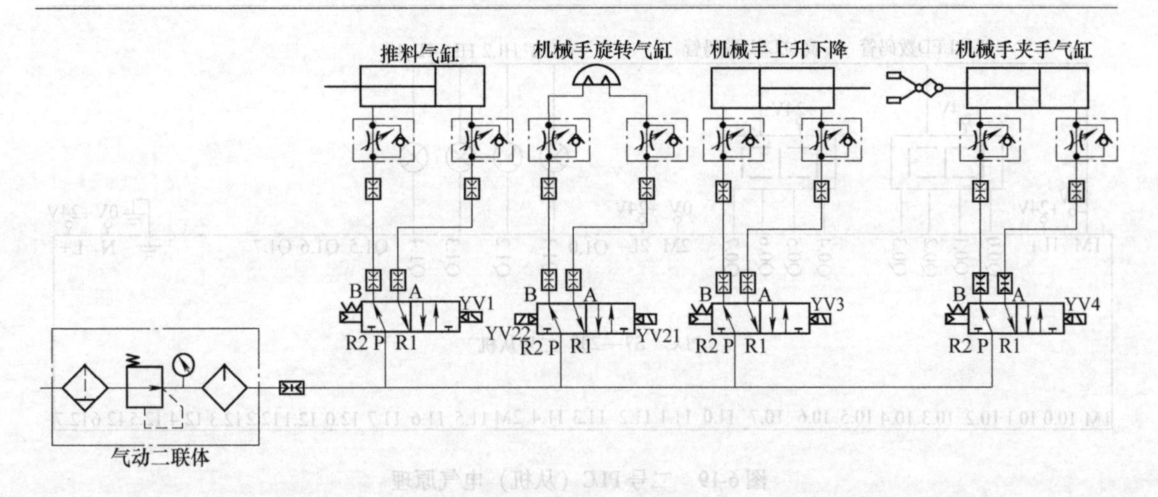

图6-17　系统的气动原理

系统的电气原理如图6-18、图6-19所示。

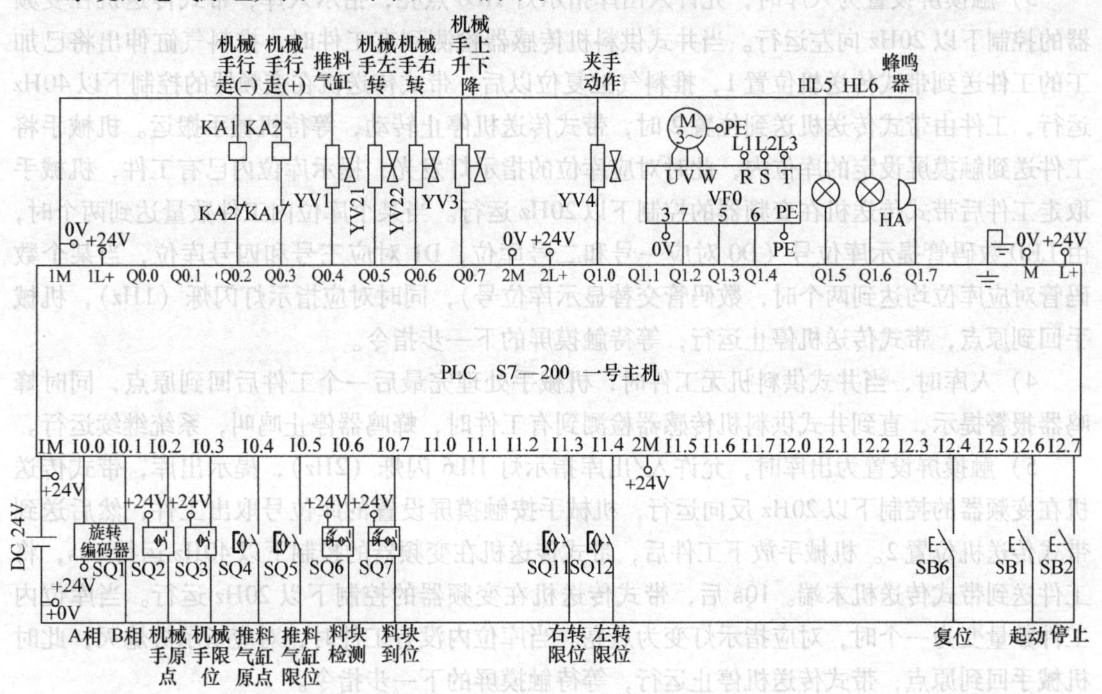

图6-18　一号PLC（主机）电气原理

8. 梯形图程序

编制的系统梯形图程序见配套实训内容，路径为：第6章\6.1\利用触摸屏实现仓储系统自动控制。

9. 程序的执行与调试

1）初始状态下，带式传送机停止运行，机械手停在原点并处于带式传送机上方，推料气缸复位。若不在初始状态，则需通过SB6进行手动复位。当设备处在初始状态后，指示灯HL5发光作系统待机指示。

2）按下起动按钮SB1，HL5闪烁（1Hz），指示系统进入运行状态，利用触摸屏设置入

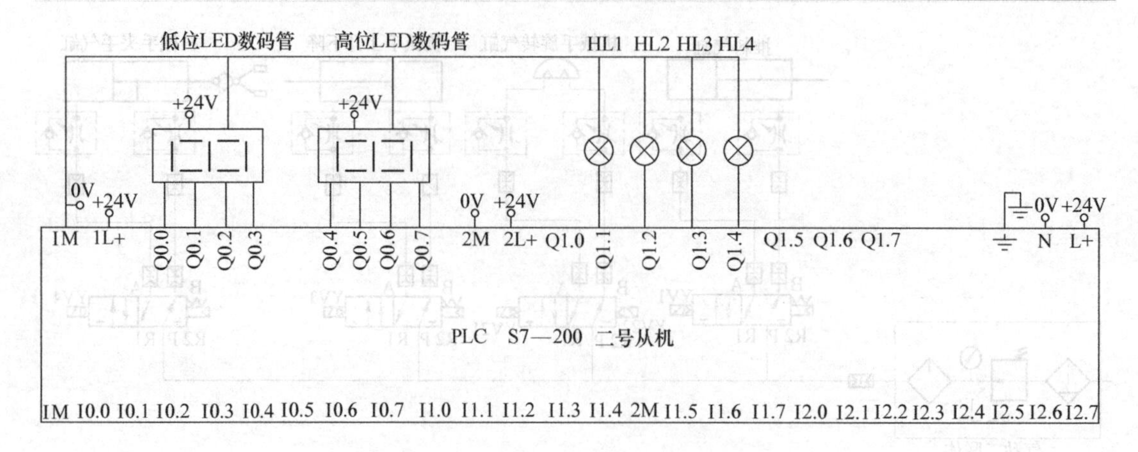

图6-19 二号PLC（从机）电气原理

/出库状态及库位号。

3）触摸屏设置为入库时，允许入出库指示灯HL6点亮，指示入库，带式传送机在变频器的控制下以20Hz向左运行。当井式供料机传感器检测到有工件时，推料气缸伸出将已加工的工件送到带式传送机位置1，推料气缸复位以后，带式传送机在变频器的控制下以40Hz运行，工件由带式传送机送到位置2时，带式传送机停止转动，等待机械手搬运。机械手将工件送到触摸屏设定的库位内，此时对应库位的指示灯发光，提示库位内已有工件，机械手取走工件后带式传送机在变频器的控制下以20Hz运行。当某个库位内工件数量达到两个时，由LED数码管提示库位号（D0对应一号和二号库位，D1对应三号和四号库位，当某个数码管对应库位均达到两个时，数码管交替显示库位号），同时对应指示灯闪烁（1Hz），机械手回到原点，带式传送机停止运行，等待触摸屏的下一步指令。

4）入库时，当井式供料机无工件时，机械手处理完最后一个工件后回到原点，同时蜂鸣器报警提示，直到井式供料机传感器检测到有工件时，蜂鸣器停止鸣叫，系统继续运行。

5）触摸屏设置为出库时，允许入/出库指示灯HL6闪烁（2Hz），提示出库，带式传送机在变频器的控制下以20Hz反向运行，机械手按触摸屏设置的库位号取出工件，然后送到带式传送机位置2。机械手放下工件后，带式传送机在变频器的控制下以40Hz运行10s，将工件送到带式传送机末端。10s后，带式传送机在变频器的控制下以20Hz运行。当库位内工件数量变为一个时，对应指示灯变为点亮。当库位内没有工件时，对应指示灯熄灭，此时机械手回到原点，带式传送机停止运行，等待触摸屏的下一步指令。

6）按下按钮SB2，发出设备正常停机指令，系统在完成当前工作任务后回到初始状态。

10. 注意事项

1）记忆库位工件个数时，必须使用上升沿或下降沿，否则会因PLC扫描周期过快而导致计数不准确。

2）触摸屏选择西门子TP 177A时，触摸屏程序可参考第5章内容进行编制。

3）触摸屏选择松下GT32单色时，触摸屏程序的编制可参考配套实训内容进行编制，路径为：第6章\6.1\利用触摸屏实现仓储系统自动控制\松下GT32。

4）为实现PLC与触摸屏间的通信，程序中使用了许多变量和标识位，要想更好地理解程序，必须将触摸屏程序与PLC程序一起阅读。

6.2　柔性制造加工系统的应用设计与实践

6.2.1　顺序加工（工件流水加工的实现）

1. 实训任务

将载货台上的黑色塑料圆柱形物料送到一号、二号台加工，加工完后，将工件（经过加工后的物料称为工件）送入仓库位。

2. TVT—METS3设备的主要部件及其名称

设备各部件、器件的名称和安装位置如图6-20所示。

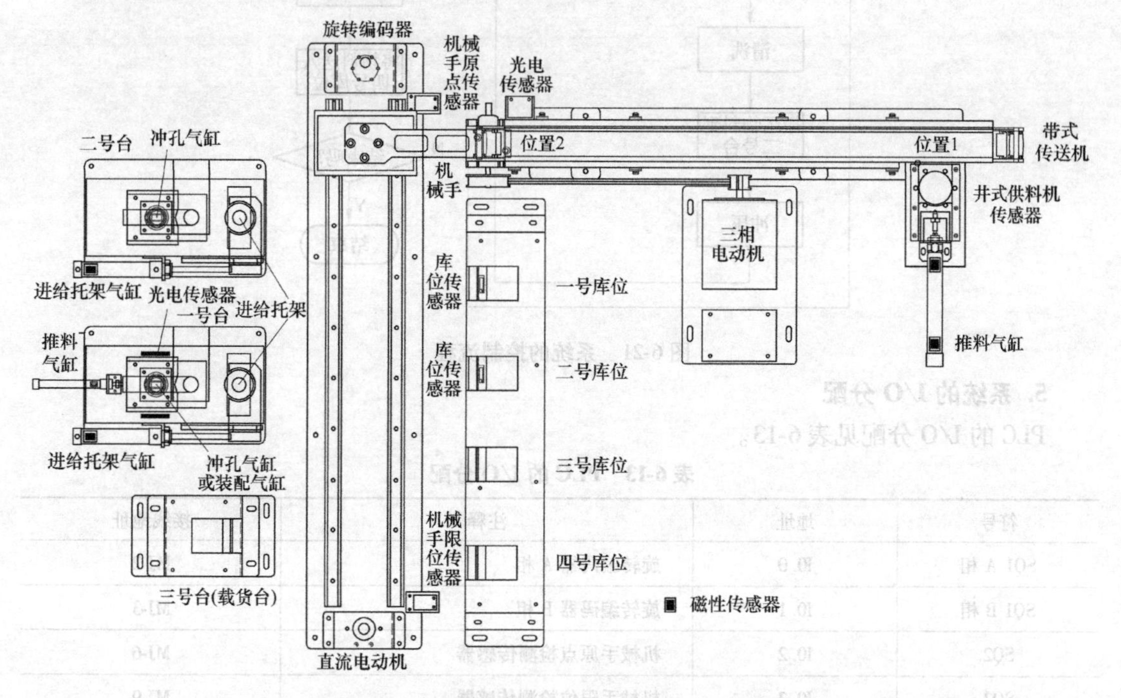

图6-20　设备各部件、器件的名称和安装位置

3. 控制要求

1）运行前，设备应满足一种初始状态。

2）起动后，指示灯提示进入工作状态。载货台上有物料时，机械手将物料送到一号台清洗，清洗后送到二号台冲孔，然后将物料送到一号台装配，装配结束后将物料送到二号台喷涂条形码，最后将工件送到四号库位。此时完成一个工件的处理，并自动进入下一工件的处理。

3）停止后，系统在完成一个加工周期后回到初始状态。

4）设备应具有急停保护功能。

5）设备应具有掉电保护功能。

6）设备应具有直流电动机过载保护功能。

4. 系统的控制流程

系统的控制流程如图 6-21 所示。

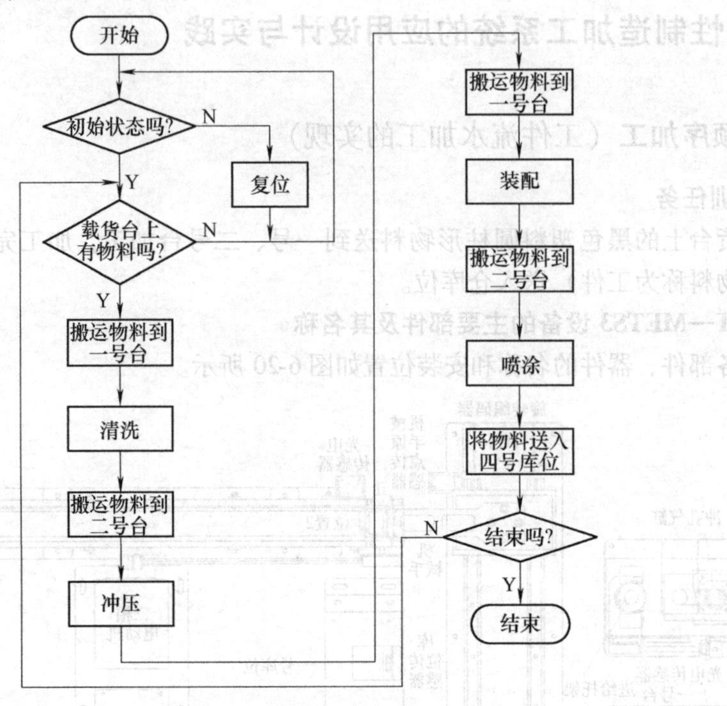

图 6-21 系统的控制流程

5. 系统的 I/O 分配

PLC 的 I/O 分配见表 6-13。

表 6-13 PLC 的 I/O 分配

符号	地址	注释	接线地址
SQ1 A 相	I0.0	旋转编码器 A 相	MJ-2
SQ1 B 相	I0.1	旋转编码器 B 相	MJ-3
SQ2	I0.2	机械手原点检测传感器	MJ-6
SQ3	I0.3	机械手限位检测传感器	MJ-9
SQ19	I0.4	载货台有无工件检测传感器	MJ-49
SQ16	I0.5	一号台有无装配件检测传感器	MJ-42
SQ17	I0.6	一号台推料气缸限位检测传感器	MJ-44
SQ18	I0.7	一号台进给托架回位检测传感器	MJ-46
SQ15	I1.2	二号台进给托架回位检测传感器	MJ-39
SQ11	I1.3	机械手右转限位传感器	MJ-30
SQ12	I1.4	机械手左转限位传感器	MJ-32
SW1	I2.2	直流电动机过载	MC-SW1-1
SB3	I2.4	复位按钮	MC-SB3-1
SB7	I2.5	急停按钮	MC-SB7-3
SB1	I2.6	起动按钮	MC-SB1-1

（续）

符号	地址	注释	接线地址
SB6	I2.7	停止按钮	MC-SB6-1
CCW	Q0.0	机械手行走信号 CCW（－）	MC-KA1-A2
CW	Q0.1	机械手行走信号 CW（＋）	MC-KA2-A2
YV11	Q0.2	机械手左转气缸控制电磁阀	MJ-98
YV12	Q0.3	机械手右转气缸控制电磁阀	MJ-96
YV2	Q0.4	机械手上升下降气缸控制电磁阀	MJ-100
YV3	Q0.5	夹手气缸控制电磁阀	MJ-102
YV5	Q0.6	一号台进给托架气缸控制电磁阀	MJ-114
YV6	Q0.7	一号台装配气缸控制电磁阀	MJ-110
YV7	Q1.0	一号台推料气缸控制电磁阀	MJ-112
YV8	Q1.1	二号台进给托架气缸控制电磁阀	MJ-108
YV4	Q1.2	二号台冲压气缸控制电磁阀	MJ-104
HL3	Q1.3	三号灯	MC-HL3-2
HL1	Q1.4	一号灯	MC-HL1-2
HL2	Q1.5	二号灯	MC-HL2-2
HA	Q1.6	蜂鸣器	MC-HA-2
HL4	Q1.7	四号灯	MC-HL4-2

6. 气动原理

系统的气动原理如图6-22所示。

7. 电气原理

系统的电气原理如图6-23所示。

8. 梯形图程序

编制的系统梯形图程序见配套实训内容，路径为：第6章\6.2\顺序加工。

9. 程序的执行与调试

1）设备的初始状态。通电后，系统应处于初始状态。机械手在原点位置，机械手上升下降气缸伸出，旋转气缸使机械手停在左上方，气动手指处于松开状态；一号台的推料气缸、装配气缸的活塞杆和二号台冲压气缸的活塞杆均处于缩回状态；一号台、二号台的进给托架气缸的活塞杆均处于伸出状态。若系统未能满足初始状态要求，则需按下按钮SB3进行系统复位。当系统处在初始状态后，指示灯HL1、HL2将以0.5s时间交替闪烁。

2）设备在初始状态下，按下起动按钮SB1。系统起动后，指示灯HL1熄灭，HL2发光，载货台上的光电传感器检测到圆柱形物料时，机械手在直流电动机的拖动下移动到载货台，机械手下降，气动手指夹紧，抓取一个圆柱形物料，然后由直流电动机拖动到达一号台。当物料处于一号台进给托架正上方时，机械手停止移动，然后下降，气动手指松开将圆柱形物料放在进给托架上，机械手上升。

3）进给托架气缸缩回，将物料带入加工设备进行清洗，指示灯HL3点亮（代表清洗喷头打开），清洗3s后，指示灯HL3熄灭，进给托架气缸伸出，将物料带出加工设备。机械

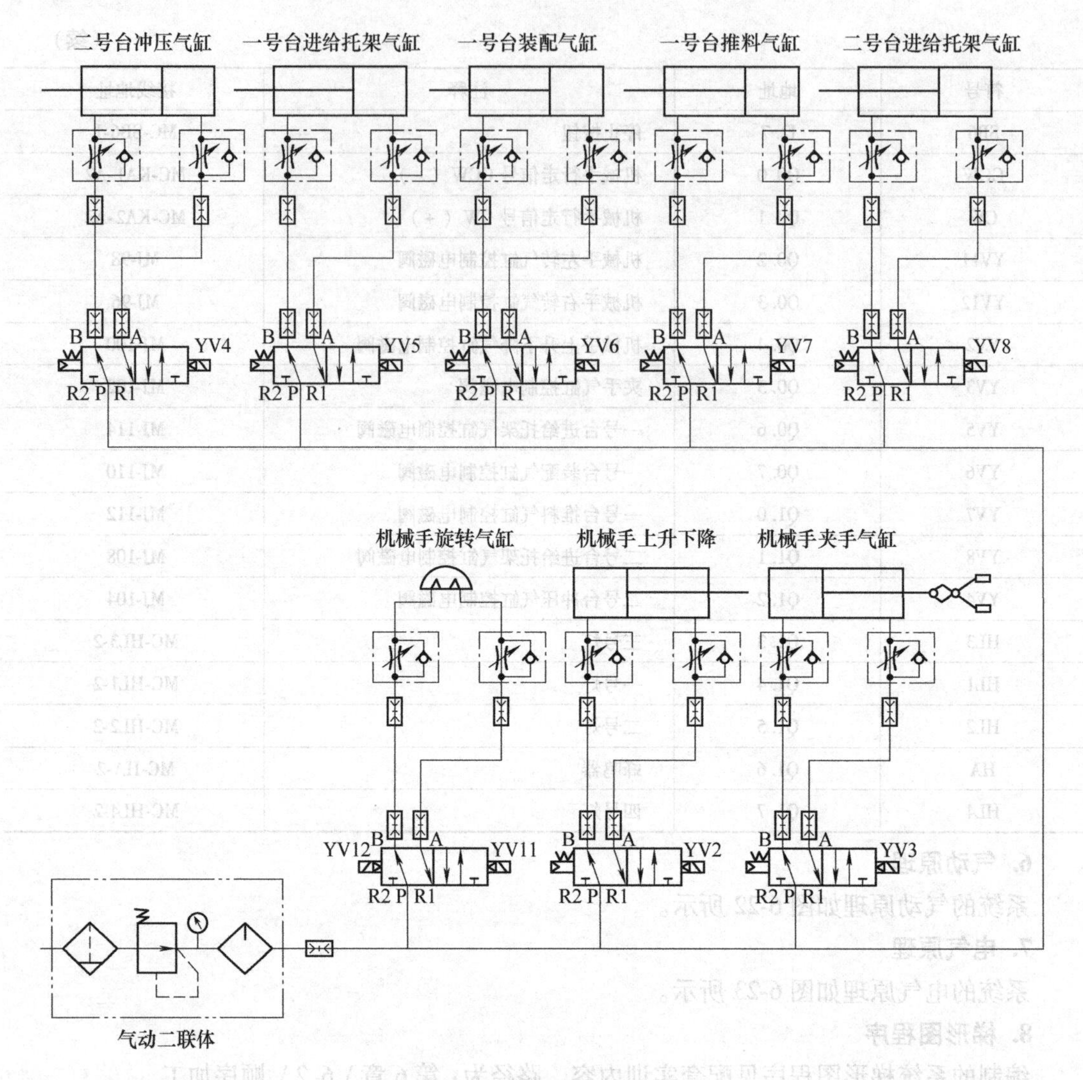

图6-22　系统的气动原理

手下降，气动手指夹紧抓取物料，然后将物料送到二号台，并处于二号台进给托架正上方，机械手下降，气动手指松开将圆柱形物料放在进给托架上，机械手上升。

4）进给托架气缸缩回，将物料带入加工设备进行冲孔，冲压气缸动作2s后复位，完成冲压动作。进给托架气缸伸出，将物料带出加工设备。机械手下降，气动手指夹紧抓取物料，然后将物料送到一号台，并处于一号台进给托架正上方，机械手下降，气动手指松开将圆柱形物料放在进给托架上，机械手上升。

5）进给托架气缸缩回，将物料带入加工设备进行装配。1s后，一号台上的推料气缸伸出将塑料装配件送出，推料气缸缩回后，装配气缸动作对物料进行装配。装配结束后，装配气缸缩回，进给托架气缸伸出，将工件带出装配设备。机械手下降，气动手指夹紧抓取物料，然后将物料送到二号台，并处于进给托架正上方，机械手下降，气动手指松开将圆柱形物料放在进给托架上，机械手上升。

6）进给托架气缸缩回，将物料带入加工设备喷涂条形码，指示灯HL4点亮（代表喷涂进行中）。4s后喷涂结束，指示灯HL4熄灭，进给托架气缸伸出，将物料带出加工设备。机

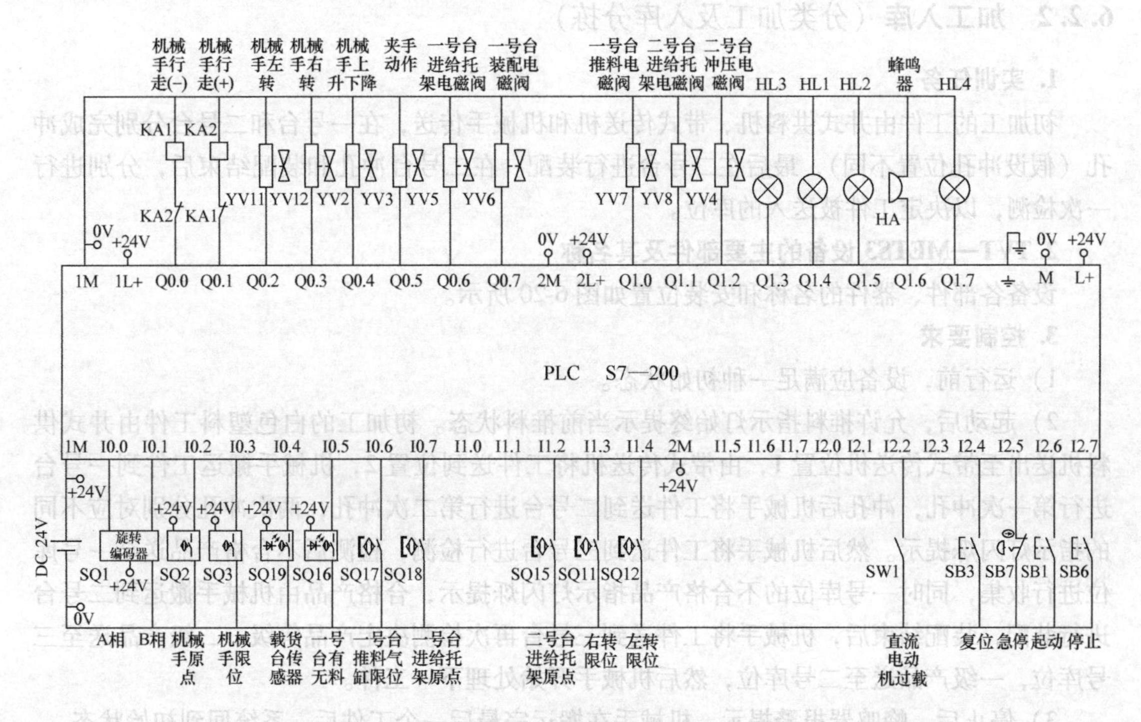

图6-23　系统的电气原理

械手下降，气动手指夹紧抓取工件，然后将工件送到四号库位。此时完成一个工件的处理，并自动进入下一工件的处理。

7）如果在运行状态中尚未按下过停止按钮SB6，则系统继续循环运行。

8）如果在运行状态下按下停止按钮SB6，系统在完成当前物料的一个加工周期后，机械手复位，系统停止运行，HL1、HL2以0.5s时间交替闪烁。

9）若因突发故障需要进行急停，可按下急停按钮SB7（按下后锁死），此时设备应立刻停止运行。若机械手夹持有物料，气动手指应保持抓取状态，以防止物料在急停时掉下发生事故。松开急停按钮，按下起动按钮SB1，设备应继续完成原来流程中剩下的工作。

10）突然断电后恢复供电，按下起动按钮SB1，设备应继续完成原来流程中剩下的工作，但如果断电时正在二号台进行冲压，送电运行后该物料直接送入一号库位作为废品。

11）拖动机械手的直流电动机过载（SW1断开），蜂鸣器发出报警。若4s后过载仍未消除，则直流电动机停止运行。当过载消除（SW1闭合）后，蜂鸣器停止鸣叫，直流电动机重新拖动机械手按停止的状态继续运行。

10. 注意事项

1）当程序中有急停时，应尽量将急停指令放在主程序的前面，实现真正的急停功能。即使实训任务中没有急停要求，编写程序时也应加入急停功能，为调试程序提供方便，程序完全调试成功后，再将急停指令去掉。

2）因为硬件的差异，调试程序时，如出现机械手不能准确到位，可适当修改地址子程序或更改硬件位置。

6.2.2　加工入库（分类加工及入库分拣）

1. 实训任务

初加工的工件由井式供料机、带式传送机和机械手传送，在一号台和二号台分别完成冲孔（假设冲孔位置不同），最后在二号台进行装配。在二号台冲孔和装配结束后，分别进行一次检测，以决定工件被送入的库位。

2. TVT—METS3设备的主要部件及其名称

设备各部件、器件的名称和安装位置如图6-20所示。

3. 控制要求

1）运行前，设备应满足一种初始状态。

2）起动后，允许推料指示灯始终提示当前推料状态。初加工的白色塑料工件由井式供料机送出至带式传送机位置1，由带式传送机将工件送到位置2，机械手搬运工件到一号台进行第一次冲孔，冲孔后机械手将工件送到二号台进行第二次冲孔，两次冲孔分别对应不同的指示灯闪烁提示。然后机械手将工件送到三号台进行检测，检测后不合格产品送至一号库位进行收集，同时一号库位的不合格产品指示灯闪烁提示，合格产品由机械手搬运到二号台进行装配，装配结束后，机械手将工件送到三号台再次检测决定产品等级。二级产品送至三号库位，一级产品送至二号库位，然后机械手开始处理下一工件。

3）停止后，蜂鸣器报警提示，机械手在搬运完最后一个工件后，系统回到初始状态。

4）设备应具有急停保护功能。

4. 系统的控制流程

系统的控制流程如图6-24所示。

5. 系统的I/O分配与变频器参数的设置

PLC的I/O分配见表6-14和表6-15；变频器参数的设置见表6-16。

表6-14　一号PLC（主机）的I/O分配

符号	地址	注释	接线地址
SQ1 A相	I0.0	旋转编码器A相	MJ-2
SQ1 B相	I0.1	旋转编码器B相	MJ-3
SQ2	I0.2	机械手原点检测传感器	MJ-6
SQ3	I0.3	机械手限位检测传感器	MJ-9
SQ4	I0.4	井式供料机推料气缸原点检测传感器	MJ-11
SQ5	I0.5	井式供料机推料气缸限位检测传感器	MJ-13
SQ6	I0.6	井式供料机料块有无检测传感器	MJ-16
SQ7	I0.7	带式输送机位置2检测传感器	MJ-19
SQ11	I1.3	机械手右转限位传感器	MJ-30
SQ12	I1.4	机械手左转限位传感器	MJ-32
SQ20	I1.5	一号库位有无工件检测传感器	MJ-52
SW1	I2.1	决定工件是否合格	MC-SW1-1
SW2	I2.2	决定工件等级	MC-SW2-1

（续）

符号	地址	注释	接线地址
SB3	I2.4	复位按钮	MC-SB3-1
SB7	I2.5	急停按钮	MC-SB7-1
SB1	I2.6	起动按钮	MC-SB1-1
SB6	I2.7	停止按钮	MC-SB6-1
CCW	Q0.2	机械手行走信号 CCW（－）	MC-KA1-A2
CW	Q0.3	机械手行走信号 CW（＋）	MC-KA2-A2
YV1	Q0.4	井式供料机推料气缸控制电磁阀	MJ-94
YV21	Q0.5	机械手左转气缸控制电磁阀	MJ-98
YV22	Q0.6	机械手右转气缸控制电磁阀	MJ-96
YV3	Q0.7	机械手上升下降气缸控制电磁阀	MJ-100
YV4	Q1.0	夹手气缸控制电磁阀	MJ-102
Inverter_RUN	Q1.1	变频器旋转25Hz	MQ-5
HL2	Q1.2	指示灯 HL2	MC-HL2-2
HL3	Q1.3	指示灯 HL3	MC-HL3-2
HL4	Q1.4	指示灯 HL4	MC-HL4-2
HA	Q1.7	蜂鸣器	MC-HA-2

注：指示灯 HL6 直接接到电源上。

表6-15　二号PLC（从机）的I/O分配

符号	地址	注释	接线地址
SQ15	I0.2	一号台进给托架回位检测传感器	MJ-39
SQ16	I0.3	二号台有无装配件检测传感器	MJ-42
SQ17	I0.4	二号台推料气缸限位检测传感器	MJ-44
SQ18	I0.5	二号台进给托架回位检测传感器	MJ-46
SQ19	I0.6	三号台有无工件检测传感器	MJ-49
YV5	Q0.0	一号台冲孔气缸控制电磁阀	MJ-104
YV6	Q0.2	一号台进给托架气缸控制电磁阀	MJ-108
YV7	Q0.3	二号台冲孔、装配气缸控制电磁阀	MJ-110
YV8	Q0.4	二号台推料气缸控制电磁阀	MJ-112
YV9	Q0.5	二号台进给托架气缸控制电磁阀	MJ-114

表6-16　变频器参数的设置

参数	设置值	参数	设置值
P01	0.2	P08	5.0
P02	0.2	P09	1.0

注：第一速为25Hz。

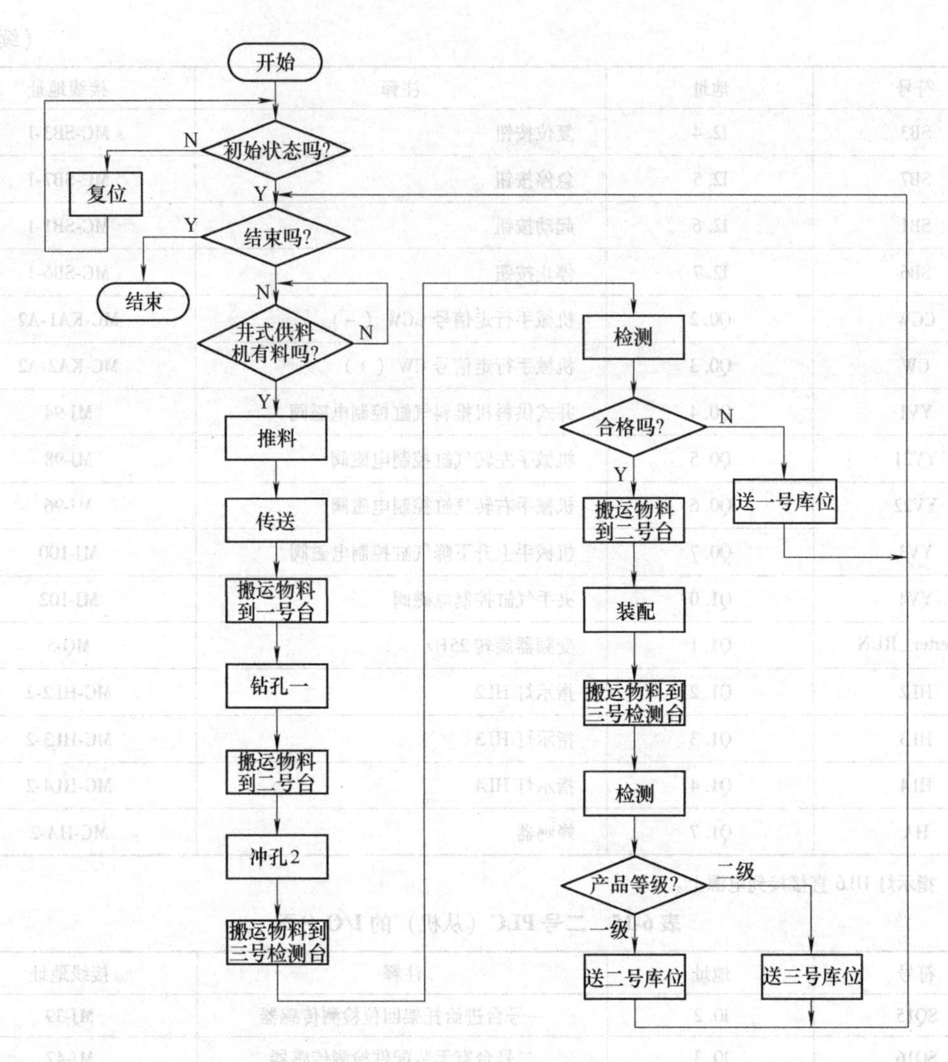

图6-24 系统的控制流程

6. 气动原理

系统的气动原理如图6-25所示。

7. 电气原理

系统的电气原理如图6-26和图6-27所示。

8. 梯形图程序

编制的系统梯形图程序见配套实训内容，路径为：第6章\6.2\加工入库。

本题直流电动机可换为步进电机，编制的系统梯形图程序见配套实训内容，路径为：第6章\6.2\加工入库\步进电动机实现程序。

9. 程序的执行与调试

1）设备的初始状态。通电后，电源指示灯HL6发光，提示工位已送电。急停按钮SB7复位，机械手停在原点并处于带式输送机上方，机械手上升下降气缸的活塞杆伸出，气动手指处于松开状态。一号台、二号台的冲孔气缸（二号台的冲孔气缸装配时为装配气缸）和二号台的推料气缸活塞杆均处于缩回状态，一号台、二号台的进给托架气缸的活塞杆均处于

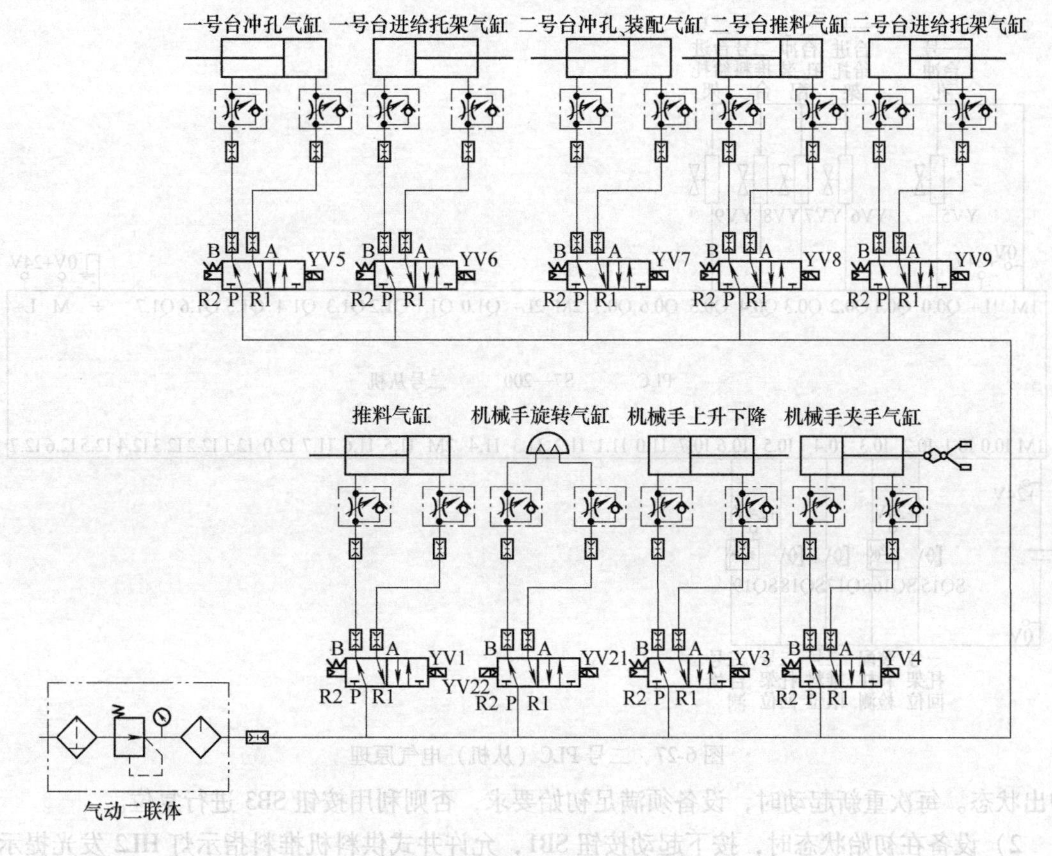

图6-25　系统的气动原理

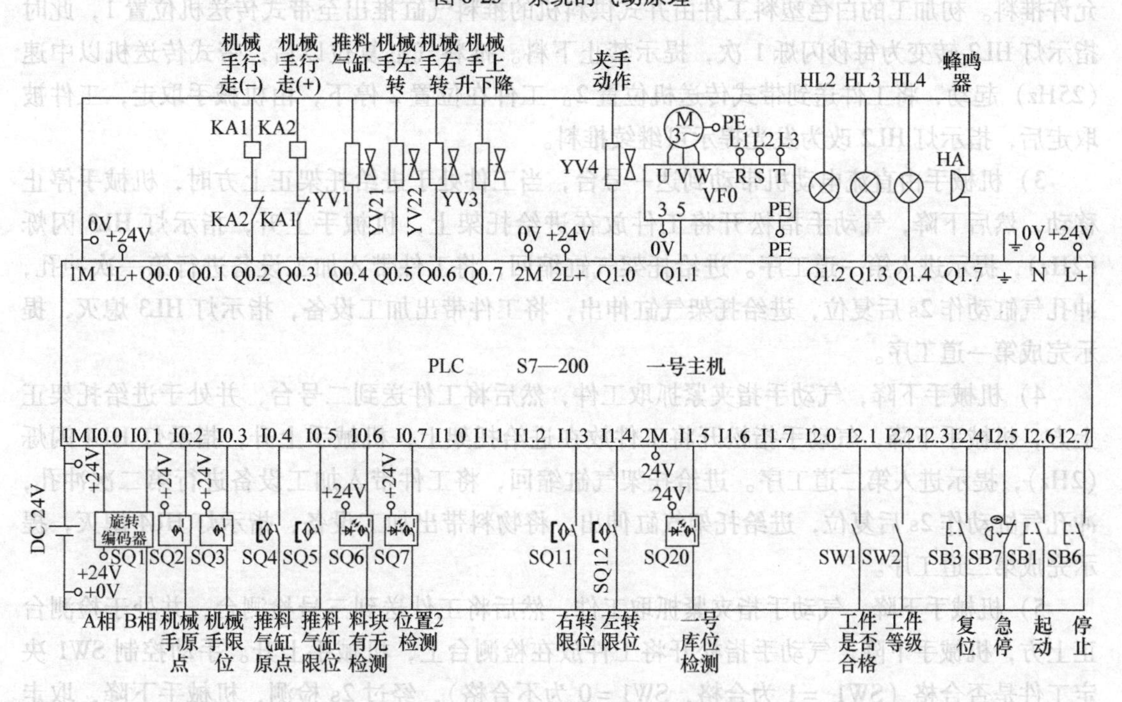

图6-26　一号PLC（主机）电气原理

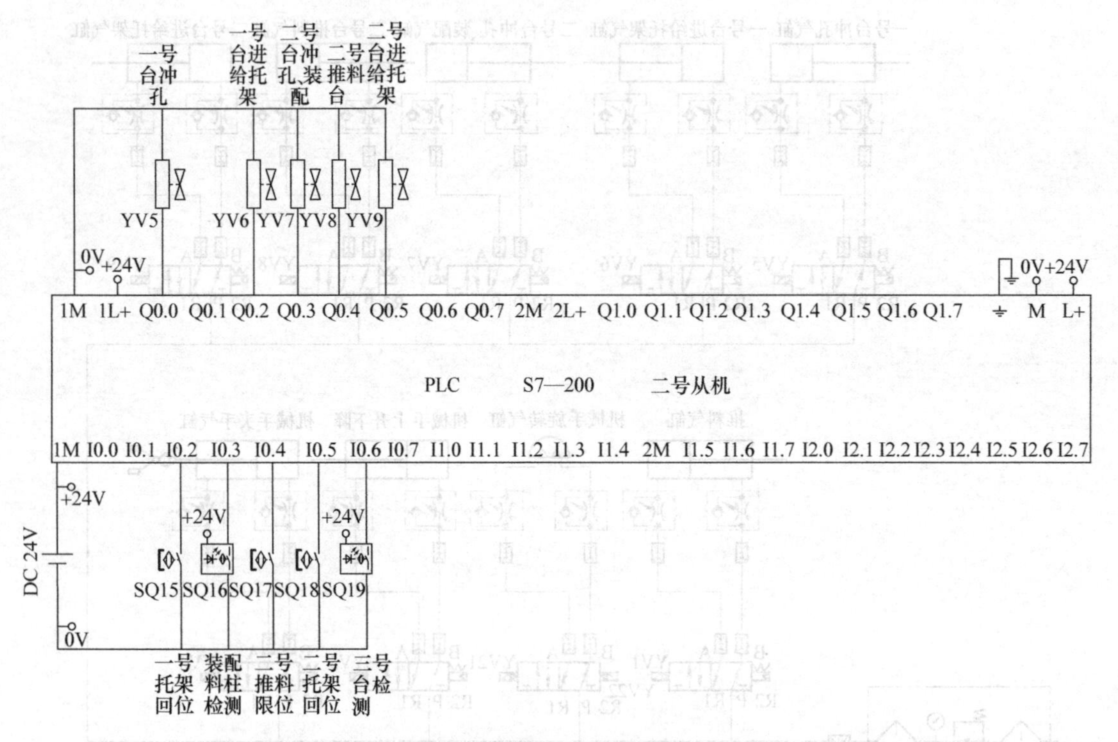

图6-27　二号PLC（从机）电气原理

伸出状态。每次重新起动时，设备须满足初始要求，否则利用按钮SB3进行复位。

2）设备在初始状态时，按下起动按钮SB1，允许井式供料机推料指示灯HL2发光提示允许推料。初加工的白色塑料工件由井式供料机的推料气缸推出至带式传送机位置1，此时指示灯HL2转变为每秒闪烁1次，提示禁止下料。推料气缸复位以后，带式传送机以中速（25Hz）起动，将工件送到带式传送机位置2。工件在位置2停下，由机械手取走，工件被取走后，指示灯HL2改为发光提示可继续推料。

3）机械手由直流电动机带动到达一号台，当工件处于进给托架正上方时，机械手停止移动，然后下降，气动手指松开将工件放在进给托架上，机械手上升，指示灯HL3闪烁（2Hz），提示进入第一道工序。进给托架气缸缩回，将工件带入加工设备进行第一次冲孔，冲孔气缸动作2s后复位，进给托架气缸伸出，将工件带出加工设备，指示灯HL3熄灭，提示完成第一道工序。

4）机械手下降，气动手指夹紧抓取工件，然后将工件送到二号台，并处于进给托架正上方，机械手下降，气动手指松开将工件放在进给托架上，机械手上升，指示灯HL4闪烁（2Hz），提示进入第二道工序。进给托架气缸缩回，将工件带入加工设备进行第二次冲孔，冲孔气缸动作2s后复位，进给托架气缸伸出，将物料带出加工设备，指示灯HL4熄灭，提示完成第二道工序。

5）机械手下降，气动手指夹紧抓取工件，然后将工件送到三号检测台，并处于检测台正上方，机械手下降，气动手指松开将工件放在检测台上，机械手上升。手动控制SW1决定工件是否合格（SW1 =1为合格，SW1 =0为不合格），经过2s检测，机械手下降，取走工件。

6）如果工件为不合格产品，机械手将工件送至一号库位进行收集，然后机械手开始处理下一工件。

7）如果工件为合格产品，机械手搬运工件到达二号台，将工件放在进给托架上，进给托架气缸缩回，将工件带入加工设备进行装配。二号台上的推料气缸伸出将装配件送出，推料气缸缩回后，装配气缸动作对工件进行装配。3s后，进给托架气缸伸出，将工件带出加工设备。机械手下降，气动手指夹紧抓取工件，然后将工件送到三号检测台再次检测决定产品等级。手动控制SW2决定工件等级（SW2 =1为一级，SW2 =0为二级），经过2s检测，机械手下降，取走工件。

8）如果工件为二级产品，机械手将工件送至三号库位，如果工件为一级产品，机械手将工件送至二号库位，然后机械手开始处理下一工件。

9）当一号库位有不合格产品时，指示灯HL1闪烁（1Hz）提示，直到取走工件，指示灯HL1熄灭。

10）按下按钮SB6，发出设备正常停机指令，此时蜂鸣器发出连续短促鸣叫，提示停机指令已发出。井式供料机推料气缸停止推料，机械手在处理完最后一个工件后回到原点，系统回到初始状态。在机械手与带式传送机都回到初始状态后，蜂鸣器停止鸣叫。停机后可按起动按钮SB1重新起动。

11）若因突发故障需要进行急停，可按下急停按钮SB7（按下后锁死），此时设备应立刻停止运行。若机械手夹持有物料，气动手指应保持抓取状态，以防止物料在急停时掉下发生事故。松开急停按钮，按下起动按钮SB1，设备应继续运行。

10. 注意事项

1）PLC联网后，会因分工不同，导致每个PLC程序编写难度和相互之间的通信量不同。本实训按硬件划分了PLC功能，相对来说，程序编写较难，通信的标识位较多，读者可根据自己的理解，重新分配PLC的功能，以降低程序编写难度和通信量。

2）当指示灯只用来表示电源有无时，可将指示灯直接与电源连接。

3）虽然气缸的动作可用延时进行控制，但为了系统的可靠性，如有传感器应首选传感器进行控制。

6.2.3 柔性制造智能控制

1. 实训任务

生产系统包括两道工序，但由于供料、加工时间等原因导致不能流水作业。系统可根据需要改变机械手的动作，保证系统的最高效率。工序一：将载货台上的工件送入一号台进行加工，加工时，机械手可续续将载货台的工件暂存在三号库位。工序二：将工序一加工后的工件送二号台进行加工，加工完后，将工件送入二号库位。

2. TVT—METS3设备的主要部件及其名称

设备各部件、器件的名称和安装位置如图6-28所示。

3. 控制要求

1）运行前，设备应满足一种初始状态。

2）起动后，当载货台上有工件时，机械手将工件送到一号台进行5s的冲孔。冲孔后，机械手将工件送到二号台进行8s的装配，装配时若缺少装配件，相应指示灯闪烁提示。装

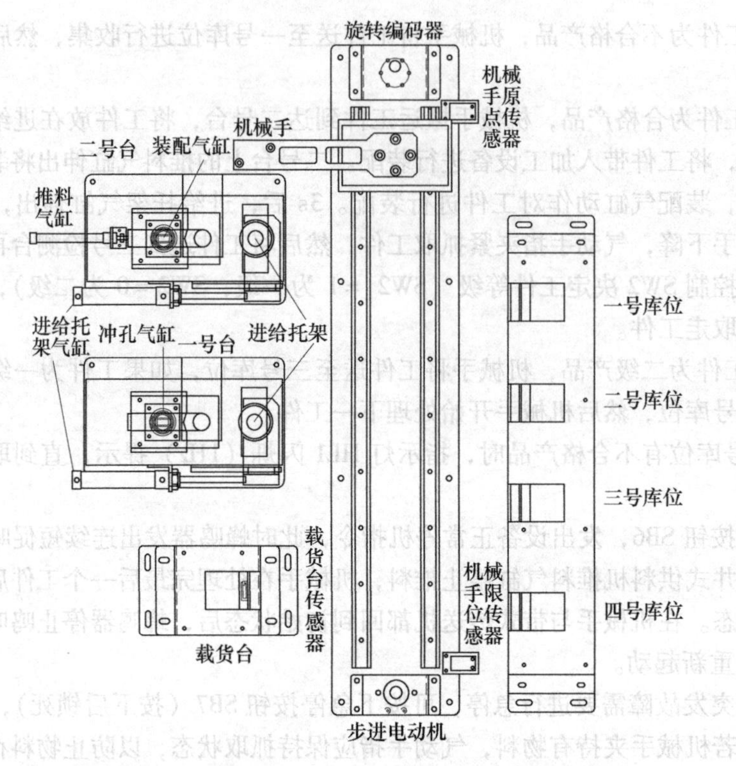

图6-28　设备各部件、器件的名称和安装位置

配后，机械手将工件送到二号库位。

3）当工件在一号台进行加工时，机械手可将载货台上的工件暂存到三号库位。

4）机械手在选择要搬运的工件时，三号库位优先于载货台，加工台优先于三号库位。

5）停止后，蜂鸣器报警提示，正在加工的工件完成所有的加工后送入一号库位，系统回到初始状态。重新起动后，系统优先处理三号库位中的工件。

4. 系统的控制流程

系统的控制流程如图6-29所示。

5. 系统的I/O分配

PLC的I/O分配见表6-17。

表6-17　PLC的I/O分配

符号	地址	注释	接线地址
SQ2	I0.2	机械手原点检测传感器	MJ-6
SQ3	I0.3	机械手限位检测传感器	MJ-9
SQ18	I0.4	一号台进给托架回位检测传感器	MJ-46
SQ15	I0.5	二号台进给托架回位检测传感器	MJ-39
SQ13	I0.6	二号台有无装配件检测传感器	MJ-35
SQ14	I0.7	二号台推料气缸限位检测传感器	MJ-37
SQ19	I1.0	载货台有无工件检测传感器	MJ-49
SQ11	I1.3	机械手右转限位传感器	MJ-30
SQ12	I1.4	机械手左转限位传感器	MJ-32
SB3	I2.4	复位按钮	MC-SB3-1
SB1	I2.6	起动按钮	MC-SB1-1
SB6	I2.7	停止按钮	MC-SB6-1
CP	Q0.0	高数脉冲输出	MJ-118

（续）

符号	地址	注释	接线地址
DIR	Q0.2	步进电动机方向控制	MJ-119
YV11	Q0.5	机械手左转气缸控制电磁阀	MJ-98
YV12	Q0.6	机械手右转气缸控制电磁阀	MJ-96
YV2	Q0.7	机械手上升下降气缸控制电磁阀	MJ-100
YV3	Q1.0	夹手气缸控制电磁阀	MJ-102
YV5	Q1.1	一号台进给托架气缸控制电磁阀	MJ-114
YV4	Q1.2	一号台冲孔气缸控制电磁阀	MJ-110
YV7	Q1.3	二号台进给托架气缸控制电磁阀	MJ-108
YV6	Q1.4	二号台推料气缸控制电磁阀	MJ-106
YV8	Q1.5	二号台装配气缸控制电磁阀	MJ-104
HL2	Q1.6	二号灯	MC-HL2-2
HA	Q1.7	蜂鸣器	MC-HA-2

注：指示灯HL1直接连接电源。

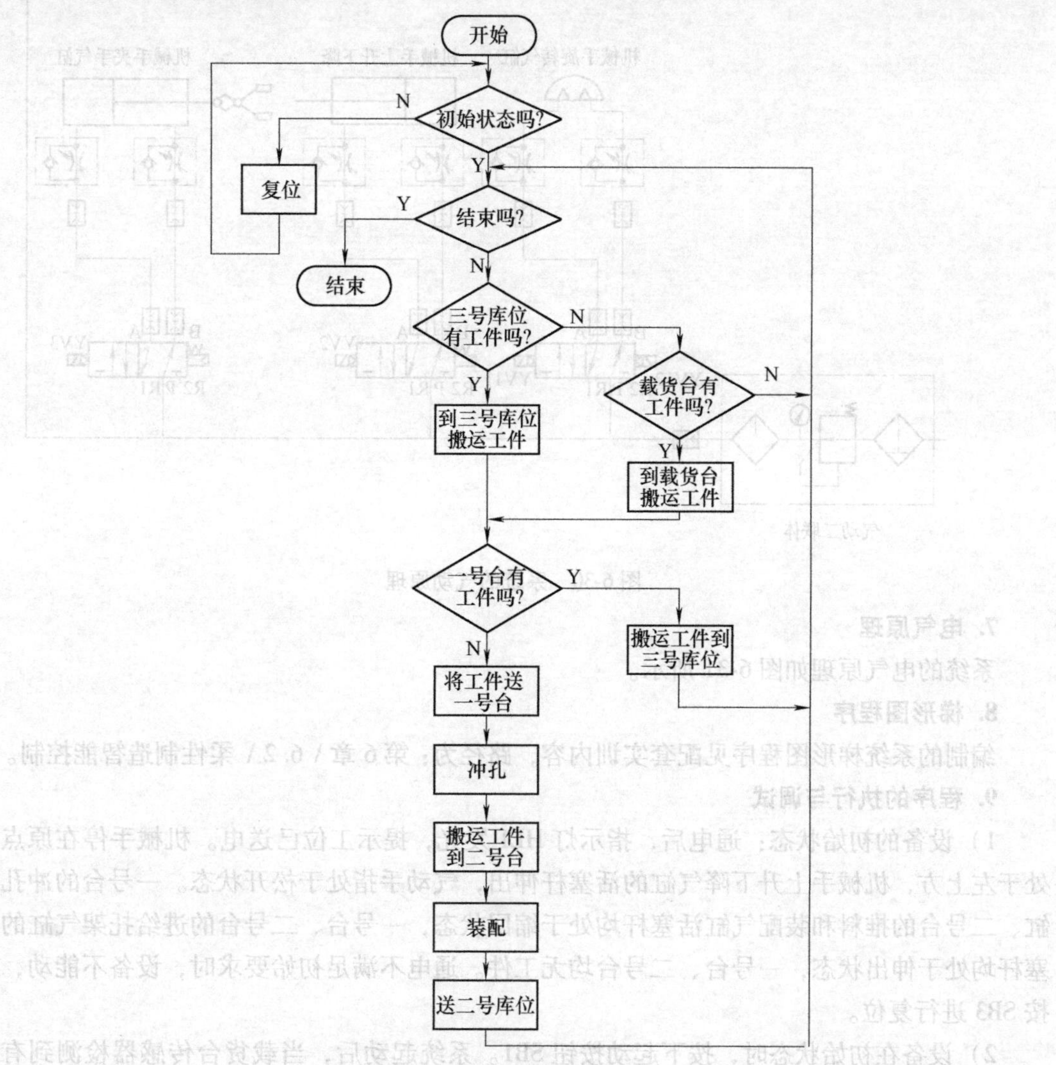

图6-29　系统的控制流程

6. 气动原理

系统的气动原理如图 6-30 所示。

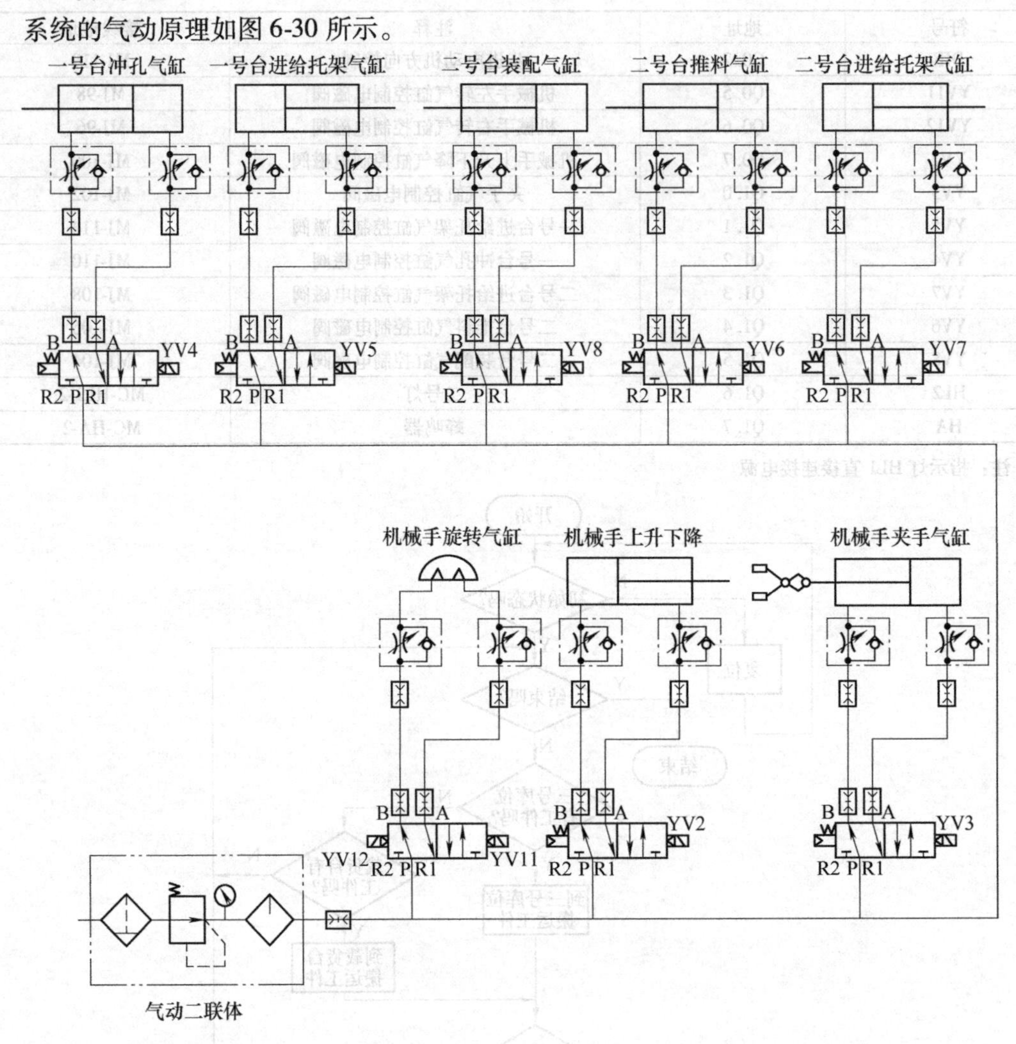

图 6-30　系统的气动原理

7. 电气原理

系统的电气原理如图 6-31 所示。

8. 梯形图程序

编制的系统梯形图程序见配套实训内容，路径为：第 6 章 \ 6.2 \ 柔性制造智能控制。

9. 程序的执行与调试

1）设备的初始状态：通电后，指示灯 HL1 发光，提示工位已送电。机械手停在原点并处于左上方，机械手上升下降气缸的活塞杆伸出，气动手指处于松开状态。一号台的冲孔气缸、二号台的推料和装配气缸活塞杆均处于缩回状态，一号台、二号台的进给托架气缸的活塞杆均处于伸出状态，一号台、二号台均无工件。通电不满足初始要求时，设备不能动，需按 SB3 进行复位。

2）设备在初始状态时，按下起动按钮 SB1。系统起动后，当载货台传感器检测到有工件到达时，机械手移动到载货台附近，然后手臂下降，气动手指抓取一个圆柱形工件。接着

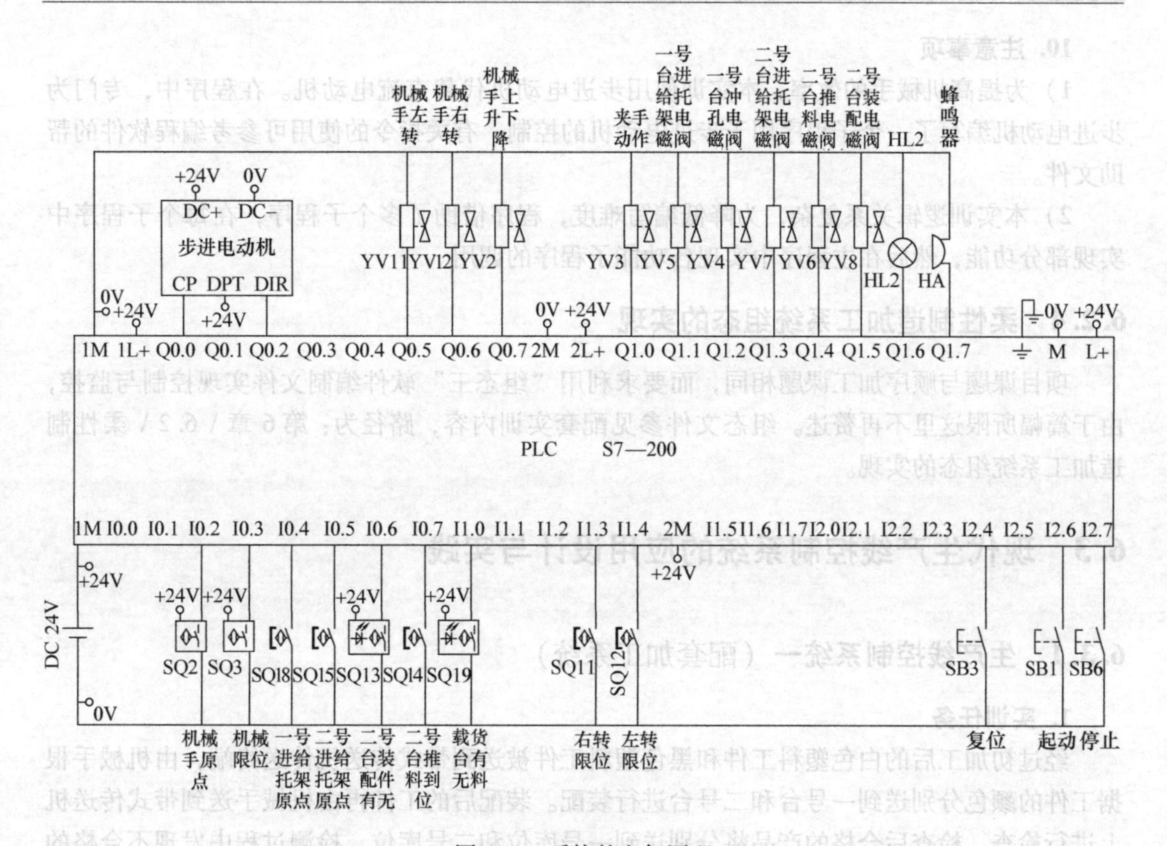

图6-31 系统的电气原理

手臂上升，机械手移动到一号台并处于进给托架正上方时，机械手停止移动，然后下降，气动手指松开将圆柱形工件放在进给托架上，机械手上升。械手上升0.5s后，进给托架气缸缩回，将工件带入加工设备进行冲孔，冲孔气缸动作共需5s。

3）5s后，冲孔气缸缩回，进给托架气缸伸出，将工件带出加工设备。机械手下降，气动手指夹紧工件，然后将工件送到二号台，并处于二号台进给托架正上方，机械手下降，气动手指松开将工件放在进给托架上，机械手上升，进给托架气缸缩回，将工件带入加工设备进行装配。当二号台井式供料机上的传感器检测到装配件时，推料气缸动作将装配件推出，然后推料气缸缩回。装配气缸动作，将装配件压入工件，最后装配气缸缩回。加工时间共需8s，8s后，进给托架气缸伸出，将工件带出加工设备，机械手将工件送到二号库位。

4）当工件在一号台进行加工时，机械手可继续从载货台取工件，并将工件放入三号库位暂存。当一号台需要工件时，机械手优先从三号库位取工件。机械手在选择要搬运的工件时，加工台的工件优先于三号库位工件的搬运。

5）当二号台的装配件缺少时，指示灯HL2快速闪烁（5Hz），提示补充装配件，装配件补充后，指示灯HL2熄灭。

6）如果在运行状态中尚未按下过停止按钮SB6，则系统连续运行。如果在运行状态下按下停止按钮SB6，蜂鸣器发出停机提示（1s鸣叫一声），机械手停止从载货台或三号库位向一号台搬运工件，正在加工的工件必须完成所有的加工，并送入一号库位。机械手在完成所有搬运任务后复位，系统回到初始状态后，蜂鸣器停止鸣叫。重新起动后，系统优先处理三号库位中未加工的工件。

10. 注意事项

1）为提高机械手的效率，本实训使用步进电动机代替直流电动机。在程序中，专门为步进电动机编写了一个子程序用于步进电动机的控制，有关指令的使用可参考编程软件的帮助文件。

2）本实训逻辑关系复杂，为降低编写难度，程序借助了多个子程序，在每个子程序中实现部分功能，然后在主程序中实现各功能子程序的调用。

6.2.4 柔性制造加工系统组态的实现

项目课题与顺序加工课题相同，而要求利用“组态王”软件编制文件实现控制与监控，由于篇幅所限这里不再赘述。组态文件参见配套实训内容，路径为：第 6 章 \ 6.2 \ 柔性制造加工系统组态的实现。

6.3 现代生产线控制系统的应用设计与实践

6.3.1 生产线控制系统一（配套加工系统）

1. 实训任务

经过初加工后的白色塑料工件和黑色塑料工件被送到带式传送机传送终端，由机械手根据工件的颜色分别送到一号台和二号台进行装配。装配后的工件再由机械手送到带式传送机上进行检查。检查后合格的产品将分别送到一号库位和二号库位。检测过程中发现不合格的产品将送到三号库位集中处理。若下料时为两个颜色相同的工件，则第二个工件由机械手夹持到四号库位，并由指示灯提示补充上料。

2. TVT—METS3 设备的主要部件及其名称

设备各部件、器件的名称和安装位置如图 6-32。

3. 控制要求

1）运行前，设备应满足一种初始状态。

2）起动后，允许下料指示灯始终提示当前下料状态，初加工的工件两个一组分别由井式供料机送到带式传送机位置 1，由带式传送机送到位置 2。

3）若工件为黑色塑料，由机械手将工件送到一号台进行铁件装配；若工件为白色塑料，由机械手将工件送到二号台进行铝件装配。两个装配台在装配期间分别有不同的指示灯点亮提示。

4）加工后的工件送到带式传送机进行检测，机械手根据检测结果，将黑色塑料装配铁件的工件送入一号库位，将白色塑料装配铝件的工件送入二号库位。装配错误的工件放入三号库位，并由数码管显示废品数量，当废品达到一定数量时，蜂鸣器报警提示清理。

5）若两个工件颜色相同，则第二个工件送到四号库位，同时指示灯提示补充上料。

6）停止后，指示灯闪烁提示，进入加工阶段的工件则应在完成全部工序后，系统进入初始状态。若工件还没有进入加工阶段，则将这组工件都送入四号库位后，系统进入初始状态。

7）设备应具有停电保持能力。

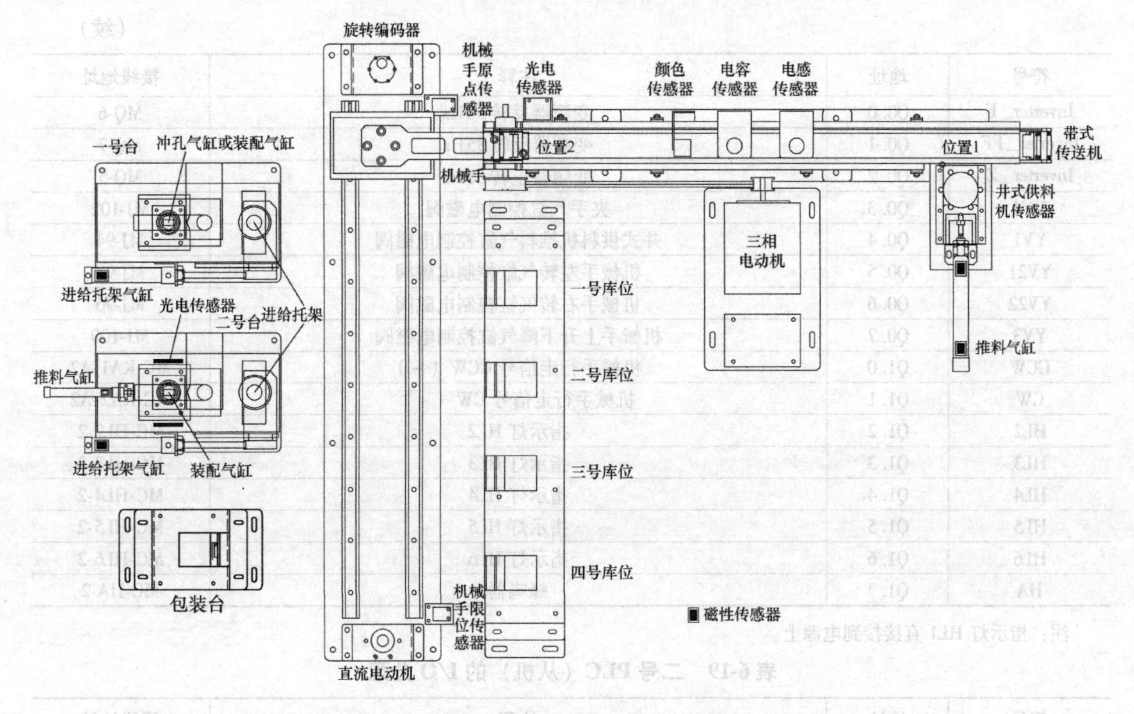

图6-32 设备的部件、器件的名称和安装位置

8）设备应具有急停保护功能。

4. 系统的控制流程

系统的控制流程如图6-33所示。

5. 系统的I/O分配与变频器参数的设置

PLC的I/O分配见表6-18和表6-19；变频器参数的设置见表6-20。

表6-18 一号PLC（主机）的I/O分配

符号	地址	注释	接线地址
SQ1 A相	I0.0	旋转编码器A相	MJ-2
SQ1 B相	I0.1	旋转编码器B相	MJ-3
SQ2	I0.2	机械手原点检测传感器	MJ-6
SQ3	I0.3	机械手限位检测传感器	MJ-9
SQ4	I0.4	井式供料机推料气缸原点检测传感器	MJ-11
SQ5	I0.5	井式供料机推料气缸限位检测传感器	MJ-13
SQ6	I0.6	井式供料机料块有无检测传感器	MJ-16
SQ7	I0.7	带式传送机位置2检测传感器	MJ-19
SQ8	I1.0	电感传感器	MJ-22
SQ9	I1.1	电容传感器	MJ-25
SQ10	I1.2	颜色传感器	MJ-28
SQ11	I1.3	机械手右转限位传感器	MJ-30
SQ12	I1.4	机械手左转限位传感器	MJ-32
SB3	I2.3	清理仓库废件按钮	MC-SB3-1
SB4	I2.4	复位按钮	MC-SB4-1
SB7	I2.5	急停按钮	MC-SB7-1
SB1	I2.6	起动按钮	MC-SB1-1
SB2	I2.7	停止按钮	MC-SB2-1

（续）

符号	地址	注释	接线地址
Inverter_F	Q0.0	变频器反转50Hz	MQ-6
Inverter_FE	Q0.1	变频器反转35Hz	MQ-7
Inverter_Z	Q0.2	变频器正转50Hz	MQ-5
YV4	Q0.3	夹手气缸控制电磁阀	MJ-102
YV1	Q0.4	井式供料机推料气缸控制电磁阀	MJ-94
YV21	Q0.5	机械手左转气缸控制电磁阀	MJ-98
YV22	Q0.6	机械手右转气缸控制电磁阀	MJ-96
YV3	Q0.7	机械手上升下降气缸控制电磁阀	MJ-100
CCW	Q1.0	机械手行走信号CCW（-）	MC-KA1-A2
CW	Q1.1	机械手行走信号CW（+）	MC-KA2-A2
HL2	Q1.2	指示灯HL2	MC-HL2-2
HL3	Q1.3	指示灯HL3	MC-HL3-2
HL4	Q1.4	指示灯HL4	MC-HL4-2
HL5	Q1.5	指示灯HL5	MC-HL5-2
HL6	Q1.6	指示灯HL6	MC-HL6-2
HA	Q1.7	蜂鸣器	MC-HA-2

注：指示灯HL1直接接到电源上。

表6-19　二号PLC（从机）的I/O分配

符号	地址	注释	接线地址
SQ13	I0.0	一号台有无装配件检测传感器	MJ-35
SQ14	I0.1	一号台推料气缸限位检测传感器	MJ-37
SQ15	I0.2	一号台进给托架回位检测传感器	MJ-39
SQ16	I0.3	二号台有无装配件检测传感器	MJ-42
SQ17	I0.4	二号台推料气缸限位检测传感器	MJ-44
SQ18	I0.5	二号台进给托架回位检测传感器	MJ-46
BCD码01	I2.0	低位拨码器的设置1	BCD码B00
BCD码02	I2.1	低位拨码器的设置2	BCD码B01
BCD码03	I2.2	低位拨码器的设置3	BCD码B02
BCD码04	I2.3	低位拨码器的设置4	BCD码B03
BCD码11	I2.4	高位拨码器的设置1	BCD码B10
BCD码12	I2.5	高位拨码器的设置2	BCD码B11
BCD码13	I2.6	高位拨码器的设置3	BCD码B12
BCD码14	I2.7	高位拨码器的设置4	BCD码B13
YV5	Q0.0	一号台装配气缸控制电磁阀	MJ-104
YV6	Q0.1	一号台推料气缸控制电磁阀	MJ-106
YV7	Q0.2	一号台进给托架气缸控制电磁阀	MJ-108
YV8	Q0.3	二号台装配气缸控制电磁阀	MJ-110
YV9	Q0.4	二号台推料气缸控制电磁阀	MJ-112
YV10	Q0.5	二号台进给托架气缸控制电磁阀	MJ-114
LED数码管00	Q1.0	低位LED数码管显示1	LED数码管B00
LED数码管01	Q1.1	低位LED数码管显示2	LED数码管B01
LED数码管02	Q1.2	低位LED数码管显示3	LED数码管B02
LED数码管03	Q1.3	低位LED数码管显示4	LED数码管B03
LED数码管10	Q1.4	高位LED数码管显示1	LED数码管B10
LED数码管11	Q1.5	高位LED数码管显示2	LED数码管B11
LED数码管12	Q1.6	高位LED数码管显示3	LED数码管B12
LED数码管13	Q1.7	高位LED数码管显示4	LED数码管B13

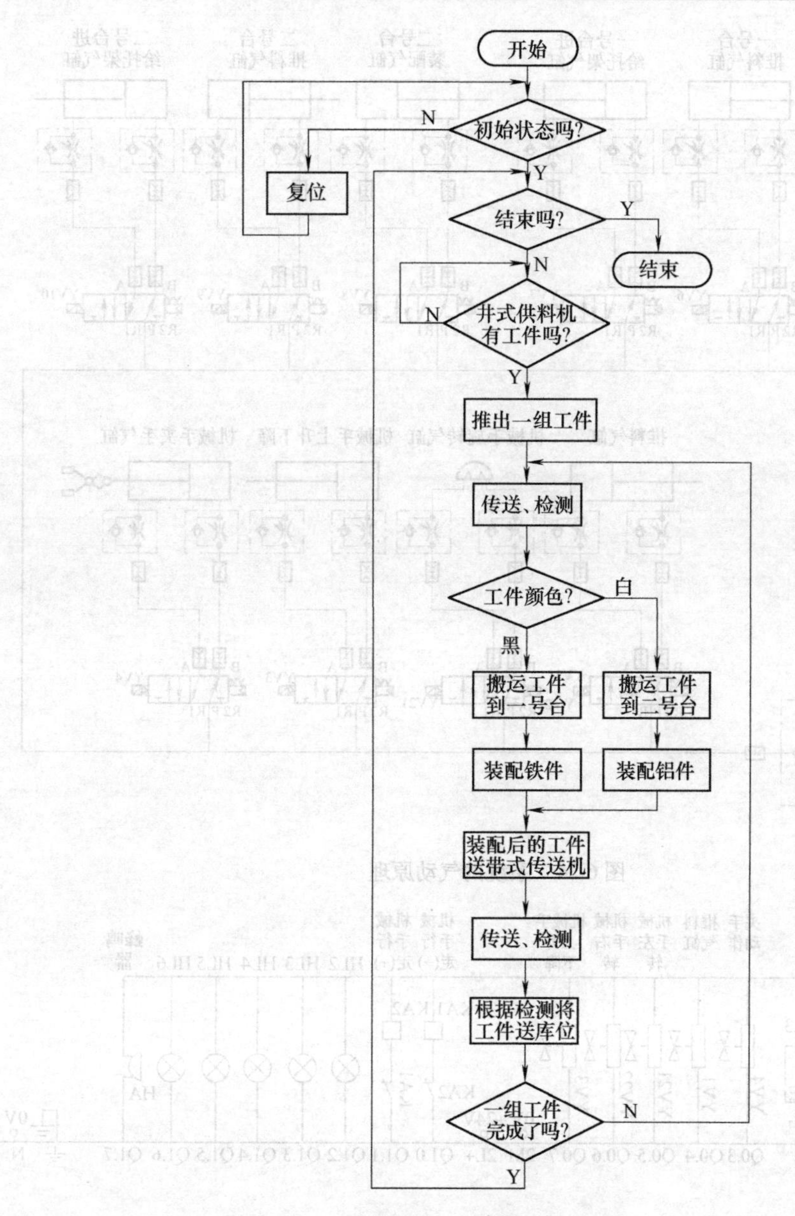

图6-33　系统的控制流程

表6-20　变频器参数的设置

参数	设置值
P01	0.2
P02	0.2
P08	5.0
P09	1.0
P32	35.0

注：第一速为50Hz。

6. 气动原理

系统的气动原理如图6-34所示。

7. 电气原理

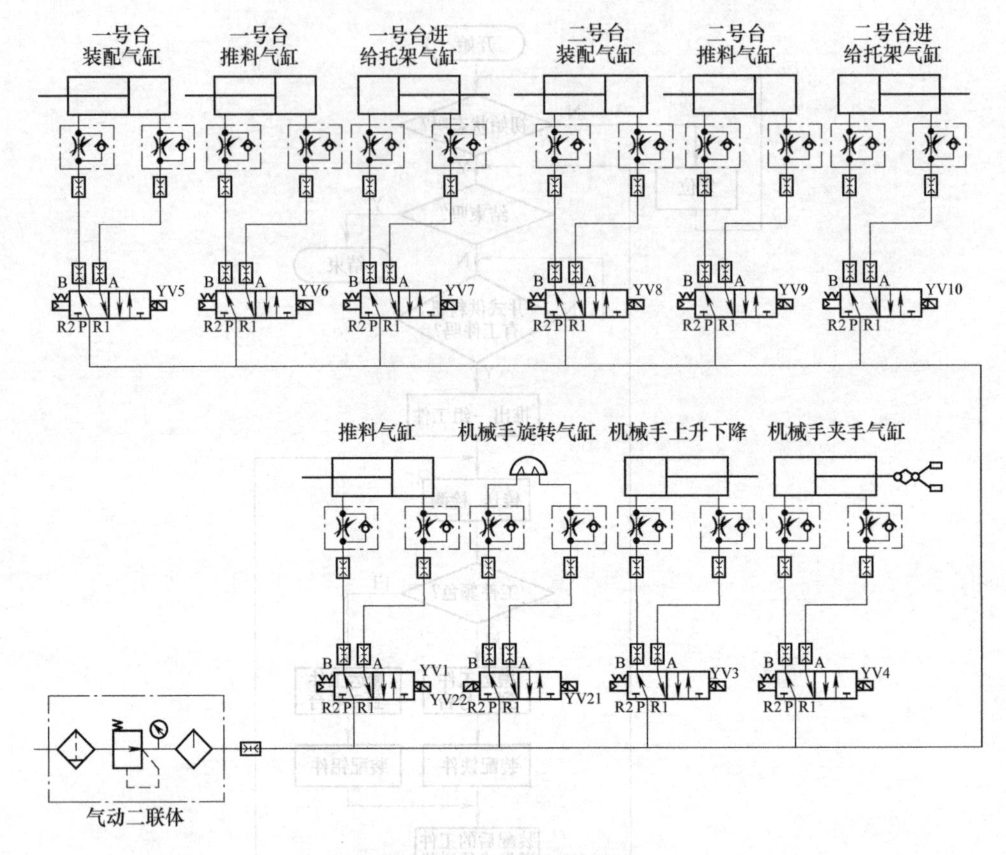

图6-34　系统的气动原理

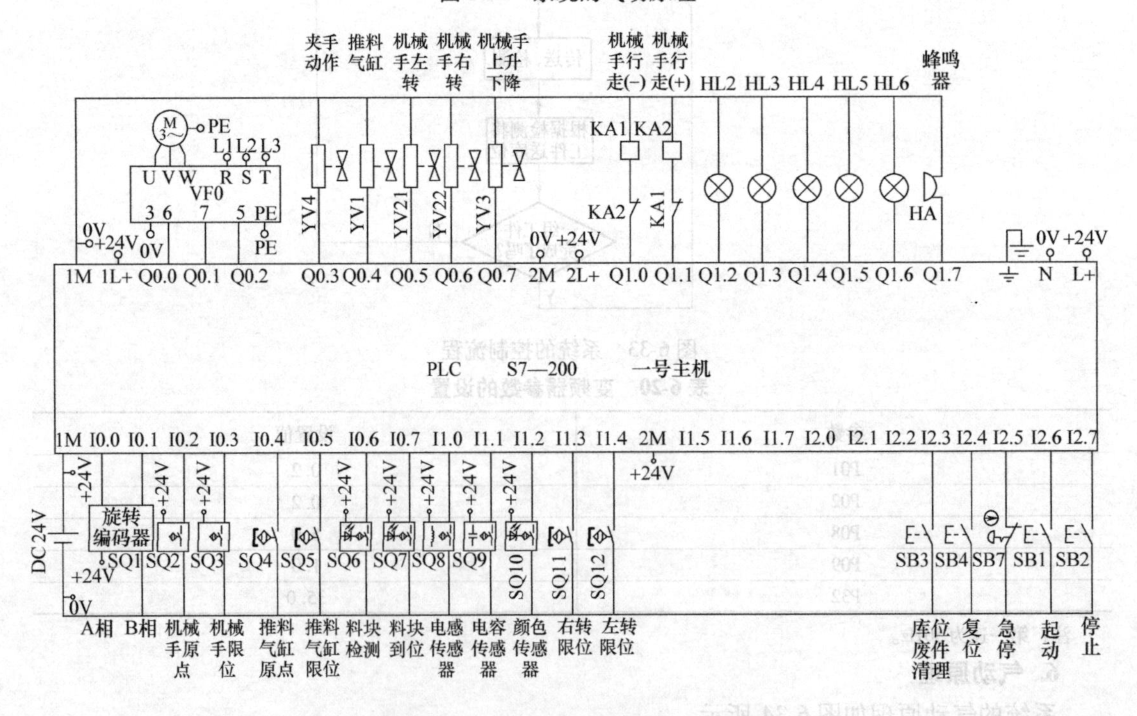

图6-35　一号PLC（主机）电气原理

系统的电气原理如图6-35和图6-36所示。

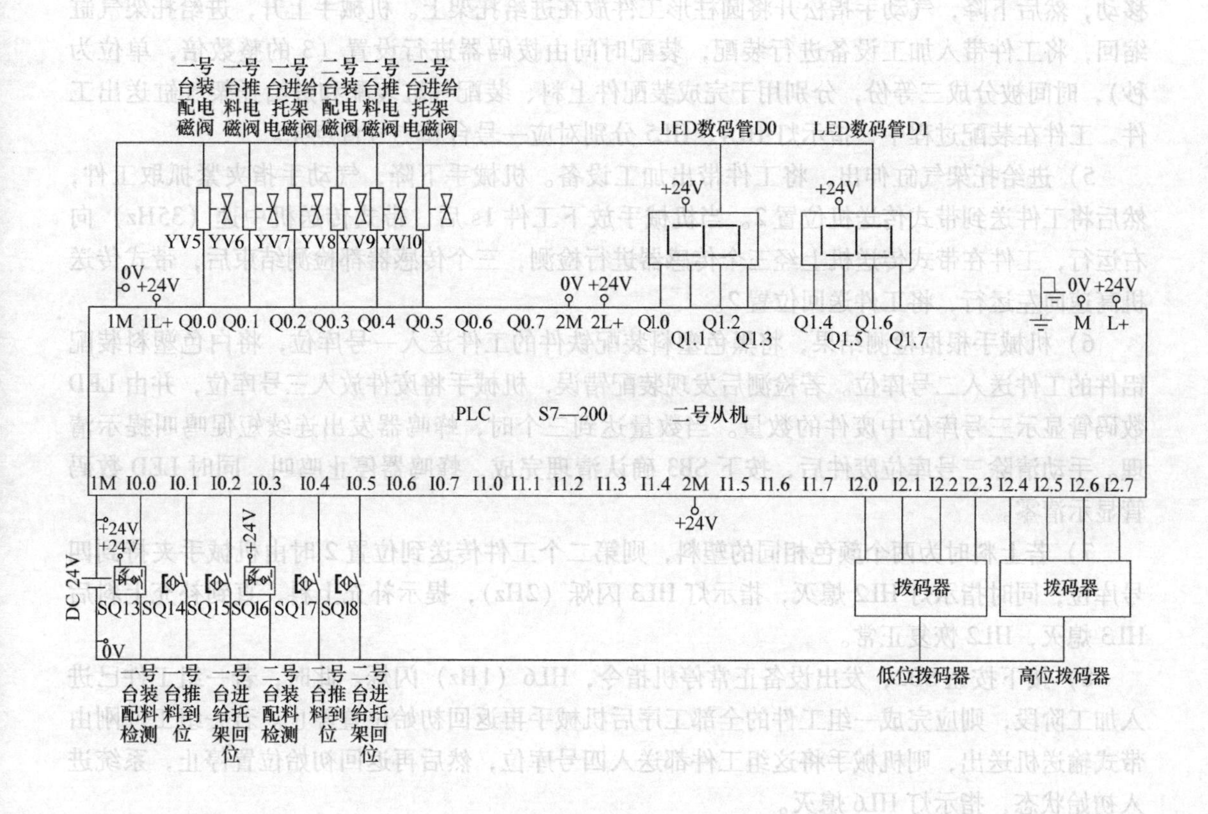

图6-36　二号PLC（从机）电气原理

8. 梯形图程序

编制的系统梯形图程序见配套实训内容，路径为：第6章\6.3\生产线控制系统一。

9. 程序的执行与调试

1）通电后，指示灯HL1发光，提示工位已送电。同时，指示灯HL2~HL6熄灭，急停按钮SB7复位，机械手停在原点并处于带式传送机上方，机械手上升下降气缸的活塞杆伸出，气动手指处于松开状态。两个加工台的推料气缸和装配气缸处于缩回状态，进给托架气缸的活塞杆均处于伸出状态，进给托架上均无工件，带式传送机停止运行。通电不满足初始要求时，设备不能动，需按SB4进行复位。

2）设备在初始状态下，按下起动按钮SB1，指示灯HL2发光提示允许下料。初加工的黑色塑料工件和白色塑料工件按两个一组由井式供料机送入（不分前后顺序）。井式供料机的光电传感器检测到工件后，推料气缸在6s内将两个工件分别送到带式传送机位置1。当带式传送机上有工件时，带式传送机以高速（50Hz）运行，将工件向左传送。两个工件都送到带式传送机上后，指示灯HL2转变为每秒闪烁1次，提示禁止下料。

3）黑色塑料工件或白色塑料工件到达位置2后，带式传送机停止转动，由机械手进行搬运。若工件为黑色塑料，由机械手将工件送到一号台进行铁件装配；若工件为白色塑料，由机械手将工件送到二号台进行铝件装配。

4）机械手由直流电动机拖动到达加工台，当工件处于进给托架正上方时，机械手停止移动，然后下降，气动手指松开将圆柱形工件放在进给托架上。机械手上升，进给托架气缸缩回，将工件带入加工设备进行装配，装配时间由拨码器进行设置（3的整数倍，单位为秒），时间被分成三等份，分别用于完成装配件上料、装配气缸装配和进给托架气缸送出工件。工件在装配过程中，指示灯HL4、HL5分别对应一号台和二号台点亮。

5）进给托架气缸伸出，将工件带出加工设备。机械手下降，气动手指夹紧抓取工件，然后将工件送到带式传送机位置2。当机械手放下工件1s后，带式传送机中速（35Hz）向右运行，工件在带式传送机上经三个传感器进行检测，三个传感器都检测结束后，带式传送机高速向左运行，将工件送回位置2。

6）机械手根据检测结果，将黑色塑料装配铁件的工件送入一号库位，将白色塑料装配铝件的工件送入二号库位。若检测后发现装配错误，机械手将废件放入三号库位，并由LED数码管显示三号库位中废件的数量。当数量达到三个时，蜂鸣器发出连续短促鸣叫提示清理。手动清除三号库位废件后，按下SB3确认清理完成，蜂鸣器停止鸣叫，同时LED数码管显示清零。

7）若上料时为两个颜色相同的塑料，则第二个工件传送到位置2时由机械手夹持到四号库位，同时指示灯HL2熄灭，指示灯HL3闪烁（2Hz），提示补充上料，直到补充上料后HL3熄灭，HL2恢复正常。

8）按下按钮SB2，发出设备正常停机指令，HL6（1Hz）闪烁。此时，若一组工件已进入加工阶段，则应完成一组工件的全部工序后机械手再返回初始位置停止。若一组工件刚由带式输送机送出，则机械手将这组工件都送入四号库位，然后再返回初始位置停止，系统进入初始状态，指示灯HL6熄灭。

9）停机后可按起动按钮SB1重新起动。

10）设备应有停电保持能力，在遇到突然停电时，设备应能保持当前状态。当重新送电后，应按下SB1设备才能在停电状态上恢复运行。

11）若因突发故障需要进行急停，可按下急停按钮SB7（按下后锁死），此时设备应立刻停止运行。若机械手夹持有物料，气动手指应保持抓取状态，以防止物料在急停时掉下发生事故。松开急停按钮，按下起动按钮SB1，设备应继续工作。

10. 注意事项

1）带式传送机上三个传感器的位置，应保证第一个工件到达位置2时，第二个工件还没有进入检测区域。

2）在较大的程序中，应尽可能将程序分解为不同的功能模块，然后对每个功能用子程序实现，否则，程序编写容易调试难。

6.3.2 生产线控制系统二（定量加工系统）

1. 实训任务

生产线可根据用户需要定量生产所需数量的产品。首先操作者用拨位开关选择四种产品（SW1为白色塑料圆柱内装配金属铁，SW2为黑色塑料圆柱内装配金属铁，SW3为白色塑料圆柱内装配金属铝，SW4为黑色塑料圆柱内装配金属铝）中的一种并由拨码器确定生产数量。生产线运行后将根据产品的不同，从一号或二号库位中取出毛坯件，在一号台或二号台进行加工，然后送到带式传送机上进行检测。如果产品合格则在包装台上进行包装并送入三号或四号库位（装配铁件的送入三号库位，装配铝件的送入四号库位），如果产品不合格则将废品送入废品箱。

2. TVT—METS3 设备的主要部件及其名称

设备各部件、器件的名称和安装位置如图6-32所示。

3. 控制要求

1）运行前，设备应满足一种初始状态。

2）起动前，操作者可选择要生产的产品（假设选择SW1），并确定生产数量。

3）起动后，运行指示灯发光提示，机械手从一号库位夹取毛坯件，送到一号台进行铁件装配。装配后机械手将工件送到带式传送机进行检测。如果产品为合格产品，带式传送机将产品送到包装台进行3s包装，包装结束后，机械手将产品送入三号库位，然后进行下一产品的生产。如果产品为不合格产品，检测结束后，带式传送机向右运行3s，将废品送下带式传送机落入废品箱内。

4）生产过程中可进行已经生产产品数量的监视。机械手在运行过程中，对应指示灯闪烁提示。

5）停止后，停机指示灯闪烁提示，机械手在完成当前产品的生产后，返回初始位置停止，系统进入初始状态。

6）设备应具有掉电保护功能。

7）设备应具有三相交流电动机过载保护功能。

8）设备应具有急停保护功能。

4. 系统的控制流程

系统的控制流程如图6-37所示。

5. 系统的I/O分配与变频器参数的设置

PLC的I/O分配见表6-21和表6-22；变频器参数的设置见表6-23。

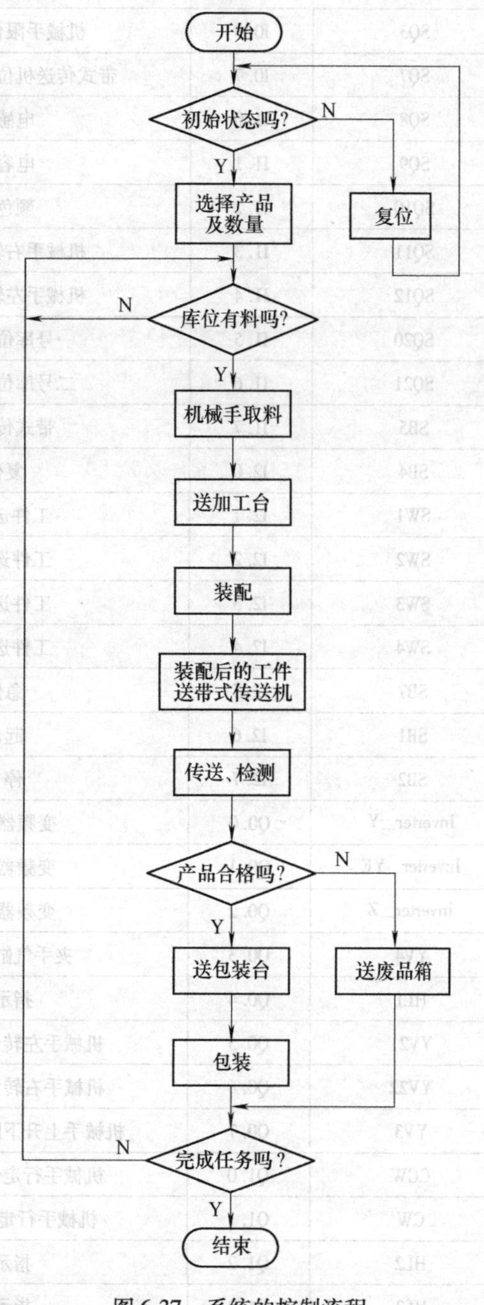

图6-37 系统的控制流程

表6-21 一号PLC（主机）的I/O分配

符号	地址	注释	接线地址
SQ1 A相	I0.0	旋转编码器A相	MJ-2
SQ1 B相	I0.1	旋转编码器B相	MJ-3

（续）

符号	地址	注释	接线地址
SQ2	I0.2	机械手原点检测传感器	MJ-6
SQ3	I0.3	机械手限位检测传感器	MJ-9
SQ7	I0.7	带式传送机位置2检测传感器	MJ-19
SQ8	I1.0	电感传感器	MJ-22
SQ9	I1.1	电容传感器	MJ-25
SQ10	I1.2	颜色传感器	MJ-28
SQ11	I1.3	机械手右转限位传感器	MJ-30
SQ12	I1.4	机械手左转限位传感器	MJ-32
SQ20	I1.5	一号库位检测传感器	MJ-52
SQ21	I1.6	二号库位检测传感器	MJ-55
SB5	I1.7	带式传送机过载	MC-SB5-1
SB4	I2.0	复位按钮	MC-SB4-1
SW1	I2.1	工件选择开关1	MC-SW1-1
SW2	I2.2	工件选择开关2	MC-SW2-1
SW3	I2.3	工件选择开关3	MC-SW3-1
SW4	I2.4	工件选择开关4	MC-SW4-1
SB7	I2.5	急停按钮	MC-SB7-1
SB1	I2.6	起动按钮	MC-SB1-1
SB2	I2.7	停止按钮	MC-SB2-1
Inverter_Y	Q0.0	变频器向右50Hz	MQ-6
Inverter_YE	Q0.1	变频器向右35Hz	MQ-7
Inverter_Z	Q0.2	变频器向左50Hz	MQ-5
YV4	Q0.3	夹手气缸控制电磁阀	MJ-102
HL1	Q0.4	指示灯HL1	MC-HL1-2
YV21	Q0.5	机械手左转气缸控制电磁阀	MJ-98
YV22	Q0.6	机械手右转气缸控制电磁阀	MJ-96
YV3	Q0.7	机械手上升下降气缸控制电磁阀	MJ-100
CCW	Q1.0	机械手行走信号CCW（－）	MC-KA1-A2
CW	Q1.1	机械手行走信号CW（＋）	MC-KA2-A2
HL2	Q1.2	指示灯HL2	MC-HL2-2
HL3	Q1.3	指示灯HL3	MC-HL3-2
HL4	Q1.4	指示灯HL4	MC-HL4-2
HL5	Q1.5	指示灯HL5	MC-HL5-2
HL6	Q1.6	指示灯HL6	MC-HL6-2
HA	Q1.7	蜂鸣器	MC-HA-2

表6-22　二号PLC（从机）的I/O分配

符号	地址	注释	接线地址
SQ13	I0.0	一号台有无装配件检测传感器	MJ-35
SQ14	I0.1	一号台推料气缸动作到位检测传感器	MJ-37
SQ15	I0.2	一号台进给托架回位检测传感器	MJ-39
SQ16	I0.3	二号台有无装配件检测传感器	MJ-42
SQ17	I0.4	二号台推料气缸动作到位检测传感器	MJ-44
SQ18	I0.5	二号台进给托架回位检测传感器	MJ-46
BCD码01	I2.0	低位拨码器的设置1	BCD码B00
BCD码02	I2.1	低位拨码器的设置2	BCD码B01
BCD码03	I2.2	低位拨码器的设置3	BCD码B02
BCD码04	I2.3	低位拨码器的设置4	BCD码B03
BCD码11	I2.4	高位拨码器的设置1	BCD码B10
BCD码12	I2.5	高位拨码器的设置2	BCD码B11
BCD码13	I2.6	高位拨码器的设置3	BCD码B12
BCD码14	I2.7	高位拨码器的设置4	BCD码B13
YV5	Q0.0	一号台装配气缸控制电磁阀	MJ-104
YV6	Q0.1	一号台推料气缸控制电磁阀	MJ-106
YV7	Q0.2	一号台进给托架气缸控制电磁阀	MJ-108
YV8	Q0.3	二号台装配控制电磁阀	MJ-110
YV9	Q0.4	二号台推料控制电磁阀	MJ-112
YV10	Q0.5	二号台进给托架气缸控制电磁阀	MJ-114
LED数码管00	Q1.0	低位LED数码管显示1	LED数码管B00
LED数码管01	Q1.1	低位LED数码管显示2	LED数码管B01
LED数码管02	Q1.2	低位LED数码管显示3	LED数码管B02
LED数码管03	Q1.3	低位LED数码管显示4	LED数码管B03
LED数码管10	Q1.4	高位LED数码管显示1	LED数码管B10
LED数码管11	Q1.5	高位LED数码管显示2	LED数码管B11
LED数码管12	Q1.6	高位LED数码管显示3	LED数码管B12
LED数码管13	Q1.7	高位LED数码管显示4	LED数码管B13

表6-23　变频器参数的设置

参数	设置值
P01	0.2
P02	0.2
P08	5
P09	1
P32	35.0

注：第一速为50Hz。

6. 气动原理

系统的气动原理如图6-38所示。

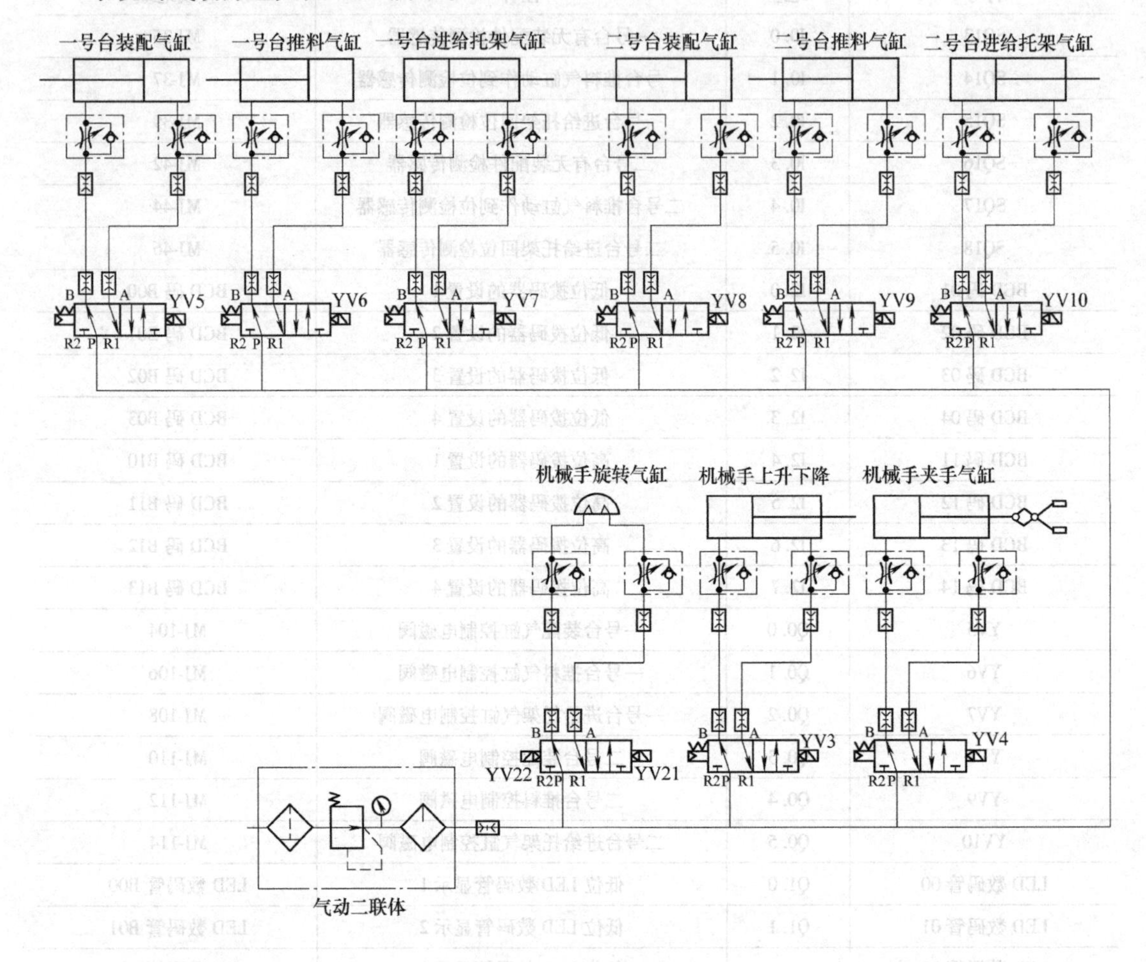

图6-38　系统的气动原理

7. 电气原理

系统的电气原理如图6-39和图6-40所示。

8. 梯形图程序

编制的系统梯形图程序见配套实训内容，路径为：第6章\6.3\生产线控制系统二。

9. 程序的执行与调试

1）设备的初始状态。通电后，指示灯HL1～HL6熄灭，LED数码管显示为零，急停按钮SB7复位，机械手停在原点并处于带式输送机上方，机械手上升下降气缸的活塞杆伸出，气动手指处于松开状态。两个加工台的推料气缸和装配气缸均处于缩回状态，进给托架气缸的活塞杆均处于伸出状态，进给托架上均无工件。一号台的上料井内为金属铁，二号台的上料井内为金属铝，带式输送机停止运行，一号库位为白色塑料毛坯，二号库位为黑色塑料毛坯。通电不满足初始要求时，设备不能动，需按SB4进行复位。

2）起动生产线前，操作者可用拨位开关（SW1～SW4）选择要生产的产品，并由拨码器确定生产数量（假设操作者选择SW1，生产数量为四个）。

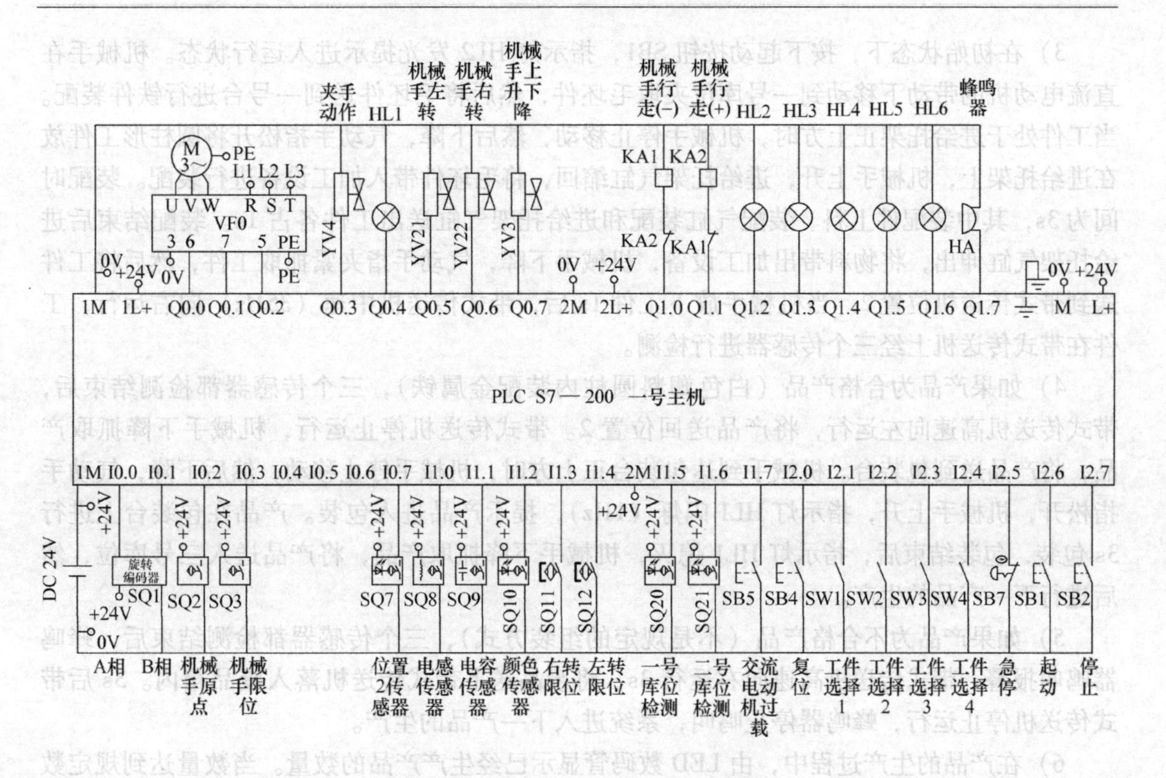

图6-39 一号PLC（主机）电气原理

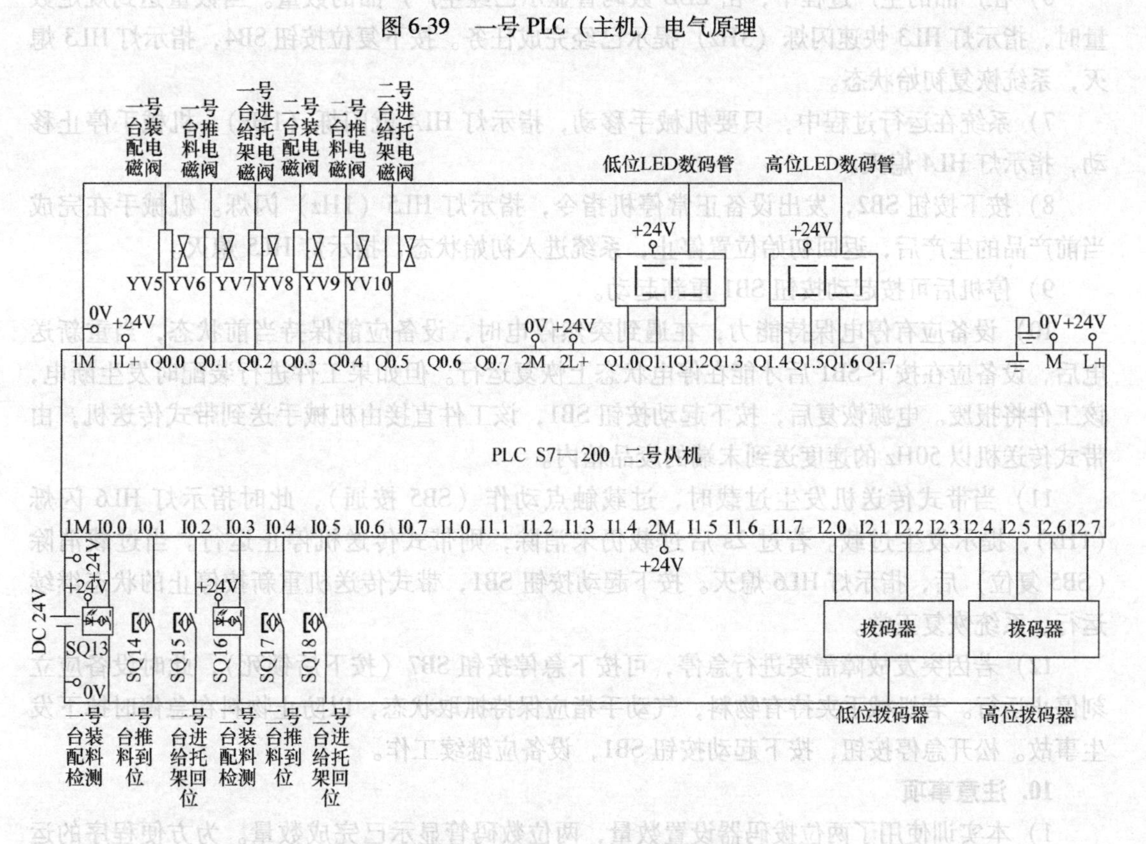

图6-40 二号PLC（从机）电气原理

3）在初始状态下，按下起动按钮 SB1，指示灯 HL2 发光提示进入运行状态。机械手在直流电动机的带动下移动到一号库位夹取毛坯件，然后将毛坯件送到一号台进行铁件装配。当工件处于进给托架正上方时，机械手停止移动，然后下降，气动手指松开将圆柱形工件放在进给托架上，机械手上升，进给托架气缸缩回，将毛坯件带入加工设备进行装配。装配时间为 3s，其中装配件上料、装配气缸装配和进给托架气缸送出工件各占 1s。装配结束后进给托架气缸伸出，将物料带出加工设备，机械手下降，气动手指夹紧抓取工件，然后将工件送到带式传送机位置 2。当机械手放下工件 1s 后，带式传送机中速（35Hz）向右运行，工件在带式传送机上经三个传感器进行检测。

4）如果产品为合格产品（白色塑料圆柱内装配金属铁），三个传感器都检测结束后，带式传送机高速向左运行，将产品送回位置 2。带式传送机停止运行，机械手下降抓取产品，将产品送到包装台。机械手到达包装台正上方时，机械手停止移动，然后下降，气动手指松开，机械手上升，指示灯 HL1 闪烁（1Hz），提示产品进入包装。产品在包装台上进行 3s 包装，包装结束后，指示灯 HL1 熄灭，机械手下降抓取产品，将产品送入三号库位，然后进行下一产品的生产。

5）如果产品为不合格产品（不是规定的组装方式），三个传感器都检测结束后，蜂鸣器鸣叫报警，带式传送机高速向右运行 3s，将废品送下带式传送机落入废品箱内。3s 后带式传送机停止运行，蜂鸣器停止鸣叫，系统进入下一产品的生产。

6）在产品的生产过程中，由 LED 数码管显示已经生产产品的数量。当数量达到规定数量时，指示灯 HL3 快速闪烁（3Hz）提示已经完成任务。按下复位按钮 SB4，指示灯 HL3 熄灭，系统恢复初始状态。

7）系统在运行过程中，只要机械手移动，指示灯 HL4 就闪烁（1Hz），机械手停止移动，指示灯 HL4 熄灭。

8）按下按钮 SB2，发出设备正常停机指令，指示灯 HL5（1Hz）闪烁。机械手在完成当前产品的生产后，返回初始位置停止，系统进入初始状态，指示灯 HL5 熄灭。

9）停机后可按起动按钮 SB1 重新起动。

10）设备应有停电保持能力，在遇到突然停电时，设备应能保持当前状态，当重新送电后，设备应在按下 SB1 后才能在停电状态上恢复运行。但如果工件进行装配时发生断电，该工件将报废。电源恢复后，按下起动按钮 SB1，该工件直接由机械手送到带式传送机，由带式传送机以 50Hz 的速度送到末端的废品箱内。

11）当带式传送机发生过载时，过载触点动作（SB5 按通），此时指示灯 HL6 闪烁（1Hz），提示发生过载。若过 2s 后过载仍未消除，则带式传送机停止运行。当过载消除（SB5 复位）后，指示灯 HL6 熄灭。按下起动按钮 SB1，带式传送机重新按停止的状态继续运行，系统恢复正常。

12）若因突发故障需要进行急停，可按下急停按钮 SB7（按下后锁死），此时设备应立刻停止运行。若机械手夹持有物料，气动手指应保持抓取状态，以防止物料在急停时掉下发生事故。松开急停按钮，按下起动按钮 SB1，设备应继续工作。

10. 注意事项

1）本实训使用了两位拨码器设置数量，两位数码管显示已完成数量。为方便程序的运算和控制，分配 I/O 表时，应各将一个字节的 I/O 口分配给它们使用。

2）使用传感器进行检测时，应仔细分析每种工件在三个传感器下检测的不同，特别是工件以相同速度通过传感器时，传感器检测到信号时间的长短。利用检测信号和信号有效时间的组合可以实现对不同工件的鉴别。

6.3.3　生产线控制系统三（带有初加工的装配系统）

1. 实训任务

初加工的工件（白色塑料内为空或白色塑料内为白色塑料）通过井式供料机传送到带式传送机位置1，由带式传送机将工件传送到位置2，并对工件进行检查。检查合格的工件（白色塑料内为空）将被机械手送到二号台进行装配，合格但未冲孔的工件（白色塑料内为白色塑料）将被机械手先送到一号台进行冲孔，然后送二号台进行装配，装配后的产品将被送入一号库位。检测过程中发现不合格的工件（白色塑料内为金属铝），将另行处理。若

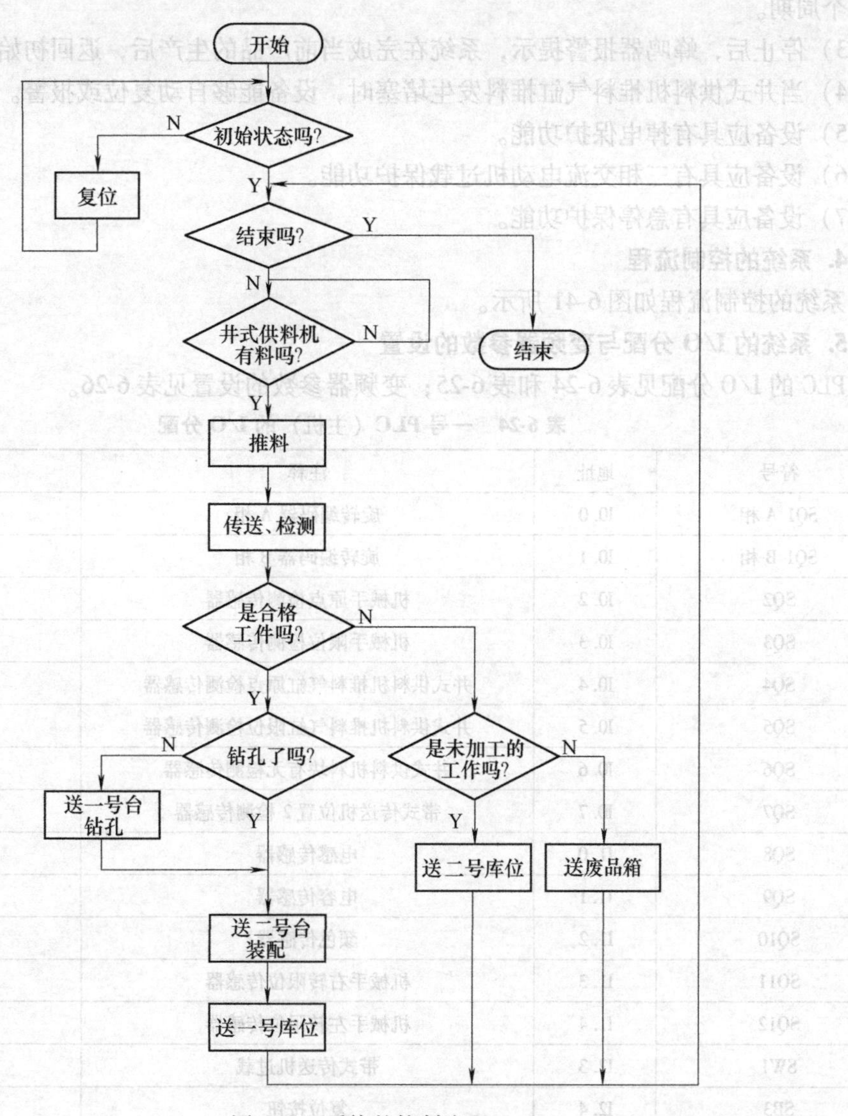

图6-41　系统的控制流程

下料时偶然混入未加工的工件（白色塑料内为金属铁），则不做加工，直接送到二号库位。

2. TVT—METS3设备的主要部件及其名称

设备各部件、器件的名称和安装位置如图6-32所示。

3. 控制要求

1）运行前，设备应满足一种初始状态。

2）起动后，运行指示灯点亮提示，允许下料指示灯始终提示当前下料状态。初加工的工件，由井式供料机送到带式传送机位置1，再由带式传送机传送到位置2，在传送过程中进行检测。若为合格的工件，工件被送到二号台进行装配，装配结束，将工件送入一号库位。若工件为合格但未钻孔的工件，则工件先被送到一号台进行冲孔，然后再将工件送二号台进行装配，最后工件送入一号库位。若工件为不合工件，带式传送机反转将不合格工件运送到废品箱；若为未加工的工件，则工件送二号库位。当完成一个工件的加工后，系统开始下一个周期。

3）停止后，蜂鸣器报警提示，系统在完成当前产品的生产后，返回初始状态。

4）当井式供料机推料气缸推料发生堵塞时，设备能够自动复位或报警。

5）设备应具有掉电保护功能。

6）设备应具有三相交流电动机过载保护功能。

7）设备应具有急停保护功能。

4. 系统的控制流程

系统的控制流程如图6-41所示。

5. 系统的I/O分配与变频器参数的设置

PLC的I/O分配见表6-24和表6-25；变频器参数的设置见表6-26。

表6-24 一号PLC（主机）的I/O分配

符号	地址	注释	接线地址
SQ1 A相	I0.0	旋转编码器A相	MJ-2
SQ1 B相	I0.1	旋转编码器B相	MJ-3
SQ2	I0.2	机械手原点检测传感器	MJ-6
SQ3	I0.3	机械手限位检测传感器	MJ-9
SQ4	I0.4	井式供料机推料气缸原点检测传感器	MJ-11
SQ5	I0.5	井式供料机推料气缸限位检测传感器	MJ-13
SQ6	I0.6	井式供料机料块有无检测传感器	MJ-16
SQ7	I0.7	带式传送机位置2检测传感器	MJ-19
SQ8	I1.0	电感传感器	MJ-22
SQ9	I1.1	电容传感器	MJ-25
SQ10	I1.2	颜色传感器	MJ-28
SQ11	I1.3	机械手右转限位传感器	MJ-30
SQ12	I1.4	机械手左转限位传感器	MJ-32
SW1	I2.3	带式传送机过载	MC-SW1-1
SB3	I2.4	复位按钮	MC-SB3-1

（续）

符号	地址	注释	接线地址
SB7	I2.5	急停按钮	MC-SB7-1
SB1	I2.6	起动按钮	MC-SB1-1
SB2	I2.7	停止按钮	MC-SB2-1
HA	Q0.0	蜂鸣器	MC-HA-2
CCW	Q0.2	机械手行走信号 CCW（-）	MC-KA1-A2
CW	Q0.3	机械手行走信号 CW（+）	MC-KA2-A2
YV1	Q0.4	井式供料机推料气缸控制电磁阀	MJ-94
YV21	Q0.5	机械手左转气缸控制电磁阀	MJ-98
YV22	Q0.6	机械手右转气缸控制电磁阀	MJ-96
YV3	Q0.7	机械手上升下降气缸控制电磁阀	MJ-100
YV4	Q1.0	夹手气缸控制电磁阀	MJ-102
HL1	Q1.1	指示灯 HL1	MC-HL1-2
HL2	Q1.2	指示灯 HL2	MC-HL2-2
HL3	Q1.3	指示灯 HL3	MC-HL3-2
HL4	Q1.4	指示灯 HL4	MC-HL4-2
Inverter_Z	Q1.5	变频器向左 20Hz	MQ-5
Inverter_ZE	Q1.6	变频器向左 35Hz	MQ-7
Inverter_Y	Q1.7	变频器向右 50Hz	MQ-6、8

表6-25　二号PLC（从机）的I/O分配表

符号	地址	注释	接线地址
SQ15	I0.2	一号台进给托架回位检测传感器	MJ-39
SQ16	I0.3	二号台有无装配件检测传感器	MJ-42
SQ17	I0.4	二号台推料气缸限位检测传感器	MJ-44
SQ18	I0.5	二号台进给托架回位检测传感器	MJ-46
YV5	Q0.0	一号台冲孔气缸控制电磁阀	MJ-104
YV6	Q0.2	一号台进给托架气缸控制电磁阀	MJ-108
YV7	Q0.3	二号台装配气缸控制电磁阀	MJ-110
YV8	Q0.4	二号台推料气缸控制电磁阀	MJ-112
YV9	Q0.5	二号台进给托架气缸控制电磁阀	MJ-114

表6-26　变频器参数的设置

参数	设置值	参数	设置值
P01	0.2	P09	1.0
P02	0.2	P32	35.0
P08	5.0	P33	50.0

注：第一速为20Hz。

6. 气动原理

系统的气动原理如图6-42所示。

7. 电气原理

系统的电气原理如图6-43和图6-44所示。

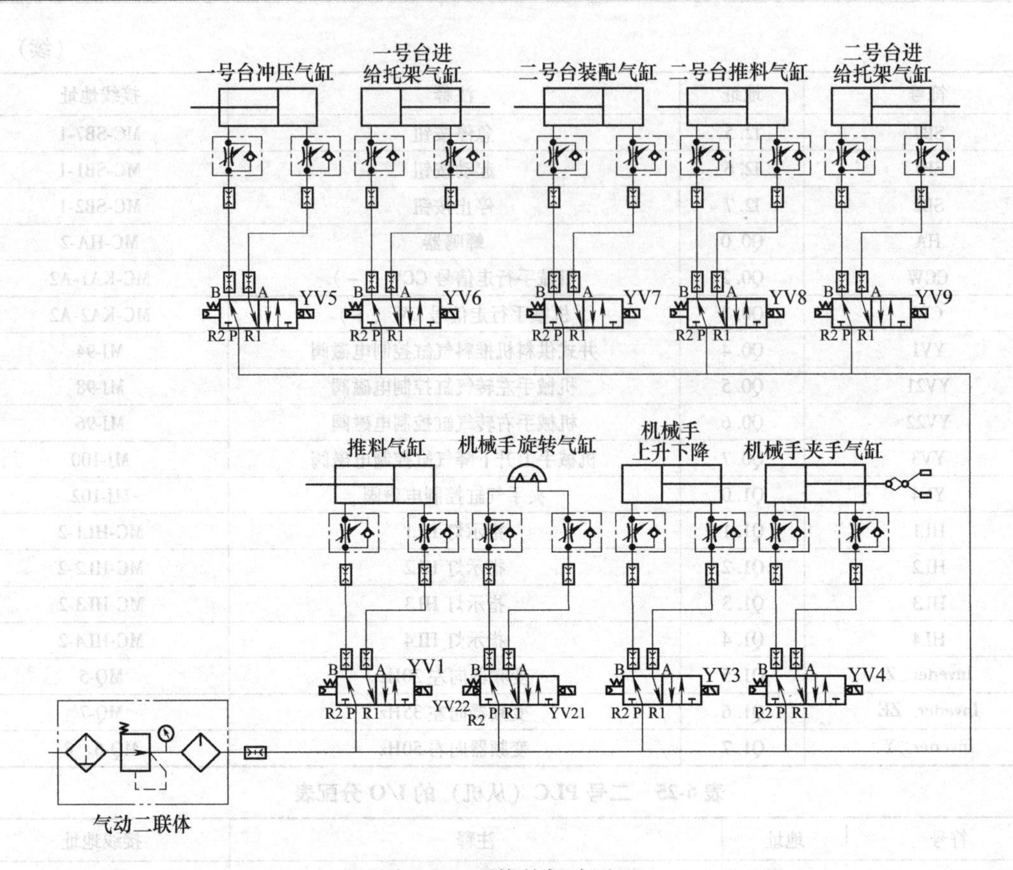

图 6-42　系统的气动原理

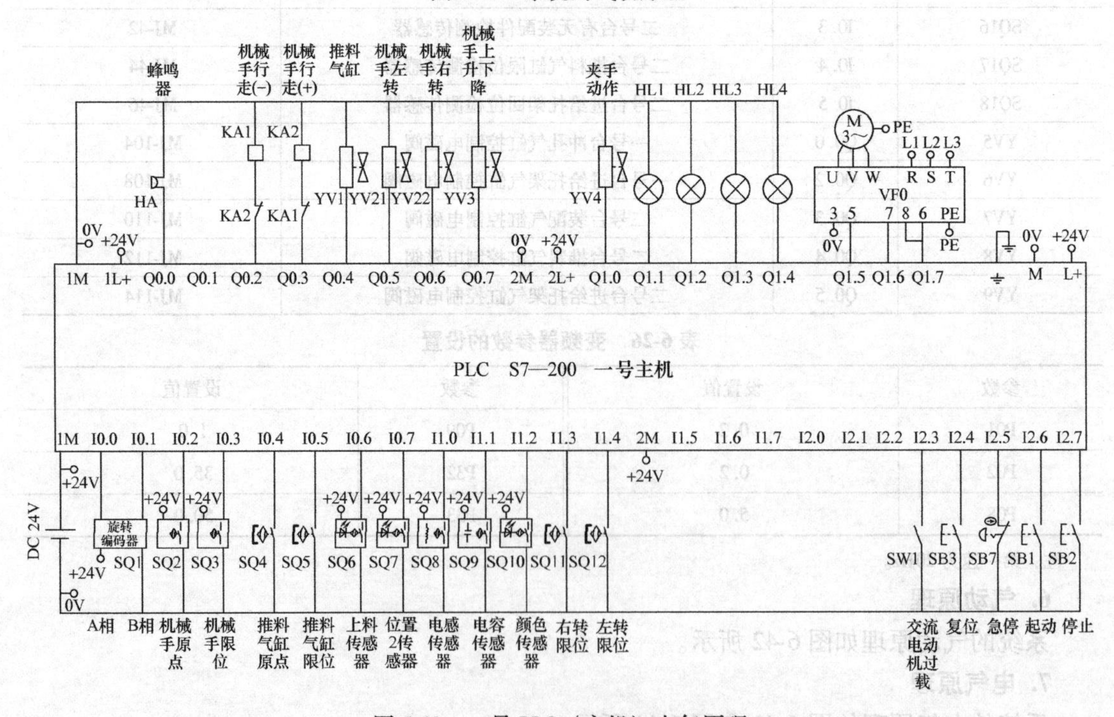

图 6-43　一号 PLC（主机）电气原理

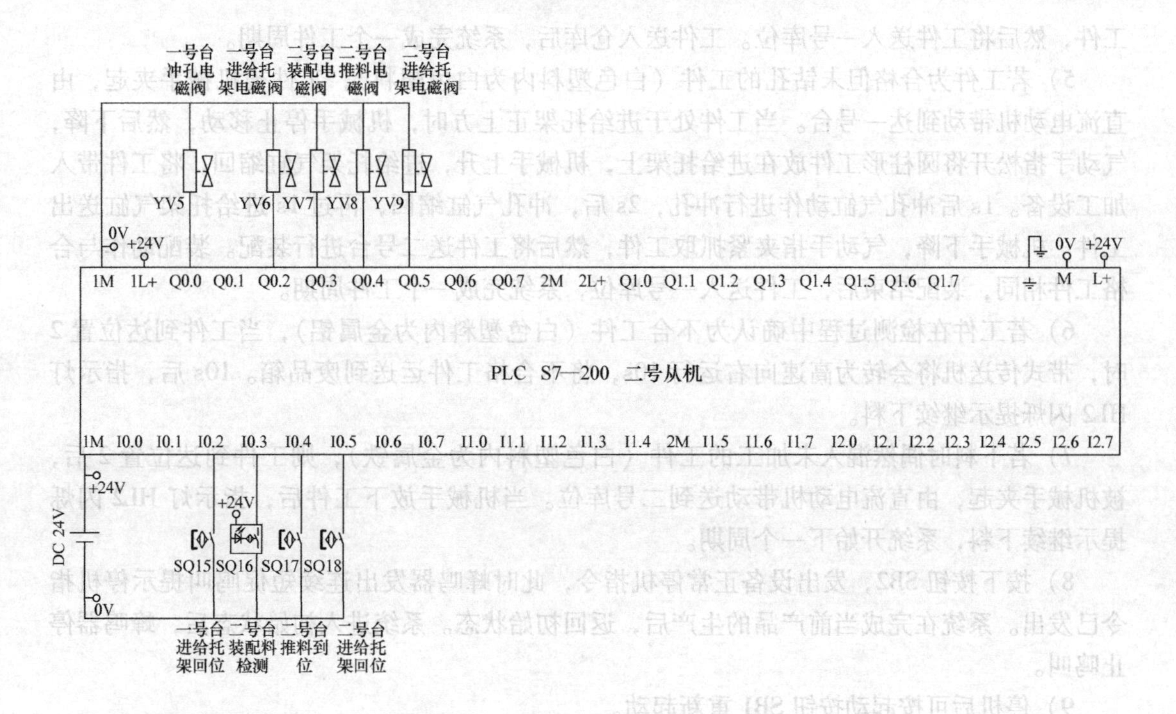

图6-44 二号PLC（从机）电气原理

8. 梯形图程序

编制的系统梯形图程序见配套实训内容，路径为：第6章\6.3\生产线控制系统三。

9. 程序的执行与调试

1）设备的初始状态。通电后，指示灯HL2～HL4熄灭，急停按钮SB7复位，机械手停在原点并处于带式传送机上方，机械手上升下降气缸的活塞杆伸出，气动手指处于松开状态；一号台的冲压气缸和二号台的推料气缸、装配气缸均处于缩回状态，进给托架气缸的活塞杆均处于伸出状态，进给托架上均无工件，带式传送机停止运行。若系统未能满足初始位置要求，设备不能起动，需按下按钮SB3进行复位。当系统处在初始位置后，指示灯HL1将以0.5s闪烁。

2）设备在初始状态下，按下按钮SB1起动系统，指示灯HL1常亮，带式传送机低速（20Hz）向左运行，指示灯HL2闪烁（2Hz），提示下料。

3）加工后的工件，由井式供料机送入，井式供料机的光电传感器检测到工件时，推料气缸动作将工件送到带式传送机位置1，工件送到传送带上后，指示灯HL2转变为点亮，提示禁止下料。当带式传送机上有工件时，带式传送机以中速（电动机频率为35Hz）运行，工件在带式传送机上进行检测。当工件传送到位置2，光电传感器检测到工件到达，带式传送机停止运行，等待机械手搬运。

4）若为合格的工件（白色塑料内为空），工件被机械手夹起，由直流电动机带动到达二号台。当工件处于进给托架正上方时，机械手停止移动，然后下降，气动手指松开将圆柱形工件放在进给托架上，机械手上升，进给托架气缸缩回，将工件带入加工设备。1s后装配件的推料气缸动作推出装配件（黑色塑料），然后推料气缸缩回，装配气缸动作进行装配。装配结束，装配气缸缩回，1s后进给托架气缸送出工件。机械手下降，手指夹紧抓取工件，然后将工件送入一号库位。工件送入仓库后，系统完成一个工件周期。

5）若工件为合格但未钻孔的工件（白色塑料内为白色塑料），工件被机械手夹起，由直流电动机带动到达一号台。当工件处于进给托架正上方时，机械手停止移动，然后下降，气动手指松开将圆柱形工件放在进给托架上，机械手上升，进给托架气缸缩回，将工件带入加工设备。1s 后冲孔气缸动作进行冲孔，2s 后，冲孔气缸缩回，再过 1s 进给托架气缸送出工件。机械手下降，气动手指夹紧抓取工件，然后将工件送二号台进行装配。装配动作与合格工件相同，装配结束后，工件送入一号库位，系统完成一个工件周期。

6）若工件在检测过程中确认为不合工件（白色塑料内为金属铝），当工件到达位置 2 时，带式传送机将会转为高速向右运行 10s，将不合格工件运送到废品箱。10s 后，指示灯 HL2 闪烁提示继续下料。

7）若下料时偶然混入未加工的工件（白色塑料内为金属铁），则工件到达位置 2 后，被机械手夹起，由直流电动机带动送到二号库位。当机械手放下工件后，指示灯 HL2 闪烁提示继续下料，系统开始下一个周期。

8）按下按钮 SB2，发出设备正常停机指令，此时蜂鸣器发出连续短促鸣叫提示停机指令已发出。系统在完成当前产品的生产后，返回初始状态。系统进入初始状态后，蜂鸣器停止鸣叫。

9）停机后可按起动按钮 SB1 重新起动。

10）当井式供料机推料气缸推料发生堵塞时，推料气缸将自动复位并重新开始推料。若第二次仍发生堵塞，推料气缸复位，指示灯 HL3 闪烁（1Hz），提示推料气缸发生堵塞，其余指示灯全部熄灭，系统停止运行，操作者解除故障后重新按下起动按钮 SB1 恢复运行。

11）设备应有停电保持能力，在遇到突然停电时，设备应能保持当前状态，当重新送电后，设备应按下 SB1 才能在停电状态上恢复运行。

12）当带式传送机发生过载时，过载触点动作（SW1 按通），此时指示灯 HL4 闪烁（1Hz），提示发生过载。若过 2s 后过载仍未消除，则带式传送机停止运行。当过载消除（SW1 复位）后，指示灯 HL4 熄灭，带式传送机重新按停止的状态继续运行。

13）若因突发故障需要进行急停，可按下急停按钮 SB7（按下后锁死），此时设备应立刻停止运行。若机械手夹持有物料，气动手指应保持抓取状态，以防止物料在急停时掉下发生事故。松开急停按钮，按下起动按钮 SB1，设备应继续工作。

10. 注意事项

1）验证井式供料机推料气缸推料发生堵塞时，为避免损伤，可用折叠气管切断气路的方法模拟堵塞现象。

2）当程序中直接控制难以达到题目要求时，可借助标识位和变量，间接实现其控制。

6.4　技能大赛通用试题

本节介绍两套天津市技能大赛题库试卷，仅供参考。

6.4.1　试题一

1. 按要求完成下列工作任务

1）按部件安装位置图，在铝合金工作台上组装生产线。

2）按气动系统图连接生产线的气路。

3）仔细阅读生产线的有关说明，然后根据你对设备及其工作过程的理解，在图样上画出生产线的电气原理图。

4）根据你画出的电气原理图，连接生产线的电路。电路的导线必须放入线槽，凡是你连接的导线，必须套上写有编号的编号管。

5）正确理解设备的正常工作过程和故障状态的处理方式，编写生产线的PLC控制程序和设置变频器的参数。

6）调整传感器位置或灵敏度，调整机械零件的位置，完成生产线的整体调试，使该设备能正常工作，完成物件的装配、检测和包装。

2. 试题内容

（1）工作目标　在生产线（简称设备）上安装了一个平面货架，一台行走机械手搬运系统，一个载货台，一台由带式传送机和传感器站组成的货物运输及质量检测系统，一个井式供料系统，一个具有井式供料机2的装配系统，由开关、按钮、拨码开关、指示灯、数码管等组成的主令与指示装置（简称主令单元）。井式供料机1中可提供两种不同材质的发动机缸体（白色代表铸钢，黑色代表铸铝）。装配系统分别对两种材质发动机缸体进行两种材质活塞装配。装配完的缸体送到由带式传送机和传感器站组成的货物运输及质量检测系统进行检测，检测后送到载货台进行人工包装、人工运走。

（2）TVT—METS3设备的主要部件及其名称　设备各部件、器件的名称和安装位置如图6-45所示。

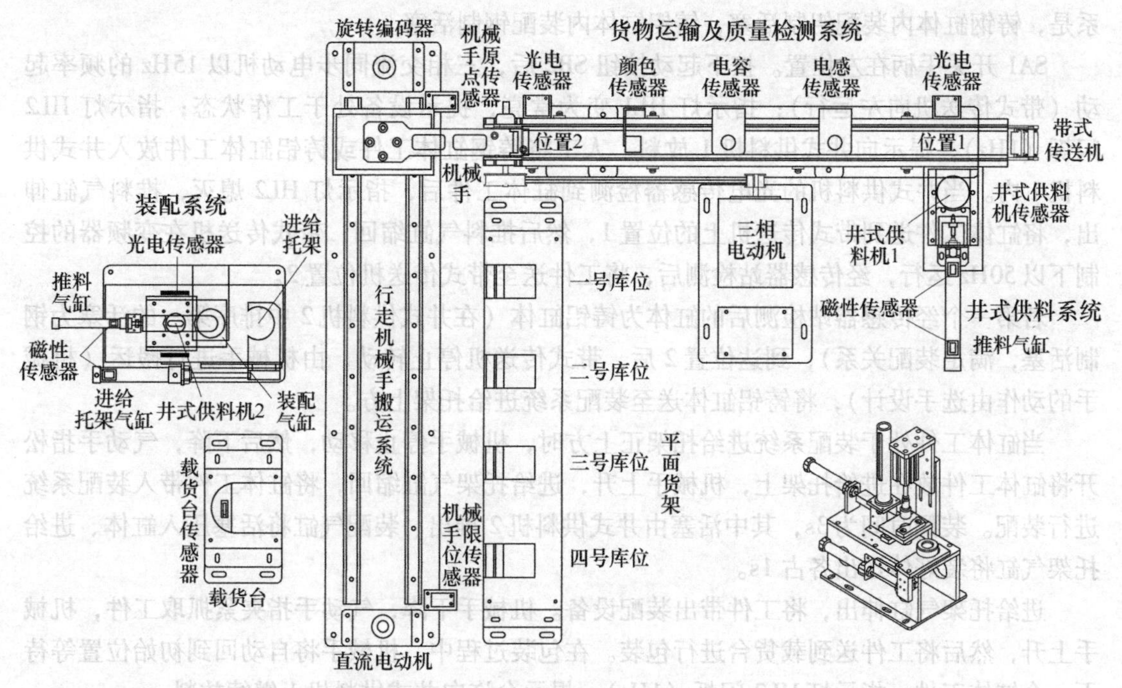

图6-45　设备各部件、器件名称和安装位置

（3）设备的工作情况描述

1）部件的初始位置。起动前，设备的运动部件必须在规定的位置，这些位置称为初始位置。有关部件的初始位置是：

① 急停按钮 SB7 复位。

② 机械手停在原点并处于带式传送机上方，机械手上升下降气缸的活塞杆伸出，气动手指处于抓紧状态。

③ 装配系统的井式供料机 2 的推料气缸、装配气缸活塞杆均处于缩回状态，进给托架气缸的活塞杆处于伸出状态。

④ 带式传送机的拖动电动机不转动。

上述部件在初始位置时，指示灯 HL1 以亮 1s 灭 2s 方式闪亮。只有上述部件在初始位置时，设备才能起动。若上述部件不在初始位置，指示灯 HL1 不闪亮。请自行选择一种复位方式进行复位。

2）设备的起动。在设备停止状态时，按下起动按钮 SB2，指示灯 HL1 变为常亮，提示设备处于工作状态。

3）设备的运行。设备有两种工作运行方式对发动机缸体进行活塞装配，两种工作运行方式只能在设备停止运行时通过转换开关 SA1 进行转换。

① 工作方式一：设备每一个周期完成一组三个缸体的装配、包装任务；装配系统上的井式供料机 2 中每组装三个活塞。由下到上的顺序为，1、2 是两个钢制活塞，3 是一个铝制活塞；井式供料机 1 可提供三个两种材质的发动机缸体，一个铸钢缸体、两个铸铝缸体，提供顺序不确定；平面货架有四个库位，在装配过程中使用四个库位放置等待装配的发动机缸体，放置顺序为，一、二号库位放置铸铝缸体，三、四号库位放置铸钢缸体。正确的装配关系是，铸钢缸体内装配铝制活塞，铸铝缸体内装配钢制活塞。

SA1 开关手柄在左位置。按下起动按钮 SB2 后，三相交流同步电动机以 15Hz 的频率起动（带式传送机向左运行）；指示灯 HL1 变为常亮，提示设备处于工作状态；指示灯 HL2 闪烁（1Hz），提示向井式供料机 1 放料。人工将铸钢缸体工件或铸铝缸体工件放入井式供料机 1 内。当井式供料机的光电传感器检测到缸体工件后，指示灯 HL2 熄灭，推料气缸伸出，将缸体工件送到带式传送机上的位置 1，然后推料气缸缩回，带式传送机在变频器的控制下以 50Hz 运行，经传感器站检测后，将工件送至带式传送机位置 2。

若第一个经传感器站检测后的缸体为铸铝缸体（在井式供料机 2 中排序第一的活塞为钢制活塞，满足装配关系），到达位置 2 后，带式传送机停止转动，由机械手进行搬运（机械手的动作由选手设计），将铸铝缸体送至装配系统进给托架上方。

当缸体工件处于装配系统进给托架正上方时，机械手停止移动，然后下降，气动手指松开将缸体工件放在进给托架上，机械手上升，进给托架气缸缩回，将缸体工件带入装配系统进行装配。装配时间为 3s，其中活塞由井式供料机 2 推出、装配气缸将活塞压入缸体、进给托架气缸将装好体送出各占 1s。

进给托架气缸伸出，将工件带出装配设备。机械手下降，气动手指夹紧抓取工件，机械手上升，然后将工件送到载货台进行包装。在包装过程中，机械手将自动回到初始位置等待下一个缸体工件。指示灯 HL2 闪烁（1Hz），提示允许向井式供料机 1 继续放料。

若第一个经传感器站检测后的缸体为铸钢缸体（在井式供料机 2 中排序第一的活塞也为钢制活塞，不满足装配关系），到达位置 2 后，带式传送机停止转动，由机械手进行搬运

(机械手的动作由选手设计)，将铸钢缸体送至平面货架一号或二号库位等待装配，机械手将自动回到初始位置等待下一个缸体工件。指示灯 HL2 闪烁（1Hz)，提示允许向井式供料机 1 继续放料。直到经传感器站检测后，缸体工件与装配系统上的井式供料机 2 提供的活塞材质满足装配关系方能进行装配、包装操作。

在平面货架库位中等待装配活塞的缸体工件，当装配系统上的井式供料机 2 提供的活塞材质与其发动机缸体工件材质满足装配关系时，机械手优先将其从库位中取出，送到装配系统进给托架正上方进行装配，装好后再送载货台进行包装。

完成三个缸体装配、包装后，设备回到部件初始位置并停止运行。设备部件回初始位置时，指示灯 HL1 以亮 1s 灭 2s 方式闪亮。按下起动按钮 SB2 后，设备重新进行一个周期运行。

② 工作方式二：生产线每一个周期完成一组三个缸体的装配、检查、包装任务。装配系统上的井式供料机 2 中每组装三个活塞（两个钢制活塞，一个铝制活塞)，铝制活塞在井式供料机 2 中由下到上的位置由拨码开关确定（拨码开关确定铝制活塞在井式供料机 2 中由下到上的位置，操作人员请按此位置顺序放入两个钢制活塞和一个铝制活塞)；井式供料机 1 可提供三个两种材质的发动机缸体（两个铸钢缸体、一个铸铝缸体，提供顺序随机确定)；平面货架有四个库位，在装配过程中使用前四个库位放置等待装配的发动机缸体，放置顺序为：一、二号库位放置铸钢缸体，三、四号库位放置铸铝缸体。正确的装配关系是：铸钢缸体工件内装配钢制活塞，铸铝缸体工件内装配铝制活塞。

SA1 开关手柄在右位置。按下起动按钮 SB2 后，三相交流同步电动机以 15Hz 的频率起动（带式传送机向左运行)；指示灯 HL1 变为常亮，提示设备处于工作状态；指示灯 HL2 闪烁（1Hz)，提示向井式供料机 1 放料。人工将铸钢缸体工件或铸铝缸体工件放入井式供料机 1 内。当井式供料机的光电传感器检测到缸体工件后，指示灯 HL2 熄灭，推料气缸伸出，将缸体工件送到带式传送机位置 1，然后推料气缸缩回，带式传送机在变频器的控制下以 50Hz 运行，经传感器站检测后，将工件送至带式传送机位置 2。

若第一个经传感器站检测后缸体为铸铝缸体（在井式供料机 2 中排序第一的活塞也为铝制活塞，满足装配关系)，到达位置 2 后，带式传送机停止转动，由机械手进行搬运（机械手的动作由选手设计)，将铸铝缸体工件送至装配系统进给托架上方。

当缸体工件处于装配系统进给托架正上方时，机械手停止移动，然后下降，气动手指松开将缸体工件放在进给托架上，机械手上升，进给托架气缸缩回，将缸体工件带入装配系统进行装配。装配时间为 3s，其中活塞由井式供料机 2 推出、装配气缸将活塞压入缸体以及进给托架气缸将装好缸体送出各占 1s。

进给托架气缸伸出，将工件带出装配设备。机械手下降，气动手指夹紧抓取工件，机械手上升，然后将工件送到带式传送机位置 2。当机械手放下工件 1s 后，带式传送机中速(35Hz) 向右运行，工件在带式传送机上经三个传感器进行检测。若工件装配正确，则带式传送机反转高速（50Hz）向左运行，将工件送回位置 2，带式传送机停止转动。

机械手在位置 2 将工件从带式传送机取下，再送载货台进行包装。在包装过程中，机械手将自动回到初始位置，指示灯 HL2 闪烁（1Hz)，提示允许向井式供料机 1 继续放料。

若被检测工件装配不正确，装配好的工件被视为废品，带式传送机在变频器的控制下以中速（35Hz）向右运行 8s 将其送至废品箱。指示灯 HL2 闪烁（1Hz)，提示允许井式供料机1下料。机械手等待下一个缸体工件（注：不需补充缸体工件和活塞工件）。

若第一个经传感器站检测后的缸体工件为铸钢缸体，在井式供料机2中排序第一的活塞为铝制活塞，不满足装配关系。缸体到达位置2后，带式传送机停止转动。由机械手进行搬运（机械手的动作由选手设计），将铸钢缸体工件送至平面货架一号或二号库位等待装配，机械手将自动回到初始位置等待下一个缸体工件。指示灯HL2闪烁（1Hz），提示允许向井式供料机1继续放料，直到经传感器站检测后缸体与装配系统上的井式供料机2提供的活塞材质满足装配关系，方能进行装配、检测、包装操作。

在平面货架库位中等待装配的缸体，当装配系统上的井式供料机2提供的活塞材质与其满足装配关系时，机械手优先将其从库位中取出，送到装配系统进给托架正上方进行装配，装好后再检测、包装。完成三个缸体装配、检测、废品处理、包装后设备回到初始位置并停止运行。设备部件回初始位置时，指示灯HL1以亮1s灭2s方式闪亮。按下起动按钮SB2后，设备重新一个周期运行。

4）设备的停止。完成生产任务或运行中出现故障，设备应当停止运行或设备中的某些部件应停止运行。

① 正常停止。按下按钮SB1，发出设备正常停机指令，指示灯HL5点亮，生产线设备在完成当前工件后回到初始位置，指示灯HL5熄灭，所有部件均停止运行。

② 紧急停止。在设备工作过程中出现没有预料到的异常情况，需要设备停止工作而进行的停止为紧急停止。在出现异常情况时，压下急停按钮SB7，生产指示灯HL1快速闪烁(3Hz)，设备停止工作，蜂鸣器HA发出急促声响报警。若机械手夹持有物料，气动手指应保持抓取状态，以防止物料在急停时掉下发生事故。SB7复位后，蜂鸣器HA停止报警，指示灯HL1以亮1s灭2s方式闪亮。按下起动按钮SB2，设备应继续运行。

③ 限位停止。系统应具有位置检测和限位保护功能。当机械手移动到极限位置时，生产线停止运行，蜂鸣器HA报警。

3. 解题指导

（1）系统的控制流程　系统的控制流程如图6-46所示。

（2）系统的I/O分配与变频器参数的设置　PLC的I/O分配见表6-27和表6-28；变频器参数的设置见表6-29。

表6-27　一号PLC（主机）的I/O分配

符号	地址	注释	接线地址
SQ1 A相	I0.0	旋转编码器A相	MJ-2
SQ1 B相	I0.1	旋转编码器B相	MJ-3
SQ2	I0.2	机械手原点检测传感器	MJ-6
SQ3	I0.3	机械手限位检测传感器	MJ-9
SQ4	I0.4	井式供料机推料气缸原点检测传感器	MJ-11
SQ5	I0.5	井式供料机推料气缸限位传感器	MJ-13
SQ6	I0.6	井式供料机料块有无检测传感器	MJ-16
SQ7	I0.7	带式传送机位置2检测传感器	MJ-19
SQ8	I1.0	电感传感器	MJ-22

（续）

符号	地址	注释	接线地址
SQ9	I1.1	电容传感器	MJ-25
SQ10	I1.2	颜色传感器	MJ-28
SQ11	I1.3	机械手右转限位传感器	MJ-30
SQ12	I1.4	机械手左转限位传感器	MJ-32
BCD码01	I1.5	低位拨码器的设置1	BCD码B00
BCD码02	I1.6	低位拨码器的设置2	BCD码B01
BCD码03	I1.7	低位拨码器的设置3	BCD码B02
BCD码04	I2.0	低位拨码器的设置4	BCD码B03
SA1	I2.1	转换开关SA1	MC-SA1-1
SB3	I2.4	复位按钮	MC-SB3-1
SB7	I2.5	急停按钮	MC-SB7-1
SB2	I2.6	起动按钮	MC-SB2-1
SB1	I2.7	停止按钮	MC-SB1-1
CW	Q0.0	机械手行走信号CW（+）	MC-KA1-A2
CCW	Q0.1	机械手行走信号CCW（-）	MC-KA2-A2
YV21	Q0.2	机械手左转气缸控制电磁阀	MJ-96
YV22	Q0.3	机械手右转气缸控制电磁阀	MJ-98
YV3	Q0.4	机械手上升下降气缸控制电磁阀	MJ-100
YV4	Q0.5	夹手气缸控制电磁阀	MJ-102
YV1	Q0.6	井式供料机推料气缸控制电磁阀	MJ-94
HA	Q1.0	蜂鸣器	MC-HA-2
HL1	Q1.1	指示灯HL1	MC-HL1-2
HL2	Q1.2	指示灯HL2	MC-HL2-2
HL5	Q1.3	指示灯HL5	MC-HL5-2
Inverter_Z	Q1.4	带式传送机向左传送	MQ-5
Inverter_GS	Q1.5	带式传送机50Hz传送	MQ-7
Inverter_Y	Q1.6	带式传送机向右传送	MQ-6
Inverter_ZS	Q1.7	带式传送机35Hz传送	MQ-8

表6-28 二号PLC（从机）的I/O分配

符号	地址	注释	接线地址
SQ13	I0.0	装配台有无装配件检测传感器	MJ-35
SQ14	I0.1	装配台推料气缸动作到位检测传感器	MJ-37
SQ15	I0.2	装配台进给托架回位检测传感器	MJ-39
YV5	Q0.0	装配台装配气缸控制电磁阀	MJ-104
YV6	Q0.1	装配台推料气缸控制电磁阀	MJ-106
YV7	Q0.2	装配台进给托架气缸控制电磁阀	MJ-108

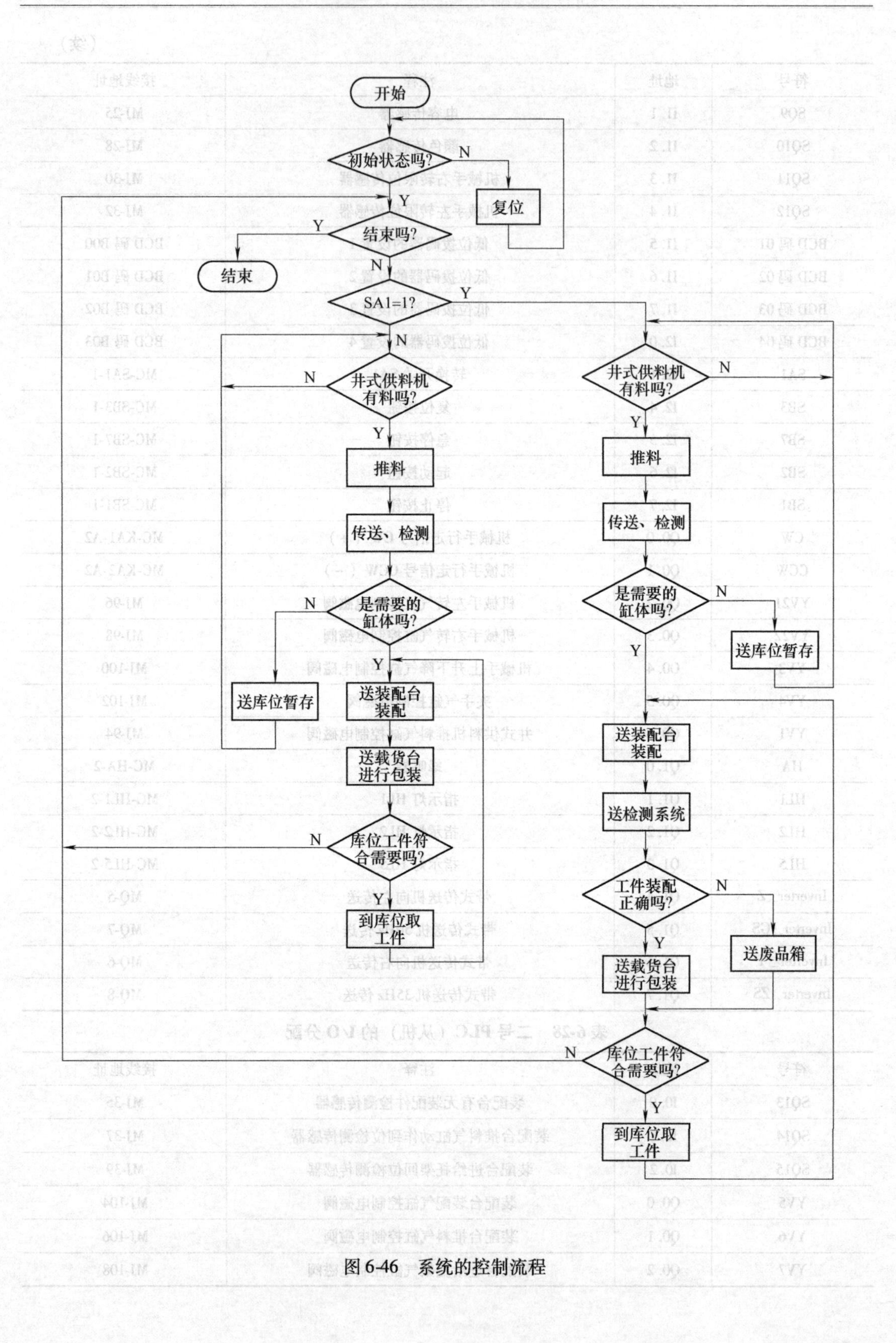

图6-46　系统的控制流程

表6-29 变频器参数的设置

参数	设置值	参数	设置值
P01	0.2	P09	1.0
P02	0.2	P32	50.0
P08	5.0	P33	35.0

注：第一速为15.0Hz。

（3）气动原理 系统的气动原理如图6-47所示。

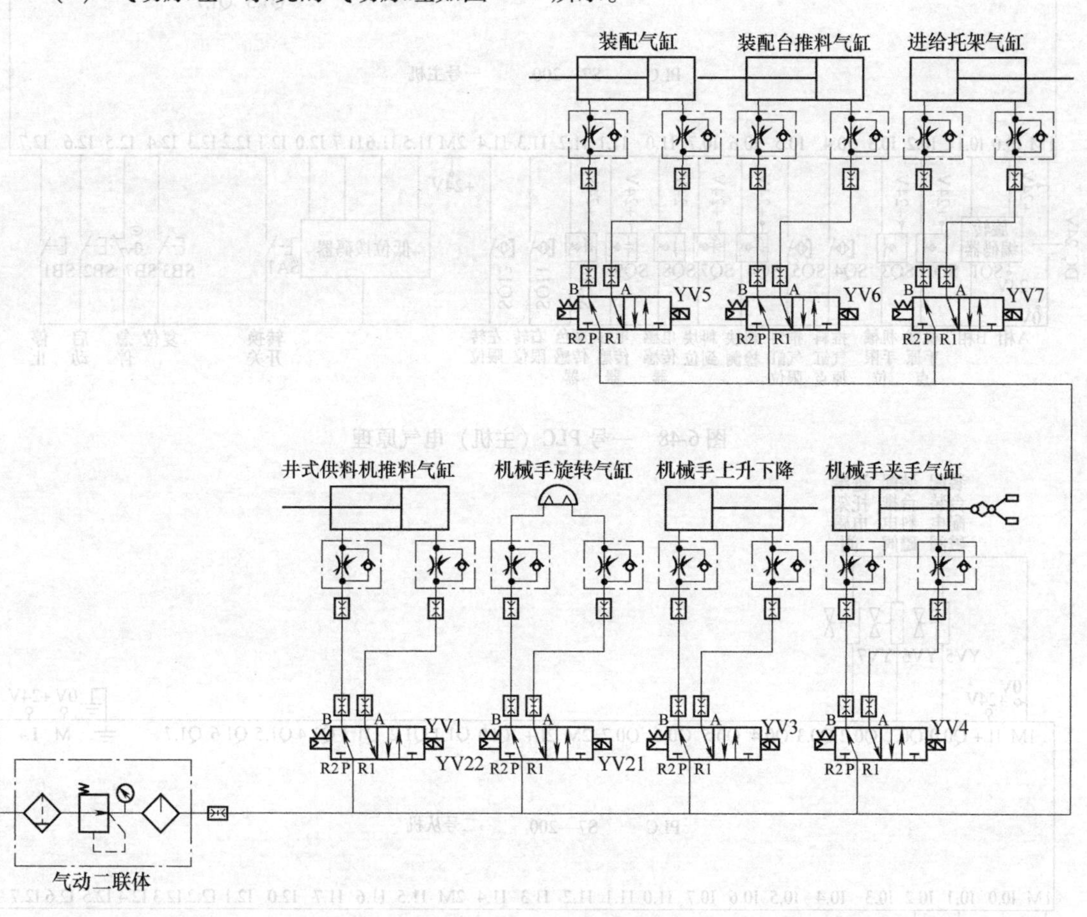

图6-47 系统的气动原理

（4）电气原理 系统的电气原理如图6-48和图6-49所示。

（5）梯形图程序 编制的系统梯形图程序见配套实训内容，路径为：第6章\6.4\试题一。

6.4.2 试题二

1. 按要求完成下列工作任务

1）按部件安装位置图，在铝合金工作台上组装生产线。

2）按气动系统图连接生产线的气路。

3）仔细阅读生产线的有关说明，然后根据你对设备及其工作过程的理解，在图样上画出生产线的电气原理图。

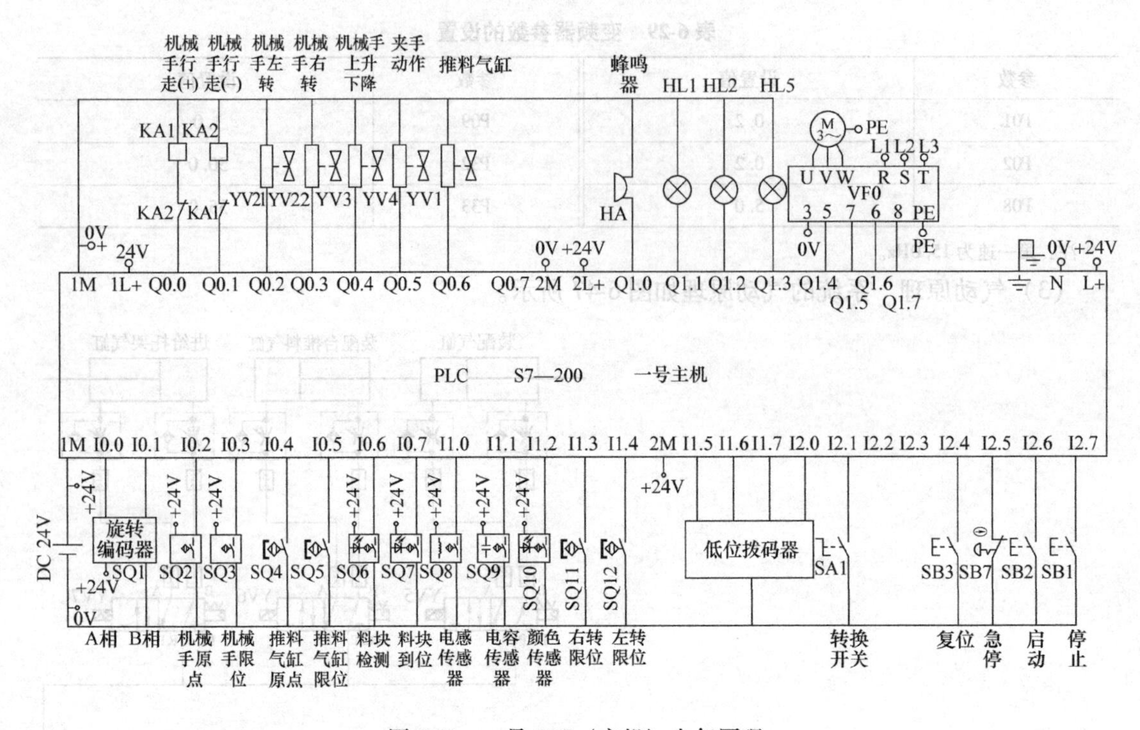

图6-48　一号PLC（主机）电气原理

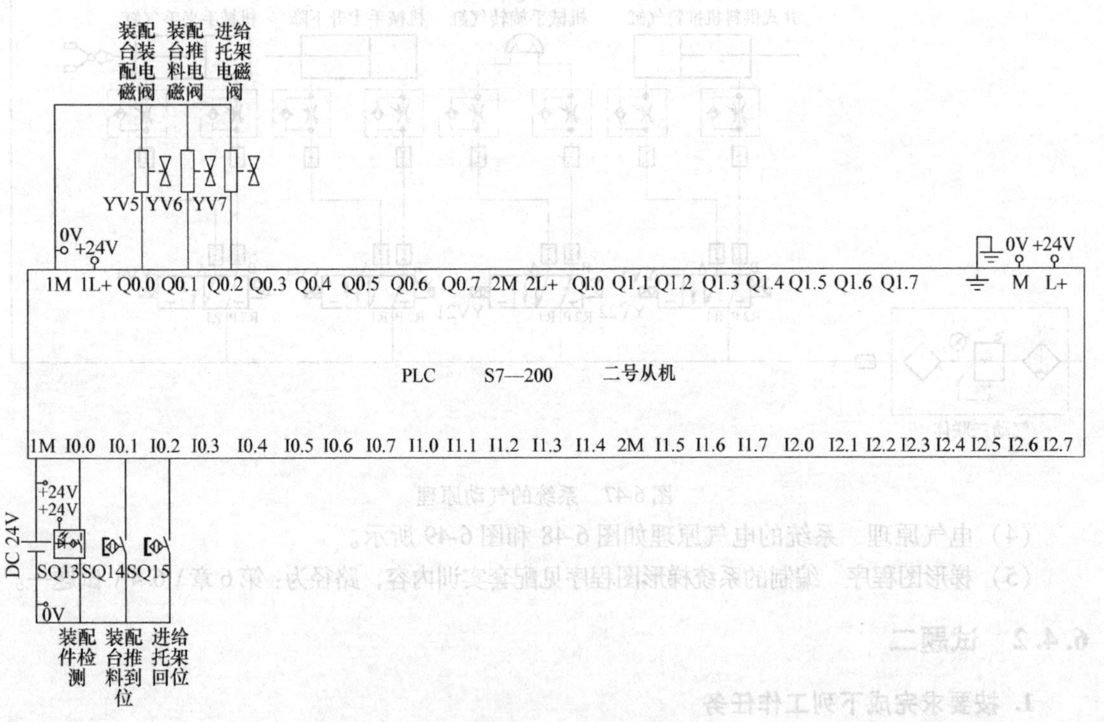

图6-49　二号PLC（从机）电气原理

4）根据你画出的电气原理图，连接生产线的电路。电路的导线必须放入线槽，凡是你连接的导线，必须套上写有编号的编号管。

5）正确理解设备的正常工作过程和故障状态的处理方式，编写生产线的PLC控制程序和设置变频器的参数。

6）调整传感器位置或灵敏度，调整机械零件的位置，完成生产线的整体调试，使该设备能正常工作，完成物件的检测、入库和组合。

2. 试题内容

（1）工作目标　在生产线上可完成两个生产任务，第一个任务是对已加工的工件进行检测、入库，并对不合格的工件进行分拣；第二个任务是根据需要定量生产组合器件，然后进行检测、包装、入库。

（2）TVT—METS3设备的主要部件及其名称　设备各部件、器件的名称和安装位置如图6-45所示。

（3）设备的工作情况描述

1）部件的初始位置。起动前，设备的运动部件必须在规定的位置，这些位置称为初始位置。有关部件的初始位置是：

① 急停按钮SB7复位。

② 机械手停在原点并处于带式传送机上方，机械手上升下降气缸的活塞杆伸出，气动手指处于松开状态。

③ 装配系统的井式供料机2的推料气缸、装配气缸活塞杆均处于缩回状态，进给托架气缸的活塞杆处于伸出状态。

④ 带式传送机的拖动电动机不转动。

⑤ 数码管显示为“00”。

上述部件在初始位置时，指示灯HL1以亮1s灭2s方式闪亮。只有上述部件在初始位置时，设备才能起动。若上述部件不在初始位置，指示灯HL1不亮，请自行选择一种复位方式进行复位。

2）设备的起动。在设备停止状态下利用转换开关SA1选择一个生产任务。按下起动按钮SB2，指示灯HL1变为常亮，提示设备处于工作状态。

3）设备的运行。

① 生产任务一：将载货台上已加工的工件送到带式传送机上进行检测，合格的工件送入相应库位，不合格的工件送入废品箱。

SA1开关手柄在左位置。按下起动按钮SB2后，三相交流同步电动机以15Hz的频率向右运行。当载货台上传感器检测到有工件时，机械手在直流电动机的拖动下移动到载货台附近，然后机械手下降，气动手指夹紧，机械手上升。机械手夹起工件1s后，在直流电动机的拖动下移动到带式传送机正上方，然后机械手下降，气动手指放松，机械手上升，将工件放到带式传送机位置2。工件被放下后，带式传送机在变频器的控制下以35Hz运行将工件送至带式传送机位置1，在传送过程中经过三个传感器进行检测，判断工件应送入仓库的库位号（白色塑料 + 铝送一号库位，白色塑料 + 铁送二号库位，黑色塑料 + 铝送三号库位，黑色塑料 + 铁送四号库位）。

若工件为正确加工工件，当位置1检测传感器检测到工件时，带式传送机停止转动1s，同时，低位LED数码管开始显示当前工件应放入的库位号。1s后带式传送机在变频器的控制下以50Hz向左运行，将工件送至带式传送机位置2。当工件到达位置2时，带式传送机停止转动，机械手下降，气动手指夹紧，机械手上升，然后将工件送到相应的库位（机械手动作由选手设计）。

当某库位内工件数量达到两个时，高位LED数码管提示库位号，同时蜂鸣器响1s停2s进行提示。若随后进行检测的工件仍为报警库位的工件，则当工件到达位置2时，机械手暂停运行，直到报警库位内的工件取走后，按下清空确认键SB3，数码管熄灭，蜂鸣器停止报警，机械手继续搬运工件。若随后进行检测的工件不是报警库位的工件，则当工件到达位置2时，机械手继续搬运工件，当多个库位达到两个工件时，高位LED数码管将交替显示库位号。

若被检测工件为废品（黑色塑料内为空或白色塑料内为空），当位置1检测传感器检测到工件时，带式传送机在变频器的控制下以50Hz向右运行3s将工件送至废品箱，然后，带式传送机15Hz向右运行。

机械手每次处理完一个工件后，都将回到载货台进行等待处理下一工件，若等待时间超过5s，则机械手自动回原点，系统进入初始状态。

② 生产任务二：在停机状态下，生产者根据需要利用拨码器设置装配工件的数量，系统起动后将自动对初加工的工件进行装配，然后进行检测，并将合格的工件进行包装入库。

SA1开关手柄在右位置。按下起动按钮SB2后，三相交流同步电动机以15Hz的频率向左运行。指示灯HL2闪烁（1Hz），提示允许向井式供料机1下料。初加工的黑色塑料或白色塑料工件由井式供料机送入。当井式供料机的光电传感器检测到工件后，指示灯HL2熄灭，推料气缸伸出，将工件送到带式传送机位置1，然后推料气缸缩回，带式传送机在变频器的控制下以50Hz运行将工件送至带式传送机位置2。

黑色塑料或白色塑料工件到达位置2后，带式传送机停止转行，由机械手进行搬运（机械手的动作由选手设计），将工件送到装配台。

当工件处于装配台进给托架正上方时，机械手停止移动，然后下降，气动手指松开将圆柱形工件放在进给托架上，机械手上升，进给托架气缸缩回，将工件带入加工设备进行装配。装配时间为3s，其中装配件上料、装配气缸装配以及进给托架气缸送出工件各占1s。工件在装配过程中，指示灯HL4点亮提示。装配结束后进给托架气缸伸出，将工件带出加工设备。

进给托架气缸伸出，将工件带出加工设备。机械手下降，气动手指夹紧抓取工件，然后将工件送到带式传送机位置2（机械手的动作由选手设计）。当机械手放下工件1s后，带式传送机中速（35Hz）向右运行，工件在带式传送机上经三个传感器进行检测。当位置1光电传感器检测到工件时，带式传送机高速（50Hz）向左运行，将工件送回位置2。

机械手将工件从带式传送机取下后送载货台进行包装（机械手的动作由选手设计），包装过程为2s，此时指示灯HL4点亮提示，2s后，指示灯HL4熄灭。机械手根据检测结果，将白色塑料+铝送一号库位，白色塑料+铁送二号库位，黑色塑料+铝送三号库位，黑色塑料+铁送四号库位。

一个工件生产完成后，系统自动开始下一工件的生产。若系统完成设定工件数量后，将自动回到初始状态。

4）设备的停止。完成生产任务或运行中出现故障，设备应当停止运行或设备中的某些部件应停止运行。

① 正常停止。按下按钮SB1，发出设备正常停机指令，指示灯HL5点亮，生产线设备在完成当前工件后，回到初始位置，指示灯HL5熄灭，所有部件均停止运行。

② 紧急停止。在设备工作过程中出现没有预料到的异常情况，需要设备停止工作而进行的停止为紧急停止。在出现异常情况时，压下急停按钮SB7，生产指示灯HL1快速闪烁（3Hz），设备停止工作，蜂鸣器HA发出急促声响报警。若机械手夹持有物料，气动手指应保持抓取状态，以防止物料在急停时掉下发生事故。SB7复位后，蜂鸣器HA停止报警，指示灯HL1以亮1s灭2s方式闪亮。按下起动按钮SB2，设备应继续运行。

③ 保护装置动作使设备停止。当三相同步电动机发生过载时，过载触点动作（SB4按

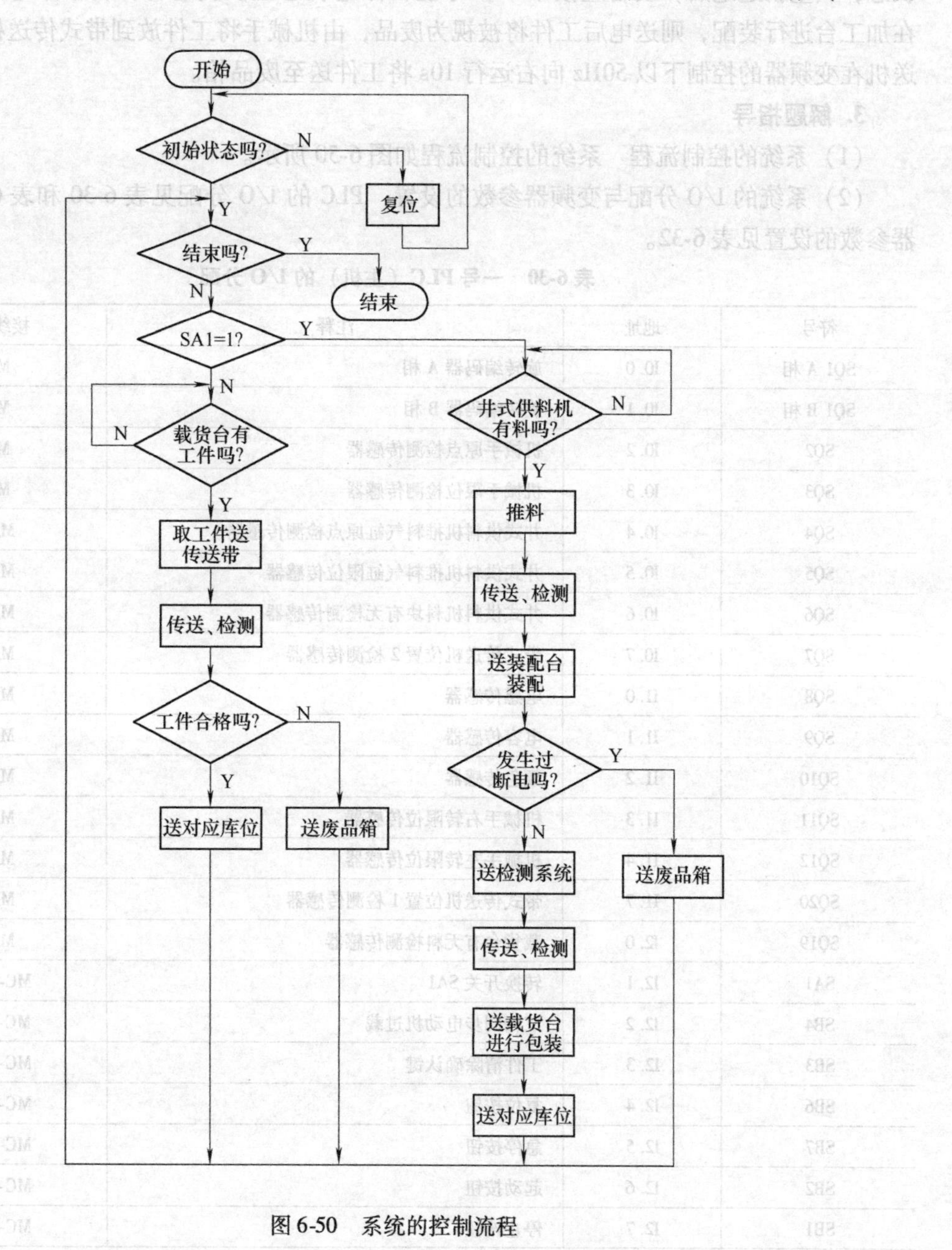

图6-50　系统的控制流程

通），此时指示灯HL6闪烁（1Hz），提示发生过载。若过2s后过载仍未消除，则带式传送机停止运行。当过载消除（SB4复位）后，指示灯HL6熄灭。按下起动按钮SB2，带式传送机重新按停止的状态继续运行，系统恢复正常。

当加工台井式供料机推料气缸推料发生堵塞时，推料气缸将自动复位并重新开始推料。若第二次仍发生堵塞，推料气缸复位，指示灯HL3闪烁（1Hz），提示推料气缸发生堵塞，其余指示灯全部熄灭，系统停止运行，操作者解除故障后重新按下起动按钮SB2恢复运行。

5）突然断电的处理。设备应有停电保持能力，在遇到突然停电时，设备应能保持当前状态，当重新送电后，设备应按下SB2才能在停电状态上恢复运行。若在停电时，工件正在加工台进行装配，则送电后工件将被视为废品，由机械手将工件放到带式传送机，带式传送机在变频器的控制下以50Hz向右运行10s将工件送至废品箱。

3. 解题指导

（1）系统的控制流程　系统的控制流程如图6-50所示。

（2）系统的I/O分配与变频器参数的设置　PLC的I/O分配见表6-30和表6-31；变频器参数的设置见表6-32。

表6-30　一号PLC（主机）的I/O分配

符号	地址	注释	接线地址
SQ1 A相	I0.0	旋转编码器A相	MJ-2
SQ1 B相	I0.1	旋转编码器B相	MJ-3
SQ2	I0.2	机械手原点检测传感器	MJ-6
SQ3	I0.3	机械手限位检测传感器	MJ-9
SQ4	I0.4	井式供料机推料气缸原点检测传感器	MJ-11
SQ5	I0.5	井式供料机推料气缸限位传感器	MJ-13
SQ6	I0.6	井式供料机料块有无检测传感器	MJ-16
SQ7	I0.7	带式传送机位置2检测传感器	MJ-19
SQ8	I1.0	电感传感器	MJ-22
SQ9	I1.1	电容传感器	MJ-25
SQ10	I1.2	颜色传感器	MJ-28
SQ11	I1.3	机械手右转限位传感器	MJ-30
SQ12	I1.4	机械手左转限位传感器	MJ-32
SQ20	I1.7	带式传送机位置1检测传感器	MJ-52
SQ19	I2.0	载货台有无料检测传感器	MJ-49
SA1	I2.1	转换开关SA1	MC-SA1-1
SB4	I2.2	三相同步电动机过载	MC-SB4-1
SB3	I2.3	工件清除确认键	MC-SB3-1
SB6	I2.4	复位按钮	MC-SB4-1
SB7	I2.5	急停按钮	MC-SB7-1
SB2	I2.6	起动按钮	MC-SB2-1
SB1	I2.7	停止按钮	MC-SB1-1

（续）

符号	地址	注释	接线地址
CW	Q0.0	机械手行走信号 CW（+）	MC-KA1-A2
CCW	Q0.1	机械手行走信号 CCW（-）	MC-KA2-A2
YV21	Q0.2	机械手左转气缸控制电磁阀	MJ-96
YV22	Q0.3	机械手右转气缸控制电磁阀	MJ-98
YV3	Q0.4	机械手上升下降气缸控制电磁阀	MJ-100
YV4	Q0.5	夹手气缸控制电磁阀	MJ-102
YV1	Q0.6	井式供料机推料气缸控制电磁阀	MJ-94
Inverter_Z	Q0.7	带式传送机向左传送	MQ-5
Inverter_Y	Q1.0	带式传送机向右传送	MQ-6
Inverter_ZS	Q1.1	带式传送机35Hz传送	MQ-7
Inverter_GS	Q1.2	带式传送机50Hz传送	MQ-8
HL3	Q1.3	指示灯 HL3	MC-HL3-2
HL4	Q1.4	指示灯 HL4	MC-HL4-2
HL2	Q1.5	指示灯 HL2	MC-HL2-2
HL1	Q1.6	指示灯 HL1	MC-HL1-2
HA	Q1.7	蜂鸣器	MC-HA-2

表6-31　二号PLC（从机）的I/O分配

符号	地址	注释	接线地址
SQ13	I0.0	装配台有无装配件检测传感器	MJ-35
SQ14	I0.1	装配台推料气缸动作到位检测传感器	MJ-37
SQ15	I0.2	装配台进给托架回位检测传感器	MJ-39
BCD码01	I2.0	低位拨码器的设置1	BCD码B00
BCD码02	I2.1	低位拨码器的设置2	BCD码B01
BCD码03	I2.2	低位拨码器的设置3	BCD码B02
BCD码04	I2.3	低位拨码器的设置4	BCD码B03
BCD码11	I2.4	高位拨码器的设置1	BCD码B10
BCD码12	I2.5	高位拨码器的设置2	BCD码B11
BCD码13	I2.6	高位拨码器的设置3	BCD码B12
BCD码14	I2.7	高位拨码器的设置4	BCD码B13
YV5	Q0.0	装配台装配气缸控制电磁阀	MJ-104
YV6	Q0.1	装配台推料气缸控制电磁阀	MJ-106
YV7	Q0.2	装配台进给托架气缸控制电磁阀	MJ-108
HL5	Q0.5	指示灯 HL5	MC-HL5-2
HL6	Q0.6	指示灯 HL6	MC-HL6-2
LED数码管00	Q1.0	低位LED数码管显示1	LED数码管B00
LED数码管01	Q1.1	低位LED数码管显示2	LED数码管B01

（续）

符号	地址	注释	接线地址
LED 数码管 02	Q1.2	低位 LED 数码管显示 3	LED 数码管 B02
LED 数码管 03	Q1.3	低位 LED 数码管显示 4	LED 数码管 B03
LED 数码管 10	Q1.4	高位 LED 数码管显示 1	LED 数码管 B10
LED 数码管 11	Q1.5	高位 LED 数码管显示 2	LED 数码管 B11
LED 数码管 12	Q1.6	高位 LED 数码管显示 3	LED 数码管 B12
LED 数码管 13	Q1.7	高位 LED 数码管显示 4	LED 数码管 B13

表 6-32　变频器参数的设置

参数	设置值	参数	设置值	参数	设置值
P01	0.2	P08	5.0	P32	35.0
P02	0.2	P09	1.0	P33	50.0

注：第一速为 15.0Hz。

（3）气动原理　系统的气动原理如图 6-51 所示。

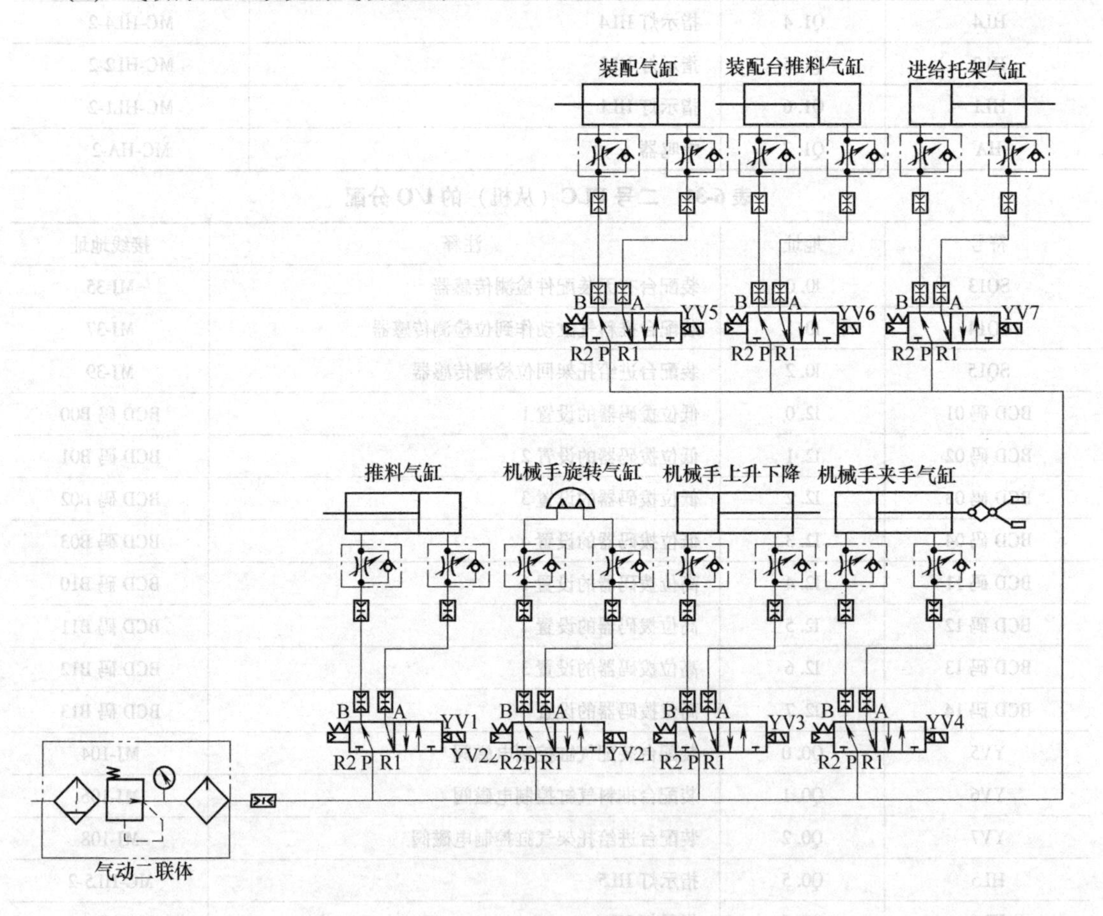

图 6-51　系统气动的原理

（4）电气原理　系统的电气原理如图 6-52 和图 6-53 所示。

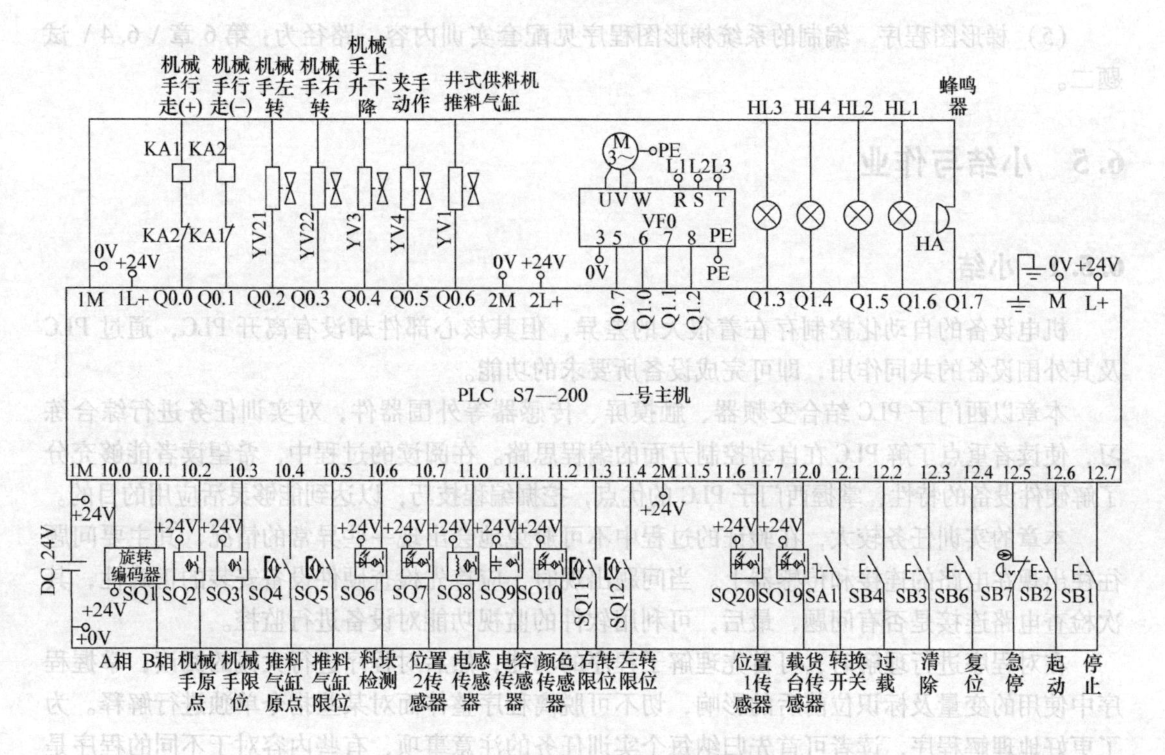

图6-52　一号PLC（主机）电气原理

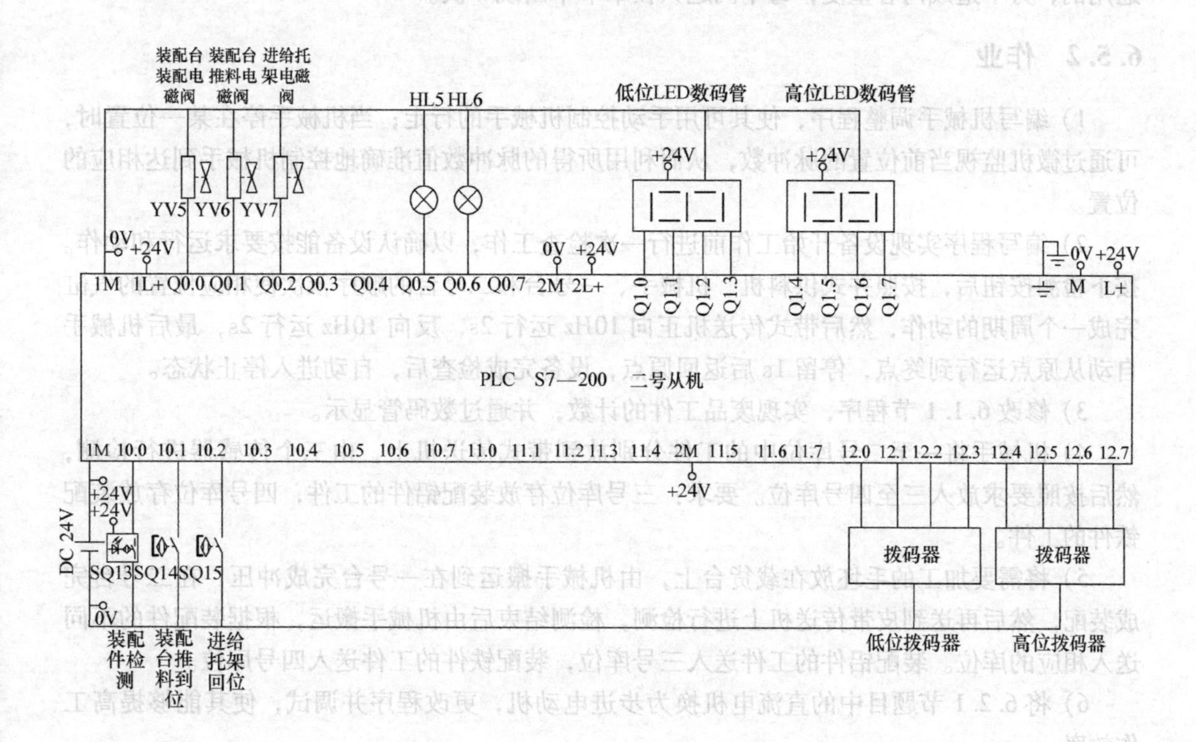

图6-53　二号PLC（从机）电气原理

（5）梯形图程序　编制的系统梯形图程序见配套实训内容，路径为：第6章\6.4\试题二。

6.5　小结与作业

6.5.1　小结

机电设备的自动化控制存在着很大的差异，但其核心部件却没有离开PLC，通过PLC及其外围设备的共同作用，即可完成设备所要求的功能。

本章以西门子PLC结合变频器、触摸屏、传感器等外围器件，对实训任务进行综合练习，使读者重点了解PLC在自动控制方面的编程思路。在阅读的过程中，希望读者能够充分了解硬件设备的特性，掌握西门子PLC的优点，挖掘编程技巧，以达到能够灵活应用的目的。

本章的实训任务较大，在验证的过程中不可避免地会出现一些异常的情况，其主要问题往往出现在电路的连接和传感器上。当问题出现时，应首先检查硬件设备安装的正确性，其次检查电路连接是否有问题，最后，可利用软件的监视功能对设备进行监控。

在对程序进行理解时，可首先理解子程序的功能，然后对程序进行大概的阅读，掌握程序中使用的变量及标识位前后的影响，切不可脱离程序整体而对某些指令单独进行解释。为了更好地理解程序，读者可首先归纳每个实训任务的注意事项，有些内容对于不同的程序是通用的，为不造成内容重复，每个问题只在章节中出现一次。

6.5.2　作业

1）编写机械手调整程序，使其可用手动控制机械手的行走；当机械手停在某一位置时，可通过微机监视当前位置的脉冲数，从而利用所得的脉冲数值准确地控制机械手到达相应的位置。

2）编写程序实现设备开始工作前进行一次检查工作，以确认设备能按要求运行和动作。按下检测按钮后，按照井式供料机、机械手、一号台和二号台的顺序依次使相应位置的气缸完成一个周期的动作，然后带式传送机正向10Hz运行2s，反向10Hz运行2s，最后机械手自动从原点运行到终点，停留1s后返回原点，设备完成检查后，自动进入停止状态。

3）修改6.1.1节程序，实现废品工件的计数，并通过数码管显示。

4）机械手将一至二号库位中的工件分别放到带式传送机上，由三个传感器进行检测，然后按照要求放入三至四号库位。要求：三号库位存放装配铝件的工件，四号库位存放装配铁件的工件。

5）将需要加工的毛坯放在载货台上，由机械手搬运到在一号台完成冲压，在二号台完成装配，然后再送到皮带传送机上进行检测，检测结束后由机械手搬运，根据装配件的不同送入相应的库位。装配铝件的工件送入三号库位，装配铁件的工件送入四号库位。

6）将6.2.1节题目中的直流电机换为步进电动机，更改程序并调试，使其能够提高工作效率。

7）初加工的工件由井式供料机、带式传送机和机械手传送，在工作台完成冲孔，冲孔结束后，在载货台进行检测，以决定工件被送入的库位（合格工件送入三号库位，不合格工件送入四号库位)。

8）生产系统包括两道工序，系统交替完成两个工序，保证系统的最高效率。工序一：将载货台上的工件送入一号台进行冲孔。工序二：将工序一加工后的工件送二号台进行装配，装配后送入二号库位。

9）初加工后的白色塑料和黑色塑料工件被送到带式传送终端，由机械手根据工件的颜色分别送到一号台和二号台进行装配。装配后的工件分别送到一号库位和二号库位。若下料时为两个颜色相同的工件，则第二个工件由机械手夹持到四号库位，并由指示灯提示补充上料。

10）生产线可根据用户需要定量生产所需数量的产品，由拨码器确定生产数量。生产线运行后，从一号库位中取出毛坯件，在加工台进行装配，然后送到带式传送机上进行检测，如果产品合格则在包装台上进行包装并送入三号或四号库位（装配铁件的工件送入三号库位，装配铝件的工件送入四号库位)，如果产品不合格则将废品送入废品箱。

附　录

附录A　PLC运动控制系统有关设备的参数设置

一、变频器参数的设置

松下变频器（VF0）参数的设置见表A-1。

表A-1　变频器参数的设置

参数	功能名称	出厂数据	设定数据
★P01	第一加速时间/s	05.0	0.2
★P02	第一减速时间/s	05.0	0.2
P03	V/F方式	50	
P04	V/F曲线	0	
★P05	力矩提升/%	05	10
P06	选择电子热敏功能	2	
P07	设定热敏继电器电流/A	*	
P08	选择运行指令	0	5
P09	频率设定信号	0	0
P10	反转锁定	0	
P11	停止模式	0	
P12	停止频率/Hz	00.5	
P13	DC制动时间/s	000	
P14	DC制动电平	00	
P15	最大输出频率/Hz	50.0	
P16	基底频率/Hz	50.0	
P17	防止过电流失速功能	1	
P18	防止过电压失速功能	1	
P19	选择SW1功能	0	
P20	选择SW2功能	0	
P21	选择SW3功能	0	
P22	选择PWM频率信号	0	
P23	PWM信号平均次数	01	
P24	PWM信号周期/ms	01.0	
P25	选择输出TR功能	0	
P26	选择输出RY功能	5	
P27	检测频率（输出TR）	00.5	

（续）

参数	功能名称	出厂数据	设定数据
P28	检测频率（输出 RY）	00.5	
★P29	点动频率/Hz	10.0	
★P30	点动加速时间/s	05.0	
★P31	点动减速时间/s	05.0	
★P32	第二速频率/Hz	20.0	
★P33	第三速频率/Hz	30.0	
★P34	第四速频率/Hz	40.0	
★P35	第五速频率/Hz	15.0	
★P36	第六速频率/Hz	25.0	
★P37	第七速频率/Hz	35.0	
★P38	第八速频率/Hz	45.0	
★P39	第二加速时间/s	05.0	
★P40	第二减速时间/s	05.0	
P41	第二基底频率/Hz	50.0	
★P42	第二力矩提升/%	05	
P43	第一跳跃频率/Hz	000	
P44	第二跳跃频率/Hz	000	
P45	第三跳跃频率/Hz	000	
P46	跳跃频率宽度/Hz	0	
P47	电流限流功能/s	00	
P48	起动方式	1	
P49	选择瞬间停止再次起动	0	
P50	待机时间/s	00.1	
P51	选择再试行	0	
P52	再试行次数	1	
P53	下限频率/Hz	00.5	
P54	上限频率/Hz	250	
P55	选择偏置/增益功能	0	
★P56	偏置频率/Hz	00.0	
★P57	增益频率/Hz	50	
P58	选择模拟·PWM 输出功能	0	
★P59	模拟·PWM 输出修正/%	100	
P60	选择监控	0	
P61	线速度倍率	03.0	
★P62	最大输出电压/V	000	

（续）

参数	功能名称	出厂数据	设定数据
P63	OCS 电平/%	140	
★P64	载波频率/kHz	0.8	
P65	密码	000	
P66	设定数据清除（初始化）	0	
P67	异常显示1		
P68	异常显示2		
P69	异常显示3		
P70	异常显示£ Y		

注：1. 有★记号者表示是在运行过程中可改变数据的参数。

2. 有＊记号者为变频器的额定电流。

3. 空白表格处的数据表示不用设置，即用默认的参数。

二、交流伺服电动机参数的设置

交流伺服电动机功能选择有关参数的设置见表A-2。因子及时间常数设定有关参数的设置见表A-3。自动增益调整有关参数的设置见表A-4。第一功能和第二功能选择有关参数的设置见表A-5。位置控制有关参数的设置见表A-6。速度转矩控制有关参数的设置见表A-7。逻辑顺序有关参数的设置见表A-8。全闭环伺服驱动器有关参数的设置见表A-9。

表A-2 功能选择有关参数的设置

参数	参数名称	出厂设定	设定数据	单位
*00	轴号	1		—
*01	LED初始状态	1		—
*02	控制方式选择	1	0	—
*03	转矩限制输入无效	1		
*04	驱动禁止输入无效	1		—
*05	速度设定内外选择	0		
*06	零速输入选择	0		—
*07	速度监视（SP）选择	3		—
*08	转矩监视（IM）选择	0		—
*09	转矩限制中输出选择	0		—
*0A	零速检出输出选择	1		—
*0B	绝对式编码器设定	1		
*0C	PS232C波特率设定	2		—
*0D	RS485波特率设定	2		—

表A-3 因子及时间常数设定有关参数的设置

参数	参数名称	出厂设定	设定数据	单位
10	第一位置环增益	50		s^{-1}
11	第一速度环增益	100		Hz

（续）

参数	参数名称	出厂设定	设定数据	单位
12	第一速度环积分时间常数	50		ms
13	第一速度检出滤波器	4		—
14	第一转矩滤波器时间常数	50		0.01ms
15	速度前馈	0		%
16	前馈滤波器时间常数	0		0.01ms
17	内部使用	—		—
18	第二位置环增益	50		s^{-1}
19	第二速度环增益	100		Hz
1A	第二速度环积分时间常数	50		ms
1B	第二速度检出滤波器	4		—
1C	第二转矩滤波器时间常数	50		0.01ms
1D	陷波频率	1500		Hz
1E	陷波幅宽选择	2		—
1F	扰动转矩观测器	8		—

表 A-4　自动增益调整有关参数的设置

参数	参数名称	出厂设定	设定数据	单位
20	惯量比	100		%
21	实时自动增益设定	0		—
22	机械刚性选择	2		—

表 A-5　第一和第二功能选择有关参数的设置

参数	参数名称	出厂设定	设定数据	单位
30	第二增益选择	0		—
31	位置控制切换方式	0		—
32	位置控制切换延迟时间	0		166μs
33	位置控制切换水平	0		—
34	位置控制切换迟滞	0		—
35	位置环增益切换时间			（1+设定值）×166 μs
36	速度环切换方式	0		—
37	速度控制切换延迟时间	0		166μs
38	速度控制切换水平	0		—
39	速度控制切换迟滞			—
3A	转矩环切换方式	0		—
3B	转矩控制切换延迟时间	0		166μs
3C	转矩控制切换水平	0		—
3D	转矩控制切换迟滞	0		—

表 A-6　位置控制有关参数的设置

参数	参数名称	出厂设定	设定数据	单位
*40	指令脉冲倍频设置	4		—
*41	指令脉冲逻辑取反	0	2	—
42	指令脉冲方式选择	1	3	—
43	指令脉冲禁止输入无效	1		—
44	每转输出脉冲数	2500		P/r
45	输出脉冲逻辑取反	0		—
46	第1指令脉冲分倍频分子	〈10000〉		—
47	第2指令脉冲分倍频分子	〈10000〉		—
48	第3指令脉冲分倍频分子	〈10000〉		—
49	第4指令脉冲分倍频分子	〈10000〉		—
4A	指令脉冲分倍频分子倍率	〈0〉		2^n
4B	指令脉冲分倍频分母	10000	500	—
4C	平滑滤波器设置	1		—
4D	计数器清零输入方式	0		—

注：P/r为非法定单位，表示每转输出的脉冲数。

表 A-7　速度转矩控制有关参数的设置

参数	参数名称	出厂设定	设定数据	单位
50	速度指令输入增益	500		r·min^{-1}/V
51	速度指令输入逻辑取反	1		—
52	速度指令零漂调整	0		0.3mV
53	第1内部速度	0		r/min
54	第2内部速度	0		r/min
55	第3内部速度	0		r/min
56	第4内部速度	0		r/min
57	JOG速度设置	300		r/min
58	加速时间设置	0		2ms/（kr/min）
59	减速时间设置	0		2ms/（kr/min）
5A	S形加减速时间设置	0		2ms
5B	内部使用	—		—
5C	转矩指令输入增益	30		0.1v/100%
5D	转矩指令输入取反	0		—
5E	转矩限制设置	300		%

表 A-8　逻辑顺序有关参数的设置

参数	参数名称	出厂设定	设定数据	单位
60	定位完成范围	10		Pulse
61	零速	50		r/min
62	到达速度	1000		r/min

（续）

参数	参数名称	出厂设定	设定数据	单位
63	位置偏差过大设置	1875		1/256 Pulse
64	位置偏差过大异常无效	0		—
65	主电源关断时欠电压报警触发选择	1		—
66	驱动禁止输入时动态制动器不动作	0		—
67	主电源关断时相关时序	0		—
68	伺服报警相关时序	0		—
69	伺服 OFF 时相关时序	0		—
6A	电动机停止时机械制动动作设置	0		2ms
6B	电动机运转时机械制动动作设置	0		2ms
*6C	外部再生制动电阻选择			—

表 A-9　全闭环伺服驱动器有关参数的设置

参数	参数名称	出厂设定	设定数据	单位
70	混合控制切换速度	10		r/min
71	混合控制切换时间	0		2ms
72	混合控制切换周期	10		2ms
73	混合控制偏差过大	10		外部反馈装置分辨率
74	外部反馈分频分子	10000		—
75	外部反馈分频分子倍率	0		—
76	外部反馈分频分母	10000		—
77	反馈故障无效	1		—
78	脉冲输出选择	0		—
79	外部反馈脉冲输出分频分子	10000		—
7A	外部反馈脉冲输出分频分母	10000		—

附录 B　PLC 运动控制设备电气与气动元器件图形符号

一、电气元器件图形符号

常用电气元器件图形符号见表 B-1。

表 B-1　常用电气元器件图形符号

引用标准	图形符号	说明	文字符号	备注
GB/T4728.6—2008	（圆内 *）	电机的一般符号，符号内的星号用下述字母之一代替：C 旋转变流机，G 发电机，M 电动机，MG 能作为发电机或电动机使用的电机，MS 同步电动机	M	电器代号选自 JB/T2740—2008

（续）

引用标准	图形符号	说明	文字符号	备注
GB/T4728.6—2008	M	直流串励电动机	M	电器代号选自 JB/T2740—2008
GB/T4728.6—2008	M	直流并励电动机	M	电器代号选自 JB/T2740—2008
GB/T4728.6—2008	M 3～	三相鼠笼式感应电动机	M	电器代号选自 JB/T2740—2008
GB/T4728.6—2008	M 1～	单相鼠笼式感应电动机	M	电器代号选自 JB/T2740—2008
JB/T2739—1996 *	M	永磁直流电动机	M	电器代号选自 JB/T2740—1996
GB/T4728.7—2008		动合（常开）触点本符号也可用作开关的一般符号	KA KM	继电器 接触器
GB/T4728.7—2000 *		动合（常开）触点本符号也可用作开关的一般符号	KA KM	继电器 接触器
GB/T4728.7—2008		动断（常闭）触点	KA KM	继电器 接触器

（续）

引用标准	图形符号	说明	文字符号	备注
GB/T4728.7—2008		接触器 接触器的主动合触点	KA KM	继电器 接触器
GB/T4728.7—2000 *		无自动返回的动合触点	KA KM	继电器 接触器
GB/T4728.7—2000 *		有自动返回的动断触点	KA KM	继电器 接触器
GB/T4728.7—2008	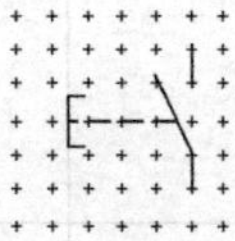	具有动合触点且自动复位的按钮	SB	电器代号选自 JB/T2740—2008
※	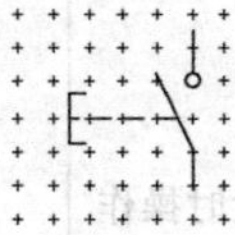	具有动合触点不能自动复位的按钮	SB	
GB/T4728.7—2008	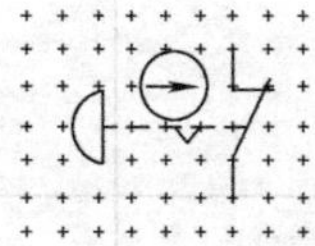	具有正向操作的动断触点且有保持功能的应急制动开关（操作蘑菇头）	SB	电器代号选自 JB/T2740—2008
GB/T4728.7—2008	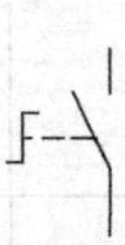	旋转开关、旋钮开关	SA	电器代号选自 JB/T2740—2008
JB/T2739—1996		先断后合的转换开关	SA	自己组合

（续）

引用标准	图形符号	说明	文字符号	备注
JB/T2739—1996		先合后断的转换开关	SA	自己组合
GB/T4728.7—2008		操作器件一般符号继电器线圈一般符号	KA	电器代号选自 JB/T2740—2008
GB/T4728.7—2000*		操作器件一般符号继电器线圈一般符号	KA	电器代号选自 JB/T2740—1996
GB/T4728.7—2008		接近传感器	S	电器代号选自 JB/T2740—2008
GB/T4728.7—2008		接近传感器器件 示例：固体材料接近时操作的电容的接近检测器	S	电器代号选自 JB/T2740—2008
GB/T4728.7—2008		接触传感器	S	电器代号选自 JB/T2740—2008
GB/T4728.7—2008		接触敏感开关合触点	S	电器代号选自 JB/T2740—2008

（续）

引用标准	图形符号	说明	文字符号	备注
GB/T4728. 7—2008		接近开关动合触点	S	电器代号选自 JB/T2740—2008
GB/T4728. 7—2008		磁铁接近动作的接近开关，动合触点	S	电器代号选自 JB/T2740—2008
GB/T4728. 7—2008	Fe	铁接近动作的接近开关，动合触点	S	电器代号选自 JB/T2740—2008
※		光电开关动合触点	S	光纤传感器借用此符号，组委会指定
GB/T4728. 8—2008		灯，一般符号；信号灯，一般符号 如果要求指示颜色，则在靠近符号处标出下列代码：RD-红，YE-黄，GN-绿，BU-蓝，WH-白	HL	电器代号选自 JB/T2740—2008
GB/T4728. 8—2008		闪光型信号灯	HL	电器代号选自 JB/T2740—2008
GB/T4728. 8—2008		音响信号装置	HA	电器代号选自 JB/T2740—2008
GB/T4728. 8—2008		蜂鸣器	HA	电器代号选自 JB/T2740—2008

（续）

引用标准	图形符号	说明	文字符号	备注
GB/T4728. 8—2008		由内置变压器供电的指示灯	HL	电器代号选自 JB/T2740—2008
JB/T2739—2008		直流稳压电源	U	电器代号选自 JB/T2740—2008
JB/T2739—1996	VF0	变频器	U	电器代号选自 JB/T2740—1996
JB/T2739—2008	PLC	可编程序控制器	—	—
JB/T2739—2008		电磁阀	YV	电器代号选自 JB/T2740—2008
JB/T2739—2008		断路器	QF	电器代号选自 JB/T2740—2008

* 新标准中已废止，仅用于理解旧的简图。

※非标准图形。

二、常用气动图形符号

常用气路连接及接头图形符号见表 B-2，常用气动控制方式图形符号见表 B-3，常用气动辅助元件图形符号见表 B-4，部分气泵、气缸、气马达图形符号见表 B-5，常用气动控制元件图形符号见表 B-6。

表 B-2　常用气路连接及接头图形符号

名称	符号	名称	符号
工作管路		直接排气口	
控制管路		带连排气口	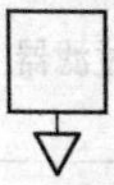
连接管路	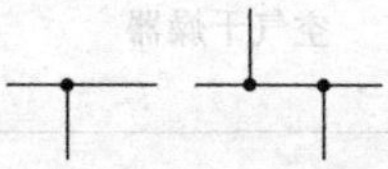	带单向阀快换接头	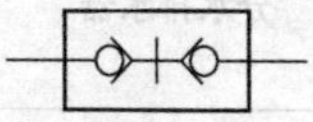
交叉管路		不带单向阀快换接头	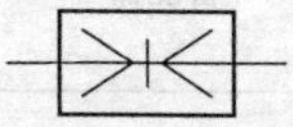
柔性管路		单通路旋转接头	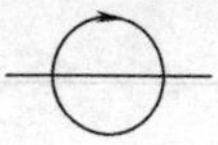

表 B-3　常用控制方式图形符号

名称	符号	名称	符号
按钮式人力控制	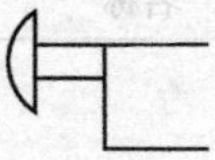	滚轮式机械控制	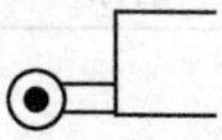
手柄式人力控制	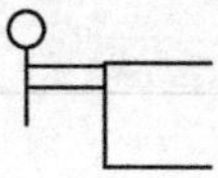	气压先导控制	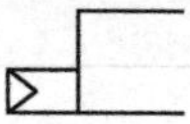
踏板式人力控制	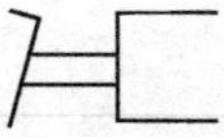	电磁控制	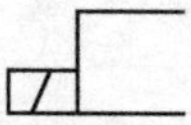
单向滚轮式机械控制	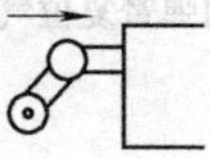	弹簧控制	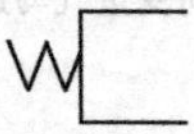
顶杆式机械控制	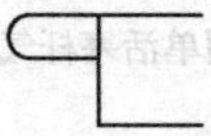	加压或泄压控制	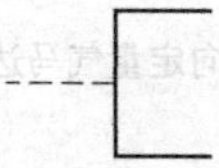
内部压力控制	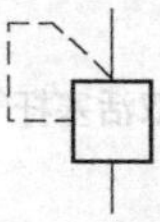	外部压力控制	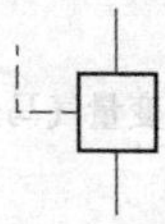

表B-4 常用气动辅助元件图形符号

名称	符号	名称	符号
气压源	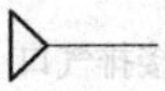	压力表	
过滤器	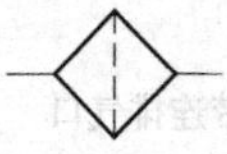	空气过滤器	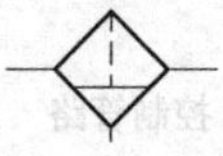
分水排水器	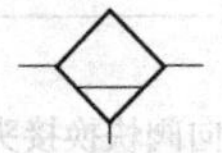	空气干燥器	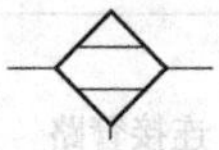
蓄能器		气罐	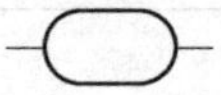
冷却器	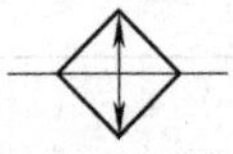	加热器	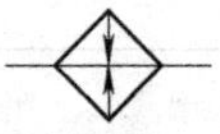
油雾器	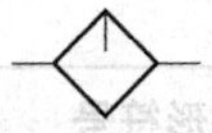	消声器	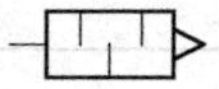

表B-5 部分气泵、气缸、气马达图形符号

名称	符号	名称	符号
单向定量气压泵		摆动马达（气缸）	
单向定量气马达	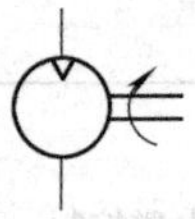	单作用外力复位气缸	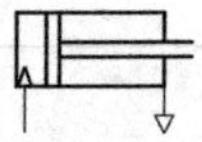
单向变量气马达		单作用弹簧复位气缸	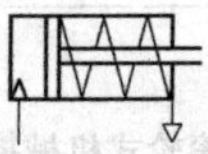
双向定量气马达	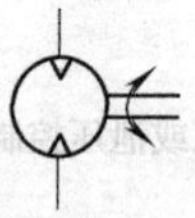	双作用单活塞杆气缸	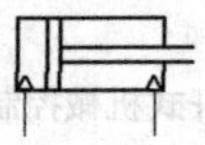
双向变量气马达		双作用双活塞杆气缸	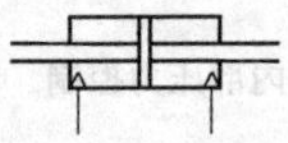

表 B-6　常用气动控制元件图形符号

名称	符号	名称	符号
直动型溢流阀	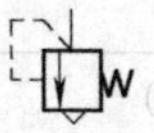	调速阀	
先导型溢流阀	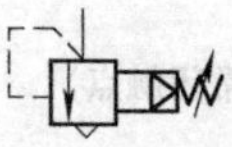	直动型顺序阀	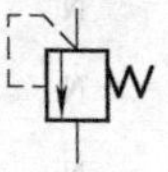
直动型减压阀		不可调节流阀	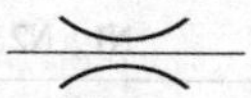
先导型减压阀	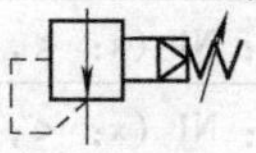	可调节流阀	
溢流减压阀	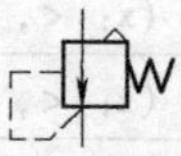	带消声器的节流阀	
二位二通换向阀	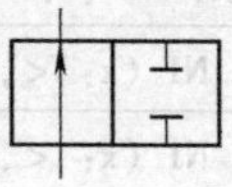	二位三通换向阀	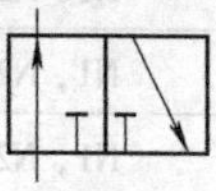
二位四通换向阀（常开）	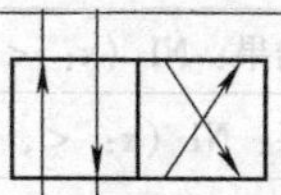	二位五通换向阀	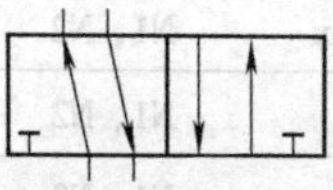
三位四通换向阀	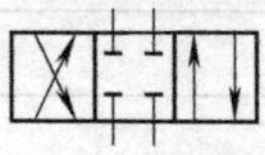	三位五通换向阀（中位封闭型）	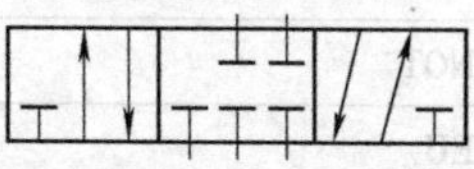
三位五通换向阀（中位加压型）	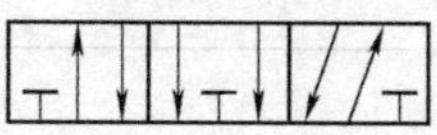	三位五通换向阀（中位卸压型）	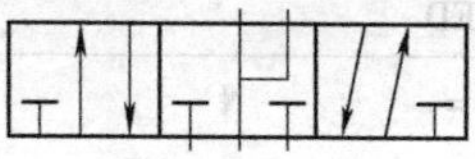
单向阀		快速排气阀	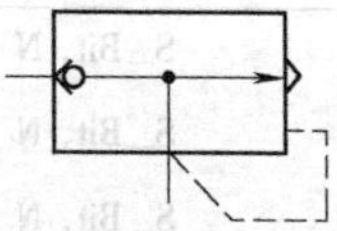

附录 C　S7—200 的 SIMATIC 指令集简表

S7—200 的 SIMATIC 指令集简表见表 C-1 ~ 表 C-7。

表 C-1　布尔指令

LD	N	装载（电路开始的常开触点）
LDI	N	立即装载
LDN	N	取反后转载（电路开始的常闭触点）
LDNI	N	取反后立即装载
A	N	与（串联的常开触点）
AI	N	立即与

（续）

AN	N	取反后与（串联的常闭触点）
ANI	N	取反后立即与
O	N	或（并联的常开触点）
OI	N	立即或
ON	N	取反后或（并联的常闭触点）
ONI	N	取反后立即或
LDBx	N1，N2	装载字节比较的结果：N1（x：<，<=，=，>=，>，< >）N2
ABx	N1，N2	与字节比较的结果：N1（x：<，<=，=，>=，>，< >）N2
OBx	N1，N2	或字节比较的结果：N1（x：<，<=，=，>=，>，< >）N2
LDWx	N1，N2	装载字比较的结果：N1（x：<，<=，=，>=，>，< >）N2
AWx	N1，N2	与字比较的结果：N1（x：<，<=，=，>=，>，< >）N2
OWx	N1，N2	或字比较的结果：N1（x：<，<=，=，>=，>，< >）N2
LDDx	N1，N2	装载双字比较的结果：N1（x：<，<=，=，>=，>，< >）N2
ADx	N1，N2	与双字比较的结果：N1（x：<，<=，=，>=，>，< >）N2
ODx	N1，N2	或双字比较的结果：N1（x：<，<=，=，>=，>，< >）N2
LDRx	N1，N2	装载实数比较的结果：N1（x：<，<=，=，>=，>，< >）N2
ARx	N1，N2	与实数比较的结果：N1（x：<，<=，=，>=，>，< >）N2
ORx	N1，N2	或实数比较的结果：N1（x：<，<=，=，>=，>，< >）N2
NOT		栈顶值取反
EU		上升沿检测
ED		下降沿检测
=	N	赋值（线圈）
=I	N	立即赋值
S	S_Bit，N	置位一个区域
R	S_Bit，N	复位一个区域
SI	S_Bit，N	立即置位一个区域
RI	S_Bit，N	立即复位一个区域
LDSx	IN1，IN2	装载字符串比较结果：N1（x：=，< >）N2
AS x	IN1，IN2	与字符串比较结果：N1（x：=，< >）N2
OS x	IN1，IN2	或字符串比较结果：N1（x：=，< >）N2
ALD		与装载（电路块串联）
OLD		或装载（电路块并联）
LPS		逻辑入栈
LRD		逻辑读栈
LPP		逻辑出栈
LDS		装载堆栈
AENO		对 ENO 进行与操作

（续）

		数学、加1减1指令
+I	IN1，OUT	整数加法，IN1 + OUT = OUT
+D	IN1，OUT	双整数加法，IN1 + OUT = OUT
+R	IN1，OUT	实数加法，IN1 + OUT = OUT
-I	IN1，OUT	整数减法，OUT - IN1 = OUT
-D	IN1，OUT	双整数减法，OUT - IN1 = OUT
-R	IN1，OUT	实数减法，OUT - IN1 = OUT
MUL	IN1，OUT	整数乘整数得双整数
*I	IN1，OUT	整数乘法，IN1 * OUT = OUT
*D	IN1，OUT	双整数乘法，IN1 * OUT = OUT
*R	IN1，OUT	实数乘法，IN1 * OUT = OUT
DIV	IN1，OUT	整数除整数得双整数
/I	IN1，OUT	整数除法，OUT/IN1 = OUT
/D	IN1，OUT	双整数除法，OUT/IN1 = OUT
/R	IN1，OUT	实数除法，OUT/IN1 = OUT
SQRT	IN，OUT	平方根
LN	IN，OUT	自然对数
EXP	IN，OUT	自然指数
SIN	IN，OUT	正弦
COS	IN，OUT	余弦
TAN	IN，OUT	正切
INCB	OUT	字节加1
INCW	OUT	字加1
INCD	OUT	双字加1
DECB	OUT	字节减1
DECW	OUT	字减1
DECD	OUT	双节减1
PID	Table，Loop	DIP 回路
		定时器和计数器指令
TON	Txxx，PT	接通延时定时器
TOF	Txxx，PT	断开延时定时器
TONR	Txxx，PT	保持型接通延时定时器
BITIM	OUT	起动间隔定时器
CITIM	IN，OUT	计算间隔定时器
CTU	Cxxx，PV	加计数器
CTD	Cxxx，PV	减计数器
CTUD	Cxxx，PV	加/减计数器

（续）

实时时钟指令		
TODR	T	读实时时钟
TODW	T	写实时时钟
TODRX	T	扩展读实时时钟
TODWX	T	扩展写实时时钟

表 C-2 程序控制指令

END		程序的条件结束
STOP		切换到 STOP 模式
WDR		看门狗复位（300ms）
JMP	N	跳到指定的标号
LBL	N	定义一个跳转的标号
CALL	N（N1, ...）	调用子程序，可以有16个可参选数
CRET		从子程序条件返回
FOR	INDX，INIT，FINAL NEXT	For/Next 循环
LSCR	N	顺控继电器段的启动
SCRT	N	顺控继电气段的转换
CSCRE		顺控继电器段的条件结束
SCRE		顺控继电器段的结束
DLED	IN	诊断 LED

表 C-3 传送、移位、循环和填充指令

MOVB	IN，OUT	字节传送
MOVW	IN，OUT	字传送
MOVD	IN，OUT	双字传送
MOVR	IN，OUT	实数传送
BIR	IN，OUT	立即读取物理输入字节
BIW	IN，OUT	立即写物理输出字节
BMB	IN，OUT，N	字节块传送
BMW	IN，OUT，N	字块传送
BMD	IN，OUT，N	双字块传送
SWAP	IN	交换字节
SHRB	DATA，S--_BIT，N	移位寄存器
SRB	OUT，N	字节右移 N 位
SRW	OUT，N	字右移 N 位
SRD	OUT，N	双字右移 N 位
SLB	OUT，N	字节左移 N 位
SLW	OUT，N	字左移 N 位

（续）

SLD	OUT，N	双字左移 N 位
RRB	OUT，N	字节循环右移 N 位
RRW	OUT，N	字循环右移 N 位
RRD	OUT，N	双字循环右移 N 位
RLB	OUT，N	字节循环左移 N 位
RLW	OUT，N	字循环左移 N 位
RLD	OUT，N	双字循环左移 N 位
FILL	IN，OUT，N	用指定的元素填充存储器空间
		逻辑操作
ANDB	IN1，OUT	字节逻辑与
ANDW	IN1，OUT	字逻辑与
ANDD	IN1，OUT	双字逻辑与
ORB	IN1，OUT	字节逻辑或
ORW	IN1，OUT	字逻辑或
ORD	IN1，OUT	双字逻辑或
XORB	IN1，OUT	字节逻辑异或
XORW	IN1，OUT	字逻辑异或
XORD	IN1，OUT	双字逻辑异或
INVB	OUT	字节取反（1 的补码）
INVW	OUT	字取反
INVD	OUT	双字取反
		字符串指令
SLEN	IN，OUT	求字符串长度
SCAT	IN，OUT	连接字符串
SCPY	IN，OUT	复制字符串
SSCPY	IN，INDX，N，OUT	复制子字符串
CFND	IN1，IN2，OUT	在字符串中查找一个字符
SFND	IN1，IN2，OUT	在字符串中查找一个子字符
		表、查找和转换指令
ATT	TABLE，DATA	把数据加到表中
LIFO	TABLE，DATA	从表中取数据，后入先出
FIFO	TABLE，DATA	从表中取数据，先入后出
FND =	TBL，PATRN，INDX	在表 TBL 中查找等于比较条件 PATRN 的数据
FND < >	TBL，PATRN，INDX	在表 TBL 中查找不等于比较条件 PATRN 的数据
FND <	TBL，PATRN，INDX	在表 TBL 中查找小于比较条件 PATRN 的数据
FND >	TBL，PATRN，INDX	在表 TBL 中查找大于比较条件 PATRN 的数据
BCDI	OUT	SCD 码转换成整数

（续）

IBCD	OUT	整数转换成BCD码
BTI	IN，OUT	字节转换成整数
ITB	IN，OUT	整数装换成字节
ITD	IN，OUT	整数装换成双整数
DTI	IN，OUT	双整数转换成整数
DTR	IN，OUT	双整数转换成实数
ROUND	IN，OUT	实数四舍五入为双整数
TRUNC	IN，OUT	实数截取数为双整数
ATH	IN，OUT，LEN	ASCII码→十六进制数
HTA	IN，OUT，LEN	十六进制数→ASCII码
ITA	IN，OUT，FMT	整数→ASCII码
DTA	IN，OUT，FMT	双整数→ASCII码
RTA	IN，OUT，FMT	实数→ASCII码

表C-4　查找和转换指令

DECO	IN，OUT	译码
ENCO	IN，OUT	编码
SEG	IN，OUT	七段译码
ITS	IN，FMT，OUT	整数转换为字符串
DTS	IN，FMT，OUT	双整数转换为字符串
STR	IN，FMT，OUT	实数转换为字符串
STI	STR，INDX，OUT	子字符串转换为整数
STD	STR，INDX，OUT	子字符串转换为双整数
STR	STR，INDX，OUT	子字符串转换为实数

表C-5　中断指令

CRETI		从中断程序有条件返回
ENI		允许中断
DISI		禁止中断
ATCH	INT，EVENT	给中断事件分配中断程序
DTCH	EVENT	解除中断事件

表C-6　通信指令

XMT	TABLE，PORT	自由端口发送
RCV	TABLE，PORT	自由端口接收
NETR	TABLE，PORT	网络读
NETW	TABLE，PORT	网络写
GPA	ADDR，PORT	获取端口地址
SPA	ADDR，PORT	设置端口地址

表 C-7　高速计数器指令

HDEF	HSC，MODE	定义高速计数器模式
HSC	N	激活高速计数器
PLS	X	脉冲输出

参考文献

[1] 李全利，等. 可编程控制器及其网络系统的综合应用技术［M］. 北京：机械工业出版社，2005.

[2] 龚仲华. S7-200/300/400 PLC 应用技术——提高篇［M］. 北京：人民邮电出版社，2008.

[3] 廖常初. PLC 编程及应用［M］. 北京：机械工业出版社，2008.

[4] 尔桂花，窦日轩. 运动控制系统［M］. 北京：清华大学出版社，2002.

[5] 胡德，等. 伺服系统原理与设计［M］. 北京：北京理工大学出版社，1999.

[6] 原魁，刘伟强. 变频器基础与应用［M］. 北京：冶金工业出版社，1997.

[7] 徐世许. 可编程控制器原理·应用·网络［M］. 合肥：中国科学技术大学出版社，2000.

[8] 马西秦，许振中，等. 自动检测技术［M］. 北京：机械工业出版社，2000.

[9] 王元庆. 新型传感器原理及应用［M］. 北京：机械工业出版社，2002.

[10] 张崇巍，李汉强. 运动控制系统［M］. 武汉：武汉理工大学出版社，2002.

[11] 李全利. 现代生产物流电气控制系统调试与维修［M］. 北京：机械工业出版社，2009.

[12] 季明善. 液气压传动［M］. 北京：机械工业出版社，2002.

读者信息反馈表

感谢您购买《PLC 运动控制技术应用设计与实践（西门子）》一书。为了更好地为您服务，有针对性地为您提供图书信息，方便您选购合适图书，我们希望了解您的需求和对我们教材的意见和建议，愿这小小的表格为我们架起一座沟通的桥梁。

姓　名		所在单位名称	
性　别		所从事工作（或专业）	
通信地址		邮　编	
办公电话		移动电话	
E-mail			

1. 您选择图书时主要考虑的因素：（在相应项前面✓）
   （　）出版社　（　）内容　（　）价格　（　）封面设计　（　）其他
2. 您选择我们图书的途径（在相应项前面✓）
   （　）书目　（　）书店　（　）网站　（　）朋友推介　（　）其他

希望我们与您经常保持联系的方式：

□电子邮件信息　□定期邮寄书目

□通过编辑联络　□定期电话咨询

您关注（或需要）哪些类图书和教材：

您对我社图书出版有哪些意见和建议（可从内容、质量、设计、需求等方面谈）：

您今后是否准备出版相应的教材、图书或专著（请写出出版的专业方向、准备出版的时间、出版社的选择等）：

非常感谢您能抽出宝贵的时间完成这张调查表的填写并回寄给我们，您的意见和建议一经采纳，我们将有礼品回赠。我们愿以真诚的服务回报您对机械工业出版社技能教育分社的关心和支持。

请联系我们——

地　址：北京市西城区百万庄大街 22 号　机械工业出版社技能教育分社

邮　编　100037

社长电话：（010）88379083　88379080　68329397（带传真）

E-mail　jnfs@ mail. machineinfo. gov. cn